Forschungs-/Entwicklungs-/ Innovations-Management

Reihe herausgegeben von
H. D. Bürgel (em.), Stuttgart, Deutschland
D. Grosse, Freiberg, Deutschland
C. Herstatt, Hamburg, Deutschland
H. Koller, Hamburg, Deutschland
C. Lüthje, Hamburg, Deutschland
M. G. Möhrle, Bremen, Deutschland

Die Reihe stellt aus integrierter Sicht von Betriebswirtschaft und Technik Arbeits-
ergebnisse auf den Gebieten Forschung, Entwicklung und Innovation vor. Die
einzelnen Beiträge sollen dem wissenschaftlichen Fortschritt dienen und die For-
derungen der Praxis auf Umsetzbarkeit erfüllen.

Reihe herausgegeben von

Professor Dr. Hans Dietmar Bürgel (em.)
Universität Stuttgart

Professorin Dr. Diana Grosse vorm. de
Pay
Technische Universität Bergakademie
Freiberg

Professor Dr. Cornelius Herstatt
Technische Universität
Hamburg-Harburg

Professor Dr. Hans Koller
Universität der Bundeswehr Hamburg

Professor Dr. Christian Lüthje
Technische Universität
Hamburg-Harburg

Professor Dr. Martin G. Möhrle
Universität Bremen

Weitere Bände in der Reihe http://www.springer.com/series/12195

Timo Weyrauch

Frugale Innovationen

Eine Untersuchung der Kriterien
und des Vorgehens bei
der Produktentwicklung

Mit einem Geleitwort von
Univ. Prof. Dr. oec. publ. Cornelius Herstatt

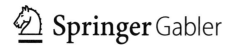

Timo Weyrauch
Hamburg, Deutschland

Dissertation Technische Universität Hamburg, 2018

Gutachter Univ. Prof. Dr. oec. publ. Cornelius Herstatt, Prof. Dr. Dr. h. c. Wolfgang Kersten
Tag der mündlichen Prüfung: 9. März 2018

Forschungs-/Entwicklungs-/Innovations-Management
ISBN 978-3-658-22212-3   ISBN 978-3-658-22213-0   (eBook)
https://doi.org/10.1007/978-3-658-22213-0

Die Deutsche Nationalbibliothek verzeichnet diese Publikation in der Deutschen National-
bibliografie; detaillierte bibliografische Daten sind im Internet über http://dnb.d-nb.de abrufbar.

Springer Gabler
© Springer Fachmedien Wiesbaden GmbH, ein Teil von Springer Nature 2018

Gedruckt auf säurefreiem und chlorfrei gebleichtem Papier

Springer Gabler ist ein Imprint der eingetragenen Gesellschaft Springer Fachmedien Wiesbaden
GmbH und ist ein Teil von Springer Nature
Die Anschrift der Gesellschaft ist: Abraham-Lincoln-Str. 46, 65189 Wiesbaden, Germany

Geleitwort

Herr Dr. Weyrauch befasst sich in seiner Dissertationsschrift mit einer noch recht jungen Thematik der Innovationsforschung, den sogenannten frugalen Innovationen. In Ermangelung einer bisher allgemein anerkannten Definition bzw. präzisen Abgrenzung setzt er es sich zum Ziel, Kriterien zu identifizieren, die frugale Innnovationen bestimmen. Eine weitere Zielsetzung der Arbeit besteht darin, Wege aufzuzeigen, die Unternehmen zur systematischen Entwicklung von frugalen Innovationen einschlagen können.

Frugale Innovationen wurden bisher meist im Zusammenhang mit Entwicklungs- und Schwellenländern behandelt und wurden für Industriestaaten kaum untersucht. Mit Blick auf die aktuelle Literatur wie auch die Diskussion in der Praxis ändert sich diese (einseitige) Perspektive zurzeit aber deutlich. So hat sich die Anzahl einschlägiger Veröffentlichungen zum Thema in den letzten fünf Jahren mehr als verzehnfacht. Unternehmen in Deutschland sehen das Potential frugaler Innovationen vermehrt im eigenen Heimatmarkt. Auch auf politischer Ebene wächst das Interesse an frugalen Innovationen, was sich beispielsweise durch zahlreiche aktuelle Förderprojekte auf nationaler wie europäischer Ebene bemerkbar macht. Daher kommt die Dissertation von Herrn Dr. Weyrauch zum rechten Zeitpunkt. Im Hinblick auf den aktuellen Forschungs- und Erkenntnisstand wie auch im Hinblick auf den hiermit verbundenen praktischen Nutzen für innovierende Unternehmen gibt diese Arbeit wichtige Impulse. Aus meiner Sicht gelingt es Herrn Dr. Weyrauch sehr gut, die Besonderheiten frugaler Innovationen anhand von drei Kriterien umfänglich zu beschreiben. Hierdurch leistet er einen wichtigen konzeptionellen Beitrag für das grundlegende Verständnis frugaler Innovationen.

Im Rahmen seiner Hauptstudie zeigt er, wie frugale Innovationen gezielt entwickelt werden können. Hierzu führte er eine aufwendige Aktionsforschung gemeinsam mit einem führenden amerikanischen Maschinenbauunternehmen über einen Zeitraum von 19 Monaten durch. Herr Dr. Weyrauch untersuchte hierbei, welche Veränderungen für die gezielte Entwicklung einer frugalen Innovation im Produktentwicklungs- und Innovationsprozess erforderlich sind. Weiterhin analysiert er Methoden und Werkzeuge im Hinblick auf deren Eignung zur gezielten Entwicklung frugaler Innovationen und optimiert diese, wo erforderlich.

Neben den theoretisch wie praktisch nützlichen Erkenntnissen ist ein weiteres Ergebnis der Arbeit eine frugale Innovation, die am Ende der Untersuchung zum Patent angemeldet worden ist und damit die Wirksamkeit der Anwendung der Untersuchungsergebnisse dokumentiert. Die Qualität der Forschungsergebnisse in Verbindung mit der sachkundigen Anwendung wissenschaftlicher Methoden sowie die Interpretation und präzise Darstellung der Ergebnisse bestätigen den von Herrn Dr. Weyrauch gewählten Forschungsansatz. Sein wesentlicher Beitrag liegt für mich in der Theoriebildung wie auch in der sehr fundierten Theoriediskussion und -erweiterung durch Aufarbeitung eines aktuellen Phänomens von hoher theoretischer und praktischer Relevanz. Hier leistet Herr Dr. Weyrauch Pionierarbeit und einen erkennbaren wissenschaftlichen Beitrag. Die Dissertation von Herrn Dr. Weyrauch ist daher sowohl für Innovationsforscher als auch Praktiker mit Innovationsverantwortung eine sehr empfehlenswerte Lektüre.

Hamburg, im März 2018

Univ. Prof. Dr. oec. publ. Cornelius Herstatt

Vorwort

Die Forschung zu frugalen Innovationen steht aus meiner Sicht noch am Anfang. Was die Forschung zu frugalen Innovationen in ihrem derzeitigen Stadium so spannend macht, ist die Tatsache, dass die Auseinandersetzung mit frugalen Innovationen auch eine Auseinandersetzung mit zahlreichen weiteren Feldern der Innovationsforschung erfordert. Im Zusammenspiel mit den Ergebnissen dieser Forschungsfelder offenbart sich die Komplexität, die frugalen Innovationen zugrunde liegen kann. Der Versuch, diese Komplexität mit der vorliegenden Dissertationsschrift ein Stück weit zu durchdringen, hat mir viel Freude bereitet.

Entstanden ist die Arbeit während meiner Zeit als Doktorand am Institut für Technologie- und Innovationsmanagement der Technischen Universität Hamburg. Bei meiner Forschung bin ich in vielfältiger Weise unterstützt und gefördert worden. In besonderer Weise danke ich meinem Doktorvater Herrn Prof. Dr. Cornelius Herstatt für das Vertrauen, das er in mich gesetzt hat, die Freiräume, die er mir zugestanden hat und seine immerwährende Unterstützung. Er hat die Zeit an seinem Institut zu einer fachlich wie menschlich sehr bereichernden Zeit für mich werden lassen. Ein besonderer Dank gilt ebenfalls Herrn Prof. Dr. Dr. h. c. Wolfgang Kersten für die Übernahme des Zweitgutachtens sowie Herrn Prof. Dr. Christoph Ihl für die Übernahme des Vorsitzes im Prüfungsausschuss.

Für die inhaltliche Auseinandersetzung mit der vorliegenden Arbeit, die wertvollen Anregungen und fachlichen Diskussionen sowie die gemeinsame Zeit danke ich Herrn Dr. Stephan Buse, Herrn Stephan Bergmann, Herrn Dr. Florian Denker, Frau Viktoria Drabe, Herrn Dr. Daniel Ehls, Herrn Moritz Göldner, Frau Dr. Katharina Kalogerakis, Herrn Malte Krohn, Herrn Daniel Kruse, Herrn Dr. Jens Lehnen, Herrn Dr. Malte Marwede, Frau Sandra-Luisa Moschner, Frau Sara Polier, Herrn André Schorn, Frau Eilika Schwenke, Herrn Prof. Dr. Tim Schweisfurth und besonders Herrn Dr. Rajnish Tiwari, der mich auf das Thema frugale Innovationen gestoßen und mich in den ersten Monaten meiner Forschung in das Thema eingeführt hat. Frau Carola Tiedemann danke ich für ihre organisatorische Unterstützung.

Herrn Thorsten Pieper möchte ich nicht nur für den sehr guten fachinhaltlichen Austausch der vergangenen Jahre danken, sondern auch für seinen geistreichen Humor, mit dem er es vorzüglich verstand, meine Gedanken zu zerstreuen und mir als seinem Büronachbarn die humorvolle Seite der Forschung zu zeigen. Besonders danke ich auch Frau Marie-Luise Lackhoff und Frau Dr. Martina Lackhoff, die in den frühen Phasen meiner

Forschung Texte gegenlasen und korrigierten und mich von Herzen bei meiner Arbeit unterstützten sowie Herrn Dr. David Wagner und Frau Dr. Beatrice von Lüpke für ihre wertvollen Anregungen und Korrekturen. Herrn Dr. Philipp Teichfischer danke ich herzlich für die Übernahme des Korrektorats.

Zentrale Teile meiner Forschung wurden durch Herrn Jörg Lindemaier ermöglicht. Für sein Vertrauen, die von ihm verantworteten Bereiche seines Unternehmens für meine Forschung zu öffnen, die vielen Stunden herausragender fachinhaltlicher Diskussion, seine fachliche Brillanz und seinen Veränderungs- und Gestaltungswillen danke ich ihm sehr. Ebenso danke ich Frau Sabrina Heinloth und ihren Kolleginnen und Kollegen, die mit Offenheit und Begeisterung an der Forschung mitgewirkt haben.

Herrn Markus Berg und Herrn Dr. Torsten Lund möchte ich herzlich für die mehrere Jahre umfassende Freistellung von meiner Arbeit bei Berg Lund & Company danken, die mir den Weg zur Promotion ermöglicht hat.

In meinem Promotionsvorhaben wurde ich unterstützt von der Konrad-Adenauer-Stiftung, der ich für die geleistete ideelle und finanzielle Förderung danken möchte. Im Kreise der Stiftung durfte ich zudem mit Frau Dr. Katrina Harnacke demjenigen Menschen begegnen, der meinem Leben ungeahnten Glanz und Tiefe schenkt. Ihre Fürsorge und fortwährende Unterstützung haben entscheidend zur Fertigstellung der Arbeit beigetragen.

Besonders dankbar bin ich meinen Freunden und meiner Großfamilie, die der täglichen Forschung ihren eigentlichen Sinn schenkten, allen voran meinen beiden Schwestern, Frau Julia Weyrauch und Frau Anne Weyrauch. Widmen möchte ich die Arbeit meinen Eltern – meiner Mutter Frau Gabriele Baake-Weyrauch, die 2008 verstarb und die mich dennoch bis heute durchs Leben begleitet und meinem Vater, Herrn Prof. Dr. Wolfram Weyrauch, der mir mit seiner Liebe väterlichen Halt auf meinem Lebensweg schenkt.

Den Leserinnen und Lesern wünsche ich viel Erkenntnisgewinn bei der Lektüre, in der Hoffnung, einen Teil der Freude vermitteln zu können, die ich an dem Forschungsfeld hatte als auch wissenschaftstheoretische Erkenntnisse aufzuzeigen, die ihren Nutzen auch im praktischen Alltag entfalten.

Hamburg, im März 2018

Timo Weyrauch

Inhaltsverzeichnis

Abbildungsverzeichnis

Tabellenverzeichnis

Abkürzungsverzeichnis

B2B	Business-to-Business
B2C	Business-to-Consumer
CEO	Chief Executive Officer
EKG	Elektrokardiogramm
EMEA	Europe, the Middle East and Africa
F&E	Forschung und Entwicklung
IRR	Internal Rate of Return
NPD	New Product Development
NPV	Net Present Value
OECD	Organisation für wirtschaftliche Zusammenarbeit und Entwicklung
OEM	Original Equipment Manufacturer
QFD	Quality Function Deployment
SMEs	Small and medium-sized enterprises
TRIZ	Theorie des erfinderischen Problemlösens
VDMA	Verband Deutscher Maschinen- und Anlagenbau
VoC	Voice of the Customer
WOIS	Widerspruchsorientierte Innovationsstrategie

Teil A: Einführung in die Untersuchung

1. Einleitung – Zielsetzung und Aufbau der Arbeit

In der vorliegenden Dissertationsschrift wird untersucht, **welche Kriterien *frugale Innnovation* definieren** und **wie frugale Innovationen entwickelt werden können**. Um in die Arbeit einzuführen, werden in Abschnitt 1.1 die Ausgangssituation und Problemstellung der Arbeit beschrieben. Die Forschungsfragen, die mit der Arbeit beantwortet werden sollen, werden in Abschnitt 1.2 diskutiert. Im Abschnitt 1.3 wird dann die Zielsetzung der Arbeit zusammengefasst. Abschließend wird in Abschnitt 1.4 eine Übersicht über den Aufbau der Arbeit gegeben.

1.1 Ausgangssituation und Problemstellung

Ursprung der Diskussion

Noch im Jahr 2010 war der Begriff **frugale Innovation** weitgehend unbekannt und in Publikationen nahezu nicht präsent (Tiwari und Kalogerakis 2016). Erst in den letzten fünf Jahren ist ein rasanter Anstieg an Publikationen zu frugalen Innovationen zu beobachten. Im Jahr 2016 lagen kumulativ bereits knapp über 70 Veröffentlichungen vor (Tiwari und Kalogerakis 2016).

Die Diskussion über frugale Innovationen entstammt dem Kontext der **Entwicklungs- und Schwellenländer**. Zunächst wurde eine Diskussion darüber geführt, Produkte und Dienstleistungen auf die speziellen Bedürfnisse und Anforderungen der dortigen Märkte auszurichten (Hart und Christensen 2002; Prahalad und Hammond 2002; Prahalad und Hart 2002).[1] Die Märkte zeichnen sich durch preissensible Kunden mit oftmals geringer Kaufkraft aus, für die besonders kostengünstige Produkte und Dienstleistungen notwendig sind. Zugleich müssen die Produkte und Dienstleistungen die speziellen Gegebenheiten vor Ort berücksichtigen, wie eine unterentwickelte Infrastruktur, ein im Vergleich zu Industriestaaten oftmals geringes Bildungsniveau, regional unterschiedliche Verbrauchergewohnheiten und Marktstrukturen sowie insgesamt knappe Ressourcen (Hart und Christensen 2002; Prahalad und Hart 2002; Prahalad und Mashelkar 2010; Soni und Krishnan 2014; The Economist 2010 b).

---

[1] Anfänglich wies die Diskussion Schnittmengen mit der Diskussion um die Bedürfnisse der Bottom-of-the-Pyramid-Märkte auf. Diesen Märkten wird der Teil der Weltbevölkerung mit dem geringsten Pro-Kopf-Einkommen zugeordnet. Häufig wird dazu die Grenze bei einem Pro-Kopf-Einkommen von unter 1500 US-Dollar jährlich festgelegt. Diesem Kreis gehört mehr als die Hälfte der Weltbevölkerung an (Prahalad und Hart 2002). Die Diskussion über frugale Innovation reicht jedoch weit über die Bottom-of-the-Pyramid-Märkte hinaus, wie im Folgenden deutlich gemacht wird.

© Springer Fachmedien Wiesbaden GmbH, ein Teil von Springer Nature 2018
T. Weyrauch, *Frugale Innovationen*, Forschungs-/Entwicklungs-/Innovations-Management, https://doi.org/10.1007/978-3-658-22213-0_1

Die Antwort auf diese Anforderungen sind frugale Innovationen – einfach zu handhabende, kostengünstige und dennoch robuste Produkte und Dienstleistungen, welche die lokalen Bedürfnisse erfüllen (Kumar und Puranam 2012; Sehgal et al. 2010; The Economist 2010 b; Tiwari und Herstatt 2012 b; Zeschky et al. 2011).

Beispiele für frugale Innovationen

Ein bekanntes Beispiel für eine frugale Innovation aus der Literatur ist der Tata Ace, ein Mini-Lastwagen für den indischen Markt, der mit rund 225 000 indischen Rupien (ca. 5000 US-Dollar) zum Zeitpunkt der Markteinführung nur die Hälfte des Preises für vergleichbare Fahrzeuge kostete (Palepu und Srinivasan 2008; Tiwari und Herstatt 2014). Ein weiteres bekanntes Beispiel ist das tragbare Ultraschallgerät Vscan von GE Healthcare in der Größe eines Mobiltelefons, das bei seiner Markteinführung sogar nur 15 % des Preises bisheriger Ultraschallgeräte kostete (Govindarajan und Trimble 2012). Sowohl Lehner (2016) als auch Rao (2013) listen zahlreiche weitere Beispiele für Innovationen auf, die in der Literatur als frugal verstanden werden, darunter Beispiele aus der Medizintechnik, wie den *Embrace Infant Warmer* (ein Inkubator für Säuglinge), aus dem Finanzdienstleistungsbereich, wie *M-Pesa* (ein System zum bargeldlosen Zahlungsverkehrs mittels Mobiltelefonen), oder aus dem Haushaltsgerätebereich, wie den *Protos* (ein Pflanzenölkocher von der BSH Hausgeräte GmbH).[2]

Relevanz von frugalen Innovationen

Mittlerweile wird auf die zunehmende Bedeutung von frugalen Innovationen für die Unternehmen aus den Industriestaaten hingewiesen (Govindarajan und Trimble 2012; Knapp et al. 2015; Kroll et al. 2016; Radjou und Prabhu 2014; The Economist 2012; Tiwari und Herstatt 2013 b). Dafür gibt es mehrere Gründe.

Der Markt für frugale Innovationen in den Entwicklungs- und besonders den Schwellenländern ist potenziell auch für Unternehmen aus den Industriestaaten attraktiv. Eine Befragung von Unternehmen in den **Schwellenländern** ergab, dass diese von einem deutlichen Umsatzanstieg bei frugalen Innovationen in den nächsten Jahren ausgehen (Roland Berger Strategy Consultants 2013 a). Knapp et al. (2015) von Roland Berger

---

[2] Lehner (2016) nennt 31 Beispiele für frugale Innovationen, die Grundlage ihrer Untersuchung sind; Rao (2013) nennt 30 Beispiele für frugale Innovationen.

Strategy Consultants sehen in der weltweit rasch **wachsenden Mittelschicht**[3] einen interessanten Markt für frugale Innovationen.[4]

Auch in **Industriestaaten** wie Deutschland gibt es einen Markt für frugale Innovationen. Radjou und Prabhu (2014) führen hierfür den Erfolg der Automarke Dacia als Beispiel an. Ebenso spielen frugale Innovationen im Business-to-Business (B2B)-Bereich eine Rolle, wie das Beispiel des Elektro-Fahrzeugherstellers *StreetScooter* zeigt. Ziel sei es gewesen, wie Günther Schuh, einer der Mitbegründer des Unternehmens, in einem Interview erläutert, „im Hochlohnland Deutschland ein alltagstaugliches, bezahlbares Elektrofahrzeug zu bauen" (Jauernig 2017, S. 1). Mittlerweile wurde das Unternehmen erfolgreich an die Deutsche Post AG verkauft (Jauernig 2017; Köhn 2017; StreetScooter GmbH 2015).

Gassmann et al. (2014) sehen überdies für westliche Firmen eine Gefahr darin, dass die Konkurrenz aus den Schwellenländern frugale Produkte entwickelt, die später in die Märkte der Industriestaaten fließen und die Marktposition etablierter Unternehmen gefährden.[5] Allein deswegen empfehlen sie, in den Markt für frugale Innovationen einzutreten. Sie sehen darin aber auch eine Chance, neue preissensible Kunden zu gewinnen.

Das Thema gewinnt auch für Unternehmen zunehmend an Bedeutung, die sich bisher auf Hochtechnologien konzentriert haben, wie die Impuls-Stiftung des Branchenverbands VDMA am Beispiel von deutschen und chinesischen Unternehmen zeigt. Deutsche Unternehmen, die sich bisher auf Hochtechnologien konzentriert haben, bekommen zunehmend Konkurrenz von chinesischen Unternehmen aus dem **mittleren Preissegment**. Chinesische Unternehmen positionieren sich zunächst erfolgreich mit einer good-enough-Strategie in dem Segment, dem auch frugale Innovationen zugeordnet werden,[6] und behaupten sich zunehmend mit technologisch höherwertigen Maschinen

---

[3] Knapp et al. (2015) verweisen als Beleg für das Wachstum der Mittelschicht auf die Daten der OECD (Kharas 2010), auf die auch andere Studien verweisen. Auch die Studie von Ernst & Young (2011), die häufig in diesem Kontext zitiert wird, geht von einem weltweit starken Wachstum der Mittelschicht in den nächsten Jahrzehnten aus.

[4] Westliche Unternehmen lassen sich diese Wachstumschancen oftmals entgehen, wie das Beispiel von westlichen Herstellern von Baumaschinen für den B2B-Bereich zeigt. Mit ihren Maschinen, die als **zu gut** für den Weltmarkt gelten, verlieren sie Marktanteile an chinesische Hersteller, die mit einfacheren und kostengünstigeren Maschinen die Anforderungen der Wachstumsmärkte besser erfüllen (Dierig 2013; Oliver Wyman 2013).

[5] Bei Innovationen, die in Entwicklungs- oder Schwellenländern entwickelt wurden und von dort aus den Weg in die Industriestaaten finden, wird die Diskussion teils unter dem Begriff *reverse innovation* geführt (siehe z. B. Govindarajan und Trimble 2012; Immelt et al. 2009; Zedtwitz et al. 2015).

[6] Für eine Diskussion von frugalen Innovationen und den entsprechenden Marktsegmenten siehe beispielsweise Roland Berger Strategy Consultants (2013 a) sowie Buse und Tiwari (2014).

und Anlagen, mit denen sie auch in obere Marktsegmente vordringen (Impuls-Stiftung 2014).

Eine weitere Bedeutung, die frugalen Innovationen in Industriestaaten zukommen kann, ist, diese gezielt zur Ressourceneinsparung zu verwenden und so auf mehr **Nachhaltigkeit** zu setzen (Jänicke 2013, 2014).

Problemstellung 1

Trotz der zunehmenden Bedeutung von frugalen Innovationen und dem gestiegenen Interesse an ihnen geht aus den bisherigen wissenschaftlichen Untersuchungen und Veröffentlichungen nicht klar hervor, wie frugale von nicht-frugalen Innovationen voneinander abgegrenzt werden.[7] Bisher gibt es für den Begriff *frugale Innovation* **keine Definition, anhand der sich bestimmen oder argumentieren ließe**, unter welchen Voraussetzungen eine Innovation als frugal verstanden werden soll.

Die meisten Publikationen umgehen diese Frage, indem sie frugale Innovationen mithilfe einer Vielzahl von Charakteristika umschreiben, etwa als „scarcity-induced-, minimalist- or reverse-innovation" (Rao 2013, S. 65), als „high-end low-cost technology products" (Ojha 2014, S. 8) oder als „overarching philosophy that enables a true ‚clean sheet' approach to product development" (Sehgal et al. 2010, S. 20). Unter einer Vielzahl weiterer Umschreibungen und Definitionen schlagen Tiwari und Herstatt wohl die umfassendste und präziseste vor:

> „[W]e define frugal innovations (in keeping with the OECD definition of innovation) as new or significantly improved products (both goods and services), processes, or marketing and organizational methods that seek to minimize the use of material and financial resources in the complete value chain (development, manufacturing, distribution, consumption, and disposal) with the objective of significantly reducing the total cost of ownership and/or usage while fulfilling or even exceeding certain pre-defined criteria of acceptable quality standards" (Tiwari und Herstatt 2014, S. 30).

Die derzeit existierenden Definitionen und Umschreibungen zeigen zwar, welche Eigenschaften frugalen Innovationen zugeordnet werden, jedoch sind sie nicht dafür geeignet, systematisch zwischen frugal und nicht-frugal zu unterscheiden. Dies führt zu **zwei wesentlichen Problemen**:

- Zum einen lässt sich bei einer Untersuchung von frugalen Innovationen nur schwer begründen, **warum eine bestimmte Innovation als frugal verstanden** und damit in die Untersuchung aufgenommen wird, während eine andere Innovation hingegen

---

[7] Für eine Übersicht verschiedener Definitionen und einen Vergleich von Begrifflichkeiten, die mit dem Begriff der *frugalen Innovation* eng in Verbindung stehen, wie beispielsweise *frugal engineering, reverse innovation, jugaad innovation, constraint-based innovation, resource-constrained innovation* oder *gandhian innovation*, siehe z. B. Brem und Wolfram (2014).

als nicht-frugal verstanden und somit nicht berücksichtigt wird. Dies erschwert, die Unterschiede von frugalen und konventionellen Innovationen systematisch zu ergründen und hieraus gewinnbringende Erkenntnisse und Schlussfolgerungen für die Wissenschaft und Praxis abzuleiten.

- Zum anderen geben Umschreibungen wie *high-end low cost*, *scarcity-induced* oder *tough and easy to use*[8] zwar eine vage Vorstellung davon, wie eine zu entwickelnde frugale Innovation aussehen kann. Jedoch eignen sich diese Umschreibungen nicht dafür, um bei der Entwicklung einer frugalen Innovation für den einzelnen Fall **konkrete Entwicklungsziele abzuleiten**. Diese sind aber notwendig, um festzulegen, was das Ergebnis der Entwicklungsbemühungen sein soll.

Problemstellung 2

Neben der Frage nach dem grundsätzlichen Verständnis von frugalen Innovationen stellt sich die Frage, wie diese entwickelt werden können. Einige Veröffentlichungen diskutieren grundsätzliche Prinzipien und Regeln, die bei der Entwicklung von frugalen Innovationen hilfreich sein können (Kumar und Puranam 2012; Prahalad und Mashelkar 2010; Radjou und Prabhu 2014). Die entsprechenden Hinweise sind jedoch häufig sehr allgemein gehalten und gehen wenig ins Detail. Lehner (2016) diskutiert acht Ansätze, die aus ihrer Sicht für die Entwicklung von frugalen Innovationen in Frage kommen, und zeigt die Defizite dieser Ansätze auf, wie beispielsweise das Fehlen von konkreten Methoden und Werkzeugen oder die reine Darstellung von Prinzipien ohne konkrete Beschreibungen. Lehner selbst entwickelt eine Systematik, bei der Lösungsmuster auf ein Problem übertragen werden, die bei Vorliegen eines ähnlichen Problems bereits zu einer frugalen Innovation geführt haben (Lehner 2016). Diese Art der Systematik setzt jedoch voraus, dass tatsächlich ein ähnlich gelagertes Problem vorliegt.

Keine der vorliegenden Darstellungen zeigt, warum und an welchen Stellen **das bisherige Vorgehen im Innovations- und Produktentwicklungsprozess** bei der Entwicklung von frugalen Innovationen an seine Grenzen stößt. Jedoch würde es erst diese Art der Betrachtung ermöglichen, zu verstehen, an welchen Stellen in der Produktentwicklung frugale Innovationen ein anderes Vorgehen erfordern und worin die Ursachen hierfür liegen. Ein solches Verständnis würde helfen, gezielt Maßnahmen abzuleiten, mit denen Unternehmen ihre Innovations- und Produktentwicklungsprozesse auf die Entwicklung von frugalen Innovationen ausrichten könnten.

---

[8] Für die Quellen der ersten beiden Ausdrücke siehe oben, S. 6. Der letzte Ausdruck stammt aus The Economist (2010 b), S. 3.

1.2   Forschungsfragen

Mit der vorliegenden Arbeit sollen zwei Forschungsfragen beantwortet werden. Die erste Frage betrifft das grundlegende Verständnis frugaler Innovationen und adressiert folgende Teilfragen: Wie lassen sich frugale Innovationen dem herkömmlichen Verständnis nach von anderen Innovationen abgrenzen? Was sind die Voraussetzungen dafür, dass eine Innovation dem bisherigen Verständnis nach als frugal bezeichnet werden kann? Diese beiden Fragen lassen sich zusammenfassen zu der ersten Forschungsfrage:

Forschungsfrage 1: Welche Kriterien definieren frugale Innovation?

Die zweite Frage, deren Komplexität sich erst bei der Darstellung der Untersuchung selbst erschließt, bezieht sich auf den Innovations- und Produktentwicklungsprozess. Auch die zweite Frage adressiert mehrere Teilfragen: Gibt es ein Vorgehen, das es ermöglicht, frugale Innovationen nicht nur für die Märkte der Entwicklungs- und Schwellenländer zu entwickeln, sondern auch auf frugale Innovationen angewendet werden kann, die sich an Industriestaaten richten? Wie lässt sich die Entwicklung frugaler Innovationen in etablierte Innovations- und Produktentwicklungsprozesse integrieren? Wo liegen die Schwierigkeiten eines solchen Ansatzes? Wo stoßen bisherige Prozesse und Verfahrensweisen bei der Entwicklung frugaler Innovationen an ihre Grenzen? Diese Fragen lassen sich zusammenfassen zu der zweiten Forschungsfrage:

Forschungsfrage 2: Wie können frugale Innovationen gezielt entwickelt werden?

1.3   Zielsetzung

Ziel der Arbeit ist es, überzeugende und weiterführende Antworten auf beide Forschungsfragen zu entwickeln. **Forschungsfrage 1** bezieht sich auf das gesamte Forschungsfeld zu frugalen Innovationen. Hierzu soll das herkömmliche Verständnis zu frugalen Innovationen systematisch untersucht werden, um sowohl aus dem allgemeinen wissenschaftlich-theoretischen als auch praktischen Verständnis heraus Kriterien abzuleiten. Diese sollen als Argumente bei der Beantwortung der Frage helfen, welche Innovationen als frugal verstanden werden können.

Hinsichtlich der **Forschungsfrage 2** beschränkt sich das empirische Feld auf den **internationalen Maschinen- und Anlagenbau** im **B2B-Bereich**. Die Produktentwicklung für Zielmärkte in den Industriestaaten wurde dabei schwerpunktmäßig betrachtet.

Die Untersuchung erfolgt entlang des Innovations- und Produktentwicklungsprozesses ab der **initialen Idee** für eine frugale Innovation bis zum **Abschluss der Konzept-entwicklung**.[9] Ziel ist es, sowohl sämtliche dazwischenliegende Schritte als auch die prozessualen Rahmenbedingungen, die für die Entwicklung einer frugalen Innovation notwendig sind, zu betrachten. Um die teilweise komplexen Zusammenhänge der einzelnen Aktivitäten sowie der notwendigen Rahmenbedingungen in dieser Phase erfassen zu können, folgt die Untersuchung einem **explorativen Ansatz**. Ermöglicht wird dies durch die Anwendung der Aktionsforschung in einem amerikanischen Maschinenbauunternehmen über einen Zeitraum von 19 Monaten. Die Untersuchung wurde in Deutschland, Großbritannien und Österreich durchgeführt. Die in die Untersuchung eingebundenen Akteure kamen aus Deutschland, Großbritannien, den Niederlanden sowie Österreich.

Aus den in der Untersuchung gewonnenen **theoretischen Erkenntnissen** sollen notwendige Veränderungen im Innovations- und Produktentwicklungsprozess abgeleitet werden, welche die Entwicklung frugaler Innovationen ermöglichen. Auf diese Weise sollen Erkenntnisse zum grundsätzlichen Vorgehen im Innovations- und Produktentwicklungsprozess gewonnen werden, die sich auf andere Entwicklungsprojekte übertragen lassen.

Nicht betrachtet werden hingegen in der vorliegenden Untersuchung diejenigen Fragen, die im Wesentlichen bereits **vor dem vom Management gefassten Entschluss**, in ein frugales Marktsegment eintreten zu wollen, zu beantworten sind. Dazu gehören Fragen nach möglichen Kannibalisierungseffekten, dem Branding, der Marktpositionierung, grundsätzlichen Akzeptanz- und Erfolgsfaktoren frugaler Innovationen sowie möglichen inneren Widerständen des mittleren Managements und der Mitarbeiter gegen den Eintritt in ein frugales Marktsegment.

In der vorliegenden Arbeit wird davon ausgegangen, dass der Leser mit dem Bereich des Technologie- und Innovationsmanagements vertraut ist und bereits erste Berührungspunkte zum Themenfeld frugaler Innovationen hatte. Auf grundlegende Einführungen zu Fragen wie beispielsweise, was Innovation ist oder was unter einem Innovations- und Produktentwicklungsprozess verstanden wird, sowie auf eine umfassende Einführung in das Phänomen der frugalen Innovation wird daher hier verzichtet. Die vorliegende Arbeit kann jedoch auch ohne entsprechendes Hintergrundwissen nachvollzogen werden.

---

[9] *Initiale Idee* wird hier auf den Kontext der Ideenfindung im Produktentwicklungs- und Innovationsprozess bezogen. Dem Einstieg in den Produktentwicklungs- und Innovationsprozess geht die Entscheidung des Unternehmens voraus, in das frugale Produktsegment eintreten zu wollen.

Zusätzlich wird an den entsprechenden Stellen auf ein- und weiterführende Literatur verwiesen.

1.4   Aufbau der Arbeit

Der Aufbau der vorliegenden Arbeit kann in Abbildung 1 nachvollzogen werden. Die Arbeit besteht aus vier Teilen.

In **Teil A** soll im Anschluss an die gerade erfolgte **Einleitung** in die Arbeit auf die theoretischen Aspekte zu frugalen Innovationen eingegangen werden.

In **Teil B** soll dann die erste Forschungsfrage beantwortet werden. Dabei wird untersucht, welche Kriterien frugale Innovationen definieren. Die Frage wird auf Basis eines systematischen Literaturreviews und einer qualitativen Befragung beantwortet. Nach Auswertung der Ergebnisse können drei Kriterien abgeleitet werden, deren gleichzeitiges Erfüllen frugale Innovationen definiert. Die Kriterien nähern sich einer Operationalisierung des Begriffs frugale Innovation an und helfen bei der Einordnung einer Innovation als frugal. Hierdurch wird ein konzeptioneller Beitrag für das grundlegende Verständnis frugaler Innovationen geleistet. Der Schwerpunkt von Teil B liegt auf der Diskussion der Ergebnisse sowie der **Entwicklung der drei Kriterien frugaler Innovation.**

In **Teil C** sollen Antworten auf die zweite Forschungsfrage gegeben werden. Es wird untersucht, wie frugale Innovationen gezielt entwickelt werden können. Um die zweite Forschungsfrage zu beantworten, wurde die Methode der Aktionsforschung in einem amerikanischen Maschinenbauunternehmen über einen Zeitraum von 19 Monaten durchgeführt. Es wurde untersucht, welche Veränderungen für die gezielte Entwicklung einer frugalen Innovation im Innovations- und Produktentwicklungsprozess notwendig sind. In der Untersuchung werden theoretische Erkenntnisse gewonnen, die eine gezielte Entwicklung frugaler Innovationen ermöglichen. Der Schwerpunkt von Teil C liegt auf der Darstellung der Durchführung sowie der Diskussion der Ergebnisse von **drei Untersuchungsfeldern.** Es wird untersucht, wie der Innovations- und Produktentwicklungsprozess für die Entwicklung von frugalen Innovationen auszugestalten ist, wie die Kundenbedürfnisse bei der Entwicklung von frugalen Innovationen zu identifizieren sind und wie bei der Konzepterarbeitung vorzugehen ist. Die drei Untersuchungsfelder sind in sich abgeschlossene Teilkapitel und enden jeweils mit einer Diskussion der Implikationen und einem Ausblick zum jeweiligen Untersuchungsfeld.

In **Teil D** erfolgt schließlich eine **Zusammenfassung** der Arbeit und ihrer Ergebnisse sowie eine weiterführende **Schlussbetrachtung**.

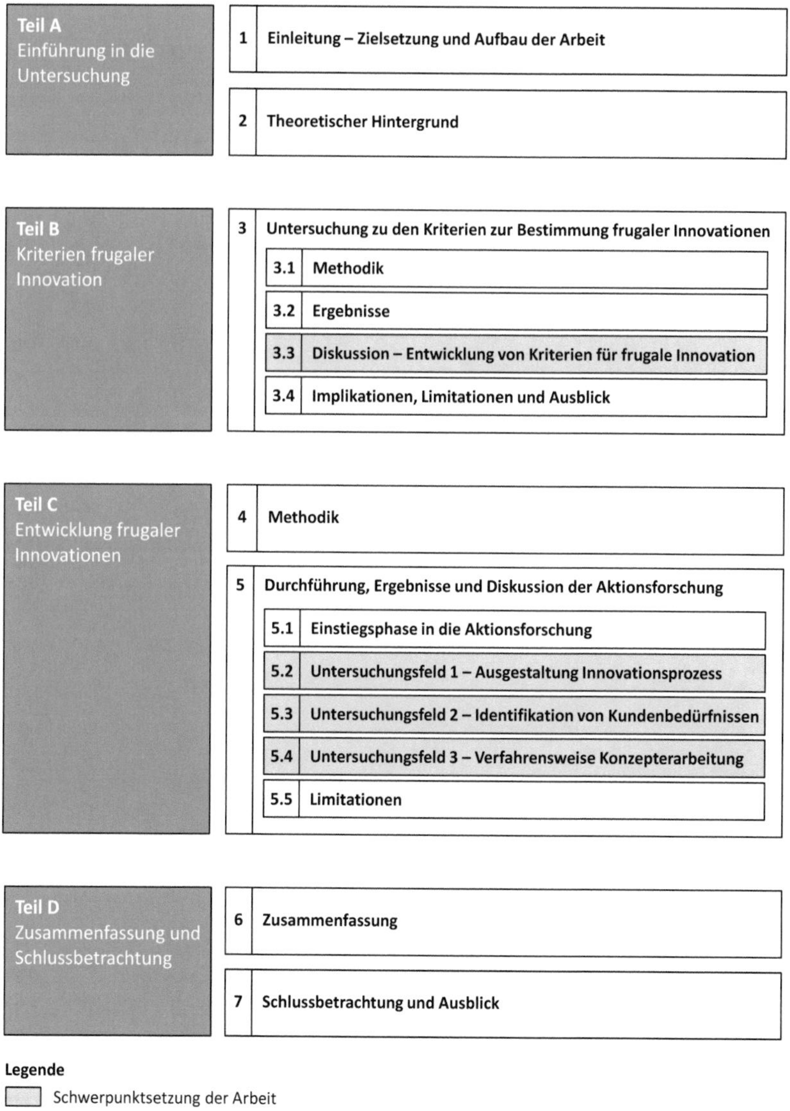

Teil A Einführung in die Untersuchung	1	Einleitung – Zielsetzung und Aufbau der Arbeit
	2	Theoretischer Hintergrund

Teil B Kriterien frugaler Innovation	3	Untersuchung zu den Kriterien zur Bestimmung frugaler Innovationen
		3.1 Methodik
		3.2 Ergebnisse
		3.3 Diskussion – Entwicklung von Kriterien für frugale Innovation
		3.4 Implikationen, Limitationen und Ausblick

Teil C Entwicklung frugaler Innovationen	4	Methodik
	5	Durchführung, Ergebnisse und Diskussion der Aktionsforschung
		5.1 Einstiegsphase in die Aktionsforschung
		5.2 Untersuchungsfeld 1 – Ausgestaltung Innovationsprozess
		5.3 Untersuchungsfeld 2 – Identifikation von Kundenbedürfnissen
		5.4 Untersuchungsfeld 3 – Verfahrensweise Konzepterarbeitung
		5.5 Limitationen

Teil D Zusammenfassung und Schlussbetrachtung	6	Zusammenfassung
	7	Schlussbetrachtung und Ausblick

Legende

☐ Schwerpunktsetzung der Arbeit

Abbildung 1: Aufbau der Arbeit

2. Theoretischer Hintergrund[10]

Im Folgenden werden anhand der Forschungsliteratur die in der Einleitung genannten Problemstellungen verdeutlicht. Zudem wird der theoretische Hintergrund erläutert, in den die Arbeit eingebettet ist. Zunächst werden hierzu diejenigen **Unterscheidungsmerkmale zur Klassifikation** von frugalen Innovationen diskutiert, mit denen im aktuellen Forschungsdiskurs frugale Innovationen von anderen Innovationen unterschieden werden. Im Anschluss wird auf die Literatur eingegangen, in der erste **Ansätze zur Entwicklung von frugalen Innovationen** thematisiert werden.

Charakteristika zur Klassifikation von frugalen Innovationen

Erste Definitionen und Umschreibungen zu frugalen Innovationen wurden bereits in der Einleitung genannt, wie beispielsweise „scarcity-induced-, minimalist- or reverse-innovation" (Rao 2013, S. 65), „high-end low-cost technology products" (Ojha 2014, S. 8) oder „overarching philosophy that enables a true 'clean sheet' approach to product development" (Sehgal et al. 2010, S. 20). Es gibt zudem einige Bemühungen in der Literatur, den Begriff *frugale Innovation* von Begriffen abzugrenzen, die inhaltlich eng mit diesem in Verbindung stehen, wie beispielsweise *low-cost innovation, good-enough innovation, jugaad innovation, frugal engineering, constraint-based innovation, gandhian innovation* oder *reverse innovation* (Bhatti und Ventresca 2013; Brem und Wolfram 2014; Ostraszewska und Tylec 2015; Zeschky et al. 2014). Einen Konsens über die Gemeinsamkeiten und Unterschiede der einzelnen Begriffe gibt es bisher nicht, jedoch steht der Begriff der frugalen Innovation trotz zahlreicher Bezüge zu weiteren Begriffen im wissenschaftlichen Diskurs mittlerweile für sich (Tiwari und Kalogerakis 2016).

In der Literatur werden einige unterschiedliche Konzepte und Frameworks diskutiert, um frugale Innovationen bewusst anderen Innovationen gegenüberzustellen. Diese sind in Tabelle 1 abgebildet.

Publikation	Unterscheidungscharakteristika	Spezifizierung und Hinweise
Cunha et al. (2014)	Art des **Mangels** (*scarcity*)	• Frugale Innovation: Mangel an **zahlungskräftigen Kunden** (*affluent customers are scarce*) • Bastelei (*bricolage*): Mangel an **materiellen Ressourcen** (*material resources are scarce*) • Improvisation: Mangel an **Zeit** (*time is scarce*)

---

[10] Dieser Abschnitt sowie Abschnitt 3 wurden bereits zu großen Teilen in dem im *Journal of Frugal Innovation* erschienenen Artikel *What is frugal innovation? Three defining criteria* (Weyrauch und Herstatt 2016) veröffentlicht.

Publikation	Unterscheidungscharakteristika	Spezifizierung und Hinweise
Brem und Wolfram (2014)	Entwicklungsgrad (*sophistication*) **Nachhaltigkeit** (*sustainability*) Grad der **Marktausrichtung** hin zu den Märkten der Entwicklungs- und Schwellenländer (*emerging market orientation*)	• Ausprägung von frugalen Innovationen im Unterschied zu anderen Innovationen - Ausprägung Dimension **Entwicklungsgrad**: niedrig bis mittel - Ausprägung Dimension **Nachhaltigkeit**: mittel - Ausprägung Dimension Grad der **Marktausrichtung** hin zu den Märkten der Entwicklungs- und Schwellenländer: mittel
Zeschky et al. (2014)	Grad der **technischen Neuheit** (*technical novelty*) Grad der **Marktneuheit** (*market novelty*) Weitere **Kriterien** (same for less, tailored for less, new for less)	• Ausprägung von frugalen Innovationen im Unterschied zu good-enough-Innovationen und Kosteninnovationen - Hoher Grad an **technischen Neuheit** - Hoher Grad an **Marktneuheit** • Anwendung der Kriterien - Kosteninnovation: *same for less* - Good-enough-Innovation: *tailored for less* - Frugale Innovation: *new for less*
Ostraszewska und Tylec (2015)	**Kriterien** (same for less, adapted for less, new for less)	GE LOGIQ Book wird als Beispiel für eine frugale Innovation genannt (*new for less*), hingegen dient das Automodell Tata Nano als Beispiel für Gandhian Innovation (*adapted for less*); üblicherweise gilt das Automodell Tata Nano als ein typisches Beispiel für eine frugale Innovation
Soni und Krishnan (2014)	**Geisteshaltung** oder Lebensgefühl (*mindset* oder *way of life*) **Prozess** (*process*) **Ergebnis** (*outcome*)	• (Keine weitere Spezifizierung)
Basu et al. (2013)	**Treiber** (*driver*) **Prozess** (*process*) **Kernkompetenzen** (*core capabilities*) **Ort** (location)	• Frugal Innovation - Treiber: Frage – „Was wird gebraucht" - Prozess: Bottom-up - Kernkompetenzen: Funktionalität - Ort: Märkte der Entwicklungs- und Schwellenländer • Konventionelle Innovation - Treiber: Frage – „Was wäre schön zu haben" - Prozess: Top-down - Kernkompetenzen: Erwünschtheit und Design - Ort: Märkte der Industriestaaten

Tabelle 1: Darstellung unterschiedlicher Unterscheidungscharakteristika für frugale Innovationen

Cunha et al. (2014) untersuchen in ihrem im *Journal of Product and Innovation Management* erschienenen Artikel Literaturströmungen im Forschungsfeld zu Knappheit beziehungsweise **Mangel** (*scarcity*) und Produktinnovation. In dieser Hinsicht unterscheiden sie zwischen den drei Begriffen frugale Innovation, Bastelei (*bricolage*) sowie Improvisation (*improvisation*). Sie verwenden den Begriff *frugale Innovation* für Produktinnovationen in Fällen, in denen ein Mangel an **zahlungskräftigen Kunden** besteht (*scarcity of affluent customers*), den Begriff *Bastelei* bei Produktinnovationen in Fällen, in denen ein Mangel an **materiellen Ressourcen** besteht (*material resources are scarce*) und den Begriff *Improvisation* bei Produktinnovationen in Fällen, in denen ein Mangel an **Zeit** besteht (*time is scarce*).

Brem und Wolfram (2014) versuchen, frugale Innovation von einer Vielzahl an Begriffen zu unterscheiden, die inhaltlich große Schnittmengen aufweisen, wie beispielsweise *frugal engineering, constraint-based innovation, gandhian innovation, jugaad innovation, reverse innovation, catalytic innovation, grassroots innovation* und *indigenous innovation*. Hierzu stellen sie ein konzeptionelles Framework vor, das auf der Auswertung von 363 Artikeln aufbaut. Das Framework klassifiziert die Begriffe durch die Verwendung der drei Dimensionen **Entwicklungsgrad** (*sophistication*), **Nachhaltigkeit** (*sustainability*) sowie **Grad der Marktausrichtung hin zu den Märkten der Entwicklungs- und Schwellenländer** (*emerging market orientation*). Gemäß ihrer Klassifikation zeichnen sich frugale Innovationen im Gegensatz etwa zur *jugaad innovation* oder *reverse innovation* dadurch aus, dass die drei Dimensionen hier folgendermaßen ausgeprägt sind – Entwicklungsgrad: niedrig bis mittel, Nachhaltigkeit: mittel, Grad der Marktausrichtung hin zu den Märkten der Entwicklungs- und Schwellenländer: mittel.

Zeschky et al. (2014) analysieren unterschiedliche Typen ressourcenbeschränkter Innovationen (*resource-constrained innovation*). Sie unterscheiden zwischen frugaler Innovation, good-enough-Innovation und Kosteninnovation (*cost innovation*). Die Unterscheidung dieser drei Typen von Innovation erfolgt anhand der beiden Kriterien **Grad der technischen Neuheit** (*technical novelty*) und **Grad der Marktneuheit** (*market novelty*). Ihrer Ansicht nach weisen frugale Innovationen im Vergleich zu good-enough-Innovationen und Kosteninnovationen sowohl einen höheren Grad an technischer Neuheit als auch an Marktneuheit auf. Gemäß ihrer Konzeptualisierung lässt sich Kosteninnovation beschreiben mit *the same for less*, good-enough-Innovation mit *tailored for less* und frugale Innovation mit *new for less*. Ostraszewska und Tylec (2015) schlagen eine ähnliche Konzeptionalisierung mit den Kriterien *the same for less*, *adapted for less*, und *new for less* vor, um zwischen Kosteninnovation (*cost innovation*), Jugaad Innovation und Gandhian Innovation, good-enough-Innovation sowie frugaler Innovation zu unterscheiden. Gemäß ihrer Klassifikation ist das Ultraschallgerät GE LOGIQ Book ein Beispiel für eine frugale Innovation (*new for less*), hingegen ist das Automodell Tata Nano ein Beispiel für Gandhian Innovation (*adapted for less*); das Interessante hierbei ist, dass das

Automodell Tata Nano üblicherweise als ein typisches Beispiel für frugale Innovationen gilt (Lehner 2016; Rao 2013; Tiwari und Herstatt 2014; The Economist 2010 b).

Soni und Krishnan (2014) schlagen auf Basis ihres Literaturreviews vor, frugale Innovationen nicht als eine monolithische Einheit (*monolithic entity*) zu betrachten, sondern frugale Innovation selbst noch einmal zu unterscheiden. Sie schlagen hierfür drei Arten frugaler Innovation vor: frugale Innovation als **Geisteshaltung** oder **Lebensgefühl** (*mindset* oder *way of life*), als **Prozess** (*process*) sowie als **Ergebnis** (*outcome*) in Form von Produkten und Dienstleistungen. Der Ansatz von Soni und Krishnan läuft somit mehr auf eine Typologie frugaler Innovationen als auf eine Unterscheidung frugaler von anderen Innovationen hinaus.

Basu et al. (2013) unterscheiden frugale Innovationen von konventionellen Innovationen anhand von vier Charakteristika: **Treiber** (*driver*), **Prozess** (*process*), **Kernkompetenzen** (*core capabilities*) sowie **Ort** (*location*). Frugale Innovationen unterscheiden sich von anderen Innovationen durch ihren Treiber, der durch die Frage bestimmt wird, „was gebraucht wird" (*what do they need*), im Unterschied zu dem Treiber anderer Innovationen, der bestimmt wird durch die Frage „was schön wäre zu haben" (*what would be nice to have*). Den Prozess bei der Entwicklung von frugalen Innovationen verstehen Basu et al. (2013) als *bottom-up* im Gegensatz zu *top-down* bei anderen Innovationen. Die Kernkompetenz wird bei frugalen Innovationen in der Funktionalität gesehen (*functionality*), statt in Erwünschtheit und Design (*desirability* und *design*) konventioneller Innovationen. Hinsichtlich des vierten Charakteristikums Ort richten sich frugale Innovationen an die Märkte der Entwicklungs- und Schwellenländer, statt an die Märkte der Industriestaaten.

Die hier vorgestellten Konzepte, Frameworks und Prinzipen können hilfreich sein, um besser zu verstehen, mit welchen Inhalten sich die Diskussion über frugale Innovationen auseinandersetzt, und um eine erste Vorstellung davon zu bekommen, was unter einer frugalen Innovation verstanden wird. Dennoch muss an dieser Stelle festgestellt werden, dass die hier vorgestellten Unterscheidungscharakteristika, wie beispielsweise die Unterscheidung nach *Art des Mangels* oder nach den drei Dimensionen *Entwicklungsgrad, Nachhaltigkeit* und *Grad der Marktausrichtung*, aber auch nach den beiden Kriterien *Grad der technischen Neuheit* und *Grad der Marktneuheit*, kaum dafür geeignet sind, festzulegen, welche Innovation als frugal verstanden werden soll und welche nicht. Auch eine Beschränkung des Verständnisses von frugalen Innovationen auf Entwicklungs- und Schwellenländer, wie beispielsweise bei Basu et al. (2013), wirkt überholt bei Betrachtung derjenigen Literatur, die auf die Marktchancen für frugale Innovationen in

Industriestaaten verweist (Govindarajan und Trimble 2012; Radjou und Prabhu 2014; Tiwari und Herstatt 2013 b; Zedtwitz et al. 2015).

Entsprechend sollten Kriterien, mit denen bestimmt werden kann, welche Innovationen als frugal verstanden werden sollen, universell und unabhängig vom Zielmarkt sein. Zudem sind die bisher diskutierten Unterscheidungscharakteristika auch deswegen für diesen Zweck wenig geeignet, da Aspekte wie *Grad der technischen Neuheit* und *Grad der Marktneuheit* zu unspezifisch sind, um frugale von nicht-frugalen Innovationen abzugrenzen.

An dieser Stelle ist ein weiterer Hinweis hinsichtlich des Verständnisses des Begriffs frugale Innovation zu geben. In der Literatur werden frugale Innovationen häufig als **Ergebnis** (*outcome*), teilweise aber auch als **Prozess** (*process*) betrachtet. Gemäß Soni und Krishnan (2014) wird oftmals das Ergebnis als *frugale Innovation* und der Prozess als *frugal engineering* bezeichnet. Das Verständnis von Brem und Wolfram (2014) ist ähnlich, im Gegensatz zu der Auffassung von Basu et al. (2013), die wiederum den Prozess als *frugale Innovation* bezeichnen, ebenso wie George et al. (2012). Diese betonen „inclusive growth and frugal innovation are complex processes rather than only outcomes" (George et al. 2012). Die vorliegende Arbeit wird den Begriff der frugalen Innovation, wie zumeist üblich, als Ergebnis betrachten.

Theoretische Ansätze zur Entwicklung frugaler Innovationen

In der Literatur werden Regeln, Prinzipien und Ansätze diskutiert, die für die Entwicklung frugaler Innovationen[11] als nützlich angesehen werden (Kumar und Puranam 2012; Prahalad und Mashelkar 2010; Radjou et al. 2012; Radjou und Prabhu 2014). Um nur auf zwei Arbeiten stellvertretend einzugehen: Kumar und Puranam (2012) sehen bei frugalen Innovationen die sechs Prinzipien *robustness, portability, de-featuring, leapfrog technology, mega-scale production* und *service ecosystems* als grundlegend an. Radjou und Prabhu (2014) formulieren hingegen die sechs Prinzipen *engage and iterate, flex your assets, create sustainable solutions, shape customer behaviour, co-create value with prosumers* und *make innovative friends*. Sowohl diese als auch die meisten anderen der zurzeit existierenden Darstellungen sind stark **narrativ** und **verzichten** auf detaillierte, **systematische Beschreibungen**.

---

[11] In diesem Fall sind auch Prinzipien und Regeln mit eingeschlossen, die unter Begriffen, die mit frugaler Innovation in enger Verbindung stehen, diskutiert werden, wie beispielsweise *frugal engineering* (Kumar und Puranam 2012) oder *gandhian innovation* (Prahalad und Mashelkar 2010).

Auch Lehner (2016) kommt bei der Diskussion weiterer Prinzipien und Ansätze zu einem ähnlichen Ergebnis. Sie diskutiert acht Prinzipen, Strategien und Ansätze, die aus ihrer Sicht für die Entwicklung von frugalen Innovationen in Frage kommen, beispielsweise ein Framework für die Entwicklung frugaler Innovationen bestehend aus fünf Elementen, das von Change-Management-Maßnahmen begleitet wird (Roland Berger Strategy Consultants 2013 b).[12]

Lehner zeigt dabei die Defizite dieser Ansätze auf. Zusammengefasst sind diese im Wesentlichen:

- das **Fehlen von konkreten** Methoden und Werkzeugen,
- die reine Darstellung von Prinzipien **ohne konkrete Beschreibungen**,
- eine generische Darstellungsweise **ohne ein formalisiertes** Vorgehen,
- ein **starker Fokus auf bestehende Produkte**, mit dem Ziel, diese in ihren Kosten zu reduzieren, ohne dabei die Kundenbedürfnisse ausreichend zu berücksichtigen.

Zudem ist festzustellen, dass die Prinzipien und Ansätze sich bisher stark auf Lösungsstrategien für **Entwicklungs- und Schwellenländer** beschränken.

Bisher gibt es keine umfassenden Arbeiten, die das **Vorgehen im Innovations- und Produktentwicklungsprozess** im Hinblick auf frugale Innovationen untersuchen und den Fokus besonders auf ein Vorgehen richten, das sich explizit gleichermaßen an Produkte richtet, die für Industriestaaten bestimmt sind. Es wurde bisher nicht detailliert untersucht, an welchen Stellen der Innovations- und Produktentwicklungsprozess im Unternehmen in diesem Kontext weniger geeignet ist und wie gezielt Maßnahmen abzuleiten sind, mit denen Unternehmen ihre Innovations- und Produktentwicklungsprozesse auf die Entwicklung von frugalen Innovationen auch für Industriestaaten ausrichten können. Die vorliegende Arbeit versucht, auf diese Aspekte besonders einzugehen und die hiermit verbundenen Fragen zu beantworten.

---

[12] Neben einer Sammlung von Prinzipien und Strategien im Kontext von Innovationen für Entwicklungs- und Schwellenländer diskutiert Lehner (2016) eine Reihe von Arbeiten, wie beispielsweise Ernst & Young (2011), Radjou et al. (2012), Rao (2013), Shivaraman et al. (2012) oder Universe Foundation (2013). Andere Arbeiten mit weiteren Prinzipien und Ansätzen im Kontext frugaler Innovationen, wie beispielsweise von Kumar und Puranam (2012), Radjou und Prabhu (2014) oder Prahalad (2012), werden hingegen nicht von ihr betrachtet.

Teil B: Kriterien frugaler Innovation

3. Untersuchung der Kriterien zur Bestimmung frugaler Innovationen[13]

3.1 Methodik

Um die erste Forschungsfrage – welche Merkmale den Begriff der frugalen Innovation definieren – zu beantworten, erfolgte eine Untersuchung in vier Schritten: (1) systematisches Literaturreview und Kategorienbildung, (2) qualitative Befragung, (3) Bildung von Hauptkategorien sowie (4) Ableitung und Definition von Kriterien für frugale Innovation. Hierzu wurden unterschiedliche Methoden angewendet. Auf diese wird im Folgenden eingegangen.

3.1.1 Literaturreview

3.1.1.1 Datenbankenrecherche

Im ersten Schritt wurde ein systematisches Literaturreview durchgeführt, mit dem Ziel, zu erfassen, was unter frugalen Innovationen verstanden wird. Hierzu wurden zwei Datenbanken durchsucht: EBSCO Business Source Premier sowie ISI Web of Science. Für die Suche wurden die Schlagworte *frugal innovation*, *frugal innovations* und *frugal engineering* verwendet. Die Suche erfolgte für Titel und Abstracts. Eingeschlossen in die Suche waren Veröffentlichungen bis Anfang Oktober 2014. Die Suche wurde im Oktober 2014 abgeschlossen. Bei EBSCO Business Source Premier wurden 36 Artikel identifiziert, bei ISI Web of Science waren es 43. 17 der Artikel wurden in beiden Datenbanken gefunden und waren damit redundant. Somit wurden insgesamt 62 Artikel identifiziert. Die Artikel wurden nach **Definitionen, Eigenschaften und Merkmalen sowie sonstigen Charakterisierungen und Beschreibungen** für frugale Innovationen durchsucht. Die Suche erfolgte analog durch sorgfältiges Lesen aller 62 Artikel. In 34 Artikeln wurden die gesuchten Informationen gefunden. Insgesamt wurden 86 verschiedene Umschreibungen und Begriffe identifiziert und als Daten erfasst, auf die im Ergebnisteil eingegangen wird.

---

[13] Dieser Abschnitt wurde ebenso wie Abschnitt 2 bereits zu großen Teilen in dem im *Journal of Frugal Innovation* erschienenen Artikel *What is frugal innovation? Three defining criteria* (Weyrauch und Herstatt 2016) veröffentlicht.

© Springer Fachmedien Wiesbaden GmbH, ein Teil von Springer Nature 2018
T. Weyrauch, *Frugale Innovationen*, Forschungs-/Entwicklungs-/Innovations-Management, https://doi.org/10.1007/978-3-658-22213-0_3

3.1.1.2   Kodierung der Daten

Für die weitere Analyse wurden die Daten verdichtet. Unter Verdichtung der Daten wird verstanden, dass diese abstrahiert, selektiert und vereinfacht werden. Dieser Prozess ist als Teil der Analyse zu verstehen (Miles et al. 2014). Die erhobenen Daten wurden hierzu einem Kodierungsprozess unterzogen. Bei einer Kodierung können über 20 Ansätze verfolgt werden.[14] Für die Kodierung der identifizierten Definitionen, Eigenschaften und sonstigen Charakterisierungen wurde eine *deskriptive Kodierung* angewendet. Bei dieser werden Daten in einem Wort oder einem kurzen Satz zusammengefasst (Miles et al. 2014; Saldaña 2013).

Das Vorgehen bei der Kodierung mit der Bildung von Kategorien ist zumeist ein iterativer Prozess, bei dem die Daten in der Regel in mehreren Zyklen analysiert werden, um sie besser zu verstehen, Muster zu erkennen und kohärente Kategorien bilden zu können. Es kann dabei notwendig werden, die ursprünglich gebildeten Kategorien zu ändern und anzupassen (Miles et al. 2014). Auch die vorliegenden Daten wurden in mehreren Zyklen analysiert und die Kategorien im Kodierungsprozess angepasst. Die Ergebnisse der Kategorienbildung wurden mit drei weiteren Forschern diskutiert, die nicht in das Forschungsvorhaben eingebunden waren, davon mit einem, der bereits seit fünf Jahren im Bereich frugaler Innovationen tätig gewesen war. Das Ergebnis der Kodierung samt Kategorienbildung waren **neun Eigenschaftskategorien**, auf die im Ergebnisteil eingegangen wird. Diesen Eigenschaftskategorien wurden abschließend noch einmal alle 86 identifizierten Definitionen, Eigenschaften und sonstigen Charakterisierungen zugeordnet.

Um die **Interrater-Reliabilität** zu prüfen, wurde die Zuordnung von einer weiteren, nicht mit in die Untersuchung eingebundenen Person vorgenommen und Krippendorffs Alpha berechnet (Gwet 2014; Krippendorff 2004).[15] Der Wert für Krippendorffs Alpha

---

[14] Beispielsweise gibt es Ansätze, wie die Vivo-Kodierung, bei der ein kurzes wörtliches Zitat für die Zusammenfassung eines Datenabschnitts verwendet wird, oder die Magnitude-Kodierung, bei der Maßnahmen mit einer Einschätzung zu ihrer Wirksamkeit kodiert werden (Miles et al. 2014; Saldaña 2013).

[15] Bei der Kodierung von Daten kann das Ergebnis unterschiedlich ausfallen, abhängig davon, wer die Kodierung vornimmt und welches Vorwissen bzw. welche Erfahrungen die kodierenden Personen mitbringen. Um bei einer Kodierung ein robustes Ergebnis zu erzielen, ist es daher wichtig, dass mindestens zwei Personen die Daten unabhängig voneinander kodieren und der Grad der Übereinstimmung der vorgenommenen Kodierung gemessen wird (Neuendorf 2002). Mithilfe eines Reliabilitäts-Index wird dazu die Interrater-Reliabilität bestimmt. Bei qualitativen Daten wird empfohlen, hierzu Krippendorffs Alpha (α) zu verwenden (Gwet 2014; Krippendorff 2004). Je nach Reliabilität bewegt sich der Wert zwischen 0,000 (keine Reliabilität) und 1,000 (perfekte Reliabilität) (Hayes und Krippendorff 2007). Zur Berechnung von Krippendorffs Alpha wurden die 86 identifizierten Definitionen, Eigenschaften und sonstigen Charakterisierungen von frugalen Innovationen von zwei unabhängigen

lag bei $\alpha = 0{,}972$ und damit über 0,800, was eine gute Interrater-Reliabilität belegt (Krippendorff 2004) und für ein gutes Kodierungsergebnis spricht.

3.1.2 Befragung

Auf Basis der bei der Kodierung gebildeten Eigenschaftskategorien wurde eine Befragung von Unternehmen und Forschungseinrichtungen durchgeführt, die mit frugalen Innovationen in Berührung standen. Ziel war es, zu erfassen, was die **Befragten unter frugaler Innovation verstanden.** Es war hingegen nicht das Ziel, einen statistisch auswertbaren Datenpool zu erzeugen – was aufgrund der Neuartigkeit des Themas nur schwer gelungen wäre –, sondern qualitative Daten zu gewinnen.

3.1.2.1 Teilnehmer der Befragung

Als Voraussetzung für die Befragung wurde festgelegt, Organisationen zu befragen, die bereits erste Erfahrungen im Bereich frugaler Innovationen gesammelt hatten oder bereits in die Entwicklung oder Erforschung von frugalen Innovationen involviert waren. Zudem sollte die zusätzliche Voraussetzung gelten, dass die Befragten mit dem Begriff der frugalen Innovation vertraut waren. Entsprechend geeignet war die Befragung der Teilnehmer des Symposiums „Frugal Innovation und die Internationalisierung der F&E", das am 9. und 10. Oktober 2014 an der Technischen Universität Hamburg vom Center for Frugal Innovation ausgerichtet wurde. Das Symposium diente einem zweitägigen Austausch zu frugalen Innovationen. Am Symposium nahmen international agierende Unternehmen sowie in Deutschland angesiedelte Forschungseinrichtungen teil. Zu Beginn des Symposiums wurde den Teilnehmern ein Fragebogen ausgehändigt, der nach dem Ausfüllen direkt wieder eingesammelt wurde. Als Zeitpunkt der Befragung wurde der Beginn des Symposiums gewählt, damit die Antworten der Teilnehmer nicht durch die anschließenden Beiträge des Symposiums und den Austausch der Teilnehmer untereinander beeinflusst werden konnten. Neben den Teilnehmern des Symposiums wurden weitere deutsche Großunternehmen mit Erfahrung im Bereich frugaler Innovationen befragt, die auf anderen Veranstaltungen zu frugalen Innovationen identifiziert worden waren.

Personen den neun Eigenschaftskategorien zugeordnet. Eine der beiden Personen war nicht in das Forschungsvorhaben involviert und damit unabhängig. Die Berechnung erfolgte in Microsoft Excel.

3.1.2.2   Fragebogen

Abfrage Begriffsverständnis

Zur Abfrage des Begriffsverständnisses wurde eine geschlossene Frage gestellt. Gefragt wurde, welche Eigenschaften auf frugale Innovationen besonders zutreffen beziehungsweise weniger zutreffen. Als Antwortmöglichkeiten standen die neun **Eigenschaftskategorien** sowie ein zusätzliches Feld für Ergänzungen zu Auswahl. Mehrfachantworten waren möglich. Als Skalierung wurde eine *itemized rating scale* verwendet.[16] Die *itemized rating scale*, zumeist als Intervallskalierung verstanden (Sekaran und Bougie 2013), ermöglicht es, beliebig viele Skalenpunkte zu verwenden. Für den Fragebogen wurde eine Fünf-Punkte-Skalierung verwendet, da die Erfahrung zeigt, dass eine solche in der Regel ausreichend ist und die Verwendung von noch mehr Skalenpunkten die Reliabilität nicht erhöht (Elmore und Beggs 1975). Die fünf Punkte wurden bei der Frage nach dem Begriffsverständnis mit den Attributen „trifft voll zu", „trifft eher zu", „neutral", „trifft weniger zu" und „trifft nicht zu" bezeichnet.

Damit ähnelte die hier verwendete *itemized rating scale* einer *Likert-Skalierung*, die ebenfalls die Zustimmung zu einem Statement abfragt. Im Gegensatz zur *itemized rating scale* verwendet diese Skalierung jedoch durchgängig dieselben Skalierungsbezeichnungen für alle Statements, womit die Antworten am Ende zu einem Gesamtergebnis summierbar sind (Sekaran und Bougie 2013), was für die vorliegende Untersuchung jedoch nicht erforderlich war.

Bisherige Berührungspunkte mit frugalen Innovationen

Der Fragebogen wurde fortgesetzt mit der Frage nach dem Zeitpunkt der ersten Auseinandersetzung des Befragten mit frugalen Innovationen. Als Antwortmöglichkeiten standen die Option „dieses Jahr" zur Verfügung sowie ein Antwortfeld, in dem handschriftlich eingetragen werden konnte, vor wie vielen Jahren die erste Auseinandersetzung mit frugalen Innovationen stattgefunden hat.

---

[16] Zur Erfassung der Antworten sind verschiedene Skalierungen möglich, wie nominale Skalierungen, ordinale Skalierungen, Intervall-Skalierungen und Ratio-Skalierungen (Sekaran und Bougie 2013). Nominale Skalierungen eignen sich, wenn die Ausprägungen einer Variablen ausschließlich Kategorien zuzuordnen sind, beispielsweise die Zuordnung von Personen zu Gruppen. Ordinale Skalierungen kommen zum Einsatz, wenn die Ausprägungen variablen Kategorien zugeordnet werden können, die eine Rangfolge aufweisen. Intervall-Skalierungen finden Verwendung, wenn über eine Rangfolge hinaus gleiche Abstände zwischen den Skalenpunkten bestehen. Ratio-Skalierungen weisen über die gleichen Abstände der Skalenpunkte zusätzlich einen Nullpunkt auf und bieten damit von allen vier Typen von Skalierungen den höchsten Informationsgehalt (Sekaran und Bougie 2013).

Ebenso wurden die Berührungspunkte der Organisation mit frugalen Innovationen abgefragt. Abgefragt wurde, ob das Unternehmen des Befragten Produkte oder Services im Bereich frugaler Innovationen vertreibt oder F&E im Bereich frugaler Innovationen durchführt. Zudem wurde ergänzend abgefragt, ob dies jeweils für die Zukunft geplant war. War die Organisation des Befragten eine Forschungseinrichtung, war nur die Frage nach den F&E-Aktivitäten im Bereich frugaler Innovationen zu beantworten. Am Ende dieses Abschnitts wurde eine offene Frage nach weiteren, nicht abgefragten Berührungspunkten gestellt. Als Skalierung wurde, bis auf die offene Frage, eine dichotome Skala mit den Antwortmöglichkeiten „ja" und „nein" verwendet.

Daten zum Befragten und dessen Organisation

Persönliche Daten zum Befragten sowie seiner Organisation wurden am Ende des Fragebogens erhoben. Dies ist im Einklang mit der gängigen Praxis, bei der persönliche Fragen zumeist am Beginn oder am Ende des Fragebogens platziert werden (Oppenheim 2000). Abgefragt wurde der Arbeitsbereich des Befragten (F&E, Produktentwicklung, Vertrieb, Marketing, Anderer Bereich), die Funktion im Unternehmen sowie das Alter. Zudem wurden die Art der Organisation (Unternehmen, Forschungseinrichtung, andere Art der Organisation), die Anzahl der Mitarbeiter der Organisation, der Jahresumsatz, die Art der Geschäftsbeziehungen zum Kunden (B2B, B2C oder sonstige), die aktuellen Absatzregionen sowie die bisherige Marktpositionierung abgefragt.

Als sensibel geltende Daten, wie die Altersangabe und der Umsatz der Organisation, wurden in Form von Bandbreiten abgefragt (Sekaran und Bougie 2013). Für das Alter des Befragten wurden die Bandbreiten „jünger als 25", „25 bis 34", „35 bis 44", „45 bis 54" sowie „älter als 55" verwendet. Der Umsatz wurde in Bandbreiten abgefragt, die in Anlehnung an die EU-Empfehlung 2003/361/EG für Unternehmensklassen (Commission of the European Communities 2003) ausgestaltet wurden.[17]

---

[17] Die im Fragebogen verwendeten Bandbreiten beim Jahresumsatz in Anlehnung an die EU-Empfehlung 2003/361/EG für Unternehmensklassen waren „weniger als 10 Mio. EUR" (kleine Unternehmen), „zwischen 10 Mio. EUR und weniger als 50 Mio. EUR" (kleine und mittelständische Unternehmen) sowie die in der vorliegenden Untersuchung ergänzten Bandbreiten „zwischen 50 Mio. EUR und weniger als 250 Mio. EUR", „zwischen 250 Mio. EUR und weniger als 500 Mio. EUR" sowie „500 Mio. EUR und mehr". Ebenso orientierten sich die angegebenen Bandbreiten bei der Mitarbeiteranzahl an der EU-Empfehlung. Hier waren die abgefragten Bandbreiten „weniger als 10 Mitarbeiter" (Kleinstunternehmen), „10 bis 49 Mitarbeiter" (kleine Unternehmen), „50 bis 249 Mitarbeiter" (kleine und mittelständische Unternehmen) und die in der vorliegenden Untersuchung ergänzten Bandbreiten „250 bis 499 Mitarbeiter" sowie „500 Mitarbeiter und mehr" (Commission of the European Communities 2003).

Anmerkungen und Kontaktdaten

Am Ende des Fragebogens konnten Anmerkungen, Anregungen oder mögliche Rückfragen von Seiten des Befragten in einem dafür vorgesehenen freien Feld ergänzt werden. Zudem konnte der Befragte freiwillig Kontaktdaten hinterlassen, um für Rückfragen bei der Auswertung des Fragebogens zur Verfügung stehen oder mit dem Center for Frugal Innovation der Technischen Universität Hamburg in Kontakt bleiben zu wollen.

Weitere Fragen und Angaben

Mit dem Fragebogen wurden weitere Daten abgefragt, wie beispielsweise die Herausforderungen und zu lösenden Themenfelder in Bezug auf frugale Innovationen aus Sicht des Befragten oder die Frage nach dem Interesse an bestimmten Themen im Kontext frugaler Innovationen. Dies sollte dabei helfen, besser zu verstehen, warum das Thema häufig als so herausfordernd wahrgenommen wird und bezüglich welcher Punkte weiterer Forschungsbedarf innerhalb dieses Felds besteht. Auf diesen Teil des Fragebogens wird im Folgenden nicht weiter eingegangen. Am Ende des Fragebogens wurde der verantwortliche Ansprechpartner mit den entsprechenden Kontaktdaten genannt.

Gestaltung der Fragebögen

Bei der Erstellung von Fragebögen wird auf die Bedeutung des Layouts hingewiesen, im Speziellen auf eine überlegte graphische Anordnung der Fragen und Antwortmöglichkeiten sowie auf das allgemeine Design (Sekaran und Bougie 2013). Entsprechend wurden zur besseren Übersicht die einzelnen Fragenabschnitte nummeriert und graphisch klar voneinander abgegrenzt. Der Fragebogen, der in Papierform verteilt wurde, umfasste insgesamt vier DIN-A4-Seiten.

Durchführung eines Pretests

Um das Design des Fragebogens zu testen, wie beispielsweise hinsichtlich der allgemeinen Verständlichkeit des Fragebogens oder der Eindeutigkeit der Formulierungen und Anordnung der Fragen, wurde der Fragebogen einem Pretest unterzogen. Dieser wurde von zwei Forschern der Technischen Universität Hamburg durchgeführt, die nicht in die vorliegende Untersuchung involviert waren. Die Ergebnisse des Pretests wurden gemeinsam diskutiert und daraus resultierende Verbesserungsvorschläge anschließend in den Fragebogen eingearbeitet.

Verteilung der Fragebögen

Ein Nachteil von Fragebögen, wie sie für die Befragung eingesetzt wurden, kann sein, dass der Forscher Rückfragen der Teilnehmer während des Austeilens beziehungsweise Ausfüllens der Fragebögen unterschiedlich beantwortet (Sekaran und Bougie 2013). Dieses Bias kann bei der durchgeführten Befragung ausgeschlossen werden, da die Verteilung der Fragebögen an alle Teilnehmer zeitgleich erfolgte, keine zusätzlichen Hinweise zu den einzelnen Fragen und zum Ausfüllen des Fragenbogens gegeben werden mussten sowie die Fragebögen sofort ausgefüllt und wieder eingesammelt wurden. Während des Ausfüllens gab es keine Rückfragen durch die Befragten.

3.1.3   Erfassung und Auswertung der Daten

3.1.3.1   Erfassung der Daten

Die Erfassung und Auswertung der Daten erfolgte mit Microsoft Excel. In einem Tabellenblatt wurden die einzelnen Fragen in Zeilen festgehalten. Für jeden ausgefüllten und anschließend zu erfassenden Fragebogen wurde eine eigene Spalte verwendet. In die sich ergebenden Zellen wurden die einzelnen Antworten per Kodierung übertragen. Die Kodierung erfolgte nach folgendem Schema: Bei den Fragen, für die als Skalierung eine fünf Punkte umfassende *itemized rating scale* verwendet wurde, entsprachen die Antworten den Ziffern 1 bis 5. War keine Antwort vermerkt, wurde eine 0 eingetragen. Bei Fragen mit dichotomer Skalierung, beispielsweise bei den beiden Antwortmöglichkeiten „ja" und „nein", wurden die Ziffern 1 und 2 verwendet. Wurde die Frage nicht beantwortet, wurde ebenso eine 0 vermerkt. Bei Fragen, bei denen die Antworten in Bandbreiten zu geben waren, wurde für jede Antwortmöglichkeit vorab eine Ziffer festgelegt, die bei der Erfassung in Excel einzutragen war. Wurden die freien Felder, die zusätzlich bei jeder Frage für Ergänzungen oder Anmerkungen zur Verfügung standen, von den Befragten verwendet, wurde ihr Inhalt bei der Datenerfassung im originalen Wortlaut festgehalten.

Die in Excel übertragenen Antworten wurden nach deren Erfassung von zwei Personen unabhängig voneinander auf deren richtige und vollständige Erfassung geprüft.

Wurde in einem Fragebogen eine Frage bei der Beantwortung ausgelassen, musste dieser nicht aussortiert werden, sondern konnte mit den beantworteten Fragen in die Auswertung mit einfließen. Dies war möglich, da die Fragen unabhängig voneinander ausgewertet wurden und keine Gesamtsumme über alle Antworten bei der Auswertung gebildet wurde, wie dies beispielsweise bei der Auswertung von Likert-Skalierungen häufig üblich ist (Sekaran und Bougie 2013). Bei der späteren Auswertung wurde für jede Frage die Anzahl der auswertbaren Fragebögen vermerkt.

3.1.3.2   Datenbereinigung

Um die Qualität der Daten zu erhöhen und sicher zu stellen, dass nur die genannte Zielgruppe in der Befragung berücksichtigt wurde, wurden bei der Auswertung der Fragebögen diejenigen Teilnehmer ausgeschlossen, die nicht mindestens eines der beiden folgenden Kriterien erfüllten:

- Das Unternehmen beziehungsweise die Forschungseinrichtung
    - vertreibt frugale Innovationen
    - oder forscht in diesem Bereich
    - oder plant derzeit mindestens eines von beidem zu tun.

- Der Befragte muss sich mit frugalen Innovationen vor mindestens einem Jahr zum ersten Mal auseinandergesetzt haben.

Hiermit wurde bezweckt, dass nur Daten von Unternehmen und Forschungseinrichtungen berücksichtigt wurden, die sich mit dem Thema bereits auseinandergesetzt hatten, oder zumindest der Befragte mit dem Thema schon seit einiger Zeit vertraut war. Zudem durften die Teilnehmer der Befragung kein Mitglied der Technischen Universität Hamburg sein und somit auch nicht dem Center for Frugal Innovation angehören. 45 Personen nahmen an der Befragung teil, elf Fragebögen wurden gemäß den Kriterien ausgeschlossen, 34 Fragebögen konnten in die Auswertung zum Begriffsverständnis aufgenommen werden.

3.1.3.3   Bildung von Hauptkategorien

Mit der Befragung konnte untersucht werden, ob alle in der Literatur identifizierten Eigenschaftskategorien auch von Unternehmen und Forschungseinrichtungen für frugale Innovationen als charakteristisch angesehen wurden. Um die Daten weiter zu verdichten, wurde ein Second Cycle Coding durchgeführt. Bei Kodierungen kann zwischen dem First Cycle Coding und dem Second Cycle Coding unterschieden werden (Saldaña 2013). Beim First Cycle Coding werden große Datenmengen analysiert und mit einer ersten Kodierung versehen. Bei der vorliegenden Untersuchung waren dies, wie bereits genannt, 86 Definitionen, Eigenschaften und sonstige Charakteristika, die neun Eigenschaftskategorien zugeordnet wurden. Das Second Cycle Coding im Anschluss an das First Cycle Coding diente dazu, die Kodierungen des First Cycle Coding einer weiteren Kodierung zu unterziehen und so Muster in den Daten erkennbar werden zu lassen

(Miles et al. 2014). Auf Basis der identifizierten Muster, d. h. regelmäßig auftretenden Themen oder sich herausbildenden Kategorien, können häufig Beziehungen oder Zusammenhänge erkannt und weitere Schlussfolgerungen gezogen werden (Miles et al. 2014). Teilweise wird bei diesem Prozess im Englischen auch von *categorization* gesprochen (Sekaran und Bougie 2013).

Zur Entwicklung einer Kodierung beim Second Cycle Coding wird geprüft, welche Gemeinsamkeiten den Kodierungen aus dem First Cyle Coding zugrunde liegen. Diese werden dann wiederum mit einer Kodierung für Kategorien, Themen, Ursachen, Beziehungen, theoretische Konstrukte oder ähnliche zusammenfassende Elemente versehen (Miles et al. 2014). Dabei kann deduktiv oder induktiv vorgegangen werden, bis hin zu einem stark induktiven Vorgehen, das auf Theorienbildung abzielt, wie bei der Grounded Theory (Corbin und Strauss 2015). Bei der vorliegenden Untersuchung wurde beim Second Cycle Coding im Wesentlichen induktiv vorgegangen. Auf Basis der gebildeten Eigenschaftskategorien aus dem First Cycle Coding wurden beim Second Cycle Coding drei Hauptkategorien gebildet (siehe Ergebnisteil).

3.2 Ergebnisse

3.2.1 Ergebnisse des Literaturreviews

3.2.1.1 Identifizierte Eigenschaften und Merkmale

In den identifizierten Artikeln wurden Definitionen, Eigenschaften und Merkmale sowie sonstige Charakteristika und Beschreibungen für frugale Innovationen erfasst. In einer Vielzahl der Artikel werden frugale Innovationen nur mithilfe weniger Charakteristika umschrieben. Viele der Artikel erläutern nicht explizit, was im Detail unter frugalen Innovationen verstanden wird. Teils lässt sich das Verständnis nur aus dem Kontext interpretieren oder es wird angenommen, dass der Leser auch ohne weitere Beschreibungen und Verweise auf Definitionen weiß, was unter frugalen Innovationen verstanden wird. Am Ende konnten 86 umschreibende Eigenschaften und Charakterisierungen aus 34 Artikeln identifiziert und für die weitere Auswertung berücksichtigt werden.

3.2.1.2   Ergebnis der Kodierung

Im nächsten Schritt wurden in einem iterativen Prozess im Rahmen einer Kodierung für ähnliche Eigenschaften, Charakteristika und Beschreibungen zusammenfassende Kategorien gebildet (Saldaña 2013; Miles et al. 2014). Die so identifizierten neun Eigenschaftskategorien sind „Funktional, auf das Wesentliche reduziert", „Deutlich günstiger im Anschaffungspreis", „Reduzierung der Total Cost of Ownership", „Minimierung materieller und finanzieller Ressourcen", „Benutzerfreundlich, sehr einfach zu nutzen", „Robust", „Trotz geringen Preises hohe Qualität", „Skalierbar", sowie „Nachhaltig". In der ersten Spalte von Tabelle 2 sind die neun Eigenschaftskategorien aufgeführt.

Eigenschaftskategorien (First Cycle Coding)	Verwendete Eigenschaften und Charakteristika für frugale Innovationen
Funktional, auf das Wesentliche reduziert	Bare essentials, core benefits, cut corners, taking exception to some of the requirements, defeaturing, eliminating unessential functions, entirely new applications, provide the essential functions people need, fulfil the requirements of awareness, fulfil the requirements of availability, good enough, light, limited features, new functionality, not have sophisticated technological features, portability, reduced functionalities, reducing the complexity, tailor made, unnecessary frills stripped out
Deutlich günstiger im Anschaffungspreis	Accessible, affordable, affordability, avoid needless costs in the first place, cheaper, cost discipline, cost-effective, economical means, extreme cost advantage, fulfil the requirements of access, fulfil the requirements of affordability, low-budget, low-cost, low price, low-priced, minimize inessential costs, minimize the use of financial resources, minimum cost, much lower and therefore more affordable prices, much lower price, reducing cost, reduce the cost, significantly lower costs, ultra-low cost
Reduzierung der Total Cost of Ownership	Reducing the cost of ownership
Minimierung materieller und finanzieller Ressourcen	Avoiding obesity, draw sparingly on raw materials, economic usage of resources, low input of resources, minimize the use of extensive resources, minimize the use of material, reduces material use, reducing the use of scarce resources, resource-saving product
Benutzerfreundlich, sehr einfach zu nutzen	Easy to use, simple, simpler
Robust	Durable, low maintenance, reliable, robust, robustness, stable, sturdy, tough
Trotz geringen Preises hohe Qualität	Fulfilling or even exceeding certain pre-defined criteria of acceptable quality standards, good service, high-end technology, high-value, leapfrog technology, maintain quality, maximize value, right value proposition, value for money, value products
Skalierbar	Drive profits through volumes, highly scalable, megascale production, scalable

Eigenschaftskategorien (First Cycle Coding)	Verwendete Eigenschaften und Charakteristika für frugale Innovationen
Nachhaltig	Eco-friendly, ecological, little environmental intervention, low carbon footprint, meets green marketing objectives, service ecosystem, sustainability

Tabelle 2: In der Literatur verwendete Eigenschaften und Charakterisierungen für frugale Innovationen[18]

Abschließend wurden die einzelnen Eigenschaften und Charakterisierungen der einzelnen Artikel den Eigenschaftskategorien noch einmal zugeordnet. Die zweite Spalte von Tabelle 2 zeigt die 86 identifizierten Eigenschaften und Charakterisierungen sowie die Zuordnung zu den neun Eigenschaftskategorien.

Tabelle 10 im Anhang zeigt, welcher Artikel aus dem Literaturreview welche Eigenschaften und Charakterisierungen aufführt und wie diese den neun Eigenschaftskategorien zugeordnet wurden.

3.2.2 Ergebnisse der Befragung

3.2.2.1 Deskriptive Analyse

Von den 45 Teilnehmern der Befragung wurden nach der in Abschnitt 3.1.3.2 beschriebenen Datenbereinigung 34 in der weiteren Auswertung berücksichtigt. 27 der 34 Teilnehmer waren Unternehmensvertreter von in Deutschland vertretenen, global operierenden Unternehmen, sieben waren Vertreter von in Deutschland angesiedelten Forschungseinrichtungen.

Unternehmensgröße, Absatzmärkte sowie Art der Geschäftsbeziehungen

Fast alle Unternehmen (22 von 27) waren große Unternehmen mit einem Jahresumsatz von mindestens 500 EUR und mindestens 500 Mitarbeitern. Die Absatzmärkte sämtlicher Unternehmen lagen in mehreren Regionen weltweit. 24 der Unternehmen operierten in Europa, 20 in Asien, 19 in Nordamerika, 17 in Südamerika, 17 in der Gemeinschaft Unabhängiger Staaten, 16 im Nahen Osten sowie 16 in Australien und Ozeanien. Die Ge-

---

[18] Wurden in den Artikeln unterschiedliche Formen eines Wortes oder einer Beschreibung verwendet, sind in der vorliegenden Tabelle beide Formen aufgeführt. Wurde beispielsweise in einem Artikel der Positiv (z. B. *simple*) verwendet und in einem anderen Artikel der Komparativ (z. B. *simpler*), finden sich hier beide Ausdrücke wieder.

schäftsbeziehungen sahen 15 der befragten Unternehmen ausschließlich im B2B-Bereich, die weiteren Unternehmen im B2B- und B2C-Bereich oder ausschließlich im B2C-Bereich, wie Abbildung 2 zusammenfasst.

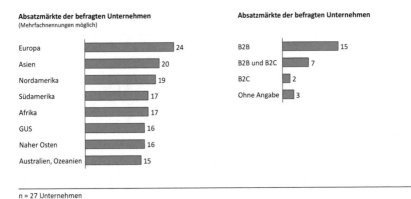

Absatzmärkte der befragten Unternehmen
(Mehrfachnennungen möglich)

Europa	24
Asien	20
Nordamerika	19
Südamerika	17
Afrika	17
GUS	16
Naher Osten	16
Australien, Ozeanien	15

Absatzmärkte der befragten Unternehmen

B2B	15
B2B und B2C	7
B2C	2
Ohne Angabe	3

n = 27 Unternehmen

Abbildung 2: Absatzregionen und Geschäftsbeziehungen der Unternehmen

Von den befragten Personen gaben 18 an, eine leitende Funktion inne zu haben oder selbst Unternehmer zu sein, 15 arbeiteten im Bereich Forschung und Entwicklung.

Engagement der Unternehmen im Bereich frugale Innovationen

Zum Zeitpunkt der Befragung gaben 16 der befragten Unternehmen an, bereits frugale Produkte oder Services zu vertreiben. Dieses Engagement sollte nach Angabe der Befragten stark ausgebaut werden. 23 der befragten Unternehmensvertreter gaben an, in Zukunft frugale Produkte oder Services vertreiben zu wollen. 15 Unternehmen gaben an, bereits Forschung und Entwicklung im Bereich frugale Innovationen zu betreiben. In Zukunft wollten dies 17 der Unternehmen tun. Abbildung 3 fasst die Ergebnisse zusammen.

n = 27 Unternehmen

Abbildung 3: Engagement der Unternehmen im Bereich frugale Innovationen

3.2.2.2　Verständnis zu frugalen Innovationen

Das Ergebnis der Befragung zeigte, dass sämtliche im Literaturreview identifizierten Eigenschaftskategorien auch von den Befragten als charakteristisch für frugale Innovationen angesehen wurden. Für 34 Befragte (entsprechend 100 %) sind frugale Innovationen *Funktional, auf das Wesentliche reduziert,* 32 Befragte (entsprechend 94 %) halten frugale Innovationen für *Deutlich günstiger im Anschaffungspreis* als vergleichbare Produkte oder Services. Das Ergebnis zeigt, dass mindestens diese zwei Eigenschaftskategorien als besonders charakteristisch für frugale Innovationen verstanden werden können. Die *Reduzierung der Total Cost of Ownership* ist für 27 Befragte entscheidend, die *Minimierung materieller und finanzieller Ressourcen* trifft aus Sicht von 25 Befragten zu. Die Kategorien *Benutzerfreundlichkeit, sehr einfach zu nutzen* sowie die Eigenschaftskategorie *Robust* ist aus Sicht von 24 Befragten zutreffend sowie *Trotz geringen Preises hohe Qualität* für 23 Befragte, die immerhin noch 68 % der Befragten entsprechen. Zwei Eigenschaften treffen für frugale Innovationen deutlich weniger zu. Nur 17 Befragte sehen die Eigenschaftskategorie *Skalierbar* als zutreffend für frugale Innovationen an sowie nur elf Befragte die Eigenschaftskategorie *Nachhaltig.* Abbildung 4 fasst die Ergebnisse zusammen.

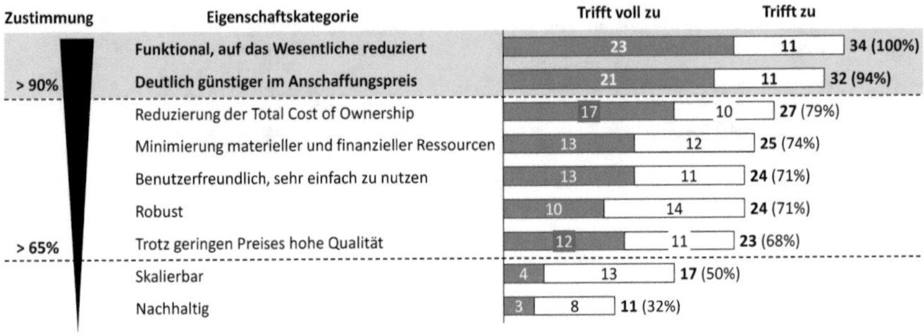

Zustimmung	Eigenschaftskategorie	Trifft voll zu	Trifft zu
> 90%	Funktional, auf das Wesentliche reduziert	23	11 · 34 (100%)
	Deutlich günstiger im Anschaffungspreis	21	11 · 32 (94%)
	Reduzierung der Total Cost of Ownership	17	10 · 27 (79%)
	Minimierung materieller und finanzieller Ressourcen	13	12 · 25 (74%)
	Benutzerfreundlich, sehr einfach zu nutzen	13	11 · 24 (71%)
	Robust	10	14 · 24 (71%)
> 65%	Trotz geringen Preises hohe Qualität	12	11 · 23 (68%)
	Skalierbar	4	13 · 17 (50%)
	Nachhaltig	3	8 · 11 (32%)

n = 34, Darstellung der Anzahl der Antworten *trifft voll* zu sowie *trifft zu*.

Abbildung 4: Eigenschaftskategorien frugaler Innovation

Zwei Befragte ergänzten weitere, aus ihrer Sicht zutreffende Charakteristika. Ein Befragter gab an, dass frugale Innovationen die lokalen Anforderungen in Form von Funktion und Preis erfüllen würden, ein weiterer hielt innovatives Design für eine charakteristische Eigenschaft frugaler Innovationen. Beide Aspekte lassen sich in die bisherigen Kategorien einordnen. Der erste Aspekt wird durch die Kategorien *Funktional, auf das Wesentliche reduziert* sowie *Deutlich günstiger im Anschaffungspreis* abgedeckt. Die Ergänzung „innovatives Design" wurde der Eigenschaftskategorie *Funktional, auf das Wesentliche reduziert* zugeordnet.

Aus Tabelle 10 im Anhang geht hervor, dass die meisten Artikel aus dem Literaturreview nur einige wenige Eigenschaften und Charakterisierungen aufführen. Damit kommt in diesen Artikeln immer nur ein Teil der neun Eigenschaftskategorien zur Sprache. Die Befragung zeigt, dass fast alle der im Literaturreview in den verschiedenen Artikeln identifizierten Eigenschaften und Charakteristika für frugale Innovationen als zutreffend angesehen werden. Dies verdeutlicht, wie viele Eigenschaften frugale Innovationen zeitgleich erfüllen, die als charakteristisch wahrgenommen werden. Nur die Eigenschaftskategorien *Skalierbar* sowie *Nachhaltig* werden von deutlich weniger Befragten als zutreffend für frugale Innovationen angesehen. Dieser Aspekt wird in der Diskussion noch einmal aufgegriffen werden.

3.2.2.3   Identifizierte Hauptkategorien

Wie im Methodikteil in Abschnitt 3.1.3.3 beschrieben, wurde beim Second Cycle Coding geprüft, welche Gemeinsamkeiten zwischen den Kategorien aus dem First Cycle Coding vorlagen. Beim Second Cycle Coding konnten durch einen iterativen Prozess die

Hauptkategorien *Kostenreduktion, Kernfunktionalität* und *Leistungsbeschreibung* gebildet werden sowie eine Kategorie *weitere Aspekte*, die in Abbildung 5 dargestellt sind. Diesen drei Hauptkategorien ließen sich die im First Cycle Coding identifizierten Eigenschaftskategorien zuordnen. Mehrfachzuordnungen waren dabei möglich (Miles et al. 2014).

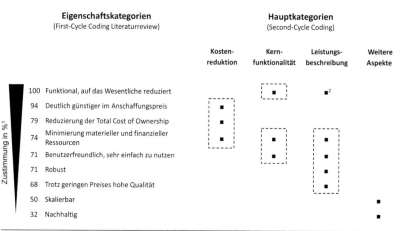

¹ Anzahl der Antworten *trifft voll zu* sowie *trifft zu*.
[1] Anzahl der Antworten *trifft voll zu* sowie *trifft zu*.
[2] Die Eigenschaftskategorie *funktional, auf das Wesentliche reduziert* kann auch der Hauptkategorie Leistungsbeschreibung zugeordnet werden hinsichtlich der Beschreibungen *good-enough* oder *taking exception to some of the requirements*.

Abbildung 5: Zuordnung der Eigenschaftskategorien zu drei Hauptkategorien

Die erste Kategorie *Funktional, auf das Wesentliche reduziert* wurde von allen Befragten als zutreffend für frugale Innovationen genannt und konnte auch bei der Untersuchung der Literatur als wesentliches Kriterium identifiziert werden. Diese Eigenschaftskategorie wurde der Hauptkategorie *Kernfunktionalität* zugeordnet. Die Eigenschaftskategorien *Deutlich günstiger im Anschaffungspreis* sowie *Reduzierung der Total Cost of Ownership* lassen sich unter der Hauptkategorie *Kostenreduktion* subsumieren. Die Eigenschaftskategorie *Minimierung materieller und finanzieller Ressourcen* lässt sich allen drei Hauptkategorien zuordnen, da die Minimierung *materieller* Ressourcen für eine Konzentration auf wesentliche Funktionen und eine Reduzierung der Leistung auf das Notwendige spricht sowie die Minimierung *finanzieller* Ressourcen der Hauptkategorie *Kostenreduktion* zugeordnet werden kann. *Benutzerfreundlich, sehr einfach zu nutzen* lässt sich den Hauptkategorien *Kernfunktionalität* und *Leistungsbeschreibung* zuordnen. Die Eigenschaftskategorien *Robust* sowie *Trotz geringen Preises hohe Qualität* können unter der Hauptkategorie *Leistungsbeschreibung* subsumiert werden. Die Eigenschaftskategorien *Skalierbar* sowie *Nachhaltig* werden dem Feld *Weitere Aspekte* zugeordnet.

Bei allen Eigenschaftskategorien, die den drei Hauptkategorien *Kostenreduktion*, *Kernfunktionalität* und *Leistungsbeschreibung* zugeordnet werden können, sahen es mindestens 23 der Befragten (entspricht 68 %) als zutreffend an, dass diese für frugale Innovationen zutreffend sind. Die Ergebnisse des Literaturreviews und der Befragung deuten darauf hin, dass frugale Innovationen im Wesentlichen durch die Kategorien *Kostenreduktion*, *Kernfunktionalität* sowie *Leistungsaspekte* beschrieben werden können.

Diese Erkenntnis bildet im Folgenden die Grundlage, um auf den Hauptkategorien aufbauend Kriterien abzuleiten, die frugale Innovationen definieren und dazu verwendet werden können, frugale Innovationen von anderen Innovationen abzugrenzen.

Die Eigenschaftskategorien *Skalierbar* sowie *Nachhaltig* werden deutlich weniger häufig für frugale Innovationen als zutreffend verstanden und müssen nicht immer für frugale Innovationen zutreffend sein. Auch dieser Aspekt wird im Rahmen der Diskussion beleuchtet.

3.3   Diskussion – Entwicklung von Kriterien für frugale Innovation

In der bisherigen Untersuchung wurde gezeigt, dass die Eigenschaften und Charakteristika, mit denen frugale Innovationen beschrieben werden, unter den Hauptkategorien *Kostenreduktion*, *Kernfunktionalität* und *Leistungsbeschreibung* subsumiert werden können (siehe Abbildung 5). Die Ergebnisse geben Grund zu der Annahme, dass alle wesentlichen Eigenschaften und Charakteristika, die sowohl in der Literatur als auch in der Praxis für frugale Innovationen als charakteristisch bezeichnet werden, sich thematisch innerhalb dieser drei Kategorien bewegen. Ziel dieses Abschnitts ist es, **auf Basis der identifizierten Hauptkategorien Kriterien zu definieren**, die Innovationen erfüllen müssen, damit sie als frugal verstanden werden können.

Die erste Hauptkategorie *Kostenreduktion* umfasst die Eigenschaftskategorien *Deutlich günstiger im Anschaffungspreis*, *Reduzierung der Total Cost of Ownership* sowie *Minimierung materieller und finanzieller Ressourcen*, wie in Abbildung 5 gezeigt wurde. In der Literatur werden hierfür Beschreibungen verwendet wie „much lower price", „significantly lower costs" und „ultra-low cost" (siehe Tabelle 2, S. 31) Diese Art der Wortwahl zeigt, dass hierunter signifikant niedrigere Kosten und Preise verstanden werden. Das erste Kriterium, das auf der ersten Hauptkategorie fußt und frugale Innovationen definiert, wird daher im Folgenden als **substanzielle Kostenreduktion** bezeichnet. Das Kriterium wird im nächsten Abschnitt (Abschnitt 3.3.1.1) definiert.

Die zweite Hauptkategorie *Kernfunktionalität* umfasst *Funktional, auf das Wesentliche reduziert, Minimierung materieller und finanzieller Ressourcen* sowie *Benutzerfreundlich, sehr einfach zu nutzen*, wie ebenfalls in Abbildung 5 dargestellt wurde. In der Literatur werden hierunter Beschreibungen wie „core benefits", „reduced functionalities" und „provide the essential functions people need" verstanden (siehe Tabelle 2, S. 31). Das zweite Kriterium, das frugale Innovationen beschreibt, wird daher im Folgenden als **Konzentration auf Kernfunktionalitäten** bezeichnet. Auch dieses Kriterium wird im weiteren Verlauf (Abschnitt 3.3.1.2) definiert.

Die dritte Hauptkategorie *Leistungsbeschreibung* wird in der Literatur mit einer Vielzahl unterschiedlicher Eigenschaften und Charakterisierungen beschrieben, die den Eigenschaftskategorien *Minimierung materieller und finanzieller Ressourcen, Benutzerfreundlich, sehr einfach zu nutzen, Robust* sowie *Trotz geringen Preises hohe Qualität* zugeordnet wurden (siehe Abbildung 5). Beispiele für konkrete Beschreibungen, die unter diese Hauptkategorie fallen, sind „easy to use", „reliable", „robust", „high-end technology", „maintain quality" und „fulfilling or even exceeding certain pre-defined criteria of acceptable quality standards" (siehe Tabelle 2, S. 31). Gleichzeitig müssen frugale Innovationen häufig spezifische Bedürfnisse und Anforderungen erfüllen, die von bisherigen Produkten und Services häufig nicht bedient werden (Sehgal et al. 2010). Daher wird das dritte Kriterium, das frugale Innovationen beschreibt, im Folgenden als **optimiertes Leistungsniveau** bezeichnet. Auch dieses Kriterium wird weiter unten (Abschnitt 3.3.1.3) definiert.

Allen frugalen Innovationen liegt zugrunde, dass **diese drei Kriterien**, wie sie in Abbildung 6 dargestellt sind, **gleichzeitig** erfüllt werden müssen.

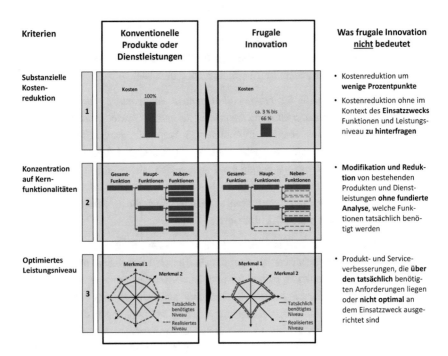

Abbildung 6: Die drei Kriterien frugaler Innovation[19]

In welcher Form sich die drei Kriterien in einzelnen Produkten und Dienstleistungen manifestieren, hängt stark vom jeweiligen Kontext ab, wie beispielsweise den jeweiligen Anforderungen der Nutzer oder deren Umfeld. So gilt auch das zweite Kriterium *Konzentration auf Kernfunktionalitäten* für die Märkte der Entwicklungs- und Schwellenländer sowie die der Industriestaaten gleichermaßen. Es ist jedoch davon auszugehen, dass unterschiedliche Funktionen in den Märkten der Entwicklungsländer, der Schwellenländer und der Industriestaaten notwendig sind.

Die drei Kriterien für sich genommen können auch für andere Innovationen relevant sein. Kosteninnovationen haben gleichermaßen signifikante Kostenreduktionen zum

---

[19] Eigene Darstellung.

Ziel (Williamson 2010; Williamson und Zeng 2009).[20] Ebenso können auch andere Innovationen darauf ausgerichtet sein, durch Kernfunktionalität und Einfachheit zu überzeugen (Flatters und Willmott 2009). Der wesentliche **Unterschied zwischen frugalen und anderen Innovationen** besteht darin, dass frugale Innovationen alle drei Kriterien **gleichzeitig** erfüllen.

Weitere Charakteristika, die für frugale Innovationen typisch sein können, jedoch im Ergebnis dieser Untersuchung nicht als zwingend gültig angesehen werden, sind die Aspekte Nachhaltigkeit und Skalierbarkeit. Diese werden im Anschluss (Abschnitt 3.3.2) diskutiert.

3.3.1 Kriterien frugaler Innovation

3.3.1.1 1. Kriterium – substanzielle Kostenreduktion

Das erste zu definierende Kriterium, das eine Innovation erfüllen muss, damit sie als frugal verstanden werden kann, ist das Kriterium „substanzielle Kostenreduktion". Die Ergebnisse der Untersuchung zeigen, dass frugale Innovationen als deutlich günstiger im Anschaffungspreis verstanden werden oder ihnen eine Reduzierung der Total Cost of Ownership zugeschrieben wird. Nahezu alle Charakterisierungen aus dem Literaturreview betonen den Kostenaspekt,[21] ebenso 100 % der Befragten.

---

[20] Gemäß Williamson und Zeng (2009) kann Kosteninnovation (*cost innovation*) durch drei Dimensionen beschrieben werden: *selling high-tech products at mass-market prices, offering choice and customization to value customers* sowie *turning premium niches into mass markets*. Erreicht werden kann dies beispielsweise durch die Beschäftigung von mehr Mitarbeitern zu günstigeren Lohnkosten oder eine höhere Prozessflexibilität, wie Williamson und Zeng (2009) in ihrer Untersuchung von Unternehmen aus den Schwellenländern feststellen. Williamson (2010) diskutiert weitere Ansätze, wie beispielsweise die Verwendung von alternativen und günstigeren Materialien, die Re-Kombination bereits bestehender Technologien oder die Vereinfachung des Designs. Trotz der inhaltlichen Schnittmengen zu frugalen Innovationen steht hier eine Konzentration auf Kernfunktionalitäten weniger im Vordergrund.

[21] Dies kann beispielsweise anhand folgender Stellen belegt werden: George et al. (2012) betonen, dass sich frugale Innovationen durch „low-cost and high-quality" auszeichnen würden. Sehgal et al. (2010) beziehen eine Prozesssicht mit ein und unterstreichen, Kostendisziplin sei bereits ein wesentlicher Teil bei der Entwicklung von frugalen Innovationen. Umfassender wird dies von Tiwari und Herstatt (2012 a) ausgedrückt, die sowohl die Perspektive der Hersteller mit „seek to minimize the use of financial resources" als auch die Perspektive der Kunden mit „objective of reducing the cost of ownership" einbeziehen (Tiwari und Herstatt 2012 a). Auch in Artikeln, welche die Kostenperspektive nicht unmittelbar diskutieren, wird deutlich, dass dennoch implizit angenommen wird, dass frugale Innovationen sehr kostengünstig sind. Beispielsweise diskutieren Cunha et al. (2014) nicht direkt den Kostenaspekt. Sie schlagen vor, den Begriff frugale Innovation zu verwenden, wenn ein Mangel an zahlungskräftigen Kunden besteht (siehe Tabelle 1). Daraus wird ersichtlich, dass auch hier implizit angenommen wird, dass es sich um sehr kostengünstige Innovationen handelt.

Größenordnung der Kostenreduktion

Die Schwierigkeit bei der Entwicklung des Kriteriums liegt darin, zu bestimmen, in welcher Größenordnung Kostenreduktion vorliegen sollte. Bisher wurde diese Frage in der Literatur nicht diskutiert. Vielmehr verdeutlichen die in der Literatur verwendeten Formulierungen wie „minimum cost", „much lower price", „significantly lower costs" oder „ultra-low cost" (siehe Tabelle 2, S. 31 sowie Tabelle 10, S. 287), dass nicht von wenigen Prozentpunkten ausgegangen wird, sondern von deutlich größeren Kosteneinsparungen. Rao (2013) vergleicht den Preis von 13 konventionellen Produkten und Services (*ordinary products and services*) mit dem Preis ihrer frugalen Counterparts.[22] Auf Basis seiner Daten lässt sich eine Kostenreduktion zwischen 58 % und 97 % ermitteln, die im Durchschnitt bei rund 80 % liegt.[23] Diese Zahlen zeigen, welche Größenordnungen mit frugalen Innovationen in Verbindung gebracht werden. So lange keine weiteren repräsentativen Untersuchungen vorliegen, soll im Folgenden angenommen werden, dass die Kosten mindestens um ein Drittel gesenkt werden müssen, um von einer frugalen Innovation zu sprechen.

Vergleichbarkeit von frugalen und konventionellen Innovationen

Um bei einer Innovation prüfen zu können, ob diese erheblich kostengünstiger ist als bisherige Produkte oder Dienstleistungen, muss ein sinnvoller Vergleich vorgenommen werden. Hierbei stellt sich die Frage, welches jeweilige Produkt beziehungsweise welche jeweilige Dienstleistung zum Kostenvergleich geeignet ist, damit das Ergebnis sinnvoll und aussagekräftig ist. Um einen sinnvollen Kostenvergleich zu ermöglichen, wird im Folgenden die Beachtung von fünf Aspekten vorgeschlagen.

- *Vergleichbarkeit Zielmärkte*: Es stellt sich die Frage, ob die Kosten einer Innovation des einen Markts mit Produkten oder Dienstleistungen eines anderen Markts verglichen werden können – also beispielsweise ob die Kosten einer Innovation, die für Industriestaaten bestimmt ist, mit Produkten oder Dienstleistungen verglichen werden können, die für Schwellenländer bestimmt sind. Die Bedürfnisse und Anforderungen können sich für die unterschiedlichen Märkte zweifelsohne unterscheiden.

---

[22] Unter frugalen Innovationen versteht Rao in seiner Untersuchung „scarcity-induced-, minimalist- or reverse-innovation" (Rao 2013, S. 65). Trotz der nur kurzen Definition lässt der Beitrag erkennen, dass sein Verständnis von frugalen Innovationen im Wesentlichen dem hier diskutierten Verständnis entspricht und damit seine Untersuchung hier als Referenz verwendet werden kann.

[23] Die Zahlen von Rao (2013) beruhen teils auf einfachen Internetrecherchen und gehen nicht allzu tief ins Detail. Auch ist die Anzahl von nur 13 Vergleichen nicht repräsentativ. Dennoch sollen die Zahlen verwendet werden, um eine erste Größenordnung aufzuzeigen, solange keine umfassenderen Untersuchungen vorliegen.

Entsprechend unterschiedlich können die Produkte und Dienstleistungen für verschiedene Zielmärkte aussehen und einen sinnvollen Kostenvergleich erschweren. Um dieser Problematik zu entgehen, sollte der Kostenvergleich immer innerhalb eines Marktes erfolgen. Es ist also die Frage zu beantworten, was ein vergleichbares Produkt oder eine vergleichbare Dienstleistung auf demselben Markt kostet beziehungsweise – falls auf dem Markt kein vergleichbares Produkt angeboten wird – was ein vergleichbares Produkt kosten würde, wenn diese eingeführt werden müsste. So kann bei dem Kostenvergleich sichergestellt werden, dass reale Kostenstrukturen aus der Perspektive des Kunden miteinander verglichen werden und das Ergebnis aussagekräftig ist.

- *Vergleichbarkeit Produktsegmente*: Zumeist werden Produkte für verschiedene Segmente zu unterschiedlichen Preisen und mit unterschiedlicher Leistung angeboten. Oberklassewagen sind beispielsweise ein anderes Segment mit einem anderen Leistungsniveau als Mittelklassewagen. Hier stellt sich die Frage, mit welchem Produktsegment die Kosten einer Innovation verglichen werden sollen, um zu prüfen, ob von einer substanziellen Kostenreduktion gesprochen werden kann. Erfolgt der Vergleich mit Produkten aus dem Premiumsegment, sind die Kostenunterschiede zweifelsohne höher, als wenn der Vergleich mit niedrigpreisigen Segmenten erfolgt. Um hier eine Vergleichbarkeit zu erzielen, ist der Kostenvergleich mit der günstigsten verfügbaren Alternative des jeweiligen Markts vorzunehmen, die in ihrer Kernfunktionalität ein vergleichbares qualitatives Niveau aufweist.

- *Kostenvergleich aus Kunden- oder Herstellersicht*: Die Frage ist durchaus berechtigt, ob von einer frugalen Innovation auch dann gesprochen werden kann, wenn nur die Herstellkosten substanziell gesenkt werden, ohne den Kostenvorteil an den Kunden weiterzugeben. In der Literatur wurde bislang keine explizite Antwort auf diese Frage gegeben. Gemäß der vorliegenden Untersuchung lässt sich zeigen, dass dem allgemeinen Verständnis nach auch *aus Kundensicht* eine Kostensenkung erfolgen muss. Zu erkennen ist dies an den zahlreichen Charakterisierungen, welche die Sicht des Kunden widerspiegeln, wie beispielsweise anhand der Umschreibungen „affordable" (Jha und Krishnan 2013; Mukerjee 2012; Sharma und Iyer 2012; The Economist 2010 a), „low-budget" or „low price" (siehe Tabelle 2, S. 31 sowie Tabelle 10, S. 287) deutlich wird. Wenngleich Charakterisierungen wie „cost discipline", „cost-effective", „minimize inessential costs" oder „minimize the use of financial resources" (siehe Tabelle 2, S. 31 sowie Tabelle 10, S. 287) in erster Linie die Perspektive des Herstellers oder Dienstleisters ausdrücken, sind die genannten Charakteristika immer die notwendige Voraussetzung dafür, die Anschaffungskosten auch für den Kunden zu reduzieren.

- *Kostenvergleich Anschaffungskosten oder Total Cost of Ownership (TCO)*: Einige wenige Beiträge betonen, dass mit frugalen Innovationen angestrebt wird, die Total Cost of Ownership zu reduzieren (Barclay 2014; Tiwari und Herstatt 2012 a). Ojha (2014) erachtet dies zumindest für den indischen Markt als relevant. Das Kriterium *substanzielle Kostenreduktion* berücksichtigt dies insofern, als dass zur Erfüllung des Kriteriums immer eine substanzielle Reduktion der Anschaffungskosten, der Total Cost of Ownership oder aber beider vorliegen muss.

- *Umgang mit Fällen, in denen keine Vergleichsprodukte oder vergleichbaren Dienstleistungen vorliegen*: Sollte eine Innovation aufgrund ihrer Neuartigkeit (z. B. neue Kernfunktionalität oder komplett neuer Einsatzzweck) nicht mit bereits existierenden Produkten und Services vergleichbar sein, stellt sich die Frage, wie ein Kostenvergleich durchgeführt werden kann, um zu bestimmen, ob eine Innovation als frugal bezeichnet werden darf. In diesem Fall sind plausible Vergleichsobjekte als Benchmark heranzuziehen, gegebenenfalls aus anderen Branchen oder Bereichen. Ziel der Entwickler von StreetScooter – einer Firma, die sich an der RWTH Aachen gründete und im Jahr 2010 begann, äußerst günstige Elektrofahrzeuge für den Nahverkehr zu entwickeln – war es, die Entwicklungskosten um 90 % im Vergleich zur bestehenden Automobilindustrie zu reduzieren, die in diesem Fall als Benchmark herangezogen wurde (StreetScooter GmbH 2015; PSI AG 2013). Auch hier gab es zu diesem Zeitpunkt keine vergleichbaren Fahrzeuge.

Abschließend sei der Hinweis gegeben, dass das hier diskutierte Kriterium *substanzielle Kostenreduktion* zur Bestimmung von frugalen Innovationen geeignet ist, solange noch von einer Innovation gesprochen werden kann. Die Diskussion, unter welchen Voraussetzungen hingegen ein *etabliertes* Produkt oder eine *etablierte* Dienstleistung als frugal zu bezeichnen ist, wie beispielsweise das Konzept der Discounter im Einzelhandel oder das Konzept mittlerweile etablierter Billigfluggesellschaften, soll an dieser Stelle nicht geführt werden.

Das erste Kriterium lässt sich somit zusammenfassen:

Frugale Innovationen haben aus Perspektive des Kunden substanziell geringe Anschaffungskosten oder Total Cost of Ownership (die mindestens um ein Drittel unter den Kosten der Produkte oder Dienstleistungen liegen, die bisher auf dem jeweiligen Markt verfügbar sind).

3.3.1.2   2. Kriterium – Konzentration auf Kernfunktionalitäten

Das zweite Kriterium, das aus den Ergebnissen der Untersuchung abgeleitet wird und das von einer Innovation erfüllt werden muss, damit sie als frugal verstanden werden kann, wird im Folgenden als *Konzentration auf Kernfunktionalitäten* bezeichnet.

In der Literatur werden frugale Innovationen assoziiert mit Charakteristika wie *core benefits*, *essential functions*, *reduced functionalities* und *reducing the complexity* (siehe Tabelle 2, S. 31). Somit impliziert das Verständnis von frugalen Innovationen, dass diese sich auf Kernfunktionalitäten konzentrieren und die wesentlichen Bedürfnisse und Anforderungen des Kunden adressieren. An zahlreichen Beispielen wird dieses Verständnis ersichtlich. The Economist (2010 b) hebt hervor: „Instead of adding ever more bells and whistles, they strip the products down to their bare essentials" (S. 3). Cunha et al. (2014) betonen, „frugal innovation aims to respond with extreme efficiency to some essential need" (S. 202), und Rao (2013) versteht frugale Innovationen als *minimalist-innovation*.

Auch die Ergebnisse der Befragung zeigen dieses Verständnis von frugalen Innovationen. In der Befragung gaben **sämtliche Befragten** an, frugale Innovationen als Innovationen zu verstehen, die funktional und auf das Wesentliche reduziert sind. Zudem gaben die meisten Befragten an, dass ein wichtiges Charakteristikum für frugale Innovationen die Minimierung materieller und finanzieller Ressourcen sei und zudem frugale Innovationen benutzerfreundlich seien (siehe Abbildung 4, S. 34).

Das Kriterium *Konzentration auf Kernfunktionalitäten* dient nicht ausschließlich dazu, die Kosten drastisch zu senken, indem alles, was nicht unbedingt notwendig ist, weggelassen wird. Die *Konzentration auf Kernfunktionalitäten* kann auch dazu dienen, Produkte und Dienstleistungen **benutzerfreundlicher** zu gestalten (Andel 2013; The Economist 2010 b), **Ressourcen** einzusparen (Barclay 2014; Rao 2013; Tiwari und Herstatt 2012 a), nachhaltigere Innovationen mit geringen Auswirkungen auf die **Umwelt** zu entwickeln (Basu et al. 2013; Jänicke 2014; Sharma und Iyer 2012) oder um ein bestimmtes **Lebensgefühl** oder Konsumverhalten zu bedienen (Flatters und Willmott 2009). Diese Aspekte werden von dem Kriterium *Konzentration auf Kernfunktionalitäten* aufgegriffen und mit eingeschlossen, womit deutlich wird, dass das Kriterium nicht ausschließlich als Mittel zum Zweck der Kostenreduktion zu verstehen ist, sondern ein eigenständiges, zentrales Kriterium darstellt.

Um bei einer Innovation zu prüfen, ob das Kriterium *Konzentration auf Kernfunktionalitäten* erfüllt wird, ist im Vergleich zu bereits existierenden Produkten und Dienstleistungen **nachvollziehbar zu begründen**, ob tatsächlich eine Konzentration auf Kernfunktionalitäten vorliegt. Im Folgenden wird das zweite Kriterium zusammengefasst:

Frugale Innovationen weisen im Vergleich zu anderen auf dem Markt verfügbaren Produkten und Dienstleistungen eine Konzentration auf Kernfunktionalitäten auf.

3.3.1.3   3. Kriterium – optimiertes Leistungsniveau

Das dritte Kriterium, das aus den Ergebnissen der Untersuchung abgeleitet wird und das von einer Innovation erfüllt werden muss, damit diese als frugal verstanden werden kann, wird im Folgenden als *optimiertes Leistungsniveau* bezeichnet.

Das dritte Kriterium ist besonders wichtig, um das grundlegende Verständnis von frugaler Innovation zu erfassen. Sowohl nach dem Verständnis, das in der Literatur anzutreffen ist, als auch nach dem Verständnis der im Rahmen der vorliegenden Arbeit befragten Personen ist es nicht ausreichend, sich auf die Kernfunktionalitäten zu konzentrieren, sondern es sollte zusätzlich eine ernsthafte Auseinandersetzung darüber stattfinden, **welches Leistungs- und Qualitätsniveau tatsächlich erforderlich** ist. Zum einen bildet sch diese Überzeugung in einer Vielzahl von in der Forschungsliteratur anzutreffenden Aussagen ab, die einen Bezug zum Leistungs- und Qualitätsniveau bei frugalen Innovationen herstellen: Hier werden frugale Innovationen etwa mit „high-value, low-cost" und „high-end low-cost technology products" (Ahuja 2014; Brem und Wolfram 2014; Ojha 2014) unschrieben. Zum anderen wird dies auch an Beiträgen ersichtlich, die das Leistungs- und Qualitätsniveau explizit thematisieren, wie beispielsweise Andel (2013, S. 4), der frugale Innovationen mit „get the performance its engineers originally planned" charakterisiert. Auch Soni und Krishnan (2014, S. 31) betonen diesen Aspekt mit ihrer Aussage „meeting the desired objective with a good-enough, economical means". Ebenso gehen Tiwari und Herstatt (2012 a) auf das Qualitätsniveau von frugalen Innovationen ein. Aus ihrer Sicht gilt für frugale Innovationen „fulfilling or even exceeding certain pre-defined criteria of acceptable quality standards" (Tiwari und Herstatt 2012 a, S. 98). Diese Beispiele machen deutlich, dass es für das überwiegende Verständnis frugaler Innovationen von zentraler Bedeutung ist, dass mit einem neuartigen Produkt das tatsächlich benötigte Leistungs- und Qualitätsniveau angestrebt wird.

Auch **nicht-frugale Innovationen** erfordern eine ernsthafte Auseinandersetzung mit der Frage, welches Leistungsniveau notwendig ist. Jedoch zeigt sich an der Diskussion über frugale Innovationen, dass dieser Frage oftmals nicht ausreichend nachgegangen wird. Als Beispiel kann hier die bereits genannte Studie der Unternehmensberatung Oliver Wyman dienen, die zum Ergebnis kommt, dass Baumaschinen westlicher Hersteller ein zu hohes Leistungs- und Qualitätsniveau aufweisen und damit nicht die Anforderungen der weltweiten Wachstumsmärkte, die sich vorwiegend in den Schwellenländern befinden, erfüllen (Oliver Wyman 2013).

Der in diesem Zusammenhang verwendete Begriff *Leistungsniveau* hat eine **breite Bedeutung** und umfasst das Niveau sämtlicher Funktionen und Merkmale einer Innovation. Welche dies im Detail sind, ist stark kontextabhängig. Bei einem Auto etwa kämen hier die Maximalgeschwindigkeit, Beschleunigung, Motorenleistung, Lebensdauer oder Fertigungsqualität in Frage, um nur einige wenige Aspekte zu nennen. Abbildung 6 auf S. 38 stellt dies schematisch dar.

Das Kriterium als *optimiertes* Leistungsniveau zu benennen, beruht im Wesentlichen auf zwei Gründen:

- Der erste Grund ist, dass in manchen Fällen das Leistungsniveau bisheriger Produkte und Dienstleistungen selbst für eine frugale Innovation nicht ausreichend ist. Als Beispiel können hier die Autohupen für den indischen Markt dienen. Autohupen werden in Indien deutlich exzessiver verwendet als in den meisten westlichen Märkten. Somit müssen Autohupen frugaler Autos für den indischen Markt einer deutlich höheren Beanspruchung standhalten als in westlichen Märkten (Herstatt et al. 2008). Dies bedeutet, dass diese ein **höheres Leistungsniveau** – beispielsweise hinsichtlich der Lebensdauer – aufweisen müssen als die Hupen, die in Premiumautos für den westlichen Markt verbaut sind. Dieses Beispiel demonstriert, dass das Leistungsniveau bei frugalen Innovationen nicht immer niedriger als bei herkömmlichen Produkten und Dienstleistungen sein muss, um ein Over-Engineering zu vermeiden. In manchen Fällen kann auch eine höhere Leistung erforderlich sein.[24] Ziel ist es, das Leistungsniveau optimal an den Einsatzzweck und den Anforderungen des Umfelds anzupassen, in dem die frugale Innovation Anwendung finden soll. Dies gilt für die Märkte der Entwicklungs- und Schwellenländer sowie die der Industriestaaten gleichermaßen.

- Der zweite Grund ist, dass bei frugalen Innovationen das Austarieren des richtigen Leistungsniveaus sehr bewusst und exakt erfolgen sollte. Ist das Leistungsniveau zu hoch, wie bei dem Beispiel der Baumaschinen westlicher Hersteller, steigen damit auch die Kosten. Ziel bei frugalen Innovationen ist jedoch, wie bereits diskutiert, eine erhebliche Kostenreduktion. Ist das Leistungsniveau dagegen zu niedrig, werden

---

[24] Aus diesem Grund wird an dieser Stelle der Begriff ***good-enough***, der häufig für frugale Innovationen genannt wird (siehe z. B. Agarwal und Brem 2012; Barclay 2014; Soni und Krishnan 2014), vermieden, um zu verdeutlichen, dass eine Anpassung des Leistungsniveaus sowohl nach oben als auch nach unten hin erforderlich sein kann.

spezifische Anforderungen nicht mehr erfüllt. Dies widerspricht den zentralen Zielen, die mit frugalen Innovationen verfolgt werden: „high-value", „maintain quality" und „maximising value to the customer" (siehe Tabelle 2, S. 31 sowie Tabelle 10, S. 287). Somit ist die Optimierung des Leistungsniveaus bei frugalen Innovationen besonders kritisch und bietet weniger Spielraum als bei anderen Innovationen, die etwas weniger kostenkritisch sind.

Für das Verständnis von frugalen Innovationen ist es dennoch wichtig zu verstehen, dass das Ziel, so nah wie möglich am tatsächlich erforderlichen Leistungsniveau zu sein, keinem Selbstzweck dienen sollte. Sollte durch die Verwendung **bereits existierender Komponenten** eine frugale Innovation günstiger hergestellt werden können, sind diese zu verwenden, selbst wenn damit ein möglicherweise höheres Leistungsniveau erreicht wird, als eigentlich erforderlich ist. Dass die Verwendung von Standardkomponenten zu einer Kostenreduktion beitragen kann, ist an dem Beispiel des EKG-Geräts MAC 400 des Unternehmens GE Healthcare zu sehen. Bei dem frugalen EKG-Gerät wurde, um die Kosten zu reduzieren, auf ein bestehendes Druckersystem zurückgegriffen, wie es auch für den Druck von Bustickets Anwendung findet (Ramdorai und Herstatt 2015). Dennoch ist es auch in diesen Fällen erforderlich, sich intensiv mit dem tatsächlich benötigten Leistungsniveau auseinanderzusetzen.

Um bei einer Innovation zu prüfen, ob das Kriterium erfüllt wird, ist, wie bei dem vorherigen Kriterium, im Vergleich zu bereits existierenden Produkten und Dienstleistungen **nachvollziehbar zu begründen**, dass eine bewusste Auseinandersetzung mit dem Leistungsniveau stattgefunden hat und dass bei der Entwicklung angestrebt wurde, das Leistungsniveau auf den Einsatzzweck der frugalen Innovation hin auszurichten. Im Folgenden wird das dritte Kriterium zusammengefasst:

Frugale Innovationen weisen das Leistungsniveau auf, welches *tatsächlich* benötigt wird (und im Vergleich zu bisher verfügbaren Produkten und Dienstleistungen besser auf den jeweiligen Einsatzzweck und die lokalen Bedingungen ausgerichtet ist).

3.3.2   Weitere Charakteristika frugaler Innovation

Im Literaturreview wurde deutlich, dass frugale Innovationen zuweilen charakterisiert werden mit Attributen wie „highly scalable" oder „drives profits through volumes" (siehe Tabelle 2, S. 31 sowie Tabelle 10, S. 287). Diese Merkmale wurden bei der Kodierung der Kategorie *Skalierbar* zugeordnet. Weitere Charakteristika, mit denen in wenigen Fällen frugale Innovationen beschrieben wurden, sind „eco-friendly", „little environmental intervention" und „meets green marketing objectives" – diese wurden bei der Kodierung der Kategorie **Nachhaltig** zugeordnet (siehe ebenso Tabelle 2, S. 31 sowie Tabelle 10, S. 287).

Die Ergebnisse der Befragung zeigen, dass diese beiden Eigenschaftskategorien im Vergleich zu den anderen Kategorien deutlich weniger häufig als charakteristisch für frugale Innovationen angesehen wurden (siehe Abbildung 4, S. 34). Dies weist darauf hin, dass Innovationen oftmals als skalierbar und nachhaltig angesehen werden, diese Eigenschaften aber nicht zwingend erforderlich sind, um eine Innovation als frugal zu verstehen.

Zwar können frugale Innovationen durch die Minimierung des Ressourcenverbrauchs zu mehr Nachhaltigkeit beitragen (Jänicke 2014; Sharma und Iyer 2012), dennoch muss davon ausgegangen werden, dass Nachhaltigkeit bei frugalen Innovationen häufig nicht im Mittelpunkt steht. Beispielsweise war es bei der Konzeption und Herstellung des Ultraschallgeräts Vscan von GE Healthcare das Ziel, ein günstiges und tragbares Ultraschallgerät für den chinesischen Markt zu entwickeln (Govindarajan und Trimble 2012). Das Thema Nachhaltigkeit wurde hingegen nicht fokussiert. Ebenso war es bei der Entwicklung des Mini-LKW Tata Ace primäres Ziel, die spezifischen Bedürfnisse des indischen Marktes durch einen kleinen und kostengünstigen LKW zu erfüllen (Tiwari und Herstatt 2014). Auch bei diesem Beispiel muss davon ausgegangen werden, dass Nachhaltigkeitsaspekte nur eine untergeordnete Rolle gespielt haben.

Ebenso verhält es sich mit der Auffassung, dass frugale Innovationen eine hohe **Skalierbarkeit** aufweisen. Da frugale Innovationen deutlich kostengünstiger sind als konventionelle Innovationen, wirkt sich dies entsprechend negativ auf die Marge aus. Es müssen größere Mengen verkauft werden im Vergleich zu bisherigen Produkten und Dienstleistungen, um einen vergleichbaren Gewinn zu erwirtschaften. Dies macht die Skalierbarkeit zu einem wichtigen Faktor für frugale Innovationen. Dennoch ist es nicht sinnvoll, eine Innovation nur dann als frugal zu verstehen, wenn auch eine hohe Skalierbarkeit gegeben ist. Innovationen, die nur für kleine Zielgruppen entwickelt wurden und eine entsprechend geringe Skalierbarkeit aufweisen, sollen im Folgenden ebenso als frugal verstanden werden, sofern sie die drei diskutierten Kriterien erfüllen.

3.3.3 Beispielhafte Anwendung der Kriterien

Im Folgenden soll die Anwendung der hier entwickelten drei Kriterien frugaler Innovation anhand von zwei Beispielen erläutert werden. Die Kriterien sollen dabei für alle Arten von frugalen Innovationen gelten, unabhängig davon, ob diese in den Entwicklungs- und Schwellenländern vertrieben werden oder aber in den Industriestaaten. Aus diesem Grund wurden bewusst die folgenden zwei Beispiele gewählt: zum einen der aus Lehm gefertigte Kühlschrank MittiCool (Radjou et al. 2012), der in den ländlich geprägten Regionen Indiens mit schlechter Stromversorgung vertrieben wird, und zum anderen das mobilfunkgroße Ultraschallgerät Vscan von GE Healthcare, das ursprünglich für den chinesischen Markt entwickelt wurde und mittlerweile auch in den Industriestaaten verkauft wird (Govindarajan und Trimble 2012). Um zu bestimmen beziehungsweise zu argumentieren, ob es sich bei diesen beiden Beispielen tatsächlich um frugale Innovationen handelt, soll die Anwendbarkeit der drei Kriterien der Reihe nach geprüft werden:

Der Kühlschrank **MittiCool** wurde speziell für Gebiete ohne Strom in Indien konzipiert (Radjou et al. 2012). Er kostete anfangs rund 2500 indische Rupien (FT Foundation 2010).[25] Kühlschränke derselben Größe kosten mindestens 6000 indische Rupien, wie Anfang 2016 auf der indischen e-Commerce-Webseite Flipkart (www.flipkart.com) nachvollzogen werden konnte. Der MittiCool kostete demzufolge fast 60 % weniger als die auf dem Markt verfügbaren Alternativen. Somit kann argumentiert werden, dass eine *substanzielle Kostenreduktion* vorlag und das erste Kriterium erfüllt ist.

Die Kühlung erfolgt mittels der Verdunstung von Wasser und ist damit an die Gegebenheiten vor Ort angepasst, an dem kein Strom zur Verfügung steht. Beim MittiCool wird auf zusätzliche Funktionen wie Licht (beispielsweise batteriebetrieben) verzichtet. Somit kann argumentiert werden, dass auch das zweite Kriterium *Konzentration auf Kernfunktionalitäten* erfüllt ist.

Zweck des MittiCool ist es hauptsächlich, Wasser, Früchte, Gemüse sowie Milchprodukte zu kühlen. Hinsichtlich des Leistungsniveaus wird die Temperatur so weit heruntergekühlt, dass die Lebensmittel für drei Tage frisch bleiben, was für den Einsatzzweck ausreichend ist (FT Foundation 2010; Radjou et al. 2012). Ebenso reicht die geringe Größe von 18,5 × 11 Zoll (dies entspricht in etwa 47 × 28 cm) für den vorgesehenen Einsatzzweck aus (FT Foundation 2010). Somit kann argumentiert werden, dass auch das dritte Kriterium *optimiertes Leistungsniveau* erfüllt ist und demzufolge der MittiCool als eine frugale Innovation verstanden werden kann.

Das zweite Beispiel ist das Ultraschallgerät **Vscan**. Das Ultraschallgerät wurde für den chinesischen Markt entwickelt und wird im Gegensatz zum Kühlschrank MittiCool auch in den Industriestaaten verkauft, wo es für das Stellen erster, schneller Diagnosen verwendet wird (Govindarajan und Trimble 2012). Die Methode, um zu bestimmen, ob auch

---

[25] Entspricht in etwa 30 Euro.

diese Innovation frugal ist, folgt dem eben beim MittiCool geschilderten Vorgehen. Abbildung 7 zeigt das Ergebnis des Vorgehens in beiden Fällen – anhand des Vscan wird zudem deutlich, dass die Kriterien auch bei Innovationen angewendet werden können, die in Industriestaaten vertrieben werden.

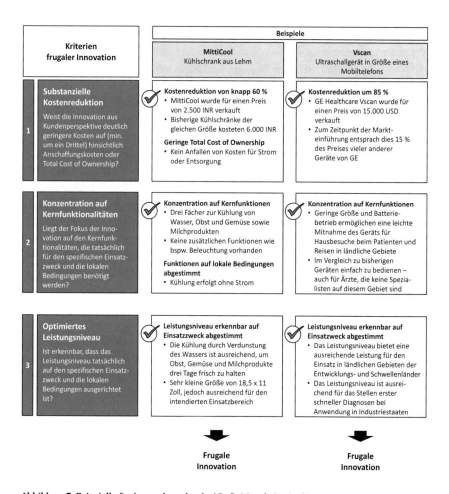

Abbildung 7: Beispielhafte Anwendung der drei Definitionskriterien[26]

---

[26] Eigene Darstellung (Quellen der Inhalte für MittiCool: FT Foundation 2010; Radjou et al. 2012; Quellen der Inhalte für Vsan: Govindarajan und Trimble 2012).

Zur weiteren Verdeutlichung soll im Folgenden ein kurzes Beispiel erläutert werden, bei dem nach Prüfung der drei Kriterien nicht von einer frugalen Innovation ausgegangen werden kann. Bei Tablet-Computern variierten die Preise zum Zeitpunkt der vorliegenden Untersuchung teils deutlich und lagen zwischen 100 Euro und 3000 Euro (gemäß Vergleich der günstigsten und teuersten Modelle in deutschen Onlineshops). Werden nun die günstigsten mit den teuersten Modellen verglichen, kann zumindest hinsichtlich des ersten Kriteriums für die günstigen Modelle argumentiert werden, dass dieses erfüllt sei. Beim zweiten Kriterium hingegen darf bezweifelt werden, ob dieses erfüllt ist. Die Geräte weisen häufig einen ähnlichen Funktionsumfang auf, unabhängig vom Preis. Teilweise wurde auf den Geräten die gleiche Software verwendet, natürlich bei niedrigerer Leistung. Daher ist keine **Konzentration auf Kernfunktionalitäten** erkennbar, sondern im Wesentlichen nur ein geringeres Leistungsniveau. Das zweite Kriterium hinsichtlich einer Konzentration auf Kernfunktionalitäten darf somit als nicht erfüllt betrachtet werden. Trotz der niedrigeren Leistung darf auch davon ausgegangen werden, dass das dritte Kriterium nicht erfüllt ist. Zwar weisen die günstigen Tablet-Computer eine durchweg geringere Leistung als die teureren Tablet-Computer auf – beispielsweise haben die Bildschirme eine niedrigere Auflösung, es steht weniger Speicherkapazität zur Verfügung und die Arbeitsgeschwindigkeit ist langsamer –, dennoch lässt sich nicht feststellen, dass das **Leistungsniveau** bewusst auf den Einsatzzweck ausgerichtet ist, wie dies hingegen beispielsweise bei den Laptops der *One Laptop per Child Association* der Fall ist. Diese robusten und kostengünstigen Laptops sind speziell für Kinder in den Entwicklungsländern entwickelt worden, um diesen Lernprogramme zur Verfügung zu stellen. Entsprechend wurden diese speziell auf diesen Einsatzzweck hin optimiert (OLPC Association 2015). Eine solch bewusste Fokussierung hinsichtlich Leistung und Qualität kann bei den eben diskutieren Tablet-Computern nicht festgestellt werden – die Anwendbarkeit des zweiten und dritten Kriteriums ist damit nicht gegeben. Entsprechend der hier vorgetragenen Argumentation ist es daher nicht sinnvoll, günstige Tablet-Computer im Vergleich zu teuren als frugal zu bezeichnen.

3.4   Implikationen, Limitationen und Ausblick

Im vorliegenden Kapitel soll zunächst auf die theoretischen und praktischen Implikationen der Untersuchung eingegangen werden. Im Anschluss werden die Limitationen der Untersuchung aufgezeigt. Das Kapitel endet mit einem Ausblick.

3.4.1 Theoretische Implikationen

Die Untersuchung trägt im Wesentlichen in zwei Aspekten zum Forschungsfeld der frugalen Innovationen bei. Zum einen wurde mit der Untersuchung das **Verständnis frugaler Innovationen** spezifiziert sowie die Annäherung an eine Operationalisierung des Begriffs ermöglicht. Bisherige Definitionen und Umschreibungen, wie beispielsweise „scarcity-induced-, minimalist- or reverse-innovation" (Rao 2013, S. 65) oder „overarching philosophy that enables a true ‚clean sheet' approach to product development" (Sehgal et al. 2010, S. 20), sind kaum dazu geeignet, um **zu argumentieren oder zu bestimmen**, ob eine Innovation als frugal gelten kann. Andere Definitionen und Umschreibungen, wie anhand einer Vielzahl von Publikationen gezeigt werden konnte, fußen auf der beispielhaften Nennung von Eigenschaften, wobei meist außer Acht gelassen wird, dass die Eigenschaften frugaler Innovationen auch variieren können. Zudem wird in der Diskussion über frugale Innovationen oftmals ein Bezug zu den Entwicklungs- und Schwellenländern hergestellt. Frugale Innovationen für die Märkte der Entwicklungs- und Schwellenländer müssen demnach auf die dortigen spezifischen Anforderungen hinsichtlich der Infrastruktur, der klimatischen Bedingungen oder eines anderen Konsumentenverhaltens ausgerichtet sein und somit oftmals andere Anforderungen und Bedürfnisse erfüllen als Innovationen, die für die Industriestaaten bestimmt sind. Aber auch innerhalb der Entwicklungs- und Schwellenländer können Eigenschaften, wie etwa eine besonders robuste Verarbeitung oder Vorrichtungen, um mit regelmäßigen Stromausfällen umgehen zu können, für bestimmte Märkte eine Rolle spielen, für andere Märkte hingegen nicht. Die drei hier definierten Kriterien frugaler Innovation gelten dagegen **unabhängig von spezifischen Eigenschaften** oder dem **Zielmarkt**. Mit ihnen lässt sich, wie anhand der Beispiele verdeutlicht wurde, argumentieren, warum eine Innovation als frugal verstanden werden kann. Dies trägt zu einer Objektivierung des Forschungsfelds bei.

Zum anderen bieten die drei Kriterien eine Struktur, die der Orientierung dienen kann, auf welche Aspekte im wissenschaftlichen Diskurs zu frugalen Innovationen besonders zu achten ist. Wie sich die Kriterien bei neu entwickelten Produkten oder Dienstleistungen in konkreten Eigenschaften manifestieren, hängt stark von der Nutzerumgebung und dem intendierten Einsatzzweck ab. Die Kriterien weisen daher auf übergeordneter Ebene darauf hin, worin die Herausforderungen im Kontext frugaler Innovationen bestehen. Damit können sie bei wissenschaftlichen Untersuchungen zur Entwicklung frugaler Innovationen das **übergeordnete Ziel** der Entwicklungsbemühungen verdeutlichen.

3.4.2   Praktische Implikationen

Die drei Kriterien frugaler Innovation, die auf dem bisherigen Begriffsverständnis aufbauen und dabei helfen, frugale von nicht-frugalen Innovationen abzugrenzen, haben auch praktische Implikationen.

Die Diskussion hat verdeutlicht, dass frugale Innovationen sehr unterschiedlich aussehen und in ihren Eigenschaften variieren können. Untersuchungen, die **grundsätzlich** abfragen, welche Eigenschaften und Merkmale für frugale Innovationen am wichtigsten sind (Agarwal et al. 2014; Roland Berger Strategy Consultants 2013 b), und hierzu für Eigenschaften wie Funktonalität, Robustheit und Benutzerfreundlichkeit die Wichtigkeit erheben, ohne zwischen Branchen, Zielmärkten oder Produktgruppen zu unterscheiden, helfen vor diesem Hintergrund nur bedingt weiter. Für die jeweiligen Produkte und Dienstleistungen sind vielmehr die für den jeweiligen Einsatzzweck relevanten Eigenschaften zu ermitteln. Die drei Kriterien frugaler Innovation können als Framework angewendet dabei helfen, auf die wesentlichen Aspekte zu achten und die für die Entwicklung entscheidenden Fragen zu stellen.

Wichtig dabei ist, **alle drei Kriterien** zu beachten. Die Diskussion in der vorliegenden Untersuchung hat gezeigt, dass oftmals gerade das zweite oder dritte Kriterium nicht ausreichend berücksichtigt wird, was nicht zuletzt zum Aufkommen der Diskussion um frugale Innovationen geführt haben dürfte. Entsprechend sollten neben dem Fokus auf drastische Kostensenkungen vor allem die Identifikation der Kernfunktionalitäten sowie die Erfassung des tatsächlich erforderten Leistungsniveaus im Zentrum der Entwicklungsbemühungen stehen.

3.4.3   Limitationen

Im Folgenden wird auf die Limitationen der Untersuchung eingegangen. Die erste Limitation ist, dass die Anzahl der Artikel, die renommierten Zeitschriften mit einem **peer-review-Prozess** entstammen, nur gering ist. Der Grund hierfür ist, dass das Forschungsfeld zu frugalen Innovationen noch sehr jung und die Zahl der Publikationen im Vergleich zu anderen Forschungsfeldern entsprechend gering ist. Somit war es notwendig, eine Vielzahl weiterer Artikel aus den Datenbanken in die Untersuchung aufzunehmen, die keinem peer-review-Prozess unterlagen.

Eine weitere Limitation ist, dass nur Veröffentlichungen in die Auswertung aufgenommen wurden, die in den Datenbanken EBSCO Business Source Premier sowie ISI Web of Science identifiziert wurden. Einige bekannte Veröffentlichungen waren somit nicht Teil der offiziellen Auswertung (Cunha et al. 2014; Radjou und Prabhu 2014; Rao 2013; Tiwari und Herstatt 2014). Dennoch kann davon ausgegangen werden, dass die Aufnahme dieser Veröffentlichungen in die offizielle Auswertung zu dem gleichen Ergebnis geführt hätte, zumal deren Inhalte im Rahmen der Diskussion der vorliegenden Arbeit mehrfach aufgegriffen wurden.

Die dritte Limitation besteht darin, dass die Teilnehmer der Befragung nur aus **Deutschland** kamen. Hierdurch wurde vor allem das praktische Verständnis frugaler Innovationen aus der Perspektive von einem den Industriestaaten zugehörigen Land erhoben. Wie in der deskriptiven Analyse zu sehen war, waren die Befragten jedoch Vertreter von in den meisten Fällen weltweit operierenden Unternehmen, die ein hohes Engagement in den Entwicklungs- und Schwellenländern aufweisen und mit den weltweiten Marktanforderungen vertraut sind. Das Ergebnis zeigt, dass das praktische Verständnis dem Verständnis in der Literatur entsprochen hat, was dafür spricht, das die Befragten ein fundiertes und breites Verständnis von frugalen Innovationen hatten.

Eine vierte Limitation betrifft den Umstand, dass die hier diskutierten Kriterien keine unmittelbaren **Erfolgsfaktoren** für eine Innovation darstellen und daher auch nicht die Frage beantworten, in welchen Fällen frugale Innovationen erfolgreicher sind als nichtfrugale. Die Kriterien zeigen vielmehr, in welchen Dimensionen der Diskurs über frugale Innovationen geführt wird, und können damit auf Defizite bisheriger Innovationen hinweisen.

3.4.4   Ausblick und weiterer Forschungsbedarf

Die drei Kriterien können dabei hilfreich sein, die wesentlichen Merkmale frugaler Innovationen bei ihrer Untersuchung sowie ihrer Entwicklung zu berücksichtigen. Sie sagen aber nichts darüber aus, wie die **Entwicklung frugaler Innovationen** gelingen kann. Da es dazu bisher kaum Ansätze gibt, sollte dieser Frage im Forschungsfeld zu frugalen Innovationen deutlich stärker nachgegangen werden. Die vorliegende Arbeit wird sich daher im Folgenden weiter mit dieser Fragestellung auseinandersetzen.

Zudem wäre es wünschenswert, die **Herausforderungen** an frugale Innovationen besser zu verstehen, beispielsweise hinsichtlich der Fragen zur Marktpositionierung, zum Branding oder zu möglichen Kannibalisierungseffekten.

Wünschenswert wäre es darüber hinaus zu untersuchen, in welchen Fällen davon ausgegangen werden kann, dass ein Erfüllen der drei Kriterien frugaler Innovation tatsächlich zu einem größeren **Markterfolg** führt. Es stellt sich die Frage nach branchen- und marktspezifischen Unterschieden. Besser zu verstehen, in welchen Fällen frugale Innovationen erfolgreich sind, würde nicht nur dazu beitragen, mit diesen weitere attraktive

Märkte zu erschließen, sondern könnte auch dabei helfen, frugale Innovationen gezielt für eine Reduzierung des Ressourcenverbrauchs sowie für mehr Nachhaltigkeit einzusetzen.

Teil C: Entwicklung frugaler Innovationen

4. Methodik

In **Teil C** der Arbeit soll die Frage beantwortet werden, wie frugale Innovationen gezielt entwickelt werden können. Dazu wird in diesem Abschnitt die **Methodik** diskutiert, die zur Beantwortung der Frage angewendet wurde. In Abschnitt 4.1 wird gezeigt, warum die Aktionsforschung für die vorliegende Untersuchung die präferierte Untersuchungsmethode war und entsprechend angewendet wurde. In Abschnitt 4.2 wird die grundsätzliche Vorgehensweise der Aktionsforschung vorgestellt, bevor in Abschnitt 4.3 darauf eingegangen wird, wie in der Aktionsforschung theoretische Erkenntnisse gewonnen werden. In Abschnitt 4.4 wird darauf eingegangen, wie eine hohe Qualität und Güte bei der vorliegenden Untersuchung sichergestellt wurde, bevor in Abschnitt 4.4.2 schließlich die konkrete methodische Umsetzung diskutiert wird.

4.1 Aktionsforschung als präferierte Untersuchungsmethode

4.1.1 Charakterisierung und Herkunft

Das wesentliche **Ziel der Aktionsforschung** ist, theoretische Erkenntnisse zu gewinnen, bei gleichzeitiger praktischer Lösung von konkreten Problemstellungen. **Aktionsforschung wird definiert** als: „Action research aims to contribute both to the practical concerns of people in an immediate problematic situation and to the goals of social science by joint collaboration within a mutually acceptable ethnical framework" (Rapoport 1970, S. 499), oder wie es Bradbury ausdrückt: „[a]ction research is a democratic and participative orientation to knowledge creation. It brings together action and reflection, theory and practice, in the pursuit of practical solutions to issues of pressing concerns" (Bradbury 2015, S. 1).

Die erstmalige Prägung des Begriffs der Aktionsforschung (im Englischen *action research*) wird dem US-amerikanischen Sozialreformer John Collier (1884–1968) zugesprochen (Bradbury 2015), der von 1933 bis 1945 als *Commissioner of Indian Affairs* in den USA mit seinen Bemühungen, Möglichkeiten zu finden, die Lebensbedingungen für die Urbevölkerung zu verbessern, die Grundlagen für die Entstehung der Aktionsforschung legte (Hinchey 2008). Die Ausgestaltung der Methode wird dem deutschamerikanischen Psychologen Kurt Lewin (1890–1947) zugeschrieben (Lewin 1946; Bradbury 2015; Grønhaug und Olson 1999; Huxham 2003; Susman und Evered 1978), der als einer der Begründer der Sozialpsychologie den Ansatz verfolgte, theoretische

© Springer Fachmedien Wiesbaden GmbH, ein Teil von Springer Nature 2018
T. Weyrauch, *Frugale Innovationen*, Forschungs-/Entwicklungs-/Innovations-Management, https://doi.org/10.1007/978-3-658-22213-0_4

Erkenntnisse zu gewinnen und gleichzeitig Änderungen im sozialen System herbeizu-führen. Er forderte: „The research needed for social practice can best be characterized as research for social management or social engineering. [...] Research that produces noth-ing but books will not suffice" (Lewin 1946, S. 35). Es gibt einige Abhandlungen zur Ent-stehungsgeschichte der Aktionsforschung, wie beispielsweise von Susman und Evered (1978), Coghlan (2011) sowie ausführlicher von Greenwood (2007) und Hinchey (2008), von denen vor allem Hinchey (2008) zeigt, dass zahlreiche weitere Forscher zu der Entstehung der Aktionsforschung beigetragen haben.

4.1.2   Anwendung der Aktionsforschung im Bereich Technologie- und Innovationsmanagement

Die Aktionsforschung wird von Autoren wie Gill et al. als wichtiger Ansatz in der Managementforschung gesehen: „Action research, then, is clearly an important approach to research in business and management, particularly given its declared aim of serving both the practical concerns of managers and other stakeholders whilst simultaneously generalizing and adding to theory" (Gill et al. 2010, S. 120). Im **Bereich Technologie-und Innovationsmanagement** greift eine nennenswerte Anzahl von Forschungsbeiträ-gen auf diese Untersuchungsmethode zurück (Herstatt 1991; Simon et al. 2000; Willian-der und Styhre 2006), darunter auch Forschungsbeiträge in renommierten Zeitschriften wie dem *Journal of Product Innovation Management* (Bogers und Horst 2014; Moultrie et al. 2007) oder dem *Academy of Management Journal* (Lüscher und Lewis 2008). Dies zeigt, dass die Aktionsforschung im Bereich Technologie- und Innovationsmanagement eine erprobte und mehrfach erfolgreich durchgeführte Methode ist.

4.1.3   Eignung für die vorliegende Fragestellung und grundsätzliches Vorgehen

Wie im Fall der vorliegenden Arbeit ist die Methode besonders geeignet, wenn ein kon-kretes Problem innerhalb einer Organisation gelöst werden soll (French und Bell 1999). Wie hierzu methodisch vorgegangen wird, fassen Gill et al. folgendermaßen zusammen:

„[A]ction research involves a planned intervention by a researcher into some natural social setting, such as an organization, in order to ameliorate the effects of some perceived problem. The effects of that inter-vention are then monitored and evaluated with the aim of discerning whether or not that action has pro-duced the expected consequences. In other words, the researcher acts upon his or her beliefs or theories in order to change the organization usually through the involvement or participation of organizational stakeholders at every stage of the project" (Gill et al. 2010, S. 116–117).

Da für die Entwicklung von frugalen Innovationen keine geeigneten konzeptionellen Modelle oder theoretischen Abhandlungen vorlagen, worauf in der Untersuchung noch ausführlich eingegangen wird, war es auch im Unternehmen, das für die Untersuchung ausgewählt wurde, nicht möglich, eine frugale Innovation zu entwickeln. Ziel der Anwendung der Aktionsforschung war es, wie es auch Gill et al. (2010) beschreiben, die Problemstellung durch Interventionen beziehungsweise Aktionen zu lösen. Dadurch sollten gleichzeitig die konzeptionellen Grundlagen dafür geschaffen werden, über den Untersuchungskontext hinaus eine gezielte Entwicklung von frugalen Innovationen zu ermöglichen.

4.1.4   Exkurs – Unterscheidung von ähnliche Methoden

Als Exkurs soll eine kurze Einordnung der Aktionsforschung in nahestehende Methoden gegeben werden. In der Literatur wird vereinzelt zwischen **Action Research** (AR) und **Research Action** (RA) unterschieden. Heller beschreibt den Unterschied mit „the term AR is used primarily with projects that emphasize change, the term Research Action (RA) is put forward to describe projects for which change is a consequence of achieving new knowledge and developing new models of thinking" (Heller 2004, S. 350).

Eine weitere Unterscheidung, die in der Literatur vorgenommen wird, ist die von der **Action Science** (Argyris et al. 1985). Der wesentliche Unterschied, wie ihn beispielsweise Gill et al. (2010) betonen, ist, dass die Action Science sich stärker darauf fokussiert, ein emisches[27] Verständnis zu gewinnen und unausgesprochene und implizite Verhaltensweisen von innen heraus zu reflektieren und explizit zu machen. Dadurch sollen die Beteiligten in die Lage versetzt werden, die Theorien, die ihr tägliches Handeln bestimmen, selbst zu hinterfragen und zu ändern. Action Research hingegen legt den Schwerpunkt mehr auf die Identifikation von Problemen und die Entwicklung von Lösungen für diese. Bei Betrachtung dieser Unterscheidungen kann die für diese Untersuchung angewendete Methode klar der Aktionsforschung zugeordnet werden.[28]

Zuber-Skerritt und Perry (2002) sehen bei der Aktionsforschung eine enge Verbindung zum **Organisationalen Lernen** (organisational learning). Zuber-Skerritt und Perry definieren Organisationales Lernen als „process of collaborative action learning and action research in an organisation with the aims of solving complex problems and achieving

---

[27] Dies bedeutet: aus der Perspektive von Insidern.

[28] Eine Übersicht zu weiteren Begriffen, die von der Aktionsforschung abgegrenzt werden (wie beispielsweise *participatory research, action science, industrial action research* oder *action learning*), bietet Kemmis et al. (2014). Auch Coghlan (2011) diskutiert aufbauend auf Raelin (2009) *action science, action learning* und *intervention research*. Eine Diskussion über die mit der Aktionsforschung in Verbindung stehenden Methoden soll hier nicht geführt werden, da diese für die vorliegende Arbeit nicht von Bedeutung sind. Es wird auf die entsprechenden Stellen verwiesen.

change and improved performance at the individual, team and organisational levels"
(Zuber-Skerritt und Perry 2002, S. 172). *Action learning* bezeichnet in diesem Kontext
das individuelle Lernen von einzelnen Personen. Dieses spielt zwar auch bei der Aktionsforschung eine Rolle, jedoch setzt die Aktionsforschung ihren Schwerpunkt auf *organisational learning* (Zuber-Skerritt und Perry 2002) und bezieht damit ganze Arbeits-
gruppen, Abteilungen oder die gesamte Organisation in den Aktionsforschungsprozess
mit ein.[29] Diese Art des Vorgehens wurde auch bei der vorliegenden Untersuchung verfolgt, bei der die Aktionsforschung in einer Organisation durchgeführt wurde, an der
Personen aus verschiedenen Abteilungen funktionsübergreifend eingebunden waren.
Wenngleich Zuber-Skerritt und Perry (2002) eine Verbindung zwischen der Aktionsforschung und dem Organisationalen Lernen ziehen, liegt der Schwerpunkt der nachfolgenden Untersuchung auf der Darstellung der Durchführung der Aktionsforschung
selbst.

4.2   Der Aktionsforschungskreislauf als Kern der Methode

Im Folgenden wird zunächst in Abschnitt 4.2.1 auf das grundsätzliche Vorgehen bei der
Durchführung des Aktionsforschungskreislaufs eingegangen. Anschließend werden in
Abschnitt 4.2.2 die einzelnen Schritte des Aktionsforschungskreislaufs im Detail erläu-
tert.

4.2.1   Der Aktionsforschungskreislauf

Die Aktionsforschung ist eine sehr vielschichtige Methode, für die es **keinen einheitlichen Standard** gibt. Coghlan (2011) und Hinchey (2008) betonen, dass der Diskurs
darüber, wie Aktionsforschung durchgeführt werden sollte, sehr breit und divers geführt wird. Greenwood merkt in diesem Zusamenhang an, „there is no one ideal form of
AR [action research] and that what is useful is situationally dependent" (Greenwood
2007, S. 131). Auch Gill et al. weisen darauf hin, „there is not an agreed set of methodo-
logical protocols, or rules, shared by all action researchers" (Gill et al. 2010, S. 96). So
musste im Vorfeld der Untersuchung aus einer Vielzahl von Quellen und Vorgehensmodellen eine geeignete Methodik herausgearbeitet werden.

---

[29] Eine ausführliche Einführung in Organisationales Lernen (organizational learning) und dessen Bedeutung für die Aktionsforschung (action research) findet sich bei Argyris (1999).

Setzt man sich mit den vielfältigen Beiträgen zur Aktionsforschung intensiver auseinander, kann man feststellen, dass das methodische Vorgehen jeweils auf ähnlichen Prinzipien beruht. Auch Coghlan und Brannick (2014) kommen zu dem Ergebnis, dass die meisten Darstellungen zum Ablauf der Aktionsforschung einen gemeinsamen Kern haben, der die Elemente *Planung, Umsetzung* sowie *Evaluierung* umfasst (Coghlan und Brannick 2014).[30] Wie Coghlan und Brannick (2014) ausführen, finden sich diese Elemente in einfacheren Darstellungen wie bei Lewin (1946) mit den Schritten *planning, action* und *fact-finding* wieder, bei Stringer (1996) etwa mit den Schritten *look, think* und *act*, aber auch in komplexeren Darstellungen wie bei French und Bell (1999), die deutlich mehr Schritte vorsehen. Die einzelnen Schritte werden in einem Zyklus durchgeführt und bilden den Aktionsforschungskreislauf, im Englischen als *action research cycle* bezeichnet. Auf Basis der bei der Durchführung des Aktionsforschungskreislaufs gewonnenen Erkenntnisse erfolgt die erneute Durchführung der einzelnen Schritte. Dieses Vorgehen wird während des Forschungsvorhabens mehrfach wiederholt, bis das intendierte Ziel erreicht ist. Die Aktionsforschung folgt damit einem iterativen Vorgehen (Coghlan und Brannick 2014; Gill et al. 2010).

Je nach Darstellung variiert die **Anzahl der Schritte des Aktionsforschungskreislaufs**. Susman und Evered (1978) halten sogar in Abhängigkeit des Aktionsforschungsvorhabens eine unterschiedliche Anzahl an Schritten für möglich, wenn sie schreiben, „action research projects may differ in the number of phases which are carried out in collaboration between action researcher and the client system" (Susman und Evered 1978, S. 588).[31] Auch wenn für den Aktionsforschungskreislauf teils Darstellungsformen mit deutlich mehr Schritten vorgeschlagen werden (French und Bell 1999; Warmington 1980), wird häufig eine Darstellung mit vier Schritten bevorzugt, die in den verschiedenen Publikationen ähnlich bezeichnet werden: *diagnosis, planning action, implementation* sowie *evaluation* (Gill et al. 2010), *diagnosing, action planning, action taking* sowie *evaluating* (Susman und Evered 1978) oder *constructing, planning action, taking action* sowie *evaluating action* (Coghlan und Brannick 2014).[32] Auf diesen vier Schritten baut

---

[30] Je nach Darstellung werden diese Elemente in drei oder mehr Schritten umgesetzt.

[31] Im Originaltext von Susman und Evered (1978) werden die Schritte als Phasen bezeichnet. In der weiteren Literatur werden hingegen zumeist die Begriffe *stages* oder *steps* verwendet (siehe z. B. Coghlan und Brannick 2014; Gill et al. 2010). In der vorliegenden Untersuchung wird der Ausdruck „Schritt" präferiert, um das iterative, schrittweise Vorgehen deutlicher zum Ausdruck zu bringen.

[32] Susman und Evered (1978) sehen zudem noch einen fünften Schritt vor, den sie mit *specifying learning* bezeichnen. Coghlan und Brannick (2014) sehen dem Aktionsforschungskreislauf einen weiteren Schritt (bezeichnet mit *context and purpose*) vorgeschaltet, der selbst nicht Teil des Kreislaufs ist. In der Bezeichnung und Anzahl der Schritte kann es selbst innerhalb der genannten Publikationen zu Unterschieden kommen. Beispielsweise stellen Gill et al. (2010) auf S. 101 den Aktionsforschungskreislauf mit den vier Schritten *diagnosis, planning action, implementation* und *evaluation* vor, hingegen

auch die vorliegende Untersuchung auf. Um deutschsprachige Begriffe zu verwenden, werden die Schritte im Folgenden als *Problemdiagnose, Planung, Aktion* sowie *Evaluation* bezeichnet. Abbildung 8 veranschaulicht den Aktionsforschungskreislauf.

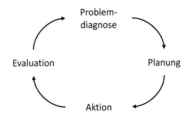

Abbildung 8: Aktionsforschungskreislauf[33]

Der eigentlichen Durchführung des Aktionsforschungskreislaufs geht ein Schritt voraus, der hier als **Einstiegsphase** bezeichnet werden soll. Coghlan und Brannick (2014) sprechen von *context and purpose*, Gill et al. (2010) von *entry stage*. Das wesentliche Ziel dieser initialen Phase ist es, den Untersuchungskontext zu verstehen und die Ziele sowie das Vorgehen der Untersuchung festzulegen. Es soll dabei ein grundlegendes Verständnis für den gesamten Kontext der Untersuchung gewonnen werden. Gemeinsam mit dem Unternehmen, in dem die Untersuchung stattfinden soll, ist die Fragestellung zu reflektieren, die im Rahmen des Aktionsforschungsvorhabens untersucht und beantwortet werden soll. Dabei sollten die jeweiligen Problemverständnisse des Unternehmens sowie des Forschers nebeneinandergestellt und diskutiert werden. Darauf aufbauend ist gemeinsam der Zielzustand zu definieren, der durch die Aktionsforschung erreicht werden soll. Zudem werden das grundsätzliche Vorgehen sowie die an der Aktionsforschung beteiligten Akteure festgelegt.

---

wird auf S. 102 eine Darstellung gewählt, die bereits von Gill (1982), S. 26 verwendet wurde, mit den Schritten *entry, contracting, diagnosis, action, evaluation* und *withdrawal*. Auch Coghlan und Brannick (2014) verwenden eine Darstellung mit den vier Schritten *constructing, planning action, taking action* und *evaluating action*. Coghlan und Coghlan (2002) diskutieren den Aktionsforschungskreislauf hingegen mit den sechs Schritten *data gathering, data feedback, data analysis, action planning, implementation* und *evaluation*. Entscheidend für die vorliegende Untersuchung ist, dass, wie bereits dargestellt, die Kernschritte im Wesentlichen dieselben sind, unabhängig davon, ob nun mehrere Schritte zu einem einzelnen zusammengefasst werden oder aber ein einzelner Schritt in der Darstellung mehrere Teilschritte enthält.

[33] Darstellung angelehnt an Coghlan und Brannick (2014) S. 9.

Wie in Abbildung 9 zu erkennen ist, beginnt nach der Einstiegsphase die mehrfache Durchführung des Aktionsforschungskreislaufs. Auf Grundlage der Erkenntnisse des jeweils vorherigen Zyklus beginnt die Durchführung von neuem.

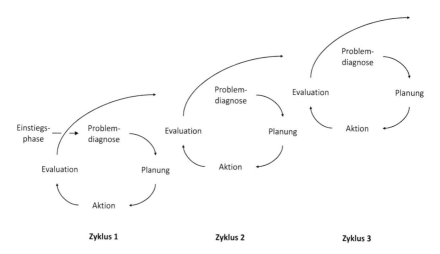

Abbildung 9: Schematische Darstellung der mehrfachen Durchführung des Aktionsforschungskreislaufs[34]

Dass dies nur eine schematische Darstellung ist, wird besonders am Zitat von Coghlan und Brannick (2014) deutlich: „In any action research project there are multiple action research cycles operating concurrently" (Coghlan und Brannick 2014, S. 12). Während die Schritte Problemdiagnose, Planung, Aktion und Evaluation in einigen Fällen möglicherweise sehr schnell zum gewünschten Zielzustand führen, kann dies bei anderen Problemstellungen länger dauern, oder die Schritte müssen mehrmals wiederholt werden, bevor die Zusammenhänge verstanden und die Probleme gelöst werden können. Somit werden bei einem Aktionsforschungsvorhaben vielfach mehrere Aktionsforschungskreisläufe zeitgleich durchgeführt, die sich sowohl inhaltlich als auch in ihrer zeitlichen Ausdehnung unterscheiden können (Coghlan und Brannick 2014). Dies war auch bei der vorliegenden Untersuchung der Fall, bei der sich die Durchführung eines Aktionsforschungskreislaufs bei manchen Problemstellungen über mehrere Workshops

---

[34] Darstellung angelehnt an Coghlan und Brannick (2014). Der Aktionsforschungskreislauf wird so lange wiederholt, bis das Ziel erreicht ist oder die Aktionsforschung abgebrochen wird (Coghlan und Brannick 2014).

erstreckte, dagegen andere Problemstellungen in deutlich schnelleren Iterationen untersucht werden konnten.

Um die spätere Darstellung der Durchführung des Aktionsforschungskreislaufs besser nachvollziehen zu können, wird im nächsten Abschnitt auf die wichtigsten Inhalte der vier einzelnen Schritte des Aktionsforschungskreislaufs eingegangen.

4.2.2   Die einzelnen Schritte des Aktionsforschungskreislaufs

4.2.2.1   Problemdiagnose

Der erste Schritt wird als *diagnosis* (Gill et al. 2010), *diagnosing* (Susman und Evered 1978) oder *constructing* (Coghlan und Brannick 2014) bezeichnet und findet sich auch bei Stringer (1996) in den Schritten *look* sowie *think* wieder. **Ziel des ersten Schritts** im Aktionsforschungskreislauf ist es, die gegenwärtige Situation und die zugrunde liegenden Probleme zu verstehen sowie die dazu notwendigen Informationen zu sammeln und auszuwerten. Die Ursachen für die festgestellten Probleme sollen in diesem Schritt identifiziert und analysiert werden. Gill et al. fassen diese Aufgaben folgendermaßen zusammen:

„[...] diagnosis forms a pivotal stage in action research for it not only is about the researcher gaining an understanding of the organizational context of the practical problems facing people; it also entails an analysis of the causes of those problems and the production of ideas for how to change the organization in a manner that will ameliorate those problems" (Gill et al. 2010, S. 110).

Bei diesem Schritt ist zu beachten, dass der Forscher bei der **Interpretation der Ergebnisse** zu einer anderen Sichtweise gelangen kann, als die Akteure der Organisation, in der die Untersuchung durchgeführt wird. Daher sollte in diesem Schritt auch immer ein Abgleich der unterschiedlichen Interpretationen erfolgen, um später die richtigen Schlüsse ziehen zu können (Coghlan und Brannick 2014; Gill et al. 2010). Coghlan und Brannick (2014) betonen deshalb, wie wichtig es ist, dass dieser Schritt nicht vom Aktionsforscher allein durchgeführt wird, sondern **gemeinsam mit den Beteiligten** aus dem Aktionsforschungsvorhaben. Dies dient insbesondere auch dazu, bei den beteiligten Akteuren die notwendige Verbindlichkeit und Bereitschaft zu schaffen, die Ergebnisse des Aktionsforschungsvorhabens mitzutragen und später mit umzusetzen (Gill et al. 2010).

Der Aktionsforscher leistet in diesem Schritt einen besonderen Beitrag zum besseren Verständnis der Problemstellung, indem er **konzeptionelle Übersichten** erstellt, die das Problem besser beschreiben und strukturieren, oder **theoretische Ansätze** liefert, welche die zu analysierende Situation beschreiben oder zu ihrem Verständnis beitragen (Coghlan und Brannick 2014; Gill et al. 2010).

Coghlan und Brannick (2014) schlagen in diesem Zusammenhang vor, statt von Problemen besser von Chancen (*opportunities*) zu sprechen, um die Denkweise der Akteure positiv zu unterstützen. Dennoch werden in der vorliegenden Untersuchung im Folgenden die Begriffe „Probleme" oder „Problemfelder" verwendet sowie der Schritt selbst bewusst mit „Problemdiagnose" bezeichnet. Dies soll unterstreichen, dass für die identifizierten Probleme die Ursachen zu hinterfragen und auf den so gewonnenen Erkenntnissen aufbauend Lösungen zu entwickeln sind. Der Schritt „Problemdiagnose" ist somit sehr umfassend und explorativ.

Zusammenfassend dient dieser Schritt dazu, dass der Aktionsforscher sowie die an der Aktionsforschung beteiligten Akteure der Organisation ein umfassendes und detailliertes Verständnis für die Problemursachen entwickeln. Dies hilft dabei, die Basis für die Planung derjenigen Aktionen zu schaffen, die im nächsten Schritt des Aktionsforschungskreislaufs entwickelt und festgelegt werden.

4.2.2.2 Planung

Dieser Schritt, auch als *planning action/intervention* (Gill et al. 2010), *action planning* (Susman und Evered 1978) oder *planning action* (Coghlan und Brannick 2014) bezeichnet, dient der **Planung** der Veränderungen und Maßnahmen, die in der Organisation umgesetzt werden sollen, um die im ersten Schritt identifizierten Probleme zu überwinden. Dabei können mehrere, unterschiedliche Lösungsansätze erarbeitet und abgewogen werden. Dieser Schritt des Aktionsforschungskreislaufs dient zudem der **Konzeptualisierung** der geplanten Verfahrensweisen.

In der Literatur wird teilweise vorgeschlagen, die geplanten Aktionen mit einer gewissen Flexibilität zu versehen, um Änderungen im Vorgehen zu ermöglichen, falls die während der Forschung gewonnenen Erfahrungen der beteiligten Akteure ein anderes Vorgehen nahelegen oder vorab nicht absehbare Ereignisse eintreten (Gill et al. 2010).

Wie für den gesamten Aktionsforschungskreislauf ist auch für diesen Schritt eine enge Zusammenarbeit mit den beteiligten Akteuren anzustreben, um deren Perspektive in die Planung einfließen zu lassen und die notwendige Akzeptanz für mögliche Aktionen, Maßnahmen und Änderungen in der betroffenen Organisation zu gewinnen (Coghlan und Brannick 2014; Gill et al. 2010). Bereits in diesem Schritt sollte die Überlegung erfolgen, wie der Erfolg beziehungsweise der Misserfolg der geplanten Aktionen und Veränderungsmaßnahmen festgestellt oder gemessen werden kann (Gill et al. 2010).

4.2.2.3   Aktion

Die Umsetzung der geplanten Aktionen und Veränderungsmaßnahmen wird auch als *implementation* (Gill et al. 2010), *action taking* (Susman und Evered 1978) oder *taking action* (Coghlan und Brannick 2014) bezeichnet. Bei Stringer (1996) sind die Inhalte dieses Schritts im Schritt *act* enthalten (unter *act* fasst Stringer die Schritte Planung, Aktion sowie Evaluierung zusammen). Ziel des Aktionsschritts ist es, die zuvor geplanten Handlungsmaßnahmen in der Organisation umzusetzen und die angestrebten Veränderungen herbeizuführen (Coghlan und Brannick 2014; Gill et al. 2010; Stringer 1996; Susman und Evered 1978).

4.2.2.4   Evaluation

Der letzte Schritt des Aktionsforschungskreislaufs dient der Evaluation des durchgeführten Aktionsschritts sowie der erzielten Ergebnisse. Dieser Schritt wird auch als *evaluation* (Gill et al. 2010), *evaluating* (Susman und Evered 1978) oder *evaluating action* (Coghlan und Brannick 2014) bezeichnet. Bei der Bewertung der Ergebnisse sind sowohl die gewünschten als auch mögliche unerwünschte beziehungsweise nicht beabsichtigte Ergebnisse zu betrachten. Ziel ist es, zu verstehen, ob die anfängliche Identifikation und Beschreibung der Probleme treffend war sowie ob mit den geplanten und umgesetzten Maßnahmen die gewünschten Veränderungen erreicht werden konnten und diese zu den gewünschten Ergebnissen geführt haben (Coghlan und Brannick 2014; Gill et al. 2010; Stringer 1996; Susman und Evered 1978). Die aus der Evaluation gewonnenen Erkenntnisse sind Grundlage für den nächsten Zyklus, in dem der Aktionsforschungskreislauf wiederholt wird, bis das Ziel der Untersuchung erreicht ist.

4.3   Gewinnung theoretischer Erkenntnisse in der Aktionsforschung

Wie eingangs erwähnt, ist das Ziel der Aktionsforschung, theoretische Erkenntnisse zu gewinnen bei gleichzeitig praktischer Lösung von konkreten Problemstellungen (Bradbury 2015; Rapoport 1970). Um beide Ziele zu verfolgen, finden zwei unterschiedliche Arten von Aktionsforschungskreisläufen statt, die parallel ablaufen. Der erste ist der bisher beschriebene Aktionsforschungskreislauf, mit dem die Problemstellung untersucht wird sowie die Veränderungsmaßnamen geplant, umgesetzt und evaluiert werden. Diese Art des Aktionsforschungskreislaufs wird von Zuber-Skerritt und Perry (2002) als *core action research cycle* bezeichnet. Der zweite Aktionsforschungskreislauf ist ein Reflexionskreislauf (*reflection cycle*), der als *Aktionsforschungskreislauf über den Aktionsforschungskreislauf* beschrieben und als *thesis action research cycle* bezeichnet wird. Ziel dieses zweiten Aktionsforschungskreislaufs ist es, auf einer **Meta-Ebene** zu reflektieren, welche Schlussfolgerungen aus dem *core action research cycle* gezogen und welche konzeptionellen sowie theoretischen Erkenntnisse gewonnen werden können (Coghlan und Brannick 2014; Zuber-Skerritt und Perry 2002).[35]

Die Herausforderung besteht darin, aus einer sehr situationsspezifisch durchgeführten Aktionsforschung, Erkenntnisse und Implikationen abzuleiten, die auch auf andere Situationen und Kontexte übertragbar sind. Eden und Huxham (1996) setzen sich daher mit der Frage auseinander, welche **Standards für die Gewinnung theoretischer Erkenntnisse bei der Aktionsforschung** gelten sollten und formulieren fünf zu beachtende Charakteristika: (1.) Die Aktionsforschung muss Implikationen haben, die über die spezifische Untersuchung, in der die Aktionsforschung angewendet wurde, hinausgehen. Die Erkenntnisse müssen auf andere Situationen und Zusammenhänge übertragbar sein. (2.) Die Theorie wird gebildet, indem die situationsspezifischen Erfahrungen, die während der Aktionsforschung gemacht wurden, charakterisiert und konzeptualisiert werden. (3.) Die Ergebnisse der Aktionsforschung müssen die Verbindung der situationsspezifischen Änderungsmaßnahmen und die dabei entwickelten Tools, Techniken, Modellen und Methoden erklären und eine Verbindung zu den theoretischen Erkenntnissen herstellen. (4.) Aktionsforschung führt zu emergenter Theoriebildung. (5.) Die Theoriebildung bei der Aktionsforschung ist inkrementell und bewegt sich vom Speziellen zum Allgemeinen in kleinen Schritten.

Diese fünf Charakteristika, deren Bedeutung auch in weiteren konzeptionellen Artikeln wie von Coghlan und Coghlan (2002) hervorgehoben wird, dienten auch als Grundlage für die vorliegenden Arbeit.

---

[35] Ähnlich der Diskussion zur Vorgehensweise bei der Aktionsforschung kann es auch bei der Theoriebildung unterschiedliche und sehr untersuchungsspezifische Ausprägungen geben. Dies kann an einem Zitat von Huxham verdeutlicht werden. Huxham zielt in seinem Beitrag darauf ab, die Theoriebildung in der Aktionsforschung zu veranschaulichen und erläutert dies beispielhaft an einem seiner Aktionsforschungsvorhaben, das zu fünf theoriebildenden Elementen geführt hat – *definitional, conceptual, elaborating, concluding* sowie *practical*. Zu diesen schreibt er: „These five theoretical elements [...] were specific to this particular research and would not necessarily emerge in quite the same way in other contexts even if a similar analysis method were used. However, they do highlight some of the possible types of theoretical output" (Huxham 2003, S. 246). An dieser Ausführung von Huxham wird deutlich, dass die Theoriebildung bei der Aktionsforschung in ihrem Wesen sehr spezifisch und fallabhängig sein kann.

4.4 Beachtung der Wissenschaftlichkeit der Aktionsforschung

Da sich die Gütekriterien in der Aktionsforschung von anderen wissenschaftlichen Methoden unterscheiden, soll im folgenden Abschnitt 4.4.1 auf diese eingegangen und deren Beachtung im Rahmen der vorliegenden Untersuchung diskutiert werden. Die Aktionsforschung sieht sich teilweise auch methodischer Kritik ausgesetzt. Auf diesen Aspekt soll in Abschnitt 4.4.2 eingegangen werden, in dem auch auf den Umgang mit solcher Kritik im Rahmen der vorliegenden Untersuchung eingegangen wird.

4.4.1 Gütekriterien in der Aktionsforschung

Die Ergebnisse und Schlussfolgerungen qualitativer Untersuchungen sind üblicherweise zu verifizieren, um sicherzustellen, dass diese plausibel, zuverlässig[36] sowie valide sind (Sekaran und Bougie 2013). Bei der Aktionsforschung können dazu nicht die Gütekriterien der positivistischen Wissenschaft herangezogen werden (Coghlan und Brannick 2014; Susman und Evered 1978),[37] sondern es müssen eigene Gütekriterien (*quality criteria*) verwendet werden, wie Coghlan und Brannick (2014) betonen. Der Grund hierfür ist, dass die Aktionsforschung wichtige Kriterien der positivistischen Wissenschaften nicht entspricht. Um ein Beispiel zu nennen, das Susman und Evered in diesem Kontext diskutieren: Eines der wichtigsten Kriterien der positivistischen Wissenschaft ist „prediction and control of its object of study, whether they be human or otherwise" (Susman und Evered 1978, S. 585). Die Aktionsforschung ist jedoch iterativ, schlägt ein flexibles Vorgehen vor und ist in ihrer Durchführung kollaborativ. Somit erfüllt sie dieses Kriterium nicht.

In der Aktionsforschungsliteratur werden daher Frameworks vorgeschlagen, deren Anwendung zu einer hohen Qualität und Güte eines Aktionsforschungsvorhabens führen sollen. Die meisten der Frameworks sind sehr umfangreich und enthalten eine Vielzahl von Aspekten (Herr und Anderson 2005; Reason 2006; Zuber-Skerritt und Fletcher 2007).[38] Coghlan und Brannick kommen in ihrer Auseinandersetzung mit diesen

---

36 Im Englischen mit „reliable" bezeichnet.

37 Susman und Evered (1978) verwenden den Begriff *positivist science* „for all approaches to science that consider scientific knowledge to be obtainable only from sense data that can be directly experienced and verified between independent observers" (Susman und Evered 1978, S. 583).

38 Um auf das Thema detaillierter einzugehen: Diese sowie weitere Frameworks erscheinen im Vergleich zu den üblichen Gütekriterien qualitativer Forschung abstrakter und mit einer höheren Interpretationsbreite. Während sich beispielsweise Reason (2006) eher explorativ mit dem Thema auseinandersetzt, zählen Zuber-Skerritt und Fletcher (2007) für die Güte (*quality*) von Aktionsforschung 13 Punkte

Frameworks zu dem Schluss, dass gute Aktionsforschung im Wesentlichen durch drei Elemente bestimmt wird: „a good story, rigorous reflection on that story and extrapolation of usable knowledge or theory from the reflection on the story" (Coghlan und Brannick 2014, S. 16). Hieran orientiert sich auch die vorliegende Arbeit.

Ein weiteres Mittel, um die Validität der Aktionsforschung zu erhöhen, ist die Triangulation, die, wo immer möglich, angewendet werden sollte (Eden und Huxham 1996). Wie auch bei Lüscher und Lewis (2008) wurde bei der vorliegenden Untersuchung eine **Triangulation** anhand der Erfassung unterschiedlicher Perspektiven durchgeführt. Wiederum wie schon bei Lüscher und Lewis (2008) waren dies im Wesentlichen drei Perspektiven.

Erstens wurden während der Untersuchung in den Workshops, Video-Online-Treffen und Telefonaten fortwährend Notizen über den jeweiligen Inhalt und Verlauf angefertigt, die im Anschluss Grundlage für die **eigenen** kritischen Reflexionen und Analysen waren (auf die Datenerhebung wird detailliert in Abschnitt 4.5 eingegangen werden).

Zweitens war die Durchführung des gesamten Aktionsforschungskreislaufs darauf ausgerichtet, die Sichtweise, Erfahrungen und Meinungen der **beteiligten Akteure** zu erfassen und in den Prozess einfließen zu lassen. Die Workshops und der regelmäßige und intensive Austausch per Video-Online-Treffen, Telefonaten, E-Mails sowie Gesprächen vor Ort während des gesamten Forschungsvorhabens ermöglichte allen Beteiligten des Aktionsforschungsvorhabens, Vorgehen und Zwischenergebnisse kritisch zu hinterfragen und eigene Sichtweisen einzubringen. Zudem wurden die eigenen Reflexionen und Analysen aufbereitet und zur kritischen Diskussion gestellt. Dadurch konnten diese durch die an der Aktionsforschung beteiligten Akteure auf ihre Qualität hin überprüft und ihre Validität sichergestellt werden.

Drittens wurde während der gesamten Aktionsforschung die Sichtweise und kritische Beurteilung von **Außenstehenden** als externen Beobachtern eingeholt, die nicht in die Aktionsforschung eingebunden waren. Dies waren Professoren, Habilitanden, Postdocs sowie wissenschaftliche Mitarbeiter, mit denen regelmäßig der Verlauf der Aktionsforschung in ihren einzelnen Schritten und Ergebnissen diskutiert und reflektiert wurden.

---

auf, darunter – um hier nur einen Ausschnitt zu zeigen – *solving a real, complex problem, true participation and callaboration, research must enable action* und *contributing to knowledge in theory and practice.* Auch Checkland und Holwell (1998) diskutieren die Validität von Aktionsforschung und betonen ihre positiven Erfahrungen mit den umfangreichen zu beachtenden Charakteristiken von Aktionsforschung, die Eden und Huxham (1996) in ihrem Artikel diskutieren. Daneben gibt es zahlreiche weitere Publikationen, die sich mit dem Thema auseinandersetzen. Entscheidend für die vorliegende Untersuchung ist, dass es keinen einheitlichen Standard gibt, sondern das Thema in einer großen Breite diskutiert wird.

Zusammenfassend ist festzuhalten, dass während der Untersuchung großer Wert auf eine hohe Güte und Qualität der Aktionsforschung gelegt wurde. Zum einen wurde auf die drei wesentlichen Elemente geachtet, die von Coghlan und Brannick (2014) vorgeschlagen werden. Zum anderen wurden unterschiedliche Datenquellen ausgewertet und während der gesamten Untersuchung eine systematische Triangulation mittels multipler Perspektiven und der Validierung der Ergebnisse durch die unterschiedlichen Akteure durchgeführt, wie es sich in der Aktionsforschung erfolgreich bewährt hat (Lüscher und Lewis 2008).

4.4.2 Kritik an der Aktionsforschung und Umgang mit dieser in der vorliegenden Untersuchung

Wie jede andere Methode wird auch die Aktionsforschung in einigen Punkten kritisiert. Auf diese Kritik soll im Folgenden eingegangen und der Umgang mit dieser in der vorliegenden Untersuchung erläutert werden.

Umgang mit grundsätzlicher Kritik und den Schwächen der Aktionsforschung

In seinem Beitrag zu *academic management research* kritisiert van Aken (2004), dass die bisherige, konventionelle Forschung zu wenig praktisch anwendbaren und nützlichen Ergebnissen gelangt sei. Seiner Meinung nach tendiere Forschung in diesem Feld dazu, bereits Vorhandenes ausschließlich deskriptiv zu beschreiben, statt wie in der Medizin oder in den Ingenieurwissenschaften *field-testing* zu betreiben und fundierte, anwendungsorientierte Ergebnisse zu erzielen. Genau diesen Ansatz hingegen verfolgt die Aktionsforschung, die mit ihrem methodischen Vorgehen anwendbares Wissen und theoretische Erkenntnisse gleichermaßen gewinnen will. Dies hebt van Aken deshalb positiv als Stärke der Aktionsforschung hervor. Gleichzeitig wird die Aktionsforschung wiederum genau dafür kritisiert, anders als bisherige Ansätze vorzugehen: „[A]n array of commentators have indeed dismissed action research as an approach which lacks scientific rigour" (Gill et al. 2010, S. 121). Besonders häufig wird der Aktionsforschung **fehlende Objektivität** vorgeworfen (Bradbury 2015), die im Rollenmodell begründet ist, das der Aktionsforscher während der Untersuchung einnehmen muss. Der Untersuchende muss sich einerseits aktiv in den Untersuchungskontext einbringen und beeinflusst damit den Untersuchungskontext, andererseits muss er gleichzeitig den Untersuchungskontext kritisch und analytisch reflektieren (Bradbury 2015). Statt ausschließlich zu beobachten und Daten zu erheben, nimmt der Forscher also eine duale Rolle ein, die durch Aktion und Reflexion (action and reflection) geprägt ist (Levin 2012). (Bradbury

2015) fasst neben den Stärken der Aktionsforschung auch die kritisierten Schwächen im Vergleich zur konventionellen Forschung zusammen. Tabelle 3 zeigt seine Zusammenfassung.

	Action Research	Conventional Research
Strengths	• Complex contexts where what to do 'best' is a subject of discussion and negotiation; systems activity is coordinated inside political-pragmatic realities. Seeks to localize unique practices.	• Understands simple and complicated contexts by weighting variables or forces into deterministic sets, seeks generalizability.
Weaknesses	• Many positive outcomes cannot be easily summarized quantitatively. • By those not familiar with action research it can appear lacking in concern for objectivity.	• Commitment to objectivity standards of the natural sciences render it often as armchair speculation, i.e. inactionable and potentially misleading.

Tabelle 3: Zusammenfasssende Gegenüberstellung von Stärken und Schwächen von Aktionsforschung und konventioneller Forschung[39]

Mit dieser Kritik an der Aktionsforschung soll in der vorliegenden Untersuchung konstruktiv umgegangen werden durch die Einhaltung der Gütekriterien, die im letzten Abschnitt diskutiert wurden. Zudem wurde bewusst und nach außen hin transparent die duale Rolle eingenommen. Während der Einnahme der aktiven, intervenierenden Rolle wurden fortwährend sämtliche wesentlichen Ereignisse wie Inhaltliches, umgesetzte Maßnahmen oder Reaktionen dokumentiert, um diese im Anschluss während der Einnahme der reflektierenden Rolle kritisch zu hinterfragen und durch verschiedene, interne sowie externe Akteure validieren zu lassen.

Umgang mit der Kritik der fehlenden Differenzierbarkeit zu Beratungsprojekten

Um auf den möglichen Kritikpunkt einzugehen, Aktionsforschung sei mit Beratungsprojekten gleichzusetzen, stellen Bradbury (2015), Gill (1982) sowie Gummesson (2000) beide Ansätze gegenüber, um die Wissenschaftlichkeit der Aktionsforschung zu verdeutlichen. Die Gegenüberstellung macht den **Unterschied von Aktionsforschung und Beratungsprojekten** für die vorliegende Untersuchung insbesondere in drei Punkten deutlich.

---

[39] Entnommen aus der Tabelle von Bradbury (2015), S. 2.

- **Ziel der Durchführung**: Sowohl Beratungsprojekte als auch die Aktionsforschung zielen darauf ab, einen Zustand zu verbessern oder eine bestimmte Problemstellung zu lösen. Ziel der Aktionsforschung ist es jedoch darüber hinaus, die zugrunde liegenden Mechanismen zu reflektieren und im Detail zu verstehen, mit dem Ziel, theoretische Erkenntnisse neben der Lösung der praktischen Problemstellung zu gewinnen.[40]

- **Vorgehensweise**: Bei Beratungsprojekten kann der Berater häufig auf bereits existierende Techniken und Vorgehensweisen zurückgreifen, um ein Problem zu lösen. Die Problemlösung läuft im Beratungsprojekt deutlich sequenzieller ab als bei der Aktionsforschung.

  Bei der Aktionsforschung hingegen liegt eine neue Problemstellung vor, für die bisher keine Lösungsansätze zur Verfügung stehen. Der Forscher wirkt unterstützend bei der Entwicklung von Lösungsansätzen. Zur Entwicklung eines geeigneten Lösungsansatzes müssen in der Regel viele Zyklen durchlaufen werden. Die Erarbeitung der Lösungsansätze hat dabei experimentellen Charakter beziehungsweise entstehen die Lösungsansätze sukzessive über die mehrmalige Durchführung des Aktionsforschungskreislaufs hinweg.

- **Rolle des Forschers**: Für den Aktionsforschungskreislauf ist der kollaborative Charakter der Durchführung gemeinsam mit den Beteiligten der Organisation wesentlich. Der Forscher führt die einzelnen Aufgaben, wie Problemidentifikation und Beschreibung, gemeinsam mit den Akteuren der Organisation durch. Bei Beratungsprojekten kann ein ähnliches Vorgehen verfolgt werden, jedoch ist dies im Gegensatz zur Aktionsforschung nicht zwingend erforderlich.

Umgang mit der Kritik der geringen wissenschaftstheoretischen Bedeutung

Kritik kommt auch von den Befürwortern der Aktionsforschung. Nach Ansicht von Levin und Greenwood trägt die **Aktionsforschung bisher wenig zu theoretischen Diskursen** bei. Sie betonen, „[m]uch action research writing involves endless case reporting without a sharp intellectual focus, often unlinked to any particular scientific discourse" (Levin und Greenwood 2011. S. 30). Ein Grund hierfür dürfte sein, dass die Durchführung der Aktionsforschung mit der mehrfachen Durchführung des Aktionsforschungskreislaufs häufig in allen Details nachgezeichnet wird. Teilweise wird dies in der

---

[40] Häufig folgen Beratungsprojekte einem Prozess, der sich an dem Aktionsforschungsprozess orientiert, wie Anderson (2015) hervorhebt. Jedoch betont auch Anderson in diesem Kontext „practitioners today may not necessarily see contributions to theoretical knowledge to be a central objective" (Anderson 2015, S. 104).

Aktionsforschung auch als Qualitätsmerkmal gewertet, wie bei Coughlan und Coghlan. Diese fordern explizit, „telling a bit of the concrete story" für die Darstellung der Ergebnisse, mit dem Ziel, hierdurch die Ergebnisse zu validieren (Coughlan und Coghlan 2002, S. 237).[41] Auch Eden und Huxham fordern „the process of exploration [...] of the data, in the detecting of emergent theories, must be either, replicable, or demonstrable through argument or analysis" (Eden und Huxham 1996, S. 81).

Um dennoch auf die Kritik von Levin und Greenwood (2011) zu reagieren, wird in der vorliegenden Arbeit bei den schriftlichen Ausführungen die Gratwanderung unternommen, die Durchführung der Aktionsforschung möglichst nachvollziehbar zu schildern, ohne dabei die vier Schritte *Problemdiagnose*, *Planung*, *Aktion* sowie *Evaluation* immer wieder erneut in ihren iterativen Durchführungen zu beschreiben. Damit soll das von Levin und Greenwood (2011) kritisierte *endless case reporting* unterbunden werden. Stattdessen wird in den Ausführungen auf den jeweiligen Schritt nach Möglichkeit nur einmal eingegangen, auch wenn er mehrfach iterativ durchgeführt wurde. Anschließend werden die sukzessive gewonnenen Reflexionen und Erkenntnisse zusammengefasst. Der Schwerpunkt der Ausführungen soll so auf der Einordnung der Ergebnisse in den wissenschaftlichen Diskurs liegen.

4.5 Methodische Umsetzung des Aktionsforschungsvorhabens

In diesem Abschnitt wird auf die *methodische* Umsetzung der Aktionsforschung im Rahmen der Untersuchung eingegangen. In Abschnitt 4.5.1 wird zunächst das Unternehmen vorgestellt, in dem die Aktionsforschung durchgeführt wurde, und die initiale praktische Problemstellung des Unternehmens erläutert. Anschließend wird Abschnitt 4.5.2 eine Übersicht über den zeitlichen Verlauf der Aktionsforschung, die beteiligten Akteure sowie die erhobenen Daten gegeben.

---

[41] Coughlan und Coghlan (2002) beziehen sich dabei auf die Ausführungen von Fisher und Torbert (1995).

4.5.1   Unternehmenskontext der Untersuchung

4.5.1.1   Auswahl des Unternehmens für die Untersuchung

Von Ende des Jahres 2014 bis Mitte des Jahres 2015 wurden erste konzeptionelle Vorarbeiten geleistet zu der zu untersuchenden Fragestellung, wie frugale Innovationen gezielt entwickelt werden können. Während dieser Zeit gab es einen intensiven Austausch zwischen verschiedenen Unternehmen und dem Institut für Technologie- und Innovationsmanagement der Technischen Universität Hamburg zum Themenfeld frugale Innovation. Ein Ziel dieses Austausches war es, ein Unternehmen zu identifizieren, bei dem eine umfassende Untersuchung zu der Fragestellung durchgeführt werden konnte. Eines dieser Unternehmen war ein weltweit tätiges, US-amerikanisches Maschinenbauunternehmen. Das Unternehmen stand als Hersteller von Wälzlagern, Ketten und weiteren Maschinenbaukomponenten vor der Herausforderung, frugale Innovationen entwickeln zu wollen, konnte aber dafür bisher keine geeignete Vorgehensweise ermitteln. Für die vorliegende Untersuchung bot sich das Unternehmen aus drei Gründen besonders an: Das Unternehmen wollte gezielt frugale Innovationen entwickeln, hatte dies aber mit den bisherigen Verfahrensweisen nicht erreichen können. Die Problemstellung des Unternehmens adressierte somit direkt die der vorliegenden Arbeit zugrunde liegende Forschungsfrage. Der zweite Grund war, dass das Unternehmen bereit war, Zugang zu allen Unterlagen, Abteilungen und Personen zu gewähren, die für das Forschungsvorhaben bedeutsam waren. Drittens kam hinzu, dass das Unternehmen frugale Innovationen nicht nur für Schwellenländer entwickeln wollte, sondern gezielt auch für Industriestaaten. Da dies in der Forschung zu frugalen Innovationen bisher kaum beleuchtet wurde, versprach die Untersuchung in diesem Kontext einen deutlichen Erkenntnisgewinn.

4.5.1.2   Kontaktaufnahme mit dem Unternehmen und Initiierung des Aktionsforschungsvorhabens

Mitte des Jahres 2015 erfolgte der erste Kontakt zwischen dem Institut für Technologie- und Innovationsmanagement der Technischen Universität Hamburg und dem Director Global Engineering des Unternehmens. Gemeinsam wurde das Vorgehen für die wissenschaftliche Untersuchung erörtert. Mitte September 2015 wurde eine Vereinbarung darüber getroffen, dass in dem Unternehmen ein Aktionsforschungsvorhaben durchgeführt werden sollte. Anschließend erfolgte im Rahmen der Einstiegsphase in die Aktionsforschung ein intensiver Austausch, bei dem die wichtigsten Eckdaten festgelegt wurden. Zum Schutz sensibler Unternehmensdaten sowie noch nicht veröffentlichter Forschungsergebnisse wurde von beiden Parteien ein Geheimhaltungsvertrag (Non-Disclosure-Agreement) unterschrieben. Die Untersuchung sollte anhand einer realen Produktentwicklung bis zum Abschluss der Konzepterstellung durchgeführt werden.

4.5.1.3   Informationen zum Unternehmen[42]

Das Unternehmen, in dem die Aktionsforschung durchgeführt wurde, ist ein großes amerikanisches Maschinenbauunternehmen, dessen Umsatz im Jahr 2015 bei über 2 Mrd. US-Dollar lag und das im selben Jahr rund 8000 Mitarbeiter weltweit beschäftigte. Das Unternehmen ist Hersteller für Lager, wie beispielsweise Wälzlager, für Industrieketten, wie beispielsweise für Hubeinrichtungen und Antriebssysteme, für Kupplungen sowie für weitere Maschinenbaukomponenten. Neben diesem Segment, welches das Unternehmen als „Process & Motion Control" bezeichnet und das rund 60 % des Umsatzes erwirtschaftet, hat das Unternehmen noch weitere Segmente, die für die vorliegende Untersuchung jedoch nicht weiter betrachtet werden. Das Unternehmen ist weltweit tätig und hat in Deutschland für das Segment „Process & Motion Control" Niederlassungen in den Städten Dortmund und Betzdorf.

4.5.1.4   Initiale Problemstellung des Unternehmens

Der Director Global Engineering sah zum Zeitpunkt der Kontaktaufnahme frugale Innovation als wirksamsten Zugang zum bereits stark besetzten *general purpose power transmission market*[43] für Antriebselemente, wie beispielsweise Kupplungen und Ketten. Jedoch hatte das Unternehmen es bisher nicht geschafft, frugale Produkte in sein Produktportfolio aufzunehmen. Da bisher dem Unternehmen die Entwicklung frugaler Innovationen nicht gelungen war, wollte das Unternehmen neue Verfahrensweisen erproben und sich dabei wissenschaftlich begleiten lassen. Statt existierende Produkte in ihrem Funktionsumfang und ihrer Qualität durch – wie der Director Global Engineering es bezeichnete – *cost-out actions* zu reduzieren, beabsichtigte das Unternehmen, von Grund auf neue, frugale Produkte zu entwickeln. Durch die Aktionsforschung erhoffte sich der Director Global Engineering praktische und theoretische Erkenntnisgewinne zu der Frage, wie sich frugale Innovationen gezielt entwickeln lassen. Die gewonnenen Erkennt-

---

[42] Angaben zum Unternehmen aus dem Geschäftsbericht 2015.

[43] Unter dem Markt für *general purpose power transmission* versteht das Unternehmen den Markt für Antriebselemente, wie beispielsweise Kupplungen und Ketten, der unterhalb des Premium-Segments liegt.

nisse sollten sich nach Abschluss der Aktionsforschung auch auf andere Unternehmensbereiche und Produktgruppen übertragen lassen.

4.5.2   Vorgehen und Ablauf der Untersuchung

Im Folgenden wird eine Übersicht zum zeitlichen Ablauf, den beteiligten Akteuren im
Unternehmen sowie zur Datenerhebung gegeben.

4.5.2.1   Zeitlicher Ablauf

Das Aktionsforschungsvorhaben wurde von Mitte September 2015 bis Ende März 2017
durchgeführt und beinhaltete Workshops, Video-Online-Treffen, Interviews, Telefonate,
persönliche Gespräche sowie die Auswertung umfangreicher sekundärer Daten. Auf die
erhobenen Daten wird in Abschnitt 4.5.2.3 detailliert eingegangen.

Wie Abbildung 10 verdeutlicht, begann die Einstiegsphase in die Aktionsforschung Mitte
September 2015. Ziel der Einstiegsphase, die dem Aktionsforschungskreislauf vorgela-
gerten ist (Coghlan und Brannick 2014; Gill et al. 2010), war es, ein detailliertes Ver-
ständnis vom Untersuchungskontext zu gewinnen sowie die Ziele und das Vorgehen der
Untersuchung gemeinsam festzulegen. Diese Phase dauerte von Mitte September bis
Mitte Dezember 2015.

Von Mitte Dezember 2015 bis März 2017 erfolgte die mehrfache Durchführung des Aktionsforschungskreislaufs zu drei Untersuchungsfeldern, auf die im Ergebnis- und Dis-
kussionssteil der vorliegenden Arbeit in Abschnitt 5 detailliert eingegangen wird.

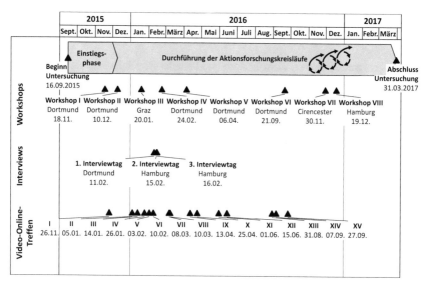

Abbildung 10: Übersicht über den zeitlichen Ablauf der Aktionsforschung

4.5.2.2 Eingebundene Akteure

Während der Einstiegsphase wurde der Großteil der am Aktionsforschungsvorhaben beteiligten Personen festgelegt. Ziel war es, dass im Kernteam für das Forschungsvorhaben unterschiedliche Hierarchieebenen sowie möglichst alle Funktionen vertreten waren, die eine entscheidende Rolle im Unternehmen beim Innovationsprozess spielten, beginnend von der Identifikation der Kundenbedürfnisse bis hin zur Konzepterarbeitung. Das Kernteam bestand aus fünf Personen in den Funktionen *Director Global Engineering, Marketing Manager Europe, the Middle East and Africa, R&D Manager (UK), Application Engineer* und *Project Engineer*. Phasenweise wurden bis zu elf weitere Personen in das Aktionsforschungsvorhaben mit eingebunden in den Funktionen *R&D Manager (NL), Area Sales Manager, Customer Service Manager, Senior Engineer, Principal Designer I, Principal Designer II, Design Engineer, Mechanical Technican I, Mechanical Technican II, Engineer* und *Drafter*. Damit konnten weitere, unterschiedliche Perspektiven erfasst und ausgewertet werden, wie die des Vertriebs, des Kundenservices und die der in der Produktentwicklung tätigen Ingenieure, um so eine breite Datenbasis zu schaffen. In Summe waren im Unternehmen 16 Akteure in das Aktionsforschungsvorhaben direkt eingebunden, die den Standorten Dortmund, Gravenzande in den

Niederlanden sowie Cirencester in Großbritannien zugeordnet waren. Tabelle 4 fasst die im Unternehmen an der Aktionsforschung beteiligten Akteure zusammen.

Zusätzlich waren weitere, nicht in das Unternehmen eingebundene Akteure Teil der Aktionsforschung. Im Rahmen des Workshops zur Identifikation der Kundenbedürfnisse nahmen sieben weitere Akteure eines Kundenunternehmens teil sowie ein Zwischenhändler. Auf diese wird in Abschnitt 5.3 eingegangen, in dem das Verfahren zur Identifikation der Kundenbedürfnisse untersucht wird.

Team	Funktion	Standort[44]
Kernteam	Director Global Engineering	Dortmund (GE)
	Marketing Manager Europe, the Middle East and Africa	Cirencester (UK)
	R&D Manager (UK)	Cirencester (UK)
	Application Engineer	Dortmund (GE)
	Project Engineer	Dortmund (GE)
Erweitertes Team	R&D Manager (NL)	Gravenzande (NL)
	Area Sales Manager	Dortmund (GE)
	Customer Service Manager	Dortmund (GE)
	Senior Engineer	Dortmund (GE)
	Principal Designer I	Cirencester (UK)
	Principal Designer II	Cirencester (UK)
	Design Engineer	Cirencester (UK)
	Mechanical Technican I	Dortmund (GE)
	Mechanical Technican II	Dortmund (GE)
	Engineer	Dortmund (GE)
	Drafter	Dortmund (GE)

Tabelle 4: Von Unternehmensseite in die Aktionsforschung eingebundene Personen

4.5.2.3   Datenerhebung

Die Daten wurden bei laufender Aktionsforschung fortwährend erhoben. Primäre Datengrundlage, also die Daten, die aus erster Hand für die Untersuchung erhoben werden

---

[44]   GE: Deutschland; NL: Niederlande; UK: Vereinigtes Königreich Großbritannien und Nordirland (Abkürzungen nach ISO 3166). Als Standort sind hier die Orte aufgeführt, an denen die Führungskräfte und Mitarbeiter ein eigenes Büro beziehungsweise ihren Arbeitsplatz hatten. Insbesondere die Führungskräfte waren auch für weitere Standorte als die hier genannten zuständig.

(Sekaran und Bougie 2013), waren acht Workshops von in Summe 49 Stunden und 5 Minuten Dauer, 15 Video-Online-Treffen von in Summe 12 Stunden und 57 Minuten Dauer, sieben Interviews von in Summe 5 Stunden und 37 Minuten Dauer, 14 Telefongespräche von in Summe 5 Stunden und 29 Minuten Dauer und 237 E-Mails, die mit den im Unternehmen an der Untersuchung beteiligten Akteuren ausgetauscht wurden.[45] Damit lag die Zahl der erhobenen primären Daten **deutlich über** der Datenmenge vergleichbarer Aktionsforschungsvorhaben.[46] Tabelle 5 gibt einen Überblick über die Daten, bevor auf die einzelnen primären Daten detaillierter eingegangen wird.

Art der Daten	Datenquelle	Umfang
Primäre Daten	**Workshops**	8 Workshops ($\sum$ 49 h 5 min; $\varnothing$ 6 Std. 8 min)
	Video-Online-Treffen	15 Online-Treffen ($\sum$ 12 h 57 min; $\varnothing$ 52 min)
	E-Mails	237 Stück
	Interviews	7 Interviews, ($\sum$ 5 h 37 min; $\varnothing$ 48 min)
	Telefonische Gespräche	14 Telefonate, ($\sum$ 5 h 29 min; $\varnothing$ 24 min)
Sekundäre Daten	**Unterlagen des Unternehmens** • Geschäftsberichte • Arbeitsabläufe und Dokumentationen des Innovationsprozesses • Produktkataloge • Technische Dokumentationen • Konstruktionszeichnungen • Marktstudien • Interne Dokumente, Strategiepapiere	
	Unterlagen von Wettbewerbern • Geschäftsberichte • Webauftritte • Produktkataloge	

Tabelle 5: Übersicht über die in der Aktionsforschung ausgewerteten Daten

Zusätzlich wurden umfangreiche sekundäre Datenquellen ausgewertet wie Geschäftsberichte, Arbeitsabläufe und Dokumentationen des Innovationsprozesses, technische Dokumentationen und Konstruktionszeichnungen, Marktstudien sowie weitere, nicht zur

---

[45] Nicht in dieser Aufstellung enthalten sind die E-Mails der Akteure untereinander, die in der Auswertung nicht berücksichtigt wurden.

[46] Zum Vergleich, siehe z. B. Bogers und Horst (2014), die während ihrer Aktionsforschung Workshopmaterial von 9 Stunden Dauer, 60 E-Mails und fünf Interviews mit in Summe 3 Stunden Dauer ausgewertet haben.

Veröffentlichung freigegebene Dokumente wie interne Strategiepapiere. Die primären und sekundären Daten wurden zu Teilen in englischer und zu Teilen in deutscher Sprache erfasst.

Workshops

Die einzelnen Schritte des Aktionsforschungskreislaufs fanden im Wesentlichen im Rahmen der acht Workshops statt, die in Cirencester, Graz, Dortmund und Hamburg durchführt wurden. Für die Workshops reisten die entsprechenden Teilnehmer von ihren Standorten an. Als Workshops wurden alle Termine mit mindestens zwei Teilnehmern bezeichnet, für die vorab eine offizielle Agenda sowie umfangreiche Workshopunterlagen erstellt und abgestimmt wurden. Die Workshops wurden in Abhängigkeit des Teilnehmerkreises in englischer oder deutscher Sprache durchgeführt. Im Nachgang der Workshops wurde eine Protokoll-Version der jeweiligen Workshopunterlage erstellt, die zur Validierung der Inhalte von den Workshopteilnehmern gegengeprüft wurde. Durch dieses Vorgehen sollte neben der Validierung sichergestellt werden, dass sich bei möglicherweise unterschiedlichen Ansichten und Interpretationen der Ergebnisse diese auch in den Dokumentationen wiederfinden.

An den Workshops nahmen einschließlich der Person des Autors der vorliegenden Arbeit bis zu elf Teilnehmer teil. Die Workshops dauerten im Durchschnitt rund 6 Stunden und 8 Minuten. Der kürzeste Workshop dauerte rund 2 Stunden, der längste Workshop rund 11 Stunden. In Summe kamen über 49 Stunden an durchgeführten Workshops zusammen.

Die ersten beiden Workshops im November und Dezember 2016 wurden im Rahmen der Einstiegsphase in die Aktionsforschung durchgeführt, mit dem Ziel, den Untersuchungskontext im Detail zu verstehen sowie die Ziele und das Vorgehen der Untersuchung detailliert festzulegen. In den weiteren Workshops wurde der Aktionsforschungskreislauf der drei Untersuchungsfelder mehrfach durchgeführt. Tabelle 6 gibt abschließend einen Überblick über die Teilnehmer sowie den Umfang und die Dauer der einzelnen Workshops.

Nr.	Datum (Ort)	Teilnehmer Unternehmensseite	Umfang (Dauer)
I	18.11. 2015 (Dortmund)	• Director Global Engineering • Project Engineer • Application Engineer • Senior Engineer	• 61 Workshop-Folien • (Dauer: 2 h 5 min)
II	10.12. 2015 (Dortmund)	• Director Global Engineering • Project Engineer • Application Engineer • Senior Engineer • Mechanical Technican	• 49 Workshop-Folien • (Dauer: 7 h 15 min)

III	20.01. 2016 (Graz)	• Project Engineer
		• Application Engineer
		• Sieben Teilnehmer von Kundenunternehmen aus den Bereichen:
		  - Sales
		  - Global Operations
		  - Strategic Purchasing
		  - Mechanical Engineering
		• Distributor (Zwischenhändler)
			• 13 Workshop-Folien
			• 19-seitiges Workshopkonzept
			• Strukturierter Interviewleitfaden mit über 60 detaillierten Einzelfragen
			• (Dauer: 3 h)

IV	24.02. 2016 (Dortmund)	• Director Global Engineering • R&D Manager (UK) • R&D Manager (NL) • Marketing Manager EMEA • Project Engineer • Application Engineer	• 73 Workshop-Folien • Umfassende Excel-Datei zur Identifikation der Zielgruppe • Excel-Datei zur Strukturierung der Aktionsforschung und der gemeinsam identifizierten Themen • 14-seitiges Workshopkonzept für Kundenworkshop • (Dauer: 11 h)
V	06.04. 2016 (Dortmund)	• Director Global Engineering • R&D Manager (UK) • Project Engineer • Application Engineer • Marketing Manager EMEA	• 45 Workshop-Folien • 14-seitiges Workshopkonzept für Kundenworkshop • Umfassende Excel-Datei zur Identifikation der Zielgruppe • (Dauer: 7 h)
VI	21.09. 2016 (Dortmund)	• Director Global Engineering • R&D Manager (UK) • Project Engineer • Senior Engineer • Mechanical Technican	• 33 Workshop-Folien • Excel-Datei Ziel-Konflikt-Matrix • Excel-Datei mit House of Quality • (Dauer: 8 h 30 min)
VII	30.11. 2016 (Cirencester)	• Director Global Engineering • R&D Manager (UK) • Project Engineer	• 17 Workshop-Folien • (Dauer: 2 h 30 min)
VIII	19.12. 2016 (Hamburg)	• Director Global Engineering	• 38 Workshop-Folien • Excel-Datei zur Berechnung der Herstellkosten • (Dauer: 7 h 45 min)

Tabelle 6: Übersicht zu den Workshops der Untersuchung

Video-Online-Treffen

Ein weiteres wichtiges Element der Untersuchung waren die Video-Online-Treffen des Kernteams in Ergänzung zu den Workshops. Als Video-Online-Treffen wurden alle Termine mit mindestens zwei Teilnehmern bezeichnet, für die vorab eine offizielle Agenda erstellt und abgestimmt wurde. Zudem wurden bei diesen Treffen Unterlagen gemeinsam per Videoschaltung online bearbeitet, diskutiert und reflektiert. Die technische Umsetzung erfolgte über eine Softwarelösung des Unternehmens, mit der die Inhalte der Konferenzteilnehmer per Bildschirmfreigabe geteilt und gemeinsam bearbeitet werden konnten.

Insgesamt wurden 15 Video-Online-Treffen durchgeführt, deren Termine in Abbildung 10 (siehe S. 77) in Übersicht dargestellt wurden. Ebenso wie die Workshops wurden auch die Video-Online-Treffen in Abhängigkeit vom Teilnehmerkreis in englischer oder deutscher Sprache durchgeführt. An den Video-Online-Treffen nahmen einschließlich des Autors der vorliegenden Arbeit bis zu sechs Teilnehmer teil. Die Video-Online-Treffen dauerten im Durchschnitt 52 Minuten, das kürzeste Treffen dauerte eine halbe Stunde, das längste zwei Stunden. In Summe wurden für die Untersuchung knapp 13 Stunden an Video-Online-Treffen durchgeführt.

E-Mails

Die E-Mails mit den einzelnen Akteuren im Unternehmen waren eine weitere wichtige Datenquelle während der Aktionsforschung, die im Rahmen der Untersuchung ausgewertet wurden. Insbesondere während der beiden Schritte *Planung* und *Aktion* wurden mit den an der Aktionsforschung beteiligten Akteuren zahlreiche E-Mails ausgetauscht. Im Zeitraum der Untersuchung von September 2015 bis März 2017 waren dies insgesamt 237 E-Mails (die E-Mails der Akteure untereinander sind nicht mitgezählt und wurden auch nicht ausgewertet). Die Inhalte der E-Mails waren Diskussionen und Verfahrensbeschreibungen im Kontext der geplanten Veränderungsmaßnahmen oder dienten der Koordination dieser.

Interviews

Im Rahmen der Problemdiagnose wurden umfangreiche, semi-strukturierte Interviews mit dem Unternehmen geführt, auf deren Methodik noch näher eingegangen wird. Der Schritt der Problemdiagnose im Aktionsforschungskreislauf dient nicht nur dazu, ein gemeinsames Problemverständnis zu entwickeln, sondern darüber hinaus auch, um die Ursachen für die wahrgenommenen Probleme zu identifizieren und besser zu verstehen (Coghlan und Brannick 2014; Gill et al. 2010). Zur Identifikation möglicher Problemstellungen sowie der Ursachen, warum das Unternehmen sich bisher nicht ausreichend in der Lage sah, gezielt die Entwicklung frugaler Innovationen durchzuführen, waren die Interviews besonders geeignet. Ziel war es, mit den Interviews die Perspektive aller **für den Innovationsprozess entscheidenden Akteure** sowie auch die Perspektive anderer Bereiche mit wichtigen Schnittstellenfunktionen zum Innovationsprozess zu erfassen.

Entsprechend wurden die zu interviewenden Akteure festgelegt. Die **Interviewpartner** in den Funktionen *Area Sales Manager, Customer Service Manager* und *Application Engineer* hatten in ihrer Rolle täglich direkten Kontakt mit Kunden des Unternehmens und daher potenziell gute Möglichkeiten zur Identifikation der Kundenbedürfnisse. Offiziell verantwortlich dafür, die Kundenbedürfnisse zu erfassen und in den weiteren Innovationsprozess einfließen zu lassen, war der Bereich *Product Management*. Dieser wurde vom *Marketing Manager EMEA* geleitet, der daher ein weiterer Interviewpartner war. Für die Erarbeitung der konkreten Produktkonzepte war der Bereich *Engineering* zuständig. Da dieser Bereich für den gesamten Innovationsprozess besonders wichtig ist, sollten stellvertretend für diesen Bereich mehrere Akteure interviewt werden. Als Interviewpartner wurden daher der *Director Global Engineering* bestimmt, der innerhalb seines Unternehmenssegments für die Ausgestaltung der Innovationsprozesse weltweit zuständig war, sowie ein *Senior Engineer* und ein *Project Engineer*, die maßgeblich an den einzelnen Produktentwicklungen beteiligt waren. Mit dieser vorgenommenen Festlegung der Interviewpartner flossen zudem die Perspektiven **unterschiedlicher Hierarchieebenen** in die Datenerhebung ein.

Die **Dauer der Interviews** lag durchschnittlich bei rund 48 Minuten. Das kürzeste Interview dauerte 21 Minuten, das längste 79 Minuten. In Summe wurden 5 Stunden und 37 Minuten an Interviewmaterial elektronisch aufgezeichnet. Tabelle 7 gibt eine Übersicht über die durchgeführten Interviews.

Bereich	Kundenkontakt	Funktion	Interviewdauer
Sales	Direkter Kundenkontakt wesentlicher Bestandteil der Funktion	Area Sales Manager	79 min
Customer Service		Customer Service Manager	21 min
Application Engineering		Application Engineer	60 min
Product Management	Direkter Kundenkontakt gelegentlich gegeben	Marketing Manager EMEA	45 min
Engineering	Direkter Kundenkontakt selten gegeben	Director Global Engineering	62 min
		Senior Engineer	32 min
		Project Engineer	38 min

Tabelle 7: Übersicht Interviewteilnehmer

Der **Aufbau der Interviews** war semi-strukturiert und entsprach damit dem explorativen Charakter des Schritts der *Problemdiagnose* aus dem Aktionsforschungskreislauf. Dies ermöglichte die notwendige Flexibilität während der Durchführung der Interviews. Die Interviews waren damit, wie Yin vorschlägt, „guided conversations rather than structured queries" (Yin 2014, S. 110). Um dennoch die wichtigsten Themen in den Interviews zu erfassen, wurde vorab großer Wert auf die Erstellung des Interviewleitfadens gelegt.

Der **Interviewleitfaden** umfasste Fragen zu allen drei Untersuchungsfeldern (auf deren Festlegung in Abschnitt 5 eingegangen wird). Zudem enthielt der Leitfaden einleitend Fragen zum Interviewpartner, wie zu dessen Funktion und Aufgaben, sowie abschließende Fragen, die im Wesentlichen dazu dienten, noch nicht angesprochene Punkte zur Sprache zu bringen. Der Interviewleitfaden wurde über mehrere Wochen auf Basis vorheriger Literaturrecherchen sowie der Auswertung bisheriger Erkenntnisse entwickelt und vorab mit dem Leiter des Instituts für Technologie- und Innovationsmanagement der Technischen Universität Hamburg sowie dem Unternehmen abgestimmt. Insgesamt umfasste der Interviewleitfaden trotz des semi-strukturierten Charakters 67 Einzelfragen (der Interviewleitfaden ist in Tabelle 11, S. 292 einsehbar). Die hohe Zahl der Einzelfragen lässt sich trotz des semi-strukturierten Charakters damit rechtfertigen, dass *erstens* mit der Aktionsforschung drei Untersuchungsfelder bearbeitet wurden, die ein hohes Maß an Detailtiefe und Informationsfülle erforderten, *zweitens* Fragen übersprungen werden konnten, wenn der Interviewpartner in seinen Ausführungen selbst auf diese zu sprechen kam und *drittens* nicht alle Fragen für alle Interviewpartner gleichermaßen von Bedeutung waren, sodass auch Fragen zu einzelnen Themenfeldern ausgelassen werden konnten.

Die Interviews wurden in Abhängigkeit der Herkunft des Interviewpartners **in englischer oder deutscher Sprache** geführt. Vor dem Einsatz des Interviewleitfadens wurde dieser einem **Pre-Test** mit einem der Ingenieure des Unternehmens unterzogen. Eine Überarbeitung des Interviewleitfadens nach dem Pre-Test war nicht notwendig, da sich der Leitfaden in seiner Form bewährte.

Alle Interviews wurden mit dem Einverständnis der Interviewpartner aufgezeichnet. Zur **Auswertung der Interviews** wurden die Kernaussagen der Interviewpartner schriftlich zusammengefasst, thematisch strukturiert und gemeinsam beim vierten Workshop im Februar 2016 mit den Interviewpartnern und Workshopteilnehmern reflektiert. So wurde sichergestellt, dass die Zusammenfassung die Meinung und Aussagen der Interviewpartner authentisch wiedergab. Auf Basis der gemeinsamen Reflexion der Interviewaussagen konnten entscheidende Schlüsse gezogen werden, warum bisher eine gezielte Entwicklung von frugalen Innovationen im Unternehmen nicht möglich war. Zudem ermöglichte es die gemeinsame Reflexion der Interviewergebnisse, zu entscheiden, welche Themen durch die Aktionsforschung gelöst werden sollten und bei welchen Themen Einigkeit darüber bestand, diese vorerst zurückzustellen und im Rahmen weiterer, längerfristiger Veränderungsprozesse zu bearbeiten.

Die Auswahl von Interviewpartnern aus unterschiedlichen Abteilungen und Hierarchieebenen zwecks mulitperspektivischer Betrachtung des Untersuchungsgegenstands sowie die anschließende gemeinsame Reflexion der Interviewergebnisse dienten auch dazu, Verzerrungen der Interviews (biases) zu beschränken (Eisenhardt und Graebner 2007).

Telefonische und weitere informelle Gespräche

Während der Aktionsforschung wurden neben den formell durchgeführten Workshops und Video-Online-Treffen für die Untersuchung wichtige Telefonate mit den an der Untersuchung beteiligten Akteuren durchgeführt. Die Gespräche dienten dazu, die laufenden Untersuchungen zu diskutieren, die umzusetzenden Maßnahmen zu planen sowie die Ergebnisse zu reflektieren und zu evaluieren. Die Telefonate hatten eine Länge von bis zu zwei Stunden und dauerten im Durchschnitt 24 Minuten. In Summe wurden im Rahmen der Untersuchung 14 für die Aktionsforschung relevante Telefonate geführt.

Insgesamt waren damit fünfeinhalb Stunden an Telefonaten für die Aktionsforschung von Bedeutung.

Vor und nach den Workshops fanden im Rahmen der Untersuchung vielfach weitere informelle Gespräche statt, die Teil des Aktionsforschungskreislaufs waren. Die Ergebnisse dieser Gespräche flossen vielfach wieder in die weiteren Workshops und Video-Online-Treffen ein.

5. Durchführung, Ergebnisse und Diskussion der Aktionsforschung

Nachdem die Methodik der Untersuchung im vorangegangenen Abschnitt diskutiert wurde, wird nun auf die inhaltliche Durchführung der Aktionsforschung eingegangen. Der Schwerpunkt liegt dabei auf der Darstellung und Diskussion der Ergebnisse. Als erstes wird in Abschnitt 5.1 die Einstiegsphase als vorbereitender Schritt für die Durchführung des Aktionsforschungskreislaufs dargestellt. Diese initiale Phase diente dazu, den Untersuchungskontext in Tiefe zu verstehen sowie die Ziele und das Vorgehen der Untersuchung mit den in die Aktionsforschung eingebundenen Akteuren des Unternehmens festzulegen. Ein wesentliches Ergebnis dieses Schritts war die Erkenntnis, im Rahmen des Aktionsforschungsvorhabens **drei Untersuchungsfelder** tiefgehend untersuchen zu müssen, um die Frage beantworten zu können, wie die gezielte Entwicklung von frugalen Innovationen ermöglicht werden kann. Auf die drei Untersuchungsfelder wird in den Abschnitten 5.2 *Untersuchungsfeld 1 – Ausgestaltung Innovationsprozess*, 5.3 *Untersuchungsfeld 2 – Identifikation von Kundenbedürfnissen* und 5.4 *Untersuchungsfeld 3 – Verfahrensweise Konzepterarbeitung* eingegangen.

5.1 Einstiegsphase in die Aktionsforschung

Die Einstiegsphase in den Aktionsforschungskreislauf (zur methodischen Einordnung siehe Abschnitt 4.2.1, S. 60 ff.) dauerte von Mitte September bis Mitte Dezember 2015. Dazu wurden zwei Workshops und ein Video-Online-Treffen durchgeführt, die in dieser Zeit geführten Telefonate und E-Mails ausgewertet sowie umfangreiche sekundäre Daten wie Geschäftsberichte, Arbeitsabläufe und Dokumentationen des Innovationsprozesses analysiert. Hierdurch konnte ein umfassendes Verständnis für den Untersuchungskontext gewonnen und das weitere Vorgehen der Untersuchung festgelegt werden. Darauf soll im Folgenden näher eingegangen werden.

5.1.1 Festlegung der Ziele und der Teilnehmer der Untersuchung

Bei einem der Gespräche in dieser Phase mit dem Director Global Engineering am 19. November 2015 betonte dieser, das Unternehmen „ist sehr gut darin, Produkte zu overengineeren". Das Unternehmen hatte teilweise Schwierigkeiten, sich auf Grundfunktionalitäten zu fokussieren. Zudem zeigten seine bisherigen Erfahrungen, dass Kostenreduktionen von rund 15 % bei Produktgruppen wie Ketten nicht genügten, um neue,

© Springer Fachmedien Wiesbaden GmbH, ein Teil von Springer Nature 2018
T. Weyrauch, *Frugale Innovationen*, Forschungs-/Entwicklungs-/Innovations-Management, https://doi.org/10.1007/978-3-658-22213-0_5

bisher nicht erreichte Kunden zu gewinnen. Beim zweiten Workshop im Dezember 2015 wurde als **konkretes Ziel** festgelegt, eine beliebige frugale Innovation bis zum ausgearbeiteten Produktkonzept für den Markt *general purpose power transmission* zu entwickeln, um sich dadurch mit den hierfür notwendigen Vorgehensweisen, Verfahren und Methoden vertraut zu machen und diese zu erlernen. Damit sollte das praktische Problem gelöst werden, mit den bisher bekannten Vorgehensweisen nicht zu funktionsfähigen frugalen Produktkonzepten zu gelangen.[47] Ein gemeinsames Verständnis, was eine frugale Innovation ist, konnte in den ersten beiden Workshops sowie im ersten Video-Online-Treffen erzielt werden – es entsprach den in Abschnitt 3 der vorliegenden Untersuchung erarbeiteten Kriterien frugaler Innovation.

Gleichzeitig wurde das für die Untersuchung vorab definierte **wissenschaftliche Erkenntnis- und Untersuchungsziel** zur Beantwortung der Forschungsfrage den beteiligten Akteuren vorgestellt. Ziel war es, allgemeingültige theoretische Erkenntnisse zur Entwicklung von frugalen Innovationen aus dem Aktionsforschungsvorhaben zu gewinnen und damit zur Konzeptualisierung des Themenfeldes beizutragen.

Nach Abstimmung der Ziele wurden die zur Zielerreichung einzubindenden Akteure bestimmt, die in Tabelle 4 auf S. 78 aufgeführt wurden (für das Vorgehen bei der Auswahl der Teilnehmer siehe Abschnitt 4.5.2.2, S. 77 f.).

5.1.2   Festlegung der Untersuchungsfelder

Im ersten Workshop im November 2015 sowie beim ersten Video-Online-Treffen wurde die Ausgangslage gemeinsam hinterfragt und untersucht, was die Ursachen dafür waren, dass die Entwicklung frugaler Innovationen im Unternehmen bisher nicht möglich war. Dazu wurden im Workshop mit den von Beginn an eingebundenen Akteuren in den Funktionen Director Global Engineering, Project Engineer, Application Engineer sowie Senior Engineer bisher nicht gelöste Herausforderungen und Problemfelder diskutiert und analysiert. Eine 62 Seiten umfassende Workshopunterlage, deren Schwerpunkte vorab gemeinsam festgelegt wurden, half bei der Strukturierung dieses Prozesses.[48]

---

[47] Wie bereits im Methodikteil erläutert, wollte das Unternehmen die durch die Aktionsforschung gewonnenen Erkenntnisse und Impulse, wie ein frugales Produkt von Grund auf neu entwickelt werden könnte, statt bestehende Produkte nur zu verändern beziehungsweise zu reduzieren, im Anschluss an die Aktionsforschung an andere Unternehmensbereiche und Produktgruppen übertragen.

[48] Die Unterlage diente auch dazu, wie im vorherigen Abschnitt behandelt, ein gemeinsames Verständnis für die Untersuchung zu erzielen sowie den weiteren Verlauf der Untersuchung inhaltlich und methodisch festzulegen. Für das erste Online-Video-Treffen wurde eine modifizierte und inhaltlich erweiterte Version der Unterlage des ersten Workshops verwendet.

Schnell zeichnete sich ab, dass die meisten der zu lösenden Fragestellungen drei großen Themenbereichen zuzuordnen waren. Aufgrund der Komplexität der einzelnen Themenbereiche wurde beim zweiten Workshop Mitte Dezember 2015 festgelegt, diese als **gesonderte Untersuchungsfelder** zu behandeln mit jeweils eigenen Aktionsforschungskreisläufen, die während der Untersuchung parallel durchgeführt wurden. So wurden ab Mitte Dezember 2015 das Untersuchungsfeld 1 – *Ausgestaltung Innovationsprozess*, das Untersuchungsfeld 2 – *Verfahren Identifikation Kundenbedürfnisse* und das Untersuchungsfeld 3 – *Verfahren Konzepterarbeitung* parallel untersucht. Abbildung 11 ordnet die drei Untersuchungsfelder in den Innovationsprozess ein.[49]

---

[49] Untersuchungsfeld 1 wurde besonders zu Beginn sowie am Ende des Aktionsforschungsvorhabens intensiv bearbeitet. Untersuchungsfeld 2 dominierte die erste Hälfte, Untersuchungsfeld 3 hingegen die zweite Hälfte des Aktionsforschungsvorhabens.

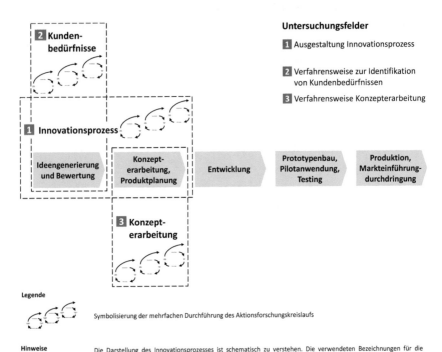

Abbildung 11: Untersuchungsfelder entlang des Innovationsprozesses[50]

---

[50] Darstellung des Innovationsprozesses in Anlehnung an Herstatt (1999).

5.1.3 Auswahl eines zu entwickelnden Produkts für das Forschungsvorhaben

5.1.3.1 Vorgehen bei der Auswahlentscheidung

In den ersten beiden Workshops und dem ersten Video-Online-Treffen wurde ein geeignetes Produkt gesucht, an dem beispielhaft der Entwicklungsprozess einer frugalen Innovation durchlaufen werden sollte. Zu Beginn wurde die Entwicklung einer frugalen Innovation in den Bereichen Schaltkupplungen, Sicherheitskupplungen, elektromagnetische Bremsen oder Wellenverbindungen in Erwägung gezogen. Die Auswahl sollte so erfolgen, dass sich die Ergebnisse der Aktionsforschung auf jede andere Produktgruppe im Unternehmen übertragen ließen sowie aus wissenschaftlicher Sicht allgemeine theoretische Erkenntnisse gewonnen werden konnten.

Somit war die Auswahl mehreren Kriterien unterworfen: Die Produktgruppe musste genügend Ansatzpunkte bieten, um alle drei Untersuchungsfelder gleichermaßen untersuchen zu können. Dies bedeutete beispielsweise, dass zur Identifikation möglicher Kundenbedürfnisse (Untersuchungsfeld 2) ein guter **Zugang zu aktuellen Kunden** bestehen sollte sowie nach Möglichkeit auch zu potenziellen Kunden der zu entwickelnden frugalen Innovation.

Ein weiteres Kriterium, das gemeinsam festgelegt wurde, war, dass das zu entwickelnde Produkt möglichst viele **Freiheitsgrade** aufweisen sollte. Der Director Global Engineering ging davon aus, dass nur ein möglichst geschlossenes System radikale Neuentwicklungen ermöglichen würde. Zur Verdeutlichung: Wird beispielsweise nur die Kugel eines Kugellagers betrachtet, erscheinen wesentliche Änderungen an der Kugel kaum möglich, wenn die Funktionsfähigkeit des Kugellagers ohne weitere Veränderungen weiterhin gewährleistet werden soll. Wird das Kugellager hingegen als Ganzes betrachtet, bestehen deutlich mehr Freiheitsgrade, bei denen über alternative Lösungen nachgedacht werden kann. Infolge dieser Überlegungen sollte die zu entwickelnde frugale Innovation nicht nur ein einzelnes Bauteil ersetzen, also beispielsweise nicht nur eine einzelne Kugel im Kugellager, sondern eine komplette Baugruppe beziehungsweise nach Möglichkeit ein komplettes Produkt.

5.1.3.2 Überlastkupplung als gewähltes Produktbeispiel

Die diskutierten Kriterien wurden von mehreren, potenziell neu zu entwickelnden Produkten des Unternehmens erfüllt, unter anderem von Überlastkupplungen. Eine frugale Innovation im Bereich der lasthaltenden Überlastkupplungen erschien den beteiligten

Akteuren besonders erstrebenswert, da diese sich in ihrem Aufbau und ihrer Wirkungsweise seit Jahrzehnten nicht mehr verändert hatten, wie der Director Global Engineering hervorhob. Auch die Kostenstruktur von Überlastkupplungen konnte aus Sicht des Unternehmens nicht ohne Weiteres geändert werden. Kostensenkungen schienen nur durch Senkung der Lohnkosten bei der Herstellung möglich – beispielsweise durch die Herstellung in Ländern mit geringeren Löhnen – oder, theoretisch in sehr geringem Maße, weitere Effizienzgewinne bei der Produktion. Weitere Innovationen schienen im Bereich der lasthaltenden Überlastkupplungen, die bereits sehr einfache und nicht sonderlich teure Produkte waren, nicht weiter möglich. Wenn in diesem Bereich eine frugale Innovation gelänge, wäre dies ein klares Zeichen für die Wirksamkeit des entwickelten Ansatzes.

Beschreibung und Aufbau bisheriger Überlastkupplungen

In der Regel verfügen Maschinen wie Bau-, Textil-, Transport- und Verpackungsmaschinen über Überlastkupplungen, aber auch Förderanlagen, Automations- und Zuführungsgeräte. In diesen eingebaut, dienen Überlastkupplungen als Schutz der Bauteile vor Überlast.

Es kann zwischen verschiedenen Arten von Überlastkupplungen unterschieden werden. Es gibt lasttrennende Kupplungen, die im Fall von Überlast den An- und Abtrieb trennen, in der Regel mechanisch, und lasthaltende Kupplungen. Diese Art von Kupplungen, wie sie auch in Abbildung 12 dargestellt ist, wird im Folgenden näher betrachtet. Lasthaltende Kupplungen werden häufig als Rutschkupplungsnaben bezeichnet. Dieser Begriff wird auch in der vorliegenden Untersuchung verwendet.

Funktionsweise

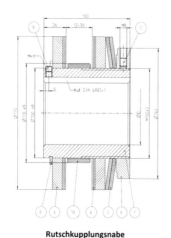

- Rutschkupplungsnaben dienen zum **Schutz von Maschinenteilen** bei Überlast, beispielsweise bei Bau-, Textil-, Transport- und Verpackungsmaschinen sowie bei Förderanlagen, Automations- und Zuführungsgeräten

- Das Antriebsteil wird zwischen **Druckscheiben mit Reibbelägen** montiert und mithilfe von Druckscheiben, Tellerfedern und Stellmutter **geklemmt**; je stärker die Tellerfedern durch die Stellmutter zusammengedrückt werden, desto höher ist das übertragbare Drehmoment

- Wird das eingestellte übertragbare **Drehmoment überschritten, rutscht** die Kupplung durch; die Beläge werden dabei abgerieben und verschleißen

- Durch den Abrieb der Reibbeläge verringert sich die Federvorspannung und damit das eingestellte Auslösemoment (eine **Nachjustierung** nach Auftritt Überlast ist notwendig)

Rutschkupplungsnabe
Standardausführung mit Tellerfedern

Aufbau

1 Nabe	5 Tellerfeder	8 Seegerring
3 Druckscheibe	6 Stellmutter	9 Gewindestift
4 Belagscheibe	7 Gewindestift	10 Gleitbuchse

Abbildung 12: Funktionsweise und Aufbau einer Rutschkupplungsnabe[51]

Die Funktionsweise ist einfach. Das Antriebsteil einer Maschine wird zwischen den Druckscheiben der Rutschkupplungsnabe montiert und mithilfe der Druckscheiben samt Reibbelägen, den Tellerfedern und der Stellmutter geklemmt. Wird das mithilfe der Stellmutter eingestellte Drehmoment überschritten, rutscht die Kupplung durch, die Überlast wird nicht weitergegeben.[52] Durch die Gleitreibung zwischen den Reibpartnern entsteht Abrieb an den Belägen, die hierdurch mit der Zeit verschleißen. Durch den Abrieb der Reibbeläge verringern sich die Federvorspannung und damit das zuvor eingestellte Auslösemoment, ab dem die Kupplung rutscht. Entsprechend muss nach dem Auftritt von Überlast die Rutschkupplungsnabe nachjustiert werden.

Für diese Art von Überlastkupplung, die in ihrem Aufbau und ihrer Funktionsweise bereits einfach und kostengünstig ist und damit für das Unternehmen scheinbar keine weiteren Verbesserungsmöglichkeiten oder Einsparpotenziale mehr bot, sollte im Rahmen

---

51 Quelle der Darstellung der Rutschkupplungsnabe: Interne Dokumente des Unternehmens, in dem die Aktionsforschung durchgeführt wurde. Abgedruckt mit Genehmigung des Unternehmens.

52 Beschreibung der Funktionsweise auf Basis von Angaben des Unternehmens, in dem die Aktionsforschung durchgeführt wurde.

der Aktionsforschung eine frugale Innovation entwickelt werden, welche die Kernfunktion trotz des bereits geringen Preises noch deutlich kostengünstiger erfüllen sollte.[53]

5.2 Untersuchungsfeld 1 – Ausgestaltung Innovationsprozess

Wie in Abschnitt 5.1.2 erläutert, war die Ausgestaltung des Innovationsprozesses eines von drei Untersuchungsfeldern. Trotz der Zufriedenheit mit dem bisherigen Stage-Gate-Prozess des Unternehmens stellte sich im Rahmen der Problemdiagnose heraus, dass dieser die Entwicklung von frugalen Innovationen erschwerte, wie im folgenden Abschnitt 5.2.1 diskutiert wird. Auf Basis der Erkenntnisse der Problemdiagnose wurden Veränderungsmaßnahmen geplant. Hierzu wurde insbesondere auch die Übertragbarkeit von Erkenntnissen anderer Forschungsbereiche auf das Feld der frugalen Innovationen geprüft. Auf diesen Schritt wird in Abschnitt 5.2.2 eingegangen. Der darauffolgende Schritt *Aktion* des Aktionsforschungskreislaufs mit der Umsetzung der geplanten Maßnahmen wird in Abschnitt 5.2.3 diskutiert. Abschnitt 5.2.4 geht auf die Evaluation der umgesetzten Maßnahmen und der Ergebnisse ein. Aus den so gewonnenen Erkenntnissen konnten wertvolle Implikationen für die Ausgestaltung des Innovationsprozesses zur Entwicklung von frugalen Innovationen abgeleitet werden, die zu Teilen auch über das Gebiet frugaler Innovationen hinausgehen, wie abschließend in Abschnitt 5.2.5 erläutert wird.[54] Wie im Folgenden gezeigt wird, konnte durch Anwendung des Stage-Gate-Prozesses, bei dem hinsichtlich der Entwicklung von frugalen Innovationen einige Besonderheiten zu beachten sind, die ihm Rahmen der Aktionsforschung herausgearbeitet wurden, sowie durch die Separierung von Produktentwicklungsprozess und Technologieentwicklungsprozess eine frugale Innovation entwickelt werden.

---

[53] Zur Einordnung: Die Herstellkosten von Rutschkupplungsnaben, die im Wesentlichen dem Typ von Abbildung 12 entsprechen, liegen im vierstelligen Bereich und hängen primär von der Größe ab. Kleine Rutschkupplungsnaben dieses Typs haben ein Drehmoment von 9 Nm bis 135 Nm mit einem Außendurchmesser von 70 mm und einem Gewicht von 0,75 kg. Größere Rutschkupplungsnaben dieses Typs haben ein Drehmoment von 125 Nm bis 1900 Nm, bei einem Außendurchmesser von 170 mm und einem Gewicht von 7,30 kg.

[54] Der Aktionsforschungskreislauf wurde, entgegen der hier zur besseren Lesbarkeit zum jeweiligen Schritt zusammengefassten Darstellung, mehrfach durchlaufen und erstreckte sich über den Zeitraum Dezember 2015 bis März 2017. Diese Art der zusammenfassenden Darstellung, bei der nur einmal auf den jeweiligen Schritt eingegangen wird und die Erkenntnisse weiterer Iterationen in der Darstellung zu jeweils einem Kapitel zusammengefasst werden, wird auch für das Untersuchungsfeld 2 in Abschnitt 5.3 sowie das Untersuchungsfeld 3 in Abschnitt 5.4 verwendet werden.

5.2.1 Problemdiagnose – Ausgestaltung Innovationsprozess

5.2.1.1 Ausgangslage des Unternehmens und identifizierte Problemfelder

Die bisherige Ausgestaltung des Innovationsprozesses des Unternehmens wurde von den einzelnen Akteuren des Unternehmens sehr positiv gesehen und als zielführend bewertet, wie die Interviews und die ersten Workshops zeigten. Der Innovationsprozess bestand aus einem fünfstufigen Stage-Gate-Prozess (Cooper 2011) mit den Stages *Idea Stage, Investigate Stage, Develop Stage, Validate Stage* und *Launch Stage*. Der Stage-Gate-Prozess war wiederum eingebettet in ein Product-Life-Cycle-Management-System (Cooper 2011), um nach Markteinführung der Produkte deren Weiterentwicklung und Überarbeitung, wenn nötig, anzustoßen und schließlich am Ende ihres Zyklus zum richtigen Zeitpunkt die Entscheidung zu treffen, diese vom Markt zu nehmen. Der Marketing Manager EMEA brachte seine Erfahrungen zu den bisherigen Review-Kriterien des Innovationsprozesses des Unternehmens mit der Aussage auf den Punkt „the current gate reviews are very useful and work very well". Diese Ansicht wurde auch von den anderen am Innovationsprozess beteiligten Akteuren geteilt. Noch vor Beginn der Aktionsforschung hatte das Unternehmen die Regelung eingeführt, im Rahmen der Gate-Reviews konkrete Fragen zum Stand der Produktentwicklung zu stellen, die detailliert beantwortet werden mussten, anstatt wie zuvor Checklisten mit den Punkten, die zum Passieren eines Gates notwendig waren, einfach nur abzuhaken. Der Vorteil dieser Veränderung war, dass nun greifbare und schriftlich dokumentierte Antworten bei einem Gate-Review vorlagen, auf die das Entwicklungsprojekt im weiteren Verlauf aufbauen konnte. Beispielsweise waren im Rahmen von Gate 2 detaillierte Fragen zu beantworten zu den konkreten Kundenbedürfnissen, den aktuellen Trends im jeweiligen Bereich, dem Marktvolumen, dessen Wachstumsrate sowie Angaben zum erwarteten Wert bestimmter Kennzahlen, beispielsweise Net Present Value, Internal Rate of Return und Payback Period. Insbesondere aus Sicht des Directors Global Engineering hatte dieses Vorgehen zu einer weiteren spürbaren Verbesserung des Innovationsprozesses geführt. Konnten Fragen bei einem Gate-Review nicht beantwortet werden, galt die Phase damit als noch nicht abgeschlossen.

Trotz der guten Erfahrung mit dem bisherigen Prozess und dessen jüngsten Änderungen zeigten die Interviews sowie insbesondere der erste, zweite, vierte und fünfte Workshop, dass der Innovationsprozess für die Entwicklung von frugalen Innovationen kritisch hinterfragt werden muss. Dafür konnten im Rahmen der Problemdiagnose im Wesentlichen drei Gründe identifiziert werden.

1) Grundsätzliche Ausgestaltung des Innovationsprozesses hinsichtlich frugaler Innovationen ist unklar

Einer der wesentlichen Gründe, warum das Unternehmen im Vorfeld der Aktionsforschung Kontakt zum Institut für Technologie- und Innovationsmanagement der Technischen Universität Hamburg aufgenommen hatte, war die Frage, ob der Prozess zur Entwicklung von frugalen Innovationen grundsätzlich anders verlaufen müsste als der bisherige Prozess. Der bisherige Innovationsprozess führte insgesamt zu guten Produkten, die es dem Unternehmen ermöglichten, sich erfolgreich auf dem Markt zu positionieren und von den Kunden als innovatives Unternehmen wahrgenommen zu werden. Der Director Global Engineering fasste dies Ende November 2015 in der Aussage zusammen „ab Marktkenntnis fällt es dem Unternehmen einfach, ein entsprechendes Produkt zu entwickeln". Die Entwicklung eines frugalen Produktes war hingegen bisher nicht gelungen. Das Unternehmen begann deswegen nicht nur seine Marktkenntnis für bestimmte Bereiche zu hinterfragen, sondern auch, ob der bisherige Innovationsprozess für die Entwicklung von frugalen Innovationen überhaupt geeignet war.

2) Bisheriger Innovationsprozess begünstigt inkrementelle Innovationen

Aus Sicht der Akteure des Unternehmens führte der bisherige Innovationsprozess vor allem zu inkrementellen Innovationen. Selten waren wirklich neuartige Produkte das Ergebnis, wie es das Unternehmen mit der Entwicklung von frugalen Innovationen anstrebte. Im Interview gab der Senior Engineer klar zu verstehen, dass der bisherige Prozess vor allem Produktverbesserungen hervorbringen würde, aber keine wirklichen Produktinnovationen. Obwohl er den bisherigen Prozess sehr schätzte, empfand er ihn als zu starr für die Entwicklung von tatsächlichen Innovationen. Er wünschte sich in Ergänzung zu dem bisherigen, aus seiner Sicht bewährten Prozess, einen weiteren, iterativeren Prozess, von dem er sich erhoffte, neuen Produktideen besser nachgehen zu können. Auch der Project Engineer wünschte sich bei der Produktentwicklung teilweise ein iterativeres Vorgehen. Er kritisierte, dass bei Kundenanfragen zumeist sehr schnell Lösungen für das vom Kunden genannte Problem entwickelt wurden, ohne zu prüfen, ob es vielleicht auch auf eine ganz andere, innovativere Weise gelöst werden könnte. In dem bisherigen Vorgehen, das Teile der Akteure als zu starr empfanden, wurde eine der möglichen Ursache dafür gesehen, warum die Entwicklung von frugalen Innovationen eine bisher noch nicht gelöste Herausforderung geblieben war.

3) Die ersten beiden Phasen des Innovationsprozesses werden zu wenig fokussiert

Einen weiteren, aus seiner Sicht sehr wichtigen Punkt kritisierte der Senior Engineer. Wurden zu Beginn des Innovationsprozesses falsche Annahmen zu den Kundenbedürfnissen und Produktanforderungen getroffen, waren diese Annahmen Grundlage für den gesamten weiteren Entwicklungsprozess. Häufig wurde seiner Meinung nach erst bei der Markteinführung offensichtlich, dass das entwickelte Produkt die Kundenbedürfnisse möglicherweise nicht erfüllte. Auch aus Sicht des Area Sales Managers gab es während des Entwicklungsprozesses zu wenige Gelegenheiten, die Ideen zu testen, an denen während der Produktentwicklung gearbeitet wurde. Ein solches Vorgehen wurde jedoch vor allem für die Entwicklung von frugalen Innovationen als wünschenswert erachtet, da das Unternehmen über weniger Vorkenntnisse und Erfahrungen in diesem Bereich verfügte als bei seinen bisherigen Produkten und so möglichen Fehlentwicklungen möglichst frühzeitig vorbeugen wollte.

5.2.1.2   Bewertung der identifizierten Problemfelder in Bezug auf frugale Innovation

Das Problemfeld 1), die Unklarheit bezüglich der grundsätzlichen Ausgestaltung des Innovationsprozesses bei frugalen Innovationen, wurde bereits im Vorfeld der Aktionsforschung als grundlegendes Problem vermutet und bestätigte sich während der Problemdiagnose. Bisher konnte das Unternehmen für sich nicht ausreichend beantworten, um was für eine Art von Innovation es sich bei frugalen Innovationen handelte und ob diese mit dem bisherigen Vorgehen entwickelt werden konnten. Auch in der Literatur werden für unterschiedliche Arten von Innovationen unterschiedliche Vorgehensweisen vorgeschlagen. Radikale Innovationen werden mit größerer Unsicherheit im Entwicklungsprozess assoziiert als inkrementelle Innovationen, weshalb ein anderes Vorgehen als erforderlich angesehen wird (Leifer et al. 2000; McDermott und O'Connor 2002; O'Connor 1998; Rice et al. 1998; Slater et al. 2014; Song und Montoya-Weiss 1998; Veryzer 1998). Jedoch gibt es in der Literatur bisher keine dezidierten Ausführungen dazu, wie frugale Innovationen in der Diskussion um radikale und inkrementelle Innovationen einzuordnen sind. Daher war es für die vorliegende Untersuchung notwendig, auch in dieser Hinsicht ein Verständnis für frugale Innovationen zu gewinnen, um zu reflektieren, wie sich dies auf die grundlegende Ausgestaltung des Innovationsprozesses auswirken würde. Die Erkenntnisse hierzu sollten bei der weiteren Planung helfen. Eine Einordnung von frugalen Innovationen in den Kontext von inkrementellen und radikalen Innovationen half dabei, bezüglich Problemfeld 2) zu bewerten, ob die Begünstigung inkrementeller Innovationen im bisherigen Prozess tatsächlich als ein Problem für die Entwicklung frugaler Innovationen zu bewerten war. Diese Vermutung sollte sich im nächsten Schritt bestätigen. Die im Folgenden gewonnenen Erkenntnisse halfen auch hinsichtlich Problemfeld 3) bei der Beantwortung der Frage, ob die ersten Phasen des Innovationsprozesses modifiziert werden müssten.

5.2.1.3 Einordnung von frugaler Innovation in den Kontext von radikaler und inkrementeller Innovation

Die Frage, ob frugale Innovationen als eher inkrementelle oder eher als radikale Innovationen zu verstehen sind und wie sich dies auf den Innovationsprozess auswirkt, lässt sich anhand der Literatur zu radikalen Innovationen gut beantworten. Es gibt etablierte Modelle, die klassifizieren, ob eine Innovation inkrementell oder radikal ist. Werden diese Modelle für die in der Literatur als frugal bezeichneten Innovationen angewendet, lässt sich feststellen, dass frugale Innovationen sowohl inkrementell als auch, wie es häufiger anzunehmen ist, radikal sein können. Darauf wird im Folgenden eingegangen.

Zur Einordnung frugaler Innovationen in den Kontext von inkrementellen und radikalen Innovationen ist es wichtig, die Bedeutung der einzelnen Begriffe vorab zu klären. Der Begriff *radical innovation* wird weitgehend synonym verwendet mit *discontinuous innovation*, wie Augsdörfer et al. (2013) mithilfe ihres umfassenden Literaturreviews nachweisen. Weitere Begriffe, die teils synonym verwendet werden, sind *breakthrough innovation* und *really new products*, wie beispielsweise an der Verwendung der Begriffe bei O'Connor (1998) zu sehen ist. Garcia und Calantone (2002) kritisieren hingegen die teils synonyme Verwendung und differenzieren zwischen *incremental innovation, really new product innovation* und *radical innovation*.[55] Entscheidend für die im Folgenden vorgenommene Einordnung ist, dass es unterschiedliche Klassifizierungssysteme gibt, die Radikalität und Inkrementalität aus unterschiedlichen Perspektiven betrachten. In Bezug auf frugale Innovationen soll anhand von drei unterschiedlichen, etablierten Modellen diskutiert werden, wie frugale Innovationen bei Anwendung der Modelle zu klassifizieren sind. Die Klassifikation wird im Folgenden diskutiert entlang der Dimensionen Produktkomponenten und Produktarchitektur, entlang der Dimensionen Produkt, Prozess, Positionierung und Paradigma sowie entlang der Dimensionen Markt und Technologie.

---

[55] Garcia und Calantone (2002) definieren *incremental innovation* als Produktverbesserungen aufbauend auf exisiterenden Technologien für bestehende Märkte. *Really new product innovations* bieten hingegen neue Technologien für bestehende Märkte oder bereits existierende Technologien für neue Märkte. Radikale Innovationen sind in beiden Dimensionen neu. Sie bieten neue Technologien für neue Märkte, wie die Dampfmaschine und das World Wide Web, die Garcia und Calantone (2002) als Beispiele nennen.

5.2.1.3.1 Einordnung entlang der Dimensionen Produktkomponenten und Produktarchitektur

Henderson und Clark (1990) unterscheiden zwischen *incremental, modular, architectural* und *radical innovation*, abhängig davon, ob bei einer Innovation nur die Komponenten verändert wurden oder die Anordnung der einzelnen Komponenten zueinander oder auch beides. Innovationen werden dann als radikal verstanden, wenn die einzelnen Komponenten sowie die Anordnung der Komponenten zueinander – hier kann von der Produktarchitektur gesprochen werden – verändert wurden. Die folgende Abbildung skizziert dies.

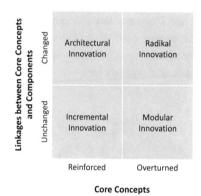

Abbildung 13: Klassifikation von Innovationen nach Henderson und Clark (1990)[56]

Auch wenn frugale Innovationen nach diesem Modell theoretisch auch inkrementell sein können, sofern die Komponenten nur wenig verändert und die Architektur im Wesentlichen beibehalten wurde, so wird in der Regel davon auszugehen sein, dass frugale Innovationen nach dem Modell von Henderson und Clark (1990) als radikale Innovationen einzuordnen sind. Gezeigt werden kann dies beispielsweise an dem frugalen, leicht zu transportierenden Ultraschallgerät von GE Healthcare. Dieses entstand mit dem Ziel, ein einfach zu transportierendes, mobiltelefongroßes Ultraschallgerät für den chinesischen Markt zu entwickeln, das zudem drastisch günstiger sein sollte als bisherige Geräte. Dies

---

[56] Quelle: Henderson und Clark (1990), S. 12.

wurde erreicht, indem die Hardware deutlich verkleinert und durch entsprechende Softwarelösungen kompensiert wurde (Govindarajan und Ramamurti 2011; Govindarajan und Trimble 2012; Ramdorai und Herstatt 2015), was sowohl eine Änderung der Komponenten durch die drastische Größenänderung an sich bedeutete als auch Veränderungen hinsichtlich der Produktarchitektur. Folglich kann diese frugale Innovation bei Einordnung in das vorgestellte Framework von Henderson und Clark (1990) als radikale Innovation gelten.

5.2.1.3.2 Einordnung entlang der Dimensionen Produkt, Prozess, Positionierung und Paradigma

Francis und Bessant (2005) zeigen mit ihrem Framework Dimensionen auf, in denen Innovation stattfinden kann, dem *Innovation Space*. Innovationen können demnach entlang der Dimensionen *product*, *process*, *position* und *paradigm* entstehen, und wie Tidd und Bessant (2013) tiefergehend zeigen, in jeder Dimension inkrementell oder radikal ausgeprägt sein. In Abbildung 14 wird dies skizziert.

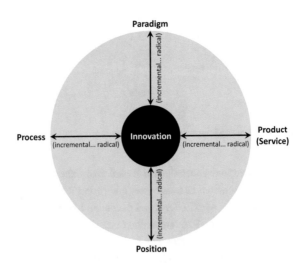

Abbildung 14: Klassifikation von Innovationen anhand der 4 P des Innovation Space[57]

---

[57] Abbildung in modifizierter Form von Tidd und Bessant (2013) S. 25 auf Basis von Francis und Bessant (2005).

Die Dimension *position* ist dabei zu verstehen als „where we target that offering and the story we tell about it" (Tidd und Bessant 2013, S. 27). Der Tata Nano, ein für den indischen Markt entwickeltes Auto zu einem Bruchteil des Preises bisheriger Autos, gilt in der Literatur als typische frugale Innovation (Tiwari und Herstatt 2014; Rao 2013). Den Tata Nano ordnen Tidd und Bessant (2013) in der Dimension *position* den radikalen Innovationen zu. Durch den geringen Preis werden bisher nicht bediente Märkte (*unserved markets*) erschlossen, was als radikale Innovation hinsichtlich der Markt-Positonierung verstanden werden kann. Auch der Bottom-of-the-Pyramid-Ansatz, der eng mit dem Begriff der frugalen Innovation in Verbindung steht (Ramdorai und Herstatt 2015), wird von Tidd und Bessant (2013) in der Dimension *position* den radikalen Innovationen zugeordnet, da mit der Verfolgung dieses Ansatzes neue Märkte geschaffen werden, die sich durch das immense Volumen und die geringen Margen von bisherigen Märkten deutlich unterscheiden würden.[58] Damit wurden zwei Beispiele gezeigt, wo frugale Innovationen in der Literatur bewusst als radikale Innovationen verstanden werden.[59]

5.2.1.3.3 Einordnung entlang der Dimensionen Markt und Technologie

In vielen Fällen erfolgt die Klassifikation in inkrementelle und radikale Innovationen entlang der Dimensionen Markt und Technologie. Manche Klassifikationen unterscheiden dabei zwischen alten und neuen Märkten sowie alter und neuer Technologie (Garcia und Calantone 2002; O'Connor 1998),[60] vielfach wird jedoch zwischen niedriger und hoher Marktunsicherheit sowie niedriger und hoher technischer Unsicherheit unterschieden (Lynn und Akgün 1998; McDermott und O'Connor 2002; O'Connor und Rice 2013 a). Hohe Marktunsicherheit kann beispielsweise darin bestehen, dass der Zielmarkt und die Kundenbedürfnisse weitestgehend unklar sind. Technische Unsicherheit kann beispielsweise bedeuten, dass die technischen Anforderungen an das Produkt nicht bekannt sind oder die technische Umsetzbarkeit unklar ist (Lynn und Akgün 1998). Je nach Ausprägung der Unsicherheiten wird zwischen inkrementellen Innovationen, Marktinnovationen, technischen Innovationen und radikalen Innovation unter-

---

[58] Weitere Beispiele, die Tidd und Bessant (2013) als radikal einordnen, sind Low-cost-Airlines sowie die One-Laptop-per-Child-Initiative, die beide, ohne an dieser Stelle in die Diskussion tiefer einsteigen zu wollen, auch als frugale Innovationen verstanden werden können.

[59] Die beiden von Tidd und Bessant (2013) gewählten Beispiele beziehen sich auf *position*. Dies bedeutet nicht, dass es hinsichtlich der anderen Dimensionen nicht auch frugale Innovationen radikaler Ausprägung geben kann.

[60] Unter neuer Technologie wird häufig eine Technologie verstanden, die sowohl neu für ein Unternehmen als auch neu für den Markt ist, wie dies auch aus der Definition von O'Connor hervorgeht: „We define a discontinuous innovation as the creation of a new line of business—new for both the firm and the marketplace" (O'Connor 1998, S. 152).

schieden, wie in Abbildung 15 veranschaulicht ist. Radikale Innovationen zeichnen sich
nach dieser Klassifikation durch hohe Marktunsicherheit und hohe technische Unsicherheit aus.

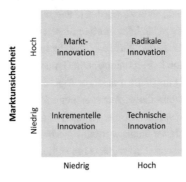

Abbildung 15: Klassifikation von Innovationen mit der Unsicherheitsmatrix[61]

Auch bei frugalen Innovationen ist in vielen Fällen mit hoher Marktunsicherheit zu
rechnen, da über den Markt oftmals nicht viel bekannt ist oder dieser als solcher überhaupt erst etabliert werden muss, wie es bei bislang nicht bedienten Märkten der Fall
ist. Für diese Märkte wurden bisher keine passenden Produkte und Dienstleistungen
angeboten. Erst durch die Entwicklung kostengünstiger, frugaler Produkte und Dienstleistungen, die speziell auf die Bedürfnisse dieser Märkte zugeschnitten sind, können
diese Märkte entwickelt und erschlossen werden (Prahalad und Mashelkar 2010; Sehgal
et al. 2010). Ebenso kann auch die technische Unsicherheit bei frugalen Innovationen
hoch sein. Lassen sich mit den bisherigen technischen Lösungen die Kosten nicht substanziell senken oder die notwendigen Kernfunktionalitäten bereitstellen, müssen neue
technische Lösungen gesucht werden. Um beim bereits verwendeten Beispiel zu bleiben: Auch das Unternehmen GE Healtcare musste neue technische Lösungen suchen, um
ein Ultraschallgerät in den Dimensionen eines Mobiltelefons entwickeln zu können. Zum
einen mussten die Kosten dramatisch gesenkt werden, und zum anderen sollte das Gerät
möglichst einfach zu transportieren zu sein (Govindarajan und Ramamurti 2011; Govindarajan und Trimble 2012; Ramdorai und Herstatt 2015). Da sich zu Entwicklungsbe-

---

[61] Darstellung angelehnt an Lynn und Akgün (1998), die bei ihrer Darstellung auf Ansoff (1965) verweisen.

ginn noch keine technischen Lösungen abzeichneten – letztendlich wurde bisherige Hardware durch neue Softwarelösungen obsolet –, ist davon auszugehen, dass auch dies von technischer Unsicherheit begleitet wurde. Anhand dieser Ausführungen wird deutlich, dass frugale Innovationen auch hinsichtlich der Dimensionen Marktunsicherheit und technische Unsicherheit oftmals als radikale Innovationen zu verstehen sind.

5.2.1.3.4 Exkurs – frugale Innovationen als disruptive Innovationen

Im Kontext radikaler Innovationen werden häufig auch disruptive Innovationen diskutiert (Augsdörfer et al. 2013). Frugalen Innovationen wird potenziell eine disruptive Wirkung zugeschrieben (Ramdorai und Herstatt 2015; Rao 2013; Radjou und Prabhu 2014). So liegt es nahe, im Rahmen der Aktionsforschung in Erwägung zu ziehen, ob Erkenntnisse, die zur Entwicklung von **disruptiven Innovationen** beitragen (Christensen 1997), auch für die Entwicklung von frugalen Innovationen geeignet sind. Insbesondere Ramdorai und Herstatt (2015) gehen auf diesen Punkt ein. Jedoch sind frugale und disruptive Innovationen nicht zwangsläufig dasselbe. Wird beispielsweise eine frugale Innovation für einen Markt entwickelt, für den bisher als nicht bedienten Markt *(unserved market)* keinerlei Produkte existierten, ist es denkbar, dass diese auf dem nun neu geschaffenen Zielmarkt durchaus erfolgreich sind, ohne jedoch disruptiv auf andere Märkte zu wirken. Um dies an einem kurzen Beispiel zu erläutern: Ein äußerst günstiges Auto, das für den indischen Markt entwickelt wurde, muss nicht unbedingt disruptiv auf den Automarkt in Europa wirken, in dem ganz andere Anforderungen an Autos gestellt werden. Durchaus ist aber auch hier auf lange Sicht disruptives Potenzial denkbar, sobald das für den indischen Markt entwickelte Auto besser wird und den Anforderungen des europäischen Markts genügt. Gleichzeitig könnten die Anforderungen aber auch so unterschiedlich sein, dass dieser Fall nicht zwangsläufig eintreten muss. Daher sollte im Einzelfall betrachtet werden, ob und inwiefern eine frugale Innovation disruptiv ist, und nicht davon ausgegangen werden, dass jede frugale Innovation gleichzeitig eine disruptive Innovation darstellt. Infolge dieser Überlegungen war es im Rahmen der Planung der Aktionsforschung das Ziel gewesen, Veränderungsmaßnahmen für das Unternehmen zu identifizieren, welche die Entwicklung von frugalen Innovationen ermöglichen würden, unabhängig von deren disruptivem Potenzial. Die Erkenntnisse der Forschung zu disruptiven Innovationen spielten in der Aktionsforschung daher keine weitere Rolle.

5.2.1.3.5 Schlussfolgerung zu den Einordnungen

Mit der Einordnung frugaler Innovation in die Frameworks zur Klassifikation radikaler und inkrementeller Innovationen konnte gezeigt werden, dass **frugale Innovationen in vielen Fällen als radikale Innovationen** verstanden werden müssen.

Diese Erkenntnis wird durch weitere Definitionen zu radikalen Innovationen gestützt, wie durch die Definition von O'Connor und Rice zu *breakthrough innovation projects* (*BI projects*): „BI projects are defined as those that produce an entirely new set of performance features, an order of magnitude improvement in known features, or dramatic reduction in cost" (O'Connor und Rice 2013 b, S. 210).[62] Rice et al. (2008) spezifizieren bei einer früheren Verwendung der Definition das Ausmaß der Kostensenkung mit „30 % or greater reduction in cost" (Rice et al. 2008, S. 62). Dies bedeutet, dass frugale Innovationen nach dieser Definition allein durch ihre substanzielle Kostenreduktion als *breakthrough innovation* beziehungsweise *radical innovation* verstanden werden können.

Die **Entwicklung radikaler Innovationen erfordert jedoch ein anderes Vorgehen** als die Entwicklung von inkrementellen Innovationen, wie vielfach untersucht und in zahlreichen Beiträgen diskutiert wurde (Leifer et al. 2000; McDermott und O'Connor 2002; O'Connor 1998; Rice et al. 1998; Slater et al. 2014; Song und Montoya-Weiss 1998; Veryzer 1998). Damit liegt die Vermutung nahe, dass der Innovationsprozess bei frugalen Innovationen ähnlich wie bei radikalen Innovationen ausgestaltet werden sollte.

Auch bei der vorliegenden Untersuchung bestand zu Beginn der Aktionsforschung eine hohe Marktunsicherheit, da der Zielmarkt und die Kundenbedürfnisse weitgehend unbekannt waren (dieser Aspekt wird noch im Rahmen der Erörterung von Untersuchungsfeld 2, Abschnitt 5.3 tiefergehend behandelt). Ebenso bestand auch eine hohe technische Unsicherheit, da nicht abzusehen war, ob bisherige technische Lösungen ausreichen würden, um am Ende der Entwicklungsbemühungen zu einer frugalen Produktinnovation zu gelangen. Damit entsprach der Beginn des Entwicklungsprojekts in der Aktionsforschung dem von radikalen Innovationen. Folglich wurde hinsichtlich der Ausgestaltung des Innovationsprozesses geprüft, ob es die Anwendung der Erkenntnisse aus der Forschung zu radikalen Innovationen ermöglichen würde, eine frugale Innovation zu entwickeln.

---

[62] Ähnliche Definitionen finden sich auch in weiteren Artikeln zu radikalen Innovationen, wie beispielsweise bei Slater et al. (2014).

5.2.2   Planung – Ausgestaltung Innovationsprozess

Aufgrund der eben diskutierten Einordnung frugaler Innovation in den Kontext radikaler Innovationen und der dabei identifizierten Gemeinsamkeiten war es die initiale Idee in den ersten beiden Workshops Ende 2015, den Innovationsprozess für die Entwicklung von frugalen Innovationen an den Empfehlungen und wissenschaftlichen Erkenntnissen für radikale Innovationen zu orientieren. Dazu wurden in den Workshops die wissenschaftlichen Erkenntnisse zur Ausgestaltung von radikalen Innovationsprozessen reflektiert sowie geprüft, wie sich diese auf die Entwicklung von frugalen Innovationen übertragen lassen. Dieser Schritt soll im folgenden Abschnitt 5.2.2.1 diskutiert werden. Dabei wurden wichtige Erkenntnisse für die Ausgestaltung eines Innovationsprozesses für die Entwicklung von frugalen Innovationen gewonnen, die in Abschnitt 5.2.2.2 zusammengefasst werden. Auf diesen Erkenntnissen basierend wurden die umzusetzenden Veränderungsmaßnahmen detailliert geplant, worauf in Abschnitt 5.2.2.3 eingegangen wird.

5.2.2.1   Planungsvorgehen auf Basis wissenschaftlicher Erkenntnisse zur Ausgestaltung von Innovationsprozessen

Bevor diskutiert wird, inwieweit die Erkenntnisse aus der Forschung zum Entwicklungsprozess von radikalen Innovationen auf die Entwicklung frugaler Innovationen übertragbar sind, soll auf die Literatur aus dem Forschungsfeld zu frugalen Innovationen hinsichtlich der Ausgestaltung des Innovationsprozesses eingegangen werden.

5.2.2.1.1 Planung auf Basis der Erkenntnisse aus dem Forschungsfeld frugale Innovationen

Der aktuelle Diskussionsstand zu denkbaren Entwicklungsansätzen bei frugalen Innovationen wurde bereits in Abschnitt 2 beleuchtet. Zusätzlich wurde für die vorliegende Untersuchung die Literatur aus dem systematischen Literaturreview (siehe Abschnitt 3.1.1) zu möglichen Ansätzen zur Entwicklung von frugalen Innovationen untersucht – in Summe 62 Artikel –, sowie weitere Publikationen, die nicht im Rahmen des systematischen Reviews identifiziert wurden. In der Literatur finden sich zahlreiche Andeutungen, auf welche Aspekte bei der Entwicklung von frugalen Innovationen zu achten ist und mit welchen Ansätzen und Vorgehensweisen frugale Innovationen entwickelt werden können. Die meisten Publikationen gehen **nicht detaillierter** auf das Thema ein und tragen daher kaum zu einem Erkenntnisgewinn – insbesondere hinsichtlich der Ausgestaltung des Innovations- und Produktentwicklungsprozesses – bei.

Radjou und Prabhu (2014), welche die bisher umfangreichste Publikation hierzu vorgelegt haben, diskutieren sechs grundlegende Prinzipien (*engage and iterate, flex your assets, create sustainable solutions, shape customers behaviour, co-create value with prosumers, make innovative friends* und *fostering a frugal culture*), auf die Radjou und Prabhu (2014) in narrativer Weise eingehen.[63] Ein systematischer und strukturierter Ansatz wird nicht diskutiert. Prahalad und Mashelkar (2010) schlagen grundlegende Regeln für eine Entwicklung vor (*develop a deep commitment to serving the unserved, articulate and embrace a clear vision, set very ambitious goals to foster an entrepreneurial spirit, accept that constraints will always exist, and creatively operate within them* und *focus on people, not just shareholder wealth and profits*).[64] Bei diesen beiden Ansätzen wird schnell deutlich, dass diese eher abstrakt sind und sich nur bedingt als Orientierung zur konkreten Ausgestaltung eines Innovationsprozesses eignen. Dies gilt auch für weitere Publikationen, wie beispielsweise von Kumar und Puranam (2012), die ebenso sechs Prinzipien für die Entwicklung frugaler Innovationen vorschlagen und dabei weniger auf die konkrete Vorgehensweise und den Innovationsprozess an sich eingehen, sondern vielmehr kurze gedankliche Impulse zum Thema geben.[65]

Prahalad (2012) stellt vermutlich den bekanntesten Ansatz zur Entwicklung von Innovationen für the-Bottom-of-Pyramid-Märkte (BOP-Märkte) vor, die eng mit frugalen Innovationen in Verbindung stehen (Ramdorai und Herstatt 2015). Seine Publikation zählt im *Journal of Product Innovation Management* zu den „Top Cited Articles Published in 2012 and 2013" (Product Development and Management Association 2015), weshalb sein Ansatz auch bei den ersten beiden Workshops Ende 2015 diskutiert wurde und hier ausführlicher dargestellt werden soll.

Prahalad (2012) sieht die Bottom-of-Pyramid-Märkte als Quelle für radikale Innovationen[66] und schlägt ein Vorgehen vor, um diese gezielt zu entwickeln. Abbildung 16 stellt diesen Ansatz vor.

---

[63] Radjou und Prabhu (2014), S. 19 ff. In dem früheren Buch „Jugaad Innovation: Think frugal, be flexible, generate breakthrough growth" werden die sechs Prinzipien *seek opportunity in adversity, do more with less, think and act flexibly, keep it simple, include the margin* und *follow your heart* vorgeschlagen (Radjou et al. 2012, S. 29 ff.).

[64] Prahalad und Mashelkar (2010), S. 140 f.

[65] Einen weiteren Prozess, der zum Ziel hat, bekannte Lösungsmuster auf ähnliche Problemstellungen zu übertragen, zeigen Lehner und Gausemeier (2016). Da bei diesem Ansatz weniger die prozessuale Sicht als vielmehr die Art der Lösungsfindung im Vordergrund steht, wird dieser Ansatz in Untersuchungsfeld 3 detaillierter beleuchtet werden.

[66] Prahalad (2012) verwendet in seinem Artikel die beiden Begriffe *breakthrough innovation* und *radical innovation* synonym.

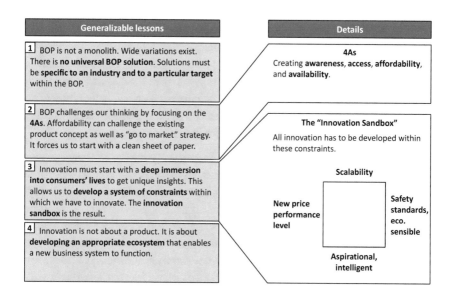

Abbildung 16: Zusammenfassung der Untersuchungsergebnisse von Prahalad (2012) zu radikalen Innovationen[67]

Das Vorgehen von Prahalad (2012) beruht darauf, mit der Innovation die Eigenschaften *awareness*, *access*, *affordability* und *availability* zu schaffen[68] sowie externe Beschränkungen (*constraints*) dazu zu verwenden, eine Art imaginären Innovations-Sandkasten (*innovation sandbox*) zu bauen. Die Beschränkungen bilden die Grenzen des Innovations-Sandkastens, innerhalb derer die Innovation stattfinden muss. Prahalad erläutert sein Vorgehen anhand der Entwicklung eines Biomasse-Kochers, der für die ärmlichen und ländlichen Gegenden Indiens bestimmt ist. Die Beschränkungen in seinem Beispiel und damit die vier Grenzen des Innovations-Sandkastens sind *new price performance level, scalability, safety standards and eco-sensible* sowie *aspirational and intelligent*.[69] Der wesentliche Beitrag von Prahalad ist seine Erkenntnis, dass durch Innovationsbemühungen, die innerhalb dieser Grenzen stattfinden, radikale Innovationen entstehen

---

[67] Quelle: Prahalad (2012). Eigene graphische Darstellung der Inhalte von Prahalad (2012).

[68] Für eine genaue Definition und Einbettung der Begriffe *awareness, access, affordability* und *availability* siehe Anderson und Billou (2007) oder die etwas kürzere Darstellung bei Prahalad (2012).

[69] Um die Grenzen des Innovations-Sandkastens besser zu verstehen und sich innerhalb dieser bewegen zu können, sind vorab umfangreiche Studien über den Markt und dessen Kunden durchzuführen. Prahalad (2012) führte dazu unter anderem Video-Ethnographien durch und untersuchte das Kochverhalten von verschiedenen Familien in den unterschiedlichen Regionen Indiens.

können. Auch wenn sich die Entwicklung einer Rutschkupplungsnabe von der eines Biomasse-Kochers unterscheidet (erstere ist für den B2B-Markt bestimmt und hat nur wenige Berührungspunkte mit dem Kunden, letzterer ist für den B2C-Markt bestimmt und wird vom Kunden in direkterem Kontakt genutzt), schlussfolgert Prahalad, dass seine in Abbildung 16 zusammengefassten Erkenntnisse auch auf andere Produktentwicklungsprojekte übertragbar sind. Daher wurden die Erkenntnisse von Prahalad im Rahmen der Aktionsforschung auf eine mögliche Anwendung hin geprüft.

Bei der gemeinsamen Reflexion des Ansatzes im zweiten Workshop im Dezember 2015 wurde schnell klar, dass bestimmte Erkenntnisse des Ansatzes, wie beispielsweise „solutions must be specific to an industry and to a particular target" (Prahalad 2012, S. 10) auch über die Bottom-of-the-Pyramid-Märkte hinaus gültig waren und so selbstverständlich klingen, dass anzunehmen ist, dass diese nur deshalb so sehr betont werden, weil die Diskussion sowohl zu Bottom-of-the-Pyramid-Märkten als auch zu frugalen Innovationen dazu neigen kann, wenig zwischen den einzelnen Märkten und Innovationen zu differenzieren, wie auch im Rahmen dieser Untersuchung festgestellt werden musste. Als Beispiel kann hier die Untersuchung von Agarwal et al. (2014) dienen, in der ein *unified innovation approach to emerging markets* vorgestellt wird.[70] Die Studie soll auf Basis einer quantitativen Untersuchung zeigen, welche Eigenschaften die wichtigsten für Innovationen sind, die für die Bottom-of-the-Pyramid-Märkte bestimmt sind. Das Ergebnis ist ein Ranking von Eigenschaften wie *cost-effective, easy-to-use, problem-centric* oder *fast-to-market*, ohne dabei zwischen einzelnen Ländern, Märkten, Branchen und Produkten zu differenzieren. Bei Betrachtung solcher Ansätze erscheint die Erkenntnis von Prahalad (2012) umso wichtiger, dass auch bei den Bottom-of-the-Pyramid-Märkten sehr differenziert vorgegangen werden muss. Ebenso wird im Rahmen der vorliegenden Arbeit noch einmal betont, dass keine grundsätzliche Aussage zu der Bedeutung einzelner Eigenschaften bei frugalen Innovationen getroffen werden kann, sondern auch bei frugalen Innovationen diese von ihrem jeweiligen Einsatzzweck, dem jeweiligen Markt und den spezifischen Kundenbedürfnissen abhängen (siehe auch Abschnitt 3).

Die Untersuchung von Prahalad (2012) und seine Überlegungen bestärkten das Unternehmen bei der Aktionsforschung in der Auffassung, trotz der bisherigen Verankerung von VoC im Innovationsprozess noch **mehr Wert auf die Untersuchung der Kundenbedürfnisse zu legen**. Die weiteren Erkenntnisse aus dem vorgeschlagenen Prozess von Prahalad (2012), wie die Verwendung des Innovations-Sandkastens, unter anderem mit

---

[70] Die Studie bezieht sich explizit auch auf frugale Innovationen.

den Grenzen *new price performance level* und *scalability*, ließen jedoch kaum Rückschlüsse auf die grundsätzliche Ausgestaltung des Innovationsprozesses zu.

Auch weitere, in renommierten Zeitschriften publizierte Untersuchungen in diesem Bereich kommen zu dem Schluss, „firms need to dramatically rethink and reconfigure the innovation process" (Nakata und Weidner 2012, S. 29) und bleiben dabei bei eher vagen Andeutungen zur Umsetzung: „What may be required is a radical overhaul of the approach, working backward from the unfreedoms and circumstances" (Nakata und Weidner 2012. S. 30).

Damit konnte während der Aktionsforschung festgestellt werden, dass nicht nur ein systematischer Ansatz zur Entwicklung von frugalen Innovationen fehlte, was bereits vor Beginn der Untersuchung klar war, sondern auch bisherige Erkenntnisse aus der Forschung zu frugalen Innovationen keine konkreten Rückschlüsse auf die grundlegende Ausgestaltung des Innovationsprozesses erlaubten.

5.2.2.1.2 Planung auf Basis der Erkenntnisse aus dem Forschungsfeld radikale Innovationen

Im Rahmen der vorliegenden Untersuchung konnte gezeigt werden, dass frugale Innovationen häufig als radikale Innovationen klassifiziert werden können (siehe Abschnitt 5.2.1.3). Dies führte zu der Vermutung, der Innovationsprozess zur Entwicklung von frugalen Innovationen müsse sich an den Erkenntnissen der Forschung aus dem Bereich zu radikalen Innovationen orientieren. In der Literatur herrscht weitgehend Einigkeit darüber, dass der Innovationsprozess für die Entwicklung von radikalen Innovationen anders auszugestalten ist als für die Entwicklung von inkrementellen Innovationen (Leifer et al. 2000; McDermott und O'Connor 2002; O'Connor 1998; Rice et al. 1998; Slater et al. 2014; Song und Montoya-Weiss 1998; Veryzer 1998). Im Folgenden werden wichtige Erkenntnisse diskutiert, die für die Reflexion in der Aktionsforschung eine entscheidende Rolle spielten und von denen praktische Veränderungsmaßnahmen für den Planungsschritt des Aktionsforschungskreislaufs abgeleitet wurden.

Schwierigkeiten bei der Entwicklung von radikalen Innovationen

O'Connor und Rice (2013 a) weisen in ihrer Langzeitstudie nach, dass Unternehmen sich häufig auf ihr Kerngeschäft konzentrieren und dabei auf Kostenreduzierungen, Qualitätsverbesserungen und inkrementelle Innovationen fokussiert sind. Um langfristig wettbewerbsfähig zu bleiben, versuchen sie parallel, radikale Innovationen zu entwickeln. Diese sind jedoch mit mehreren **Unsicherheiten** behaftet – *technical uncertainty*, *market uncertainty, organizational uncertainty* und *resource uncertainty*. Diese Unsicherheiten sind nach O'Connor und Rice (2013 a) mit dafür verantwortlich, dass Managementpraktiken, die für das etablierte Geschäft sinnvoll sind, häufig destruktiv auf die Entwicklung von radikalen Innovationen wirken.

Auch Ahuja und Lampert (2001) identifizieren in ihrer im *Strategic Management Journal* veröffentlichten Studie Ursachen dafür, warum Unternehmen die Entwicklung radikaler Innovationen so schwerfällt. Die Gründe sind folgende: die *familiarity trap*, also beispielsweise bekannte Technologien vorzuziehen, statt bisher im Unternehmen noch nicht verwendete Technologien auszuprobieren; die *maturity trap*, also Technologien zu verwenden, die ihren Zenit bereits überschritten haben, statt neuartige Technologien auszuprobieren; sowie die *propinquity trap*, also Lösungen für neue Technologien in der Nähe von bereits bekannten Technologien zu suchen, statt mit Technologien zu experimentieren, die nicht auf bisherigen Technologien aufbauen.

Im Rahmen des Aktionsforschungsvorhabens sah sich das Unternehmen mit mindestens zwei der Unsicherheiten konfrontiert. Beim ersten Video-Online-Treffen und dann detaillierter während des zweiten Workshops im Dezember 2015 erläuterte der Global Director Engineering, dass er den Rückgriff auf die dem Unternehmen bekannten und vertrauten Technologien als eines der Hindernisse ansah, um zu wirklich neuen Lösungen zu kommen. Ebenso fand ein wirkliches Experimentieren mit neuen Technologien nicht statt. Damit sah sich das Unternehmen mit den eben erläuterten Problemen der *familiarity trap* und *propinquity trap* konfrontiert. Im Rahmen des Planungsschritts sollte mit den Akteuren gemeinsam geklärt werden, mit welchen Maßnahmen diese Schwierigkeiten gelöst und die gewünschten Veränderungen im Innovationsprozess herbeigeführt werden könnten, um besser radikale und damit potenziell auch frugale Lösungen zu ermöglichen.

Grundsätzliche Ansatzpunkte zur Stimulation radikaler Innovationen

Im Rahmen der Aktionsforschung wurde geprüft, welche Ergebnisse sich aus der Forschung zu radikalen Innovationen grundsätzlich auch auf frugale Innovationen anwenden ließen. Viel ist geschrieben worden darüber, dass radikale Innovationsprozesse **anders zu managen** sind (Leifer et al. 2000; McDermott und O'Connor 2002; O'Connor 1998; Rice et al. 1998; Slater et al. 2014; Song und Montoya-Weiss 1998; Veryzer 1998), welche **organisationalen Praktiken** förderlich sind (Prester und Bozac 2012), bis hin zur Betrachtung der **frühesten Phasen** des Innovationsprozesses (the-Fuzzy-Front-End) bei radikalen Innovationen (Herstatt 2007; Reid und Brentani 2004). Weitere Veröffentlichungen wie von Phillips et al. (2006) fassen Ergebnisse aus diversen anderen

Untersuchungen zusammen, die radikale Innovationen ermöglichen sollen. Ohne die Ergebnisse dieser Beiträge hier im Detail wiederzugeben, kommen viele der Untersuchungen zu sehr grundsätzlichen Erkenntnissen bis hin zu strategisch relevanten Implikationen, wie radikale Innovationen zu entwickeln sind. So zeigt beispielsweise Stringer (2000) neun grundsätzliche Strategien auf, um radikale Innovationen zu stimulieren, darunter *make breakthrough innovation a strategic and cultural priority, hire more creative and innovative people* und *grow informal project laboratories within the traditional organization*. Im Rahmen der vorliegenden Untersuchung waren jedoch weniger die grundsätzlichen und strategischen Erkenntnisse der eben zitierten Publikationen, die einen Großteil der Literatur ausmachen, von Bedeutung, sondern vielmehr war die prozessuale Sicht entscheidend.

Spezifische Ansatzpunkte zur Stimulation radikaler Innovationen bei der Ausgestaltung des Innovationsprozesses

Für den Planungsschritt der Ausgestaltung des Innovationsprozesses waren vor allem die im Folgenden dargestellten Beiträge entscheidend. Sethi und Iqbal kommen in ihrer im *Journal of Marketing* veröffentlichten Studie zu dem Ergebnis, „the Stage-Gate process has the potential of harming novel new products" (Sethi und Iqbal 2008, S. 130). Den Grund dafür sehen sie in zu strengen Gate-Review-Kriterien. Ihre Untersuchung zeigt, dass diese die Flexibilität von Entwicklungsprojekten verringern und damit auch die Chance, im Zuge des Entwicklungsprojektes dazuzulernen, was für die Entwicklung von radikalen Innovationen entscheidend ist. Sethi und Iqbal schlagen daher vor, **separate Gate-Kriterien für inkrementelle und radikale Innovationen** vorzusehen, wobei sich die Gate-Kriterien bei radikalen Innovationen von Entwicklungsprojekt zu Entwicklungsprojekt unterscheiden können und mit dem jeweiligen Entwicklungsteam vorab vereinbart werden sollten. Die Erkenntnisse von Sethi und Iqbal sollten bei der Aktionsforschung insofern berücksichtigt werden, als dass die bisherigen Gate-Kriterien, trotz ihrer bislang sehr positiven Resonanz im Unternehmen, bei der Entwicklung einer nun angestrebten frugalen Innovation kritisch hinterfragt werden sollten.

Seidel (2007) zeigt in seiner Untersuchung über Innovationsprozesse zur Entwicklung radikaler Innovationen, dass bei diesen das Produktkonzept selten in den frühen Phasen finalisiert werden kann. Gerade bei radikalen Innovationen können während des gesamten Entwicklungsprozesses Konzeptveränderungen auftreten, beispielsweise wenn durch spätere Tests von Prototypen notwendige Konzeptveränderungen erkannt werden. Daher sollten Innovationsprozesse zur Entwicklung radikaler Innovationen es ermöglichen, **unterschiedliche Konzepte parallel verfolgen** zu können. Dies ist aber bei einem Stage-Gate-Prozess, der darauf abzielt, möglichst frühzeitig aus mehreren verfügbaren Konzepten ein ganz konkretes herauszufiltern, häufig nicht vorgesehen (Seidel 2007; Tidd und Bessant 2013).

Interessant im Kontext von frugalen Innovationen erscheint besonders die Untersuchung von Veryzer. Dieser stellte anhand der Untersuchung von acht Projekten zur Entwicklung von radikalen Innovationen fest: „The processes used by the firms in this study are more exploratory and less customer driven than the typical, incremental NPD process" (Veryzer 1998, S. 304).[71] Dies stellt erst einmal einen Widerspruch zu den bisherigen Annahmen zur Entwicklung frugaler Innovationen dar. Zwar konnte in der vorliegenden Untersuchung gezeigt werden, dass frugale Innovationen häufig als radikale Innovationen verstanden werden müssen. Demnach müsste aber nach Veryzer der Innovationsprozess stärker auf technologische Exploration ausgerichtet sein. Eine Identifikation der Kundenbedürfnisse findet deutlich nachgelagert statt, wenn bereits konkrete Entwicklungsergebnisse vorliegen. Die Kundenbedürfnisse spielen jedoch eine äußert zentrale Rolle für die Entwicklung von frugalen Innovationen, worauf insbesondere im Untersuchungsfeld 2 ausführlich eingegangen wird (siehe Abschnitt 5.3). Dieser Widerspruch sollte im Rahmen der Aktionsforschung kritisch beobachtet werden und wird später noch einmal inhaltlich aufgegriffen.

Slater et al. (2014) untersuchen die Voraussetzungen für *radical product innovation capability*. Ein wichtiges Ergebnis ihrer Untersuchung führt zu Implikationen hinsichtlich der prozessualen Strukturen für die Entwicklung von radikalen Innovationen. Diese sollten unter anderem teambasiert, schnell und **iterativ** sein, um auf hochdynamische Marktstrukturen reagieren zu können. Gerade der Wunsch nach mehr Iterationen wurde auch bei der Durchführung der Problemdiagnose im Rahmen der Aktionsforschung geäußert (siehe Abschnitt 5.2.1.1). Bei der Planung wurden daher gerade beim ersten, zweiten, vierten und fünften Workshop iterative Ansätze für die Produktentwicklung besonders in Erwägung gezogen. Während Untersuchungen, wie Slater et al. (2014) im Forschungsfeld zu radikalen Innovationen, nur vereinzelt darauf hinweisen, dass ein iteratives Vorgehen bei radikalen Innovationen sinnvoll sein könnte, ohne auf die Umsetzungsmöglichkeiten im Detail einzugehen, setzt sich die Forschung aus anderen Bereichen sehr intensiv mit der Frage der Umsetzbarkeit von iterativer Produktentwicklung auseinander. Diese wurde bei der Aktionsforschung im Rahmen der Planung auf ihre Anwendbarkeit hin reflektiert und wird im Folgenden vorgestellt.

---

[71] NPD process steht für *new product development process*. In der vorliegenden Untersuchung wird synonym der Begriff Innovationsprozess verwendet.

5.2.2.1.3 Planung auf Basis von Design Thinking und vergleichbaren Ansätzen

Gerade zu Beginn der Aktionsforschung wurde angenommen, dass ein iterativer Prozess, wie er beim Design Thinking vorgesehen ist, dazu beitragen könnte, frugale Innovationen zu entwickeln. Für diese Annahme gab es neben den bisherigen Ausführungen mehrere Gründe.

Verbindung zwischen Design Thinking und frugalen Innovationen

„Design Thinking ist eine Innovationsmethode, die auf Basis eines iterativen Prozesses nutzer- und kundenorientierte Ergebnisse zur Lösung von komplexen Problemen liefert" (Uebernickel et al. 2015, S. 16).[72] Design Thinking verfolgt bei der Entwicklung von Produkten und Dienstleistungen ein stark iteratives Vorgehen. Wie in der Problemdiagnose diskutiert, wünschten sich auch einige der **Akteure innerhalb des Unternehmens** ein iterativeres Vorgehen zur Entwicklung wirklich neuer Lösungen, wie der Senior Engineer während des Interviews ausführte. Dies war einer der Gründe, warum ein solches Vorgehen bei der Aktionsforschung anfangs geplant wurde. Ein weiterer Grund war, dass damit ein iteratives Vorgehen ermöglicht werden würde, wie es beispielsweise Slater et al. (2014) **im Kontext von radikalen Innovationen** fordern. Ein dritter Grund waren die im Rahmen dieser Untersuchung immer wieder zu erkennenden Verbindungen zwischen der Literatur zu frugalen Innovationen und der zum Design Thinking. Entscheidende Ansätze in der Literatur zu frugalen Innovationen wie *how **to do more with less***, Untertitel des Buches von Radjou und Prabhu (2014), werden wortgleich mit ***doing more with less*** in der Literatur zum Design Thinking propagiert, wie etwa in der Monographie über Design Thinking von Tim Brown, CEO der internationalen Design- und Innovationsberatung IDEO (Brown 2009, S. 197). Auch im *Journal of Product Innovation Management* diskutieren Brown und Katz (2011) den Design-Thinking-Ansatz und stellen eine Verbindung zum Innovationsansatz für die Bottom-of-the-Pyramid-Märkte her, wie Prahalad und Hart (2002) ihn diskutieren. Der vierte und ausschlaggebendste neben den drei zuvor genannten Gründen war der hohe Grad an **Kundenorientierung** des Design Thinking. In einem Umfeld, in dem die Kundenbedürfnisse nur schwierig zu er-

---

[72] Dorst (2011) zeichnet die Entwicklung von Design Thinking nach, wonach der Begriff durch den Buchtitel von Rowe (1987) „Design Thinking" bekannt geworden sei. Uebernickel et al. (2015) geben an, dass die Design-Thinking-Methode in den 1970er und 1980er Jahren an der Stanford Universität entwickelt wurde. Bei der Ausbildung der Ingenieure wurde bemerkt, dass diese rein auf Technologie und die Fragen „Was" und „Wie" ausgerichtet war und dies nicht mehr genügte, um den Marktbedürfnissen gerecht zu werden. Ziel des neuen Ansatzes war es, auch auf die Fragen „Wofür" und „Warum" bei Innovationen einzugehen, die als wesentlicher Teil des Design-Thinking-Ansatzes den Erfolg der Methode ausmachen.

fassen sind, ermöglicht eine iterative Annährung durch Prototypen, diese immer weiter auszuloten.

Übertragung des Ansatzes auf die Entwicklung von frugalen Innovationen

Zu Beginn der Aktionsforschung wurde insbesondere im zweiten Workshop Ende 2015 darauf eingegangen, was unter Design Thinking zu verstehen sei und wie der Ansatz sich für die Entwicklung von frugalen Innovationen anwenden ließe. Umfassende Forschungsbeiträge zum Design Thinking sind in den Sammelbänden des Hasso-Plattner-Instituts in Potsdam und des Center for Design Research der Stanford University veröffentlicht (Plattner et al. 2012, 2013, 2015 a, 2015 b, 2016 a, 2016 b). Zahlreiche Arbeiten verfolgen das Ziel der praktischen Umsetzbarkeit des Ansatzes (Brown 2009; Curedale 2015; Dubberly 2004; Meinel et al. 2015; Schindlholzer 2014; Uebernickel et al. 2015). Hervorragend dargestellt und mit entsprechenden Quellenverweisen belegt ist der Prozess bei Uebernickel et al. (2015), der auch im Workshop auf seine Anwendbarkeit hin diskutiert wurde. Der Prozess gliedert sich, wie in Abbildung 17 dargestellt, in einen Makroprozess und einen Mikrozyklus.

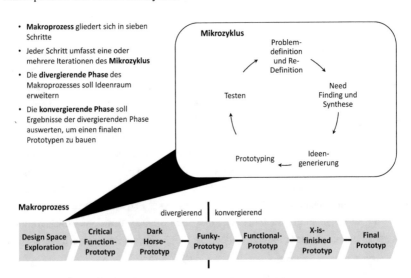

Abbildung 17: Makroprozess und Mikrozyklus im Design Thinking[73]

---

[73] Darstellung angelehnt an Uebernickel et al. (2015). Die von Uebernickel et al. (2015) gewählte Darstellung des Mikrozyklus fußt auf Meinel und Leifer (2011).

Da Uebernickel et al. (2015) diesen Prozess in sehr kompakter Weise beschreiben, soll hier der Originalwortlaut wiedergegeben werden:

„Der Makroprozess strukturiert die Design Thinking-Arbeitsweise und wird im Rahmen eines Projektes einmal durchlaufen. Er gliedert sich in sieben Schritte, von denen jeder Schritt eine oder mehrere Iterationen des Mikrozyklus umfasst. Zusätzlich wird der Makroprozess in zwei Phasen unterteilt: die divergierende Phase zu Beginn und die konvergierende Phase in der zweiten Hälfte des Projekts.

Die divergierende Phase hat zum Ziel, den Ideenraum für eine Fragestellung systematisch zu erweitern. Es geht darum, dem Team den Blick über den Tellerrand zu verschaffen. Während der divergierenden Phase werden möglichst viele Ideen generiert, als Prototypen gebaut und mit Kunden getestet (Uebernickel und Brenner 2015). Selbst wenn eine Idee und Lösung vom Kunden bereits hervorragend angenommen wird, versucht das Design Thinking-Team in dieser Phase dennoch, den Ideenraum kontinuierlich zu vergrößern.

Im Fokus der konvergierenden Phase steht die Auswertung aller Ergebnisse der divergierenden Phase, um daraus einen (einzigen) finalen Prototypen zu bauen. Es werden sowohl positive als auch negative Ergebnisse der getesteten Prototypen der Vorphase ausgewertet. Die als relevant erachteten Aspekte werden in dem umfassenden finalen Prototyp vereint" (Uebernickel et al. 2015, S. 36).

In den einzelnen Schritten des Makroprozesses werden unterschiedliche Schwerpunkte verfolgt. Beispielsweise dient der zweite Schritt *Critical Funktion-Prototyp* dazu, die wesentlichen Funktionen möglicher Lösungen zu bestimmen und darauf basierend einen Prototyp zu bauen. Dieser Schritt dürfte für die Entwicklung von frugalen Innovationen besonders wertvoll sein, da sich frugale Innovationen, wie erläutert, unter anderem dadurch auszeichnen, dass sie sich auf die Kernfunktionalitäten konzentrieren (siehe Abschnitt 3, S. 21 ff.).

Bereits im September 2015 wurde vor Beginn der eigentlichen Aktionsforschung bei den ersten Gesprächen zur Vereinbarung des Aktionsforschungsvorhabens dem Director Global Engineering des Unternehmens **ein modifizierter, iterativer Prozess vorgeschlagen**. Methodisch ist diese Art des Vorgehens bei der Aktionsforschung zulässig und wurde bereits von Moultrie et al. (2007) für die im *Journal of Product Management* veröffentlichte Aktionsforschung zur Entwicklung eines Design Audit Tools für SMEs (*small and medium-size enterprises*) angewendet. Das methodische Vorgehen baut auf Platts (1993) *procedural action research* auf. Der wesentliche Unterschied bei diesem Vorgehen ist, dass die Problemdiagnose eine geringere Rolle spielt und das im Rahmen der Aktionsforschung zu entwickelnde Verfahren bereits vorab von den Forschern entwickelt wurde. Das Verfahren wird dann mit den Industriepartnern gemeinsam getestet und weiterentwickelt, mit dem Ziel, theoretische und praktische Erkenntnisse zu gewinnen (Moultrie et al. 2007; Platts 1993). Der im September 2015 vorgeschlagene und bereits detaillierter ausgearbeitete Prozess sah vier Kernschritte vor, die iterativ durchzuführen waren: *Bestimmung der Produktanforderungen, Konzepterarbeitung, Entwicklung von Prototypen* und *Durchführung von Kundentests*. Die Inhalte der einzelnen Schritte waren auf die Besonderheiten frugaler Innovationen abgestimmt. Beispielsweise lag der Schwerpunkt bei der Bestimmung der Produktanforderungen auf der Identifikation der Kundenbedürfnisse hinsichtlich der drei Kriterien frugaler Innovation. Gerade bei den ersten Gesprächen und Workshops 2015 schien das geplante Vorgehen, das dem von Uebernickel et al. (2015) diskutierten Prozess ähnlich war, vielversprechend. Auch der Director Global Engineering konnte sich sehr gut vorstellen, mit diesem Entwicklungsprozess für frugale Innovationen die gewünschten Ergebnisse zu erreichen.

Doch zeigte sich mit fortschreitendem Untersuchungsverlauf und der sich über mehrere Monate erstreckenden Planungsphase, dass das geplante Vorgehen nicht auf diese Weise umzusetzen war. Während beim vierten Workshop im Februar 2016 noch ein iteratives Vorgehen mit mehrfacher Einbindung der Kunden angestrebt wurde, zeichnete sich in den Folgemonaten das Ergebnis ab, dass **dieses Vorgehen nicht praktikabel war**. Dies hatte mit einer ganzen Reihe von Gründen zu tun, die beim fünften Workshop im April 2016 sowie in den nachfolgenden Monaten in den Video-Online-Treffen im Juni und August 2016 immer deutlicher zur Sprache kamen. Die Analyse der Gründe, warum eine Anwendung dieses Ansatzes im Untersuchungskontext nicht zielführend war, half dabei, Annahmen darüber abzuleiten, in welchen Fällen die Anwendung von iterativen Ansätzen wie dem Design Thinking bei der Entwicklung von frugalen Innovationen dennoch wertstiftend sein könnte. Auf beides soll im Folgenden eingegangen werden.

Herausforderungen bei der Anwendung eines iterativen Ansatzes mit mehrfacher Einbindung der Kunden

1) Iteratives Testen in Kundenumgebung nicht möglich

Sowohl der Mikrozyklus, wie er in Abbildung 17 dargestellt ist, als auch der zu Beginn der Aktionsforschung ursprünglich geplante Prozess sehen die mehrfache Einbindung des Kunden vor, um die Kundenbedürfnisse immer weiter auszuloten und die entwickelten Prototypen iterativ zu testen. Voraussetzung dafür ist, dass die Kunden bereit sind, bei beidem mitzuwirken. Jedoch waren *erstens* die wenigsten Kunden dazu bereit, bei der Identifikation der Kundenbedürfnisse mitzuwirken (auf die Gründe wird in Abschnitt 5.3 im Rahmen des Untersuchungsfelds 2 im Detail eingegangen), und *zweitens* wäre **für ein – interaktives – Testen von Prototypen kein einziger** von rund 30 kontaktierten Kunden bereit gewesen.[74] Zwar testete das Unternehmen neu entwickelte Produkte im Kundeneinsatz. Die klare Erwartungshaltung der Kunden war je-

---

[74] Zum Vorgehen bei der Auswahl der kontaktierten Kunden siehe Untersuchungsfeld 2, Abschnitt 5.3.

doch, dass es sich um fertig entwickelte Produkte handelt, die nach dem Test am Kunden, wenn überhaupt, nur noch marginal verändert werden würden.

Die Deutlichkeit der Ergebnisse überraschte die an der Aktionsforschung beteiligten Akteure. Aber auch **andere Untersuchungen kommen zu einem ähnlichen Ergebnis.** Stelzmann (2011) geht in seiner Dissertation der Frage nach, in welchen Fällen die Anwendung agiler Vorgehensweisen mit enger Kundeneinbindung, zu denen auch das Design Thinking gehört, bei der Produktentwicklung sinnvoll ist. Er kommt zu dem Schluss, dass zahlreiche Voraussetzungen für die praktische Anwendbarkeit erfüllt sein müssen. Einer der wichtigsten Faktoren ist die Möglichkeit der Kundeneinbindung, neben weiteren Faktoren wie beispielsweise die Unternehmenskultur, die Mitarbeiterqualifikation und die Wirtschaftlichkeit des Vorgehens. Gerade weil dieser Ansatz maßgeblich von der Kundeneinbindung abhängt, müssen die Kunden bereit sein, entsprechend mitzuwirken. Das ist jedoch häufig nicht der Fall, wie Stelzmann (2011) in den Interviews seiner Untersuchung feststellen musste.

So kann die Bereitschaft der Kunden bei der Produktentwicklung mitzuwirken, nicht als gegeben vorausgesetzt werden, sondern hängt, wie im Ergebnis der vorliegenden Untersuchung vermutet wird, von der Art des Produktes und möglichen weiteren Faktoren wie beispielsweise der Branche, den Marktstrukturen oder kulturellen Aspekten ab.

2) Tests mit einfachen Prototypen und Mock-ups im Untersuchungskontext nur wenig zielführend

Verfahren wie das Design Thinking beruhen auf stetigen und schnellen Iterationen. Statt detaillierte Konstruktionspläne und Berechnungen zu erstellen, werden frühzeitig Lösungsprinzipien ausprobiert. Diese werden aus teils einfachen Materialien wie Papier oder Pappe erstellt. In der Aktionsforschung hätte damit die Interaktion zwischen späterem Produkt und Nutzer simuliert werden können. Rutschkupplungsnaben sind jedoch in Maschinen verbaut und stellen damit ein wenig interaktives System dar. Bis auf den Einbau, das Nachstellen der Rutschkupplungsnabe nach dem Auftritt von Überlast sowie die Wartung kommt der Kunde mit Rutschkupplungsnaben kaum in Berührung. Für die **Durchführung realer Tests**, eingebaut in den dafür vorgesehenen Maschinen, hätte diese Art von einfachen Prototypen nicht ausgereicht.[75]

---

[75] Für die Durchführung realer Tests hätten bereits funktionsfähige, sorgfältig ausgearbeitete Prototypen erstellt werden müssen. Im Rahmen der Aktionsforschung wäre die Erstellung von funktionsfähigen Prototypen theoretisch möglich gewesen, beispielsweise durch den Einsatz eines 3D-Druckers. Dieser Ansatz wurde zu Beginn der Aktionsforschung kurzzeitig in Betracht gezogen. Für deren Erstellung wären **konkrete Lösungsideen** die Voraussetzung gewesen. Die Stärke von Ansätzen wie Design

3) Das bisherige Produkt wurde über Jahrzehnte optimiert und dient perfekt seinem Einsatzzweck, Probleme bei seiner Anwendung gab es nicht; die Generierung möglichst vieler Ideen, wie das Produkt in ganz anderer Weise gebaut werden könnte, in der Hoffnung, hierbei eine bessere und günstigere Lösung zu identifizieren, erschien wenig effizient

Der schnelle Bau einfacher Prototypen hätte zumindest für **Visualisierungszwecke** von Lösungsideen angewendet werden können, die dann wiederum zu neuen Ideen und schließlich zu funktionsfähigen Prototypen geführt hätten. Ein dritter Punkt, der den Ansatz im Rahmen der Aktionsforschung zunehmend schwerer umsetzbar erscheinen ließ, bestand paradoxer Weise in der **Einfachheit der Funktionsweise des bisherigen Produkts**. Das Funktionsprinzip einer Rutschkupplungsnabe ist äußerst simpel. Wesentliche Änderungen an der Funktionsweise hatten seit Jahrzenten nicht mehr stattgefunden, wie der Director Global Engineering eingangs betonte, da sämtliche Verbesserungspotenziale ausgereizt schienen. Zwar dient die divergierende Phase des Prozesses aus Abbildung 17 (siehe S. 114) dazu, neue Ideen zu stimulieren und sehr unterschiedliche Lösungsideen auszuprobieren (Uebernickel et al. 2015). Eine Rutschkupplungsnabe auf eine andere Art und Weise zu bauen, ohne sie dabei komplexer werden zu lassen, war für die an der Aktionsforschung beteiligten Akteure jedoch schwer vorstellbar.[76] Mit den bisherigen Rutschkupplungsnaben waren die Kunden zufrieden. Den Weg zu gehen und dennoch möglichst viele Ideen zu generieren, auf welche anderen Arten Rutschkupplungsnaben gebaut werden könnten, in der Hoffnung, dass dabei eine Lösung identifiziert werden würde, die besser und günstiger ist als bisherige Lösungen, schien allen Beteiligten wenig effizient.

Dass ein solches Vorgehen nicht immer effizient sein muss, darauf deutet auch der Kommentar einer Innovationsmanagerin von Bosch hin, die Wolfangel (2016) in ihrem Beitrag über den Einsatz von Design Thinking bei den Unternehmen Bosch und SAP folgendermaßen zitiert: „Wir brauchen hundert Ideen, damit eine sich durchsetzt".

Zusammenfassung und Bewertung der Planungen zu einem Prozess, der auf dem iterativen Bau von Prototypen beruht

Um die Ergebnisse dieses Planungsschritts zusammenzufassen: Im Laufe der Aktionsforschung wurde die Erkenntnis gewonnen, dass ein stark iteratives Vorgehen mit

---

Thinking liegt jedoch darin, nicht von Beginn an mit funktionsfähigen Prototypen zu arbeiten, sondern sich über einfache Prototypen konkret umsetzbaren Lösungsideen anzunähern.

[76] Der Aufbau bisheriger, einfacher und funktionaler Rutschkupplungsnaben wurde in Abschnitt 5.1.3.2 skizziert.

mehrfachen Tests von Prototypen in der Form nicht möglich war. Hauptsächlich lag dies daran, dass 1.) die Kunden nicht an einer mehrfachen Einbindung in einen iterativen Prozess interessiert waren. Doch selbst, wenn diese Voraussetzung erfüllt gewesen wäre, hätten 2.) einfach gehaltene Prototypen, gebaut aus einfachen Materialien, wie beispielsweise Papier oder Pappe, kaum in ihrer späteren Einsatzumgebung, wie in diesem Fall eingebaut in Maschinen, getestet werden können. Dazu wären bereits sehr ausgefeilte Prototypen notwendig gewesen. 3.) Die Generierung möglichst vieler Ideen, die konkret in den Bau einfacher Prototypen hätten einfließen können, schien aufgrund des bereits sehr ausgereiften Charakters des bisherigen Produkts, mit dem die Kunden zufrieden waren und das bereits sehr kostengünstig war, wenig effizient.

Formulierung von Voraussetzungen für die Anwendung eines iterativen Ansatzes unter enger Kundeneinbindung

Im Rahmen der vorliegenden Untersuchung wird in Ansätzen wie dem Design Thinking aus den eingangs erwähnten Gründen zwar weiterhin eine potenziell wirksame Methode zur Entwicklung frugaler Innovationen vermutet. Auf Basis der bisher gewonnenen Ergebnisse muss jedoch angenommen werden, dass hierfür folgende Voraussetzungen gelten:

Erstens müssen die potenziellen **Kunden ein Interesse daran haben, in das iterative Vorgehen und das Testen von Prototypen eingebunden zu werden**. Es ist anzunehmen, dass Kunden hauptsächlich dann ein Interesse an der Mitwirkung entwickeln – wie auch der Director Global Engineering insbesondere nach den in der Aktionsforschung gemachten Erfahrungen betonte –, wenn sie daraus einen konkreten Nutzen für sich ableiten können. Bei einer Rutschkupplungsnabe, deren Wertanteil an der gesamten Maschine oder Anlage im Gegensatz zu einem Getriebe in einem Antriebsstrang oder der Transportkette in einer Förderanlage weniger als 1 % ausmacht, gab es aus Kundensicht kaum einen Anreiz, sich einzubringen. Die potenziell zu erwartende Kosten- beziehungsweise Preisreduzierung **in Relation** zur gesamten Anlage oder Maschine waren gering.

Zudem ist anzunehmen, dass die Mitwirkungsbereitschaft bei Produkten höher ist, die interaktivere Systeme darstellen, als Rutschkupplungsnaben es sind, die in Maschinen verbaut werden und mit denen Kunden nur beim Einbau und Ausbau sowie der Wartung und dem Nachstellen in Berührung kommen.

Möglichweise hängt die Bereitschaft für eine Mitwirkung auch von der Branche ab sowie weiteren Faktoren, beispielsweise ob ein Produkt für Unternehmenskunden bestimmt ist, also für den B2B-Bereich, oder für private Endkunden im B2C-Bereich.

Zweitens muss das **Testen von einfachen Prototypen Erkenntnisse liefern, auf die weiter aufgebaut werden kann.** Ein Prototyp für eine Rutschkupplungsnabe, der mit nur einfachen Mitteln provisorisch erstellt wurde, lässt sich schwer in der späteren Einsatzumgebung testen. Es ist jedoch anzunehmen, dass bei **interaktiven Systemen**, wie Softwarelösungen oder Gebrauchsgegenständen, bei denen der Gebrauch auch mit einfachen Mitteln simuliert werden kann, ein Erkenntnisgewinn gegeben ist. Anzunehmen ist auch, dass die Erstellung einfacher Prototypen wertvolle Erkenntnisse liefert, wenn es sich um **neue, bisher noch nicht bearbeitete** Problemstellungen handelt, selbst bei weniger interaktiven Systemen. Auf diese Weise wäre es möglich, Lösungsprinzipien rasch zu visualisieren und unterschiedliche Funktionsweisen schnell zu veranschaulichen. Dies hätte auch bei Rutschkupplungsnaben hilfreich sein können, sofern diese nicht schon vielfach optimiert worden wären.

5.2.2.1.4 Planung auf Basis weiterer Ansätze

Planung auf Basis weiterer iterativer Ansätze

Im Rahmen der Planungsaktivitäten wurden zu Beginn zur Ausgestaltung des Innovationsprozesses weitere Ansätze in Betracht gezogen, die in ihrer Iterativität dem Design Thinking ähnlich sind.

Ein Ansatz ist das **Learning by experimentation** durch **Prototyping und Testing** von Thomke (2008). Um neben der *market uncertainty* und *technical uncertainty* auch die *production uncertainty* und die *need uncertainty* zu reduzieren, schlägt Thomke (2008) ein Framework für *iterative testing and experimentation* vor, das die vier iterativen Schritte *design, build, run* und *analyze* umfasst. Mit diesem Vorgehen sollen neu entwickelte Konzepte nicht einfach nur verifiziert werden, sondern es soll bei der Entwicklung von Produkten und Dienstleistungen gezielt experimentiert werden. Durch dieses *trial-and-error*-Vorgehen, wie Thomke (2008) es nennt, und das strukturierte Experimentieren durch bewusste Manipulation, Beobachtung und Analyse soll das Unternehmen gezielt die vier genannten Unsicherheiten reduzieren.

Einen ähnlichen Ansatz verfolgt auch Ries (2011). Dieser schlägt in seinem populärwissenschaftlichen Buch „The Lean Startup" vor, ein **Minimum Viable Product** zu entwickeln, das direkt am Kunden getestet wird. Dieses dient dazu, durch die Reaktionen der

Kunden zu lernen, wie das Produkt oder der Service verändert und verbessert werden muss, bis es sich erfolgreich am Markt durchsetzt. Auch hier durchläuft der Prozess diverse Iterationen.

Ein ähnliches Vorgehen macht sich auch der **Probe-and-Learn-Prozess** zunutze (Lynn et al. 1996). Dieser Ansatz will mit seinem Vorgehen bei radikalen Innovationen die technische Unsicherheit sowie die Marktunsicherheit reduzieren, indem erste Versionen des zu entwickelnden Produkts an Probemärkten eingeführt werden. Anschließend sollen aufgrund der Rückmeldungen des Marktes Veränderungen am Produkt vorgenommen werden. Sodann wird das modifizierte Produkt wieder auf den Probemärkten getestet. Dieses Vorgehen wird so lange wiederholt, bis das Produkt soweit entwickelt ist, dass es auf dem Gesamtmarkt erfolgreich platziert werden kann. Um erste Versionen des zu entwickelnden Produktes auf einem Probemarkt testen zu können, muss dieses jedoch schon deutlich weiter entwickelt sein als beim Design Thinking, bei dem die Prototypen anfangs sehr einfach gehalten sind und noch nicht einem Markttest standhalten würden.

Ansätze wie das **Front-Loading** (Thomke und Fujimoto 2000) sehen ebenso die frühzeitige Entwicklung von Prototypen vor, etwa durch die Nutzung von Computersimulationen oder die Verwendung digitaler Mock-ups, hier jedoch vor allem mit dem Ziel, Entwicklungszeiten zu verkürzen.

Auch für diese Ansätze wäre die Bereitschaft der Kunden, in ein iteratives Vorgehen eingebunden zu werden, erforderlich gewesen. Dies war aus den bereits diskutierten Gründen nicht möglich (siehe vorheriger Abschnitt).

Prüfung der Übertragbarkeit des Ansatzes Design to Value

Als vielversprechend im Kontext von frugalen Innovationen erscheint der Ansatz **Design to Value**, wie er von Managementberatungen propagiert wird (Chilukuri et al. 2010; Gudlavalleti et al. 2013; Henrich et al. 2012; Myerholtz et al. 2016). Dieser zielt darauf ab, den Kundennutzen zu erhöhen bei gleichzeitiger Kostensenkung. Design to Value „allows companies to focus their innovation efforts on the features that their customers are willing to pay for and to select cost optimization approaches that will improve and protect long-term profitability" (Myerholtz et al. 2016, S. 3). Design to Value wird insbesondere für die Entwicklung von Innovationen für die Emerging Markets vorgeschlagen, mit dem Ziel, Produkte zu entwickeln, die sich in den Emerging Markets an extrem preisbewusste und zugleich anspruchsvolle Kunden richten (Gudlavalleti et al. 2013). Gelingen soll dies, indem der bestmögliche Trade-off zwischen Kosten und Nutzen angestrebt wird. Dazu muss bestimmt werden, welche Attribute in welcher Kombination den maximalen Nutzen für den Kunden bieten und wie gleichzeitig dennoch die Kosten drastisch gesenkt werden können (Henrich et al. 2012).[77] Damit hat dieser Ansatz deutliche Ähnlichkeiten mit der Formel, mit der Radjou und Prabhu (2014) den frugalen Ansatz zusammenfassen,

$$\frac{\text{Greater value (for customers, shareholders and society)}}{\text{Fewer resources (natural resources, capital, time)}},[78]$$

wenngleich Design to Value die in der Formel berücksichtigte Perspektive der Shareholder und der Gesellschaft nicht direkt umfasst. Design to Value führt dabei, wie Henrich et al. (2012) feststellen, zu deutlich besseren Ergebnissen als **Value Engineering**.[79] Zum Vorgehen beim Design-to-Value-Ansatz gibt es verschiedene Darstellungen, auf die hier nicht vertiefend eingegangen werden soll,[80] da die bereits zitierten Darstellungen des Design-to-Value-Ansatzes **in ihren Ausführungen zu generisch** waren, um tiefergreifende Erkenntnisse zur Lösung der Problemstellung zu gewinnen.

Als Ergebnis der Planungsphase der Aktionsforschung kann festgehalten werden, dass das Design to Value generische Elemente enthält, wie sie auch im Rahmen der Untersuchung umgesetzt wurden (beispielsweise die cross-funktionale Zusammensetzung des

---

[77] **Design to Value** und **Design to Cost** (siehe z. B. Götz 2011 a) hängen eng zusammen. Zwar dient Design to Cost ebenso dazu, die Kostenperspektive in der Produktentwicklung zu verankern. Der Ansatz Design to Value betont jedoch noch deutlicher die Kundenperspektive, mit dem Ziel, die Herstellkosten zu reduzieren und gleichzeitig den Kundennutzen zu erhöhen.

[78] Radjou und Prabhu (2014), S. 11.

[79] Ein Unterschied gegenüber dem **Value Engineering** besteht nach Ansicht von Henrich et al. (2012) darin, dass der Bereich Marketing, wie beim Value Engineering häufig üblich, nicht erst gegen Ende des Prozesses eingebunden wird, sondern die Bereiche Marketing, Forschung & Entwicklung sowie Fertigung von Beginn an zusammenarbeiten. Einen weiteren Unterschied zum Value Engineering sehen Henrich et al. darin, dass das Design to Value vielmehr darauf abzielt, das gesamte Produkt zu optimieren, anstatt nur einzelne Komponenten. Dieses Ziel wird auch bei Gudlavalleti et al. (2013) deutlich, die hinsichtlich der Produktentwicklung beim Design to Value unter anderem vorschlagen, *start from the scratch* und *design for manufacturability*.

[80] Beispielsweise schlagen Myerholtz et al. (2016) ein iteratives Vorgehen vor mit den vier Schritten *prioritize design criteria, gather new perspectives and conduct analysis, generate ideas* sowie *implement ideas*. Henrich et al. (2012) sehen bei ihrem Vorgehen drei Schwerpunkte: erstens, *consumer insights*, durch Konsumentenforschung (beispielsweise durch Befragungen, Fokusgruppen kombiniert mit Conjoint-Analysen, um den beigemessenen Wert für die einzelnen Attribute zu bestimmen). Die so gewonnenen Informationen dienen dazu, das Produkt in der Weise zu re-designen, dass diejenigen Attribute besonders berücksichtigt werden, denen die Kunden den größten Wert beimessen. Zweitens, *competitive insights*, durch Wettbewerbsanalysen samt Dekonstruktion von Wettbewerbsprodukten, um zu prüfen, wie Wettbewerber günstiger zum Ziel kommen (bspw. durch die Verwendung anderer Materialien oder einer anderen Architektur). Drittens, *supplier insights*, durch Lieferantenanalysen, um die Kostenstrukturen der Lieferanten zu verstehen. Dies soll dabei helfen, abzuschätzen, wie sich die Veränderung einzelner Attribute auf die Kosten auswirken würde. In cross-funktionalen Workshops (Marketing, Forschung & Entwicklung, Fertigung) werden dann auf Basis der *consumer insights*, der *competitive insights* sowie der *supplier insights* neue Lösungsideen entwickelt.

Teams bei der Aktionsforschung, die intensive Auseinandersetzung mit den Kundenbedürfnissen oder das Ziel, die Kosten drastisch zu senken).

5.2.2.2 Zwischenfazit Planung – Ausgestaltung Innovationsprozess

Um die bisherigen Ergebnisse der Aktionsforschung des Planungsschritts zusammenzufassen: Wie im Detail dargelegt wurde, gibt es im Forschungsfeld zu frugalen Innovationen bisher nur wenige Erkenntnisse darüber, wie der Innovationsprozess aussehen sollte. Wie im Rahmen der Problemdiagnose erkannt wurde, müssen frugale Innovationen häufig auch als radikale Innovationen verstanden werden. Entsprechend wurde in der Aktionsforschung geprüft, wie die bisherigen Forschungsergebnisse zum Innovationsprozess von radikalen Innovationen für die Entwicklung von frugalen Innovationen angewendet werden können.

Insbesondere die iterative Entwicklung von Prototypen war **anfangs vorgesehen**. Es konnte jedoch gezeigt werden, dass ein Prozess, wie er auch beim Design Thinking verfolgt wird, in Fällen wie im Untersuchungskontext nicht praktikabel ist. Die Gründe hierfür wurden erst nach einigen Monaten in dieser Deutlichkeit erkennbar. Diese wurden in der vorliegenden Arbeit beleuchtet und lassen sich auch auf Entwicklungsprojekte jenseits frugaler Innovationen übertragen. Auf Basis der Untersuchungsergebnisse wurden **Voraussetzungen abgeleitet**, um iterative Verfahren unter enger Kundeneinbindung anwenden zu können. Auch ein Prozess für die Entwicklung von radikalen Innovationen, wie ihn Veryzer (1998) für diejenigen radikalen Innovationen vorschlägt, die *technology-pushed* und weniger *customer-driven* sind, widerspricht der von Beginn an hohen Kundenorientierung bei frugalen Innovationen und war damit nicht auf den Untersuchungskontext übertragbar. So musste eine andere prozessuale Ausgestaltung des Innovationsprozesses gefunden werden, die dennoch die Entwicklung von frugalen Innovationen ermöglichen sollte.

5.2.2.3 Detailplanung – Ausgestaltung Innovationsprozess

Die Lösung für eine Ausgestaltung des Innovationsprozesses kristallisierte sich erst langsam im Zusammenspiel mit den Untersuchungsfeldern 2 und 3 heraus. Am Ende führten weniger einzelne, bewusst geplante Änderungsmaßnahmen **in diesem Untersuchungsfeld** zum Ziel, sondern vielmehr die kritische Beobachtung dessen, was während der laufenden Aktionsforschung insgesamt verändert wurde. Darauf soll im nächsten Abschnitt eingegangen werden.

Eine Ausnahme bildet die Überlegung, die Entwicklungsingenieure möglichst früh in den Innovationsprozess einzubinden. Diese Aktion wurde bereits im zweiten Workshop im Dezember 2015 sehr konkret diskutiert und als Reaktion auf die in der Problemdiagnose identifizierten Problemfelder und als Teil des zukünftigen Innovationsprozesses gesehen. War die Identifikation der Kundenbedürfnisse bisher vor allem Aufgabe von Produktmanagement, Marketing und Vertrieb, sollten zukünftig die Entwicklungsingenieure mit eingebunden werden, wie dies auch zu Teilen in der Literatur explizit als Aufgabe des gesamten Entwicklungsteams verstanden wird (Cooper 2011).

5.2.3   Aktion – Ausgestaltung Innovationsprozess

Einbindung von Entwicklungsingenieuren zu Beginn des Prozesses

Die Einbindung von Entwicklungsingenieuren in die frühsten Phasen des Innovationsprozesses konnte schnell realisiert werden. Dazu wurden Entwicklungsingenieure bei sämtlichen Schritten mit eingebunden, welche die Identifikation potenzieller Kunden und Zielmärkte sowie die Identifikation der Kundenbedürfnisse zum Ziel hatten. Darauf wird detailliert in Untersuchungsfeld 2 in Abschnitt 5.3 eingegangen.

Abschwächung der Gate-Kriterien

Die Notwendigkeit einer weiteren entscheidenden Aktion, die anfangs nicht bewusst geplant worden war, wurde erst gegen Ende der Untersuchung offensichtlich. Wie bereits erläutert, waren im Rahmen von Gate 2 des Stage-Gate-Prozesses Fragen zu den konkreten Kundenbedürfnissen, aktuellen Trends, dem Marktvolumen, dessen Wachstumsrate sowie Fragen zu Kennzahlen wie Net Present Value (NPV), Internal Rate of Return (IRR) und Payback Period zu beantworten.[81] Die Beantwortung der Fragen war notwendig, um das Entwicklungsprojekt fortzuführen und mit Stage 3 des Stage-Gate-Prozesses zu beginnen. Wie sich zeigte, war die Beantwortung vieler der Fragen zum Abschluss von Stage 2 im Dezember 2016 gegen Ende der Aktionsforschung noch immer nur schwer möglich. Selbst nach der erfolgreichen Konzepterarbeitung (Inhalt von Untersuchungsfeld 3 in Abschnitt 5.4) hätten viele der Fragen im Rahmen eines strengen Gate-Reviews nicht ausreichend beantwortet werden können. Dies betraf vor allem die Fragen nach den Wachstumsraten für den potenziellen Markt einer frugalen Rutschkupplungsnabe, den anzustrebenden Marktanteil des Unternehmens in diesem Bereich, eine Umsatzprognose oder die Beantwortung der Fragen zu NPV, IRR und Payback Peri-

---

[81] Siehe Abschnitt 5.2.1.1, S. 95 ff.

od. Diese Fragen hätten nur mithilfe wenig belastbarer Annahmen beantwortet werden können. Die Marktunsicherheit des neu entwickelten Produktkonzepts war zu groß, um über grobe Schätzungen hinaus fundierte Antworten geben zu können. Auch weitere Fragen zum Abschluss von Stage 2 des Stage-Gate-Prozesses hätten teilweise nur unzureichend beantwortet werden können. Dennoch beschloss das Unternehmen, das Entwicklungsprojekt weiter zu verfolgen. Dies lag vor allem daran, dass die Entscheidungsträger im *Steering Committee*, das für die Gate-Reviews und damit für die Entscheidung über die Fortführung des Entwicklungsprojektes verantwortlich war, eng in das laufende Projekt mit eingebunden waren und dieses weiterverfolgen wollten. Wären die Gate-Kriterien jedoch streng ausgelegt worden, hätte das Projekt nicht weiterverfolgt werden dürfen. Die Aktion, die Entscheidung über die Fortführung des Projekts weniger strikt von den bestehenden Gate-Kriterien abhängig zu machen, ermöglichte erst die Fortführung des Projekts.

Damit bestätigt sich die in Abschnitt 5.2.2.1.2 diskutierte Forderung von Sethi und Iqbal (2008) nach **separaten Gate-Kriterien** für inkrementelle und radikale Innovationen, die im Rahmen der Aktionsforschung zumindest zu Teilen durch eine weniger strenge Auslegung der Gate-Kriterien umgesetzt wurde und damit in diesem Fall die Entwicklung einer frugalen Innovation überhaupt erst ermöglichte.

Auslagerung des entwickelten Konzepts in die Technologieentwicklung

Ebenso kristallisierte sich im Dezember 2016 gegen Ende der Aktionsforschung eine weitere Aktion heraus, die überaus entscheidend war. Durch die in Untersuchungsfeld 3 verfolgte Verfahrensweise zur Konzepterarbeitung konnte im Zeitraum September bis Dezember 2016 ein Konzept für eine frugale Innovation entwickelt werden, die bisherige Rutschkupplungsnaben ersetzen könnte. Mit dem Konzept wurde eine **komplett neue Technologie** für diesen Bereich vorgesehen (siehe Abschnitt 5.4.4). Das im Zuge der Aktionsforschung entwickelte Technologiekonzept musste jedoch im nächsten Schritt zur Anwendungsreife geführt werden. Dies war im Rahmen des weiteren Innovationsprozesses nicht möglich.

Um das **Technologiekonzept bis zur Anwendungsreife** zu führen, wären erhebliche Ressourcen notwendig gewesen, zeitlich, personell sowie hinsichtlich des technischen Know-hows. Die Dauer und den Aufwand, um die Technologie bis zur Einsatzreife zu entwickeln, schätzte der Director Global Engineering auf ein bis zwei Jahre. Der Innovationsprozess des Unternehmens war jedoch nicht für die Entwicklung grundlegend neuer Technologien ausgelegt, sondern für die Entwicklung von Produkten, die in überschaubaren Zeiträumen von häufig weniger als einem Jahr entwickelt und fertiggestellt werden sollten. Schwerpunkt der Tätigkeit der Entwicklungsingenieure im Innovations-prozess war nicht die monatelange Entwicklung einer einzelnen Technologie, sondern die schnelle Entwicklung von Produkten und deren rasche Auslieferung an den Kunden. Zumeist waren die Entwicklungsingenieure in mehrere Entwicklungsprojekte parallel eingebunden, was es ihnen gar nicht ermöglicht hätte, sich über einen langen Zeitraum intensiv mit nur einer Technologie auseinanderzusetzen.

Um das in der Aktionsforschung entwickelte und zum Patent angemeldete Technologie-konzept zur Anwendungsreife zu führen – ein mehrmonatiger bis mehrjähriger Pro-zess –, wurde dieses in einen Technologieentwicklungsprozess überführt. Dazu wurde es an ein Engineering Center of Excellence des Mutterkonzerns in den USA übertragen, das mit seinem Know-how sowie weiteren Ressourcen hierauf ausgerichtet war.

5.2.4   Evaluation – Ausgestaltung Innovationsprozess

In der gemeinsamen Evaluation bestätigten die an der Aktionsforschung beteiligten Ak-teure den großen Mehrwert der frühzeitigen Einbindung der Entwicklungsingenieure in den Innovationsprozess. Die Einbindung führte dazu, dass diese sich selbst ein Bild von den Kundenbedürfnissen machen konnten und weniger von den Informationen aus Vertrieb, Marketing und Produktmanagement abhängig waren. Für eine detaillierte Be-trachtung wird auch an dieser Stelle auf das Untersuchungsfeld 2 in Abschnitt 5.3 ver-wiesen. Die Einbindung der Entwicklungsingenieure führte zudem dazu, dass ein größe-rer Fokus auf die ersten Phasen des Innovationsprozesses gelegt wurde. Die Ingenieure konnten Fragen an die Kunden stellen, die für den Vertrieb oder das Marketing weniger wichtig erschienen wären, und so bessere Einschätzungen treffen oder Annahmen hin-terfragen, auf denen die weitere Produktentwicklung beruhte.

Auch die Aktion, die Gate-Kriterien weniger streng auszulegen, trug maßgeblich dazu bei, zu einem erfolgreichen Ergebnis zu kommen. Mit einer strengen Auslegung der Ga-te-Kriterien und einem fehlenden persönlichen Interesse des *Steering Committee* am Projekterfolg wäre das Entwicklungsprojekt vermutlich aus formalen Gründen einge-stellt worden.

Entscheidend war die im Unternehmen bereits etablierte Verfahrensweise für den Fall, eine neue Technologie im Rahmen einer Produktentwicklung entwickeln zu müssen, diese an ein unternehmensinternes Technologieentwicklungszentrum (Engineering Center of Excellence) auszulagern. Hätte die Technologieentwicklung im Rahmen der weiteren Produktentwicklung stattfinden müssen, wäre vermutlich auch aus diesem Grund das Projekt eingestellt worden. Der Innovationsprozess mit seinem Fokus auf

Produktentwicklung war nicht für die Entwicklung von neuen Technologien ausgelegt, die jedoch häufig Teil einer neuartigen, radikalen Innovation ist (O'Connor und Rice 2013 b; Veryzer 1998). Weder standen hierzu die notwendigen personellen und zeitlichen Ressourcen noch das für die Entwicklung spezieller Technologien erforderliche Know-how oder die darauf ausgerichtete Infrastruktur zur Verfügung. Auch die Gate-Kriterien für die Entwicklung eines Produktes eignen sich weniger für den Entwicklungsprozess einer reinen Technologie, die erst im Rahmen des Produkts ihre Anwendung findet und für deren Entwicklung auch in der Literatur ein anderer Prozess vorgeschlagen wird (Cooper 2011). Damit hatte diese Aktion entscheidend dazu beigetragen, dass das Produktkonzept nicht aufgrund des weiteren Entwicklungsaufwands für die Technologie verworfen, sondern weiterverfolgt wurde und damit eine frugale, radikale Innovation entstehen konnte.

5.2.5 Implikationen und Ausblick

Die Ergebnisse aus Untersuchungsfeld 1 haben gezeigt, dass bei der Ausgestaltung des Innovationsprozesses zur Entwicklung von frugalen Innovationen prozessuale Anpassungen notwendig sind. Mit den dargestellten Ergebnissen leistet die vorliegende Untersuchung einen entscheidenden Beitrag für das konzeptionelle Verständnis von frugalen Innovationen. Im Folgenden werden die theoretischen und praktischen Implikationen, die sich aus der Untersuchung ergeben, zusammengefasst. Abschließend wird ein Ausblick gegeben und auf weiteren Forschungsbedarf eingegangen.

5.2.5.1 Theoretische Implikationen

Die Ergebnisse der Untersuchung haben einige theoretische Implikationen, zum einen für das Forschungsfeld zu frugalen Innovationen selbst, aber auch über das Forschungsfeld hinaus, wie insbesondere die dritte Implikation zeigt.

1) Frugale Innovationen sind zumeist als radikale Innovationen zu verstehen

Frugalen Innovationen wird disruptives Potenzial zugesprochen (Ramdorai und Herstatt 2015; Rao 2013), wenngleich dies nicht für jede frugale Innovation zutreffen muss. Eng mit der Diskussion um disruptive Innovationen verbunden ist die Diskussion um radikale Innovationen, die teilweise synonym auch als *breakthrough innovation* (O'Connor 1998) oder *discontinuous innovation* (Augsdörfer et al. 2013) bezeichnet werden. Zur Klassifizierung von Innovationen in radikale und inkrementelle Innovationen gibt es verschiedene Modelle. Werden frugale Innovationen in diese eingeordnet, wird ersichtlich, dass frugale Innovationen zumeist auch als radikale Innovationen zu verstehen sind. Im Rahmen der vorliegenden Untersuchung wurde dies für die Modelle von Henderson und Clark (1990) mit den Dimensionen Produktkomponenten und Produktarchitektur sowie von Francis und Bessant (2005) mit den Dimensionen Produkt, Prozess, Positionierung und Paradigma diskutiert. Zudem wurde die Diskussion anhand der Dimensionen Markt und Technologie, die vielfach zur Definition von radikalen Innovationen verwendet werden, geführt (Garcia und Calantone 2002; Lynn und Akgün 1998; McDermott und O'Connor 2002; O'Connor und Rice 2013 a).

2) Erkenntnisse der Forschung zum Innovationsprozess zur Entwicklung radikaler Innovationen lassen sich zu Teilen auf frugale Innovationen übertragen

Viele Untersuchungen deuten darauf hin, dass ein Innovationsprozess zur Entwicklung von radikalen Innovationen anders zu gestalten ist als für die Entwicklung von inkrementellen Innovationen (Leifer et al. 2000; McDermott und O'Connor 2002; O'Connor 1998; Rice et al. 1998; Slater et al. 2014; Song und Montoya-Weiss 1998; Veryzer 1998). Daraus resultierte die Annahme, dass die Erkenntnisse zur Entwicklung von radikalen Innovationen auch für die Entwicklung von frugalen Innovationen gültig sein könnten.

Mit der Aktionsforschung konnte gezeigt werden, dass im Rahmen der Forschung zu radikalen Innovationen gewonnene Erkenntnisse, wie die Festlegung separater Gate-Kriterien (Sethi und Iqbal 2008), das Verfolgen alternativer Konzepte ohne die frühzeitige Festlegung auf nur ein Konzept (Seidel 2007) – dies wird in Abschnitt 5.4 besonders deutlich werden – und eine höhere Prozessflexibilität, die ein Zurückspringen auf frühere Phasen ermöglicht (Slater et al. 2014), auch für die Entwicklung einer frugalen Innovation notwendig waren.

Dass nicht alle Erkenntnisse aus der Forschung zur Entwicklung radikaler Innovationen auf frugale Innovationen übertragen werden können, zeigen Beiträge wie der von Veryzer (1998), in denen davon ausgegangen wird, dass radikale Innovationen *technology-pushed* sind und damit der Innovationsprozess zu Beginn stärker auf technologische Exploration ausgerichtet und weniger kundengetrieben ist. Diese Sicht lässt sich nur schwer mit dem allgemeinen Verständnis zu frugalen Innovationen vereinbaren, bei dem Kundenbedürfnisse, wie gezeigt wurde, von Beginn an eine zentrale Rolle spielen. Jedoch gibt es auch in der Forschung zu radikalen Innovationen Hinweise darauf, dass Unternehmen bei radikalen Innovationen frühzeitig eine hohe Kundenorientierung anstreben sollten (Slater et al. 2014).

3) Die Entwicklung von radikalen Innovationen ist mit einer von Beginn an hohen Kundenorientierung möglich, bei der die Identifikation der Kundenbedürfnisse bereits zu Beginn des Prozesses im Mittelpunkt steht – die Forschung sollte dies in zukünftigen Abhandlungen zu radikalen Innovationen stärker berücksichtigen

In Untersuchungen wie beispielsweise von Veryzer (1998) wird geschlussfolgert, dass Innovationsprozesse zur Entwicklung radikaler Innovationen anfangs weniger kundenorientiert und statt dessen mehr auf technologische Exploration auszurichten sind. Gemäß Veryzer (1998) beginnen radikale Innovationsprozesse mit der *Dynamic Drifting Phase*, die ihren Schwerpunkt auf die Exploration unterschiedlicher Technologien legt. Diese Phase findet vorwiegend in Forschungslaboren statt und kann über mehrere Jahre dauern. Aus der technologischen Exploration heraus entstehen radikale Innovationen, die vorwiegend als ***technology-pushed*** zu verstehen sind. Für die auf diese Weise neu entwickelten Technologien besteht häufig anfangs kein Markt. Um die neuen Technologien in Produkte zu überführen, die erfolgreich vom Markt angenommen werden, ist ein Visionär (*visionary*) notwendig, wie er von Veryzer (1998) bezeichnet wird. Der Visionär erkennt, wie die neuen Technologien und Marktbedürfnisse zusammengeführt werden können. In vielen Fällen kann es auch notwendig sein, überhaupt erst einen **neuen Markt für die neu entwickelten Technologien zu schaffen.** Dies kann noch einmal so viel an Zeit und Investitionen erfordern, wie die Entwicklung der Technologie zuvor selbst erfordert hat (O'Connor und Rice 2013 b). Der Innovationsprozess ist entsprechend auf diese Herausforderungen hin auszurichten. Die Kundenbedürfnisse spielen bei dieser Art von Prozess zu Beginn nur eine untergeordnete Rolle.

Anders ist der Grundgedanke bei frugalen Innovationen. In der vorliegenden Arbeit lag der Fokus zu Beginn des Innovationsprozesses auf den Kundenbedürfnissen statt auf der technologischen Exploration. Es konnte gezeigt werden, dass ein solches Vorgehen am Ende im Ergebnis dennoch frugale, radikale Innovationen ermöglicht.[82] Damit kann **nicht nur technologische Exploration** und ein darauf ausgerichteter Prozess, wie bei Veryzer (1998), die **Keimzelle für radikale Innovationen** sein, sondern auch eine von Prozessbeginn an hohe Kundenorientierung.

Für die Forschung bedeutet dies, deutlicher zu unterscheiden zwischen radikalen Innovationen, die auf **Basis von technologischer Exploration** entstehen und radikalen In-

---

[82] Theoretisch sind auch aus der technologischen Exploration heraus, ohne anfängliche Berücksichtigung der Kundenbedürfnisse, frugale Innovationen denkbar, wenngleich ein solches Vorgehen, insbesondere mit Blick auf die Ergebnisse der vorliegenden Untersuchung, sich in den meisten Fällen als wenig zielführend erweisen dürfte.

novationen, deren **Ausgangspunkt konkrete Kundenbedürfnisse** sind, die dann den Anstoß für die Entwicklung einer neuen Technologie geben. Entsprechend **unterschiedlich sehen die Prozesse** aus.

Erstere haben deutlich mehr mit einem Technologieentwicklungsprozess gemein, sind *technology-pushed* und legen den Schwerpunkt auf technologische Exploration, Technologieentwicklung und die Suche nach Möglichkeiten, aus den neuen Technologien Produkte zu kreieren. Letztere beginnen mit der Identifikation von Kundenbedürfnissen. Somit sollte die Forschung zu radikalen Innovationen nicht implizit nur Prozesse vorsehen, die *technology-pushed* sind, sondern explizit darauf einzugehen, dass die Entwicklung von radikalen Innovationen auch durch Prozesse mit von Beginn an hoher Kundenorientierung erfolgen kann.

5.2.5.2   Praktische Implikationen

Die Ergebnisse aus der Aktionsforschung sowie die theoretischen Implikationen führen zu praktischen Implikationen, deren Beachtung die Unternehmen bei der Entwicklung von frugalen Innovationen unterstützen kann. Die praktischen Implikationen umfassen hinsichtlich des Untersuchungsfelds 1 im Wesentlichen vier Punkte.

1) Für die Entwicklung von frugalen Innovationen sollten separate Gate-Kriterien vereinbart werden

Die Entwicklung von frugalen Innovationen kann, wie bei der vorliegenden Untersuchung, mit hoher Marktunsicherheit und technologischer Unsicherheit verbunden sein. Dies kann wie in der Untersuchung dazu führen, dass bei den Gate-Reviews bestimmte Kriterien nicht erfüllt werden und damit das Entwicklungsprojekt nicht in die nächste Phase überführt werden darf. Sethi und Iqbal (2008) schlagen für die Entwicklung radikaler Innovationen vor, dass das Entwicklungsteam und das Steering Committee vor Beginn des jeweiligen Entwicklungsprojekts separate Gate-Kriterien vereinbaren. Auch bei der Entwicklung von frugalen Innovationen, bei denen zu Beginn des Entwicklungsprojekts nicht unbedingt abgesehen werden kann, ob das Ergebnis eher inkrementell oder, wie vermutlich meistens anzunehmen ist, eher radikal sein wird, sollte ein solches Vorgehen verfolgt werden.

2) Ein stark iteratives Vorgehen mit mehrfachem Prototypenbau bei der Entwicklung von frugalen Innovationen funktioniert nicht zwangsläufig; wichtige Voraussetzungen lassen sich aus den Untersuchungsergebnissen ableiten

Frugale Innovationen erfordern eine hohe Kundenorientierung und ein gutes Verständnis für die Kundenbedürfnisse. Ansätze, wie beispielsweise das Design Thinking, die durch iterative Entwicklung und das Testen von einfachen Prototypen die Kundenbedürfnisse immer weiter ausloten und bei der Entwicklung der nächsten Prototypen umsetzen, ermöglichen es, auf die Kundenbedürfnisse immer besser einzugehen und dadurch die Marktunsicherheit zu reduzieren. Auch sind, wie gezeigt, Verbindungen zwischen der Literatur zum Design Thinking und der Literatur zu frugalen Innovationen erkennbar. Dennoch lässt sich, wie mit der vorliegenden Untersuchung gezeigt wurde, diese Art von Ansatz nicht immer verfolgen.

Im Rahmen der vorliegenden Untersuchung wurden zwei Voraussetzungen abgeleitet, von denen angenommen wird, dass diese erfüllt sein müssen, damit ein stark iteratives Vorgehen mit mehrfachem Prototypenbau für die Entwicklung von frugalen Innovationen zielführend ist: 1.) Die potenziellen Kunden müssen ein Interesse daran haben, in ein iteratives Vorgehen und das Testen von Prototypen eingebunden zu werden.[83] 2.) Das Testen von einfachen Prototypen muss Erkenntnisse liefern, auf denen weiter aufgebaut werden kann. Es ist anzunehmen, dass dies nur dann der Fall ist, wenn es sich um ein interaktives System handelt, wie beispielsweise Software mit Schnittstelle zum Anwender oder Gebrauchsgegenstände oder aber, dass ein greifbares und konkretes Problem vorliegt, für das mit der Methode schnell erste Lösungsideen visualisiert werden können. Es ist anzunehmen, dass diese Voraussetzungen, auch wenn sie aus einer Aktionsforschung abgeleitet wurden, in der es um die Entwicklung einer frugalen Innovation ging, unabhängig davon gelten, ob es sich um eine frugale oder nicht frugale Innovation handelt.

Die Anwendung von Design Thinking und vergleichbarer iterativer Verfahren mit enger Einbindung des Kunden bleibt für die Entwicklung von frugalen Innovationen dennoch weiterhin vielversprechend. Die Akteure der Aktionsforschung hielten eine iterative Entwicklung von einfachen Prototypen theoretisch für möglich, auch für weniger interaktive Produkte, die später als Teil von Maschinen Verwendung finden würden. Dafür sollten jedoch dann die im Rahmen der vorliegenden Untersuchung abgeleiteten Voraussetzungen erfüllt sein.

---

[83] Soll die Methode zumindest unternehmensintern angewendet werden, wird angenommen, dass zumindest die nachfolgend genannte Voraussetzung erfüllt sein muss.

3) Der Innovationsprozess zur Entwicklung von frugalen Innovationen sollte das Zurückspringen auf vorherige Phasen und das Verfolgen alternativer Konzepte zulassen

Ein flexibleres Vorgehen mit einem Zurückspringen auf vorherige Phasen im Innovationsprozess kann erforderlich sein, um bei hoher Marktunsicherheit auf dynamische Märkte reagieren zu können (Slater et al. 2014). Aber auch sobald das Ergebnis der Technologieentwicklung zurück in den Produktentwicklungsprozess überführt wird, kann es notwendig werden, Teile der bereits abgeschlossenen Phasen noch einmal zu durchlaufen, beispielsweise, wenn geprüft werden soll, ob die entwickelte Technologie tatsächlich wie vorab geplant die erhobenen Kundenbedürfnisse erfüllt oder aber möglicherweise Modifikationen erforderlich sind. Auch Cooper (2011) sieht ein Zurückspringen auf frühere Phasen im Stage-Gate-Prozess vor, sofern diese notwendig sind.

Weiterhin kann das Verfolgen alternativer Konzepte bei der Entwicklung von frugalen Innovationen hilfreich sein, wie dies auch für die vorliegende Untersuchung zutraf. Sollte sich herausstellen, dass die Technologie nicht zur Einsatzreife geführt werden kann, ist weiterhin die Umsetzung des alternativen Konzepts möglich, wie in der Untersuchung angestrebt wurde.[84] Auch Seidel (2007) fordert mit dem Ansatz des *Concept Shifting* ein ähnliches Vorgehen für die Entwicklung radikaler Innovationen.

4) Bei der Entwicklung von frugalen Innovationen sollte zwischen Innovationsprozess und Technologieentwicklungsprozess unterschieden werden[85]

Wie in der vorliegenden Untersuchung ist davon auszugehen, dass zumeist inkrementelle Veränderungen nicht ausreichen werden, um aus bestehenden Produkten frugale Innovationen entstehen zu lassen. Die prozessualen Veränderungen haben in Verbindung mit der Anwendung der in Untersuchungsfeld 2 und 3 beschriebenen Verfahrensweisen zur Identifikation der Kundenbedürfnisse sowie der Konzepterarbeitung zu einem radikal neuen Produktkonzept geführt, das auf einer für diesen Bereich komplett neuen Technologie beruht. Die Technologie bis zur Einsatzreife zu führen, ist mit erheblichem zeitlichen und personellen Aufwand verbunden und braucht weitere Ressourcen, wie eine für Technologieentwicklungen notwendige Infrastruktur mit entsprechenden Forschungslabors und speziellem technologischen Know-how. Dies kann im Rahmen des

---

[84] Wie in Abschnitt 5.4 noch erläutert wird, wurden zwei Konzepte weiterverfolgt. Sollte das eine Konzept nach Abschluss der Technologieentwicklung nach voraussichtlich ein bis zwei Jahren mit unvorhergesehenen Komplikationen verbunden sein, ist weiterhin die Umsetzung des zweiten Konzepts möglich, das eher auf inkrementellen Veränderungen beruht.

[85] Der Begriff *Innovationsprozess* wird in der vorliegenden Arbeit synonym für den ebenso gebräuchlichen Begriff *Produktentwicklungsprozess* verwendet.

Innovationsprozesses (im Sinne von Produktentwicklungsprozess), wie die Untersuchung gezeigt hat, nicht immer geleistet werden.[86]

Gelöst werden kann dies, indem der Produktentwicklungsprozess um einen Technologieentwicklungsprozess ergänzt wird. Auch in der Literatur wird vereinzelt eine Entkopplung des Technologieentwicklungsprozesses vom Produktentwicklungsprozess vorgeschlagen (Cooper et al. 2002; Eldred und McGrath 1997).[87] Eine Separierung sollte wie im Untersuchungskontext im Wesentlichen aus zwei Gründen erfolgen.

(a) Eine Produktentwicklung über kurzfristig orientierte, inkrementelle Innovationen hinaus würde gefördert werden. Entstehen während eines eher strukturierten Produktentwicklungsprozesses Ideen für radikale Innovationen, für die die Entwicklung neuer Technologien erforderlich ist, besteht wie in der vorliegenden Untersuchung die Gefahr, dass diese verworfen werden. Die Ursachen dafür können wie in der Untersuchung vielfältig sein: Die auf den Produktentwicklungsprozess ausgerichteten Ressourcen erlauben keine lang andauernde Technologieentwicklung neben dem laufenden Tagesgeschäft; die eingebundenen Akteure sind auf die Produktentwicklung spezialisiert und verfügen daher nicht über das spezielle technologische Know-how, das für die Entwicklung spezieller Technologien notwendig ist; oder es fehlt die notwendige Infrastruktur im Produktentwicklungsprozess, wie beispielsweise entsprechende Entwicklungslabore.

Eine Separierung der beiden Prozesse würde es hingegen ermöglichen, dass die im Produktentwicklungsprozess entstandenen Ideen im Technologieentwicklungsprozess über längere Zeiträume weiterverfolgt werden können, bis die Technologie einsatzbereit ist (Cooper 2011). Nach Erreichung der Einsatzreife ist die entwickelte Technologie, wie es auch im Untersuchungskontext vorgesehen ist, zurück in den Produktentwicklungsprozess zu übertragen. Durch ein solches Vorgehen würden nicht nur kurzfristig orientierte, tendenziell inkrementelle Innovationen gelingen, sondern auch radikalere Innovationen,

---

[86] Beim Innovationsprozess im Unternehmen würde im nächsten Schritt das tatsächlich einsatzfähige Produkt entstehen bzw. würde ein funktionsfähiger Prototyp gebaut und unter realen Bedingungen getestet werden. Für diesen Schritt ist bereits eine einsatzfähige Technologie notwendig, für deren Entwicklung bis zur Einsatzreife der Innovationsprozess, wie gezeigt wurde, nicht ausgelegt war.

[87] Eine **Entkopplung** des Technologieentwicklungsprozesses vom eigentlichen Produktentwicklungsprozess insbesondere **bei hoher technischer Unsicherheit** als sinnvoll erachtet. Umgesetzt wird dies, indem der Technologieentwicklungsprozesses **dem Produktentwicklungsprozess vorgeschaltet** wird (Eldred und McGrath 1997). Für eine Übersicht, wie dies prozessual umgesetzt werden kann, siehe Verworn und Herstatt (2007). Die Resultate aus dem Technologieentwicklungsprozess fließen dann in den laufenden Produktentwicklungsprozess bei Gate 2, 3 oder 4 ein (Cooper et al. 2002; Verworn und Herstatt 2007).

für die längere Entwicklungszyklen benötigt werden und deren benötigte Dauer häufig nur schwierig abzuschätzen ist (Eldred und McGrath 1997).

(b) Der Technologieentwicklungsprozess wird durch Konzepte und Ideen aus dem Produktentwicklungsprozess zielgerichteter gesteuert. Dem Technologieentwicklungsprozess steht eine Reihe an Quellen zum Anstoß einer neuen Technologieentwicklung zur Verfügung wie beispielsweise Patent Mapping, betriebliches Vorschlagswesen (BVW), Ideenwettbewerbe, Technologiestudien (Cooper 2011) und weitere Technologiebeobachtungsaktivitäten (Kobe 2007). Dennoch stellt Cooper (2011) hinsichtlich der Technologieentwicklung in Unternehmen fest: „The trouble is that much fundamental research is *undirected, unfocused,* and *unproductive*—which is why so many CEOs have shut it down" (Cooper 2011, S. 186).

In der vorliegenden Untersuchung wurde der Technologieentwicklungsprozess hingegen mit einem im Produktentwicklungsprozess entwickelten Technologiekonzept gespeist. Dies bedeutet, die Technologieentwicklung war nicht der Produktentwicklung vorgeschaltet, wie bisher diskutiert wurde (Cooper 2011; Eldred und McGrath 1997), sondern die konkrete Idee und das Konzept entstammen der Produktentwicklung. In diesem Fall war der Technologieentwicklungsprozess dem Produktentwicklungsprozess zwischengeschaltet.

Mit diesem Vorgehen ergibt sich neben der technologischen Exploration eine weitere, deutlich strukturiertere Quelle für die Entwicklung neuer Technologien, die dafür spricht, weiterhin einen separaten Technologieentwicklungsprozess aufrechtzuerhalten, statt diesen aufgrund mangelnder Struktur und Fokussierung abzuschaffen.[88]

5.2.5.3   Ausblick und weiterer Forschungsbedarf

Die Ergebnisse der Aktionsforschung haben gezeigt, dass bei einer strengen Auslegung der Gate-Kriterien des Stage-Gate-Prozesses das Entwicklungsprojekt nicht weitergeführt worden wäre. Eine Weiterführung war jedoch möglich, weil Mitglieder des Steering Committees in die Aktionsforschung und die Entwicklung der frugalen Innovation

---

[88] An dieser Stelle soll ein Hinweis erlaubt sein, um in der Diskussion über Produkt- und Technologieentwicklungsprozesse für eine differenzierte Betrachtungsweise der jeweiligen Perspektive zu sensibilisieren: Aus Sicht eines Unternehmens, das ein Produkt von einem anderen Unternehmen kauft, kann es sich dabei eher um eine Technologie handeln, die wiederum in Form eines Bauteils zur Anwendung kommt und in einem größeren Produkt verbaut wird. Dennoch ist es aus Sicht des herstellenden Unternehmens ein Produkt, für das es selbst möglicherweise neue Technologien entwickeln muss. Die Ausführung an dieser Stelle soll dazu dienen, in der jeweiligen Diskussion zu prüfen, aus welcher Perspektive gerade argumentiert wird und zu hinterfragen, ob aus Sicht des einzelnen Unternehmens eher von Technologien oder Produkten gesprochen wird.

eingebunden waren und damit nach eigenem Ermessen die Gate-Kriterien weniger streng auslegen konnten. Wäre das Steering Committee unabhängig gewesen und hätte streng nach den Gate-Kriterien entschieden, wäre dies nicht möglich gewesen. Somit stellt sich die Frage, **wie die Gate-Kriterien definiert werden müssen**, damit auch bei einem unabhängigen Steering Committee mit verbindlicher Auslegung der Gate-Kriterien eine Fortsetzung des Entwicklungsprojekts möglich ist. Sethi und Iqbal (2008) schlagen vor, dass das Entwicklungsteam bei der Entwicklung radikaler Innovationen vorab mit dem Steering Committee projektspezifische Gate-Kriterien vereinbart. Wie diese jedoch ausgestaltet werden sollen, muss noch untersucht werden.

Holahan et al. (2014) kommen zu kontraintuitiven Ergebnissen hinsichtlich der Ausgestaltung von Innovationsprozessen für die Entwicklung von radikalen Innovationen. Bei ihrer Untersuchung von 380 Business Units stellen sie fest, dass Projekte zur Entwicklung radikaler Innovationen weniger flexibel gemanagt wurden als die von inkrementellen Innovationen. Auch das Vorgehen bei der Ideenfindung lief in den untersuchten Projekten bei radikalen Innovationen formeller ab. Dies scheint den bisherigen Erkenntnissen zu radikalen Innovationen zu widersprechen. In der vorliegenden Untersuchung war das Technologiekonzept jedoch ebenso das **Ergebnis eines sehr strukturierten Vorgehens**. Dies bedeutet, dass der Prozess, wie die Untersuchung gezeigt hat, an bestimmten Stellen tatsächlich eine **höhere Flexibilität** erfordert, wie beispielsweise hinsichtlich der Gate-Kriterien und möglicher moderater Iterationen im Prozess, an anderen Stellen jedoch eine sehr **strukturierte Vorgehensweise** hilfreich sein kann, wie bei der Konzepterarbeitung (siehe Abschnitt 5.4). Statt Aussagen hinsichtlich des gesamten Prozesses zu tätigen, sollte die Forschung differenzierter vorgehen und genauer untersuchen, an welchen Stellen ein flexibles und an welchen Stellen ein strukturiertes Vorgehen notwendig ist. Damit ließen sich möglicherweise auch kontraintuitive Ergebnisse besser erklären.

Zudem wäre es hilfreich, die in Abschnitt 5.2.2.1.3 abgeleiteten Annahmen über die **Voraussetzungen** für die Anwendung eines stark iterativ geprägten Entwicklungsprozesses mit dem mehrfachen Bau einfach gehaltener Prototypen auf ihre Gültigkeit hin zu prüfen.

Im Weiteren wäre es wünschenswert, zu untersuchen, inwieweit sich die Ergebnisse der Untersuchung auf andere Bereiche wie den **B2C-Bereich sowie weitere Branchen** übertragen lassen. Auf diese Weise könnten die Ergebnisse zum einen weiter validiert sowie zum anderen generalisiert und damit die Übertragbarkeit auf weitere Bereiche und Forschungsfelder geprüft werden.

5.3   Untersuchungsfeld 2 – Identifikation von Kunden-
bedürfnissen

Im vorherigen Abschnitt wurde auf das Untersuchungsfeld 1 eingegangen, in dem untersucht wurde, wie die prozessuale Struktur des Innovationsprozesses ausgestaltet werden muss, um frugale Innovationen gezielt entwickeln zu können. Im Untersuchungsfeld 2 geht es nun um die Frage, wie – im Rahmen des Innovationsprozesses – die Probleme und Bedürfnisse der Kunden identifiziert und bisher nicht erfüllte oder nicht artikulierte Bedürfnisse des Kunden erfasst werden können.

Für die Identifikation von Kundenbedürfnissen werden in der Literatur eine Vielzahl von Methoden und Verfahren beschrieben (Cooper 2011; Crawford und Di Benedetto 2015; Ulrich und Eppinger 2016; Urban und Hauser 1993). Auch weltweit gültige Standards im Bereich des Projektmanagements – wie das Standardwerk *Project Management Body of Knowledge* des *Project Management Institute* – sehen für die Identifikation von Kundenbedürfnissen Methoden vor wie Interviews, Fokusgruppen, moderierte Workshops, Kreativitätsmethoden, in Gruppen eingesetzte Methoden zur Entscheidungsfindung, Umfragen und Fragebögen, Beobachtungen, Prototypenbau, Benchmarking, Kontextdiagramme oder Dokumentenanalysen (Project Management Institute 2013).[89]

Obwohl diese Methoden bekannt und in der Literatur gut beschrieben sind, haben Unternehmen dennoch häufig große Probleme, die richtigen Kundenbedürfnisse zu identifizieren. Zu diesem Ergebnis kommt auch die Unternehmensberatung McKinsey: „Although they are drowning in a sea of consumer and shopper data, companies are constantly struggling to mine meaningful insights on what consumers value and then use it to drive efficient and effective product designs" (Henrich et al. 2012, S. 2).

Im **Kontext frugaler Innovationen** ist zu vermuten, dass das Problem noch einmal verschärft wird, da der Entwicklungsprozess noch stärker von Informationen zu den Kernfunktionalitäten und dem tatsächlich benötigten Leistungsniveau abhängt als bei anderen Arten von Innovationen.[90] Ebenso konnte dies bei dem an der Aktionsforschung beteiligten Unternehmen beobachtet werden. Zwar war die Erfassung der Kundenbedürf-

---

[89] Diese Methoden führt das weltweit tätige Project Management Institute im *Project Management Body of Knowledge* zur Identifikation von Kundenbedürfnissen auf. Das *Project Management Body of Knowledge* ist harmonisiert mit der ISO-Norm *ISO 21500:2012 Guidance on Project Management* und gilt daher als weltweiter Standard im Projektmanagement (Project Management Institute 2013).

[90] Wie bereits diskutiert wurde, können zwar auch für andere Arten von Innovationen diese Kriterien eine Rolle spielen (siehe Abschnitt 3, S. 21 ff.), sie hängen aber nicht in gleicher Weise von diesen Kriterien ab. Beispielsweise findet im Premiumsegment häufig keine Reduzierung auf Kernfunktionalitäten statt, sieht man sich beispielsweise die Autos der Premiumhersteller an.

nisse integraler Bestandteil des Innovationsprozesses. Stage 2 des Innovationsprozesses des Unternehmens sah vor, *the Voice of the Customer* zu erfassen[91] und hierfür die beiden Teilschritte *Key Customer Needs and Wants* und *Relative Importance of Key Customer Needs and Wants* durchzuführen. Jedoch zeigte sich während der von Mitte September bis Mitte Dezember 2015 dauernden Einstiegphase in die Aktionsforschung, dass die Identifikation der Kundenbedürfnisse in der bisherigen Form für die Entwicklung frugaler Innovationen nicht ausreichend war.[92]

Auf die Untersuchung der Gründe, warum die bisherige Vorgehensweise des Unternehmens für die Entwicklung von frugalen Innovationen verändert werden musste, wird im Rahmen der in Abschnitt 5.3.1 vorgetragenen Problemdiagnose eingegangen. Anschließend wird in Abschnitt 5.3.2 beleuchtet, welche Veränderungsmaßnahmen auf Basis der Analysen in Betracht gezogen und geplant wurden. In Abschnitt 5.3.3 wird sodann die Umsetzung der Veränderungsmaßnahmen dargestellt, welche die Entwicklung einer frugalen Innovation letztendlich mit ermöglichten. In Abschnitt 5.3.4 werden das Vorgehen und die Ergebnisse evaluiert. Außerdem wird hier noch einmal gesondert auf das während der Aktionsforschung entwickelte Vorgehensmodell zur Identifikation der Kundenbedürfnisse eingegangen. In Abschnitt 5.3.5 werden schließlich die theoretischen und praktischen Implikationen von Untersuchungsfeld 2 untersucht. Der Abschnitt endet mit einem Ausblick sowie Hinweisen auf weiterer Forschungsbedarf.

5.3.1   Problemdiagnose – Identifikation von Kundenbedürfnissen

5.3.1.1   Ausgangslage und identifizierte Probleme

Der Director Gobal Engineering fasste eines der grundlegenden Probleme während eines Telefonats im November 2015 in folgendem Satz zusammen: „Wir kennen den Markt und unsere Kunden nicht". Mit dieser Aussage war der Massenmarkt für Rutschkupplungsnaben gemeint, der nur schwer zu überblicken ist. Rutschkupplungsnaben werden für die verschiedensten Maschinen und Anlagen in nahezu allen Branchen benötigt. Bisher war das Unternehmen auch ohne tiefes Detailwissen über die Bedürfnisse der Endkunden im Massemarkt erfolgreich. Um jedoch eine frugale Innovation entwickeln zu können, war es wichtig, fundiertes Wissen über die Bedürfnisse der Kunden in diesem Markt gewinnen. Obwohl die Einbeziehung von the-Voice-of-the-Customer (Griffin und

---

[91] Zur Methodik von *the Voice of the Customer* siehe Griffin und Hauser (1993).

[92] Zur Methodik der initialen Einstiegsphase in die Aktionsforschung siehe Abschnitt 4.2.1. Für die Durchführung der Einstiegsphase siehe Abschnitt 5.1.

Hauser 1993) zur Identifikation der Kundenbedürfnisse integraler Bestandteil des Innovationsprozesses des Unternehmens war und das Produktmanagement regelmäßig umfangreiche Marktstudien durchführte, waren die bisherigen Daten unzureichend. Für den weiteren Prozess war es daher erforderlich, die Kunden und deren Bedürfnisse besser zu erfassen.

Um die Ursachen zu identifizieren, warum das Unternehmen die Bedürfnisse seiner Kunden nicht ausreichend kannte, wurde das Problem in den ersten drei Workshops im November und Dezember 2015, im Februar 2016 sowie in den dazwischenliegenden Video-Online-Treffen gemeinsam analysiert. Als weitere Datengrundlage dienten die Interviews mit dem Area Sales Manager, dem Customer Service Manager, dem Marketing Manager EMEA,[93] dem Application Engineer, dem Director Global Engineering, dem Senior Engineer und dem Project Engineer. Die Ergebnisse der Interviews wurden während der Workshops gemeinsam reflektiert und waren Teil der Diskussion. Wie sich herausstellte, hatte das Problem mehrere Ursachen.

1) Klares Vorgehensmodell zur Erfassung von the-Voice-of-the-Customer fehlt

Zur Identifikation der Kundenbedürfnisse sah der Innovationsprozess des Unternehmens als Teil von Stage 2 die Erfassung von the-Voice-of-the-Customer (VoC) vor. VoC hatte, wie bereits erwähnt, einen hohen Stellenwert im Unternehmen. Auch im Geschäftsbericht wurde die the-Voice-of-the-Customer-Operating-Philosophie des Unternehmens hervorgehoben. Ziel von VoC im Unternehmen war es, „Key Customer Needs and Wants" sowie „Relative Importance of Key Customer Needs and Wants" zu erfassen. Jedoch gab es für diesen Schritt keine standardisierte oder detailliert beschriebene Vorgehensweise. Der Area Sales Manager formulierte es so: „Jeder Vertriebler nutzt seine eigenen Methoden". Während der Problemdiagnose der Aktionsforschung zeigte sich, dass häufig gar nicht gewusst wurde, mit welchen Methoden VoC durchzuführen war, und sich das Vorgehen in der Regel auf wenige, vorab nicht strukturierte Gespräche mit einzelnen Kunden im Rahmen vertrieblicher Gespräche beschränkte. Während der Problemdiagnose gab der Director Global Engineering deutlich zu verstehen, dass er innerhalb des Unternehmens klare Kriterien vermissen würde, wie VoC durchzuführen sei, welche Fragen dazu gestellt werden müssten und wie VoC für den weiteren Entwicklungsprozess dokumentiert werden sollte. Gerade beim Bestreben, frugale Innovationen

---

[93] Marketing und Produktmanagement wurden in Personalunion geführt mit einer eher technischen Ausrichtung. Während der Aktionsforschung wechselte die Bezeichnung von *Product Manager EMEA* zu *Marketing Manager EMEA*.

zu entwickeln, mit denen das Unternehmen bisher keine Erfahrungen hatte, stieß das bisherige Vorgehen des Unternehmens hinsichtlich VoC an seine Grenzen.

2) Schriftliche Befragungen liefern unzureichende Informationen

Viele der Marktstudien, die von den Bereichen Marketing und Produktmanagement durchgeführt wurden, waren nach Ansicht der Entwickler des Unternehmens dafür geeignet, grundsätzliche Entscheidungen bei der Produktentwicklung zu treffen. Beispielsweise wurde auf Grundlage dieser Studien bestimmt, welche Märkte attraktiv waren und welche Produktgruppen für diese entwickelt werden sollten. Informationen darüber, wie die Produkte im Detail ausgestaltet werden sollten, konnte das Unternehmen auf diese Weise jedoch nicht erheben. Die erforderlichen **Daten waren zu komplex und umfangreich**, um sie mit einem kurzen Fragebogen abzufragen zu können.[94] Der Marketing Manager EMEA wies auf ein weiteres Problem bei den Markstudien hin, das insbesondere auftrat, wenn diese in Auftrag gegeben wurden: „Often, we do not know, how the data has been collected. Therefore, it can be difficult to draw the right conclusion".

Zudem war es offensichtlich, dass die Anzahl der unterschiedlichen Produkte im Unternehmen viel zu groß war, um bei der Neuentwicklung von Produkten für jedes einzelne Produkt eine schriftliche Marktstudie durchzuführen und so die Kundenbedürfnisse detailliert zu erfassen. Diese Art des Vorgehens wäre als generelles Vorgehen bei der Produktentwicklung schlichtweg nicht praktikabel gewesen.

Das beschriebene Problem reicht über das Feld frugaler Innovationen hinaus und ist kein unbekanntes. Beispielsweise weisen Griffin und Hauser (1993) darauf hin, „engineers require greater detail on customer needs than is provided by the typical marketing study" (Griffin und Hauser 1993, S. 2). Um jedoch detaillierte Daten zu den Bedürfnissen der Kunden zu erheben, wäre ein enger Kontakt zu den Kunden erforderlich. Für manche seiner Produkte war es dem Unternehmen jedoch bisher nicht möglich gewesen, diesen engen Kontakt herzustellen, worauf im nächsten Punkt eingegangen wird.

---

[94] Zum Vergleich: Der Fragebogen, der im Rahmen des Aktionsforschungsvorhabens entwickelt und bei dem späteren Workshopformat begleitend eingesetzt wurde, umfasste in der letztendlichen Fassung mehr als 60 Detailfragen. Diese bezogen sich ausschließlich auf das recht simple Produkt einer Rutschkupplungsnabe. Mit dieser Anzahl an Fragen kommt ein solcher Fragebogen für eine groß angelegte Markstudie nicht infrage. Auf den Fragebogen wird in Abschnitt 5.3.2.3.2 im Detail eingegangen.

3) Intensiver Kundenkontakt aufgrund von Marktstrukturen und fehlender Teilnahmebereitschaft zu selten gegeben

Da die Erhebung der Kundenbedürfnisse durch Marktstudien nicht in der notwendigen Detailtiefe möglich war, hätten die erforderlichen Informationen durch direkte Interaktion mit dem Kunden erfasst werden müssen (Cooper 2011; Ulrich und Eppinger 2012). Auch dies war, wie bei der Problemdiagnose gemeinsam reflektiert wurde, dem Unternehmen aus mehreren Gründen nur schwer möglich.

Erstens hatte das Unternehmen aufgrund der gegebenen **Marktstrukturen** bei vielen Produkten **keinen direkten Kontakt zum Endkunden.** Einen Großteil seiner Produkte liefert das Unternehmen für den Massenmarkt in Form von Bauteilen oder einzelnen Komponenten an Zwischenhändler und Original Equipment Manufacturer (OEM). OEM stellen aus den einzelnen Bauteile und Komponenten ganze Maschinen oder Anlagen her, die als Produkte weiter an den Endkunden vertrieben werden.[95] Damit hatte das Unternehmen in diesem Marktsegment nur selten direkten Kontakt zum Endkunden und wusste in den meisten Fällen nicht, welche Unternehmen dies im Detail waren. So gab es nur selten Gelegenheit, aus erster Hand von den Bedürfnissen der Endkunden zu erfahren. Erschwerend kommt hinzu, dass viele der Produkte Bauteile oder Komponenten sind, die in den Maschinen und Anlagen verbaut für den Endnutzer kaum wahrnehmbar sind. Im Falle der Rutschkupplungsnabe, als nur eines unter vielen Bauteilen, gibt es auch bei den OEM nur wenige Mitarbeiter, die mit Rutschkupplungsnaben im Detail vertraut sind. Während der Aktionsforschung stellte sich heraus, dass bei den OEM die **Identifikation der mit dem Produkt vertrauten Mitarbeiter äußerst schwierig** war, da die Kontaktpersonen in den Unternehmen meist nicht auf Anhieb wussten, welche Mitarbeiter mit welchen Komponenten besonders vertraut waren. Dies machte die Suche nach geeigneten Ansprechpartnern äußerst zeitaufwendig.

Zweitens hatte das Unternehmen die Erfahrung gemacht, dass in den Fällen, in denen direkter Kundenkontakt bestand, **aufgrund fehlender Teilnahmebereitschaft** detaillierte Interviews oder Workshops zur Erhebung der Bedürfnisse nur selten möglich waren. Vor allem während der Aktionsforschung wurde dies in den Monaten Januar bis August 2016 deutlich, als Kunden für gemeinsame Workshops gewonnen werden sollten. Für die fehlende Bereitschaft konnten vor allem zwei Gründe identifiziert werden.

---

[95] Als Endkunde wird hier nicht der private Verbraucher bezeichnet, sondern der Endkunde aus Sicht des an der Aktionsforschung beteiligten Unternehmens, bei dem die Produkte – in diesem Fall die Rutschkupplungsnabe – letztendlich zum Einsatz kommen. Endkunden können Unternehmen sämtlicher Branchen sein, beispielsweise Unternehmen, die Baumaschinen, Textilmaschinen, Transportmaschinen, Verpackungsmaschinen oder Landmaschinen verwenden, oder Nutzer von beispielsweise Förderanlagen, Abfüllanlagen, Produktionsstraßen, Automations- und Zuführungsgeräten.

Der erste Grund war, dass die Kunden aus ihrer Perspektive nur einen **geringen Nutzen aus einer Teilnahme ziehen** konnten. Der Wertanteil von Rutschkupplungsnaben ist in Relation zu den Maschinen oder Anlagen, in denen sie verbaut sind, verschwindend gering. Eine Verbesserung eines solchen Bauteils oder dessen Kostenreduktion fallen für die Kunden kaum ins Gewicht und rechtfertigen aus Kundenperspektive nicht den Aufwand, für Interviews oder Workshops zur Verfügung zu stehen.[96] Zudem war das Interesse an dieser Art von Produkten gering. In der Kundenwahrnehmung dienten Rutschkupplungsnaben nicht der direkten Wertschöpfung, sondern verhindern lediglich eine Überlastung der Maschine oder Anlage. Insgesamt wurden sie als unnötiger Kostenfaktor wahrgenommen, auf den der Kunde am liebsten verzichten würde, anstatt sich in Workshops mit diesen auseinandersetzen zu müssen. Der zweite wesentliche Grund für die fehlende Teilnahmebereitschaft war die Anspruchshaltung vieler Kunden, dass sich der **Hersteller selbst Gedanken dazu machen sollte**, wie das Produkt aussehen sollte, damit es optimal die Kundenbedürfnisse erfüllen würde. Dies wurde dem Unternehmen von seinen Kunden während der Aktionsforschung mündlich zu verstehen gegeben. Erschwerend kam hinzu, dass sich die Beziehungen zu einigen Kunden während der laufenden Aktionsforschung verschlechterten. Der Grund hierfür war, dass parallel zur Aktionsforschung ein Produktionsstandort verlagert wurde, was zu Verzögerungen bei der Lieferung von einigen Produkten führte. Dies senkte damit zusätzlich die Bereitschaft, Zeit und Ressourcen für die Teilnahme an Workshops oder Interviews zur Verfügung zu stellen.

4) Entwicklungsingenieure sind im Innovationsprozess nicht bei der Identifikation der Kundenbedürfnisse eingebunden

Im Interview gab der Application Engineer zu verstehen, die Produktentwickler sollten seiner Ansicht nach von Beginn an beim Innovationsprozess mit eingebunden werden, um im direkten Kundenkontakt die Bedürfnisse des Kunden zu erfahren. Bisher hatten hauptsächlich die drei Bereiche *Vertrieb*, *Customer Service* und *Application Engineering* Kontakt mit dem Kunden: der Vertrieb, um bestehende Produkte des Unternehmens zu verkaufen, der Customer Service, wenn bestehende Kunden Nachbestellungen orderten, und der Bereich Application Engineering bei komplizierteren Kundenanfragen oder großen Aufträgen. Identifizierte einer der drei Bereiche im Kontakt mit dem Kunden unerfüllte Kundenbedürfnisse, sollten diese an die Entwicklungsabteilung oder das Produktmanagement weitergeleitet werden.

---

[96] Siehe auch die Ausführungen auf S. 140, indem dieser Punkt in dem Kontext diskutiert wird, Kunden in ein iteratives Verfahren einzubinden.

Dieses Vorgehen führte zu einer Reihe von Problemen, deren Ursachen in den Interviews und in den ersten beiden Workshops offenkundig wurden. Dem Vertrieb fehlte aufgrund der Vielzahl der zu betreuenden Produkte teilweise das **notwendige Wissen und das technische Verständnis**, um aus den Kundengesprächen unerfüllte Kundenbedürfnisse ableiten zu können. Dies führte dazu, dass der Vertrieb die wahren Bedürfnisse der Kunden gar nicht erst erkannte oder aber diese nicht vollständig beziehungsweise nicht in verständlicher Weise an die Entwicklungsabteilung übermittelte.

Zudem konzentrierte sich der Vertrieb auf den Verkauf der Produkte. Kundenbedürfnisse wurden nicht regelmäßig oder standardisiert abgefragt. Ein solches, möglicherweise zeitintensives Vorgehen wäre, wie der Area Sales Manager betonte, bei vielen Kunden vermutlich auf wenig positive Resonanz gestoßen. In der Folge kamen Informationen zu Kundenbedürfnissen im Bereich Entwicklung nur stoßweise und häufig unvollständig und verfälscht an. Dem Bereich Entwicklung fehlte daher ein vollständiges und präzises Bild über die Kunden und deren Bedürfnisse.

5) Priorisierung der Kundenbedürfnisse bisher nicht ausreichend möglich

Wie soeben beschrieben, wurden die Kundenbedürfnisse hauptsächlich vom Vertrieb an die für die Entwicklung verantwortlichen Bereiche weitergeleitet, ohne dass die Entwicklungsingenieure selbst direkten Zugang zu den Kunden für die Erfassung der Bedürfnisse hatten. Dadurch ergab sich ein weiteres Problem, das insbesondere vom Director Global Engineering während der Aktionsforschung bemängelt wurde. Durch diese Art der Informationsweiterleitung erhielten die Entwicklungsingenieure kaum belastbare Informationen über die Wichtigkeit der einzelnen Kundenbedürfnisse. Wie sich in den Interviews im Februar 2016 herausstellte, wurden auf diese Weise häufig die Funktionen bei der Produktentwicklung berücksichtigt, die von den durchsetzungsstärksten Kollegen im Vertrieb „am lautesten" gefordert wurden. Der Bereich Entwicklung wusste dabei jedoch nicht, ob die gewünschten Funktionen die Bedürfnisse nur eines Kunden, beispielsweise nur die des einfordernden Kollegen, erfüllen würden und somit das Produkt zu einem Nischenprodukt werden könnte, oder aber ob die Neuentwicklung die Bedürfnisse mehrerer Kunden erfüllen würde. Dem Unternehmen fehlte eine objektive Datenbasis, um Entscheidungen treffen zu können, welche der Bedürfnisse die wichtigsten waren und welche Funktionen entwickelt werden müssten, um nicht nur wenige sondern eine Vielzahl von Kunden zu erreichen. Gerade für eine frugale Innovation, die eine Rutschkupplungsnabe in einem Massenmarkt ersetzen sollte, wurden Informationen hierzu als besonders wichtig eingeschätzt.

6) Teils Lösungen und Produktanforderungen statt Bedürfnisse erhoben

In den Gesprächen mit den Kunden – außerhalb des in den vorherigen Punkten betrachteten Massenmarkts – diskutierte das Unternehmen aus der Aktionsforschung sehr schnell potenzielle Lösungen oder nahm die vom Kunden geforderten Anforderungen an ein Produkt auf, ohne die Bedürfnisse des Kunden zu hinterfragen. Aus Sicht des Directors Global Engineering war dies kein zu unterschätzendes Problem. Zwischen *Anforderungen* und *Bedürfnissen* zu unterscheiden, konnte für den Erfolg eines zu entwickelnden Produkts entscheidend sein. Nach Erfahrung des Unternehmens formulierten Kunden immer wieder Anforderungen an ein Produkt, die bei genauer Betrachtung jedoch nicht die eigentlichen Bedürfnisse erfüllten. Um dies an einem – der Einfachheit halber weniger komplexen und daher fiktiven – Beispiel zu veranschaulichen: Ein Kunde könnte beispielsweise bei einer Rutschkupplungsnabe die Anforderung formulieren, dass die Rutschkupplungsnabe nach Überlast nur mit einer bestimmten Art von Werkzeug nachjustierbar sein soll (zur Funktionsweise einer Rutschkupplungsnabe siehe Abschnitt 5.1.3.2, S. 91). Das Unternehmen könnte diese **Anforderung**, wie vom Kunden gewünscht, versuchen zu erfüllen und die Rutschkupplungsnabe so entwickeln, dass das Nachjustieren mit der gewünschten Art von Werkzeug erfolgt, ohne dabei das zugrunde liegende Bedürfnis zu hinterfragen. Der Kunde hat diese Anforderung möglichweise jedoch nur formuliert, weil er so wenig Zeit wie möglich für das Nachjustieren der Rutschnabe aufwenden möchte. Das Nachjustieren soll daher mit einem Werkzeug erfolgen, das von den Mechanikern bereits aus anderen Gründen mitgeführt wird und so den Mechanikern ein zusätzlicher Weg zum Werkzeugkasten erspart bleibt. Das **eigentliche Bedürfnis** ist also Zeit einzusparen. Hätte das Unternehmen versucht, dieses Bedürfnis zu identifizieren, hätte die Lösung möglichweise ganz anders ausgesehen, beispielsweise durch die Entwicklung einer Rutschkupplungsnabe, bei der das zeitaufwendige Nachjustieren nach dem Auftreten von Überlast nicht mehr notwendig ist und damit der Einsatz von einem Werkzeug ganz entfällt.

Die **Erfassung von Anforderungen statt Bedürfnissen schränkt damit den Lösungsraum unnötig ein** und kann dazu führen, dass möglichweise Lösungen entwickelt werden, welche die eigentlichen Bedürfnisse des Kunden nicht erfüllen. Diese Erkenntnis während der Problemdiagnose war deshalb für die weitere Entwicklung der frugalen Innovation so wichtig, weil die ausschließliche Erfassung von Anforderungen den Lösungsraum tendenziell zu sehr eingeschränkt hätte. Zwar wird auch in der Literatur gefordert, dass die Formulierung erforderlicher Funktionen lösungsneutral erfolgen sollte (Ammann et al. 2011; Saatweber 2011), dennoch wird auf die notwendige Unterscheidung zwischen Anforderungen und Bedürfnissen in dieser Deutlichkeit nur selten hingewiesen.

7) Kernfunktionalitäten sind häufig unklar

Bei der Problemdiagnose wurde festgestellt, dass vielfach nicht bekannt war, welche Funktionen bei manchen Produkten wirklich erforderlich waren, und dass dies auch nicht weiter hinterfragt wurde. Im Interview sagte der Application Engineer selbstkritisch: „Häufig wird nicht ausreichend gefragt, welche Funktionen wirklich benötigt werden, selbst nicht vom Application Engineering". Auch der Marketing Manager EMEA sagte im Interview zur bisherigen Verfahrensweise zur Identifikation der Kundenbedürfnisse: „To identify, what functions are needed is not strictly given". Diese Erkenntnis wurde während der Aktionsforschung deswegen als so kritisch wahrgenommen, weil für die Entwicklung von frugalen Innovationen die Konzentration auf Kernfunktionalitäten notwendig ist. Dafür war es jedoch erforderlich, diese auch so gut wie möglich bestimmen zu können.

Dieses Problem ist eng mit dem unter Punkt 5) identifizierten Problemfeld verbunden. Da eine Priorisierung der Kundenbedürfnisse häufig nicht gegeben war, war nur schwer zu bestimmen, welche Funktionen als Kernfunktionalitäten verstanden werden müssen. Zudem hängt das Problem auch eng mit dem unter Punkt 6) geschilderten Problem zusammen. Da teils Lösungen und Produktanforderungen statt Bedürfnisse diskutiert wurden, war es schwer zu erkennen, welche Funktionen möglicherweise nicht zu den Kernfunktionalitäten zählen und daher eliminiert werden sollten. Damit verdeutlichte die Problemdiagnose, dass bei der Identifikation der Kundenbedürfnisse die Bestimmung der Kernfunktionalitäten nach Möglichkeit stärker als bisher berücksichtigt werden sollte.

Wie wichtig diese Erkenntnis war, zeigt auch ein Beispiel, das Chilukuri et al. (2010) schildern. Sie gehen in ihrem Beispiel auf einen Medizintechnikhersteller ein, der bei einem seiner neuen Produkte auf eine **Modularisierung** setzte, sodass die Kunden nur noch die für sie benötigten Funktionen des Produkts kaufen mussten. Die Kunden konnten bei Bedarf einzelne Module und Add-ons hinzufügen oder im Nachgang das Produkt upgraden. Dies wirkt auf den ersten Blick als ein sinnvolles Vorgehen für frugale Innovationen. Die Kunden konnten für sich selbst bestimmen, welche Funktionen sie tatsächlich benötigten. Wie Chilukuri et al. (2010) weiter ausführen, kauften jedoch 90 % der Kunden dieselbe Art der Basiskonfiguration. Damit machte die Modulbauweise das Produkt **unnötig komplex und kostenintensiver**. Das Produkt ausschließlich in der Basiskonfiguration zu produzieren und auf eine Modularisierung zu verzichten, wäre in diesem Fall kostengünstiger gewesen, da der mit der Modularisierung verbundene Aufwand und die Schnittstellenkomplexität nicht erforderlich gewesen wären. Dieses Beispiel verdeutlicht, wie wichtig die tatsächliche Identifikation der Kernfunktionalitäten für die spätere Konzepterarbeitung ist, um nicht Lösungen zu entwickeln, die – wie im Beispiel mit der Modularisierung – nur auf den ersten Blick frugal aussehen, jedoch kostenintensiver und komplexer sind als erforderlich.

8) Notwendiges Leistungsniveau ist teilweise unklar

Die Problemdiagnose zeigte, dass es dem Unternehmen in vielen Fällen bereits gelang zu erfassen, welches Leistungsniveau die einzelnen Funktionen eines neu zu entwickelnden Produkts haben sollten. Dies lag vor allem daran, dass das Unternehmen vielfach **Spezialanfertigungen** entwickelte, bei denen die Kunden sehr genau wussten, welches Leistungsniveau für die einzelnen Funktionen notwendig war.

Bei Produkten wie Rutschkupplungsnaben hingegen, die für den **Massenmarkt** bestimmt waren, stellte sich heraus, dass es bei diesen deutlich schwieriger war, die dafür erforderlichen Informationen zu gewinnen. Insbesondere der Application Engineer gab zu verstehen, dass es sehr schwierig sei, bei dieser Art von Produkten das tatsächlich benötigte Leistungsniveau zu bestimmen, allein aufgrund der immensen Einsatzbreite der Produkte. Der Marketing Manager EMEA fügte für die wenigen Fälle, in denen Kontakt mit Endkunden bei bestimmten Produkten bestanden hatte, hinzu: „When we work with the end-user, it can be more difficult to get this kind of information." Dies war damit zu erklären, dass die Endkunden mit dieser Art von Produkten, die in größeren Maschinen und Anlagen verbaut waren, kaum in Berührung kamen und nicht vertraut mit ihnen waren.

Neben der Schwierigkeit, Informationen über die Endkunden und das tatsächlich benötigte Leistungsniveau für bestehende Anwendungen zu gewinnen, hatte das Unternehmen noch größere Schwierigkeiten, diese Informationen in Erfahrung zu bringen, wenn es um die Erschließung neuer Märkte ging, wie es bei der Entwicklung von frugalen Innovationen der Fall war. Der Marketing Manager EMEA gab hierzu zu verstehen: „When we are looking for products entering a completely new market, we do not always have this information. We do not get the information needed with our current systems." Auch wenn sich dieses Problem nicht auf frugale Innovationen beschränkte, so war es für die Entwicklung von frugalen Innovationen besonders entscheidend, da es ein zentrales Ziel bei der Entwicklung frugaler Innovationen ist, das Leistungsniveau für die jeweiligen Kernfunktionalitäten so nah wie möglich an dem tatsächlich benötigten Leistungsniveau auszurichten. Dies dient dazu, wie in Abschnitt 3 diskutiert, radikal Kosten einzusparen, aber auch das Leistungsniveau, falls notwendig, für bestimmte Funktionen zu verbessern. In dem in Abschnitt 3 diskutierten Beispiel musste die Hupe für ein frugales Auto für den indischen Markt einer höheren Belastung standhalten als die Autohupen, die für

Industriestaaten bestimmt waren. Die Problemdiagnose verhalf dem Unternehmen dabei, das notwendige Leistungsniveau bei der Entwicklung frugaler Innovationen besser als bisher zu berücksichtigen.

9) Relevanz von Total Cost of Ownership und Anschaffungskosten häufig unklar

Die Untersuchung zu den Kriterien frugaler Innovation in Abschnitt 3 zeigte, dass bei als frugal bezeichneten Innovationen die Kosten aus Kundensicht deutlich geringer ausfallen als bei konventionellen Produkten und Dienstleistungen. Unter *Kosten* werden in der genannten Untersuchung die Anschaffungskosten und die Total Cost of Ownership jeweils aus Sicht des Kunden verstanden. Unklar war bisher, welche Kosten bevorzugt gesenkt werden sollten – die Anschaffungskosten oder die Total Cost of Ownership oder beides gleichermaßen. Durch die Problemdiagnose im Rahmen dieser Untersuchung wurde deutlich, dass hierzu die Erwartungshaltung der Kunden sehr unterschiedlich ausfallen kann.

Zu den **Total Cost of Ownership**: Der Director Global Engineering gab zu verstehen, dass die vom Unternehmen belieferten OEM in der Regel keinen Wert auf eine Senkung der Total Cost of Ownership legten, sondern ausschließlich auf eine Reduzierung der Anschaffungskosten. Die Komponenten und Bauteile sollten so günstig wie möglich sein, um die aus den einzelnen Bauteilen hergestellten Produkte so günstig wie möglich weiterverkaufen zu können. Geringere Total Cost of Ownership waren dabei kein Verkaufsargument. Dies entsprach auch den langjährigen Erfahrungen vom Marketing Manager EMEA, dem Area Sales Manager und dem Senior Engineer. Bis auf wenige Fälle waren auch den Endkunden die Total Cost of Ownership nicht bekannt und wurden bei Preisverhandlungen – wenn überhaupt – beim Kauf großer Stückmengen erfragt. Die Auseinandersetzung mit dem Thema während der Problemdiagnose führte zu der Erkenntnis, dass es für frugale Innovationen keine generelle Aussage geben konnte, ob eine drastische Senkung der Anschaffungskosten (aus Sicht der Kunden und damit der Herstellkosten aus Sicht der Hersteller) im Fokus stehen sollte oder eine Reduzierung der Total Cost of Ownership bei möglicherweise gleichbleibenden Anschaffungskosten.

Somit kann festgehalten werden, dass **auch bei frugalen Innovationen vorab eine intensive Auseinandersetzung erfolgen muss**, welche Erwartungen der Kunde bezüglich der Senkung der Herstellkosten oder der Total Cost of Ownership hat. Es sollte nicht ohne weiteres Hinterfragen angenommen werden, dass die Senkung einer der beiden Kategorien automatisch beim Kunden auf positive Resonanz stößt. Bisher differenziert die Literatur zu frugalen Innovationen zu wenig zwischen diesen beiden Kostenkategorien und behandelt den Punkt, dass frugale Innovationen deutlich günstiger gegenüber bestehenden Produkten und Dienstleistungen sein müssten, zu allgemein.

Zu den **Anschaffungskosten**: Normalerweise wusste das Unternehmen nicht, welchen Preis der Kunde bereit war, für ein Produkt und seine spezifischen Funktionen zu bezahlen. Damit wusste das Unternehmen in der Regel bisher auch nicht, bei welchen Funktionen Kosten eingespart werden konnten, ohne dass dies von den Kunden negativ aufgefasst werden würde. Der Marketing Manager EMEA drückte dies so aus: „It is never clear for what function the customer is willing to pay what price because customers do not tell you everything. There might be sometimes some misguidance by the customer to get better prices." Auch wenn dies ein grundsätzliches Problem war, das nicht nur bei frugalen Innovationen auftrat, erschwerte dies dennoch die Bemühungen, die anzustrebenden Herstellkosten für eine frugale Innovation sinnvoll festzulegen. So kann als weiteres Ergebnis festgehalten werden, dass, sofern die Anschaffungskosten für den Kunden drastisch gesenkt werden sollen (und damit aus Sicht des Herstellers die Herstellkosten), es häufig **unklar ist, wo die Kosteneinsparungen realisiert** werden sollten.

5.3.1.2 Bewertung der Problemfelder in Bezug auf frugale Innovation

Bei der Mehrzahl der Probleme, die während der Problemdiagnose identifiziert wurden, ist davon auszugehen, dass diese nicht nur bei der Entwicklung von frugalen Innovationen auftreten. Insbesondere die ersten sechs Problemfelder scheinen bei der Identifikation der Kundenbedürfnisse grundsätzlicher Natur (*schriftliche Befragungen liefern unzureichende Informationen, direkter Kundenkontakt zu selten gegeben, Entwicklungsingenieure bei Identifikation der Bedürfnisse nicht eingebunden, Priorisierung der Kundenbedürfnisse bisher nicht ausreichend möglich, teils Lösungen und Produktanforderungen statt Bedürfnisse erhoben* sowie *klares Vorgehensmodell zur Erfassung von the-Voice-of-the-Customer fehlt*). Dennoch wiegen diese Probleme bei der Entwicklung frugaler Innovationen besonders schwer und wirken sich unmittelbar auf die Problemfelder sieben bis neun aus (*Kernfunktionalitäten sind häufig unklar, notwendiges Leistungsniveau ist teilweise unklar* sowie *Relevanz von Total Cost of Ownership und Anschaffungskosten häufig unklar*). Beispielsweise ist es ohne direkten Kundenkontakt (Problemfeld 3) schwierig, die Kernfunktionalitäten (Problemfeld 7) und das tatsächlich benötigte Leistungsniveau (Problemfeld 8) zu bestimmen. Die Identifikation der Kernfunktionalitäten und des optimierten Leistungsniveaus (siehe Abschnitt 3, S. 21 ff.) müssen jedoch zentraler Bestandteil der Entwicklungsbemühungen sein, wenn die Innovation am Ende frugal sein soll. Bei anderen Innovationen mag es weniger kritisch sein, wenn nicht im Detail gewusst wird, welche Funktionen wichtigster Bestandteil des Produktes sind und welche Funktionen weniger wichtig sind. Solange die Zahlungsbereitschaft für das Gesamtprodukt oder die Gesamtdienstleistung gegeben ist, kann davon ausgegangen werden, dass weniger wichtige Funktionen bereitwillig mitgekauft werden. Aber auch für nicht frugale Innovationen gilt: Sollen die Kosten deutlich reduziert werden, ist es notwendig zu wissen, auf welche Funktionen sich ein Produkt oder eine Dienstleistung konzentrieren sollte, um sich bei der Entwicklung auf diese zu fokussieren und weniger wichtige Funktionen zu eliminieren. So sind viele der identifizierten Probleme, wie bereits betont, auch für andere Innovationen gültig, sie wirken sich jedoch bei der Entwicklung von frugalen Innovationen besonders stark aus.

Ziel des nächsten Schritts im Aktionsforschungskreislauf war es, die Veränderungsmaßnahmen zu planen, die trotz der identifizierten Probleme eine ausreichende Identifikation der Kundenbedürfnisse für die Entwicklung frugaler Innovationen ermöglichen würden.

5.3.2   Planung – Identifikation von Kundenbedürfnissen

Im Planungsschritt des Aktionsforschungskreislaufs wurden die identifizierten Problemfelder im Kontext der wissenschaftlichen Literatur reflektiert, um zu prüfen, ob Maßnahmen angewendet werden könnten, die in der Literatur bereits beschrieben und in der Praxis bereits erfolgreich angewendet wurden (siehe Abschnitt 5.3.2.1). Als Ergebnis wurde festgestellt, dass detaillierte Verfahrensweisen, welche die identifizierten Problemfelder ausreichend berücksichtigen, bisher in der Literatur nur zu Teilen beschrieben wurden (siehe Abschnitt 5.3.2.2), sodass im weiteren Verlauf der Aktionsforschung ein eigenes Vorgehensmodell entwickelt wurde, um die Kundenbedürfnisse in geeigneter Weise zu erfassen (siehe Abschnitt 5.3.2.3).[97]

5.3.2.1   Einbezug etablierter Verfahren zur Identifikation von Kundenbedürfnissen in die Planung

Insbesondere in den ersten vier Workshops der Aktionsforschung wurde geprüft, welche der in der Literatur behandelten Ansätze verfolgt werden sollten, um Informationen über die Kundenbedürfnisse für die Entwicklung einer frugalen Innovation zu gewinnen. Zu Beginn wurde wie im Vorfeld der Aktionsforschung noch einmal eruiert, welche Hinweise die Literatur über frugale Innovationen zu einem möglichen Vorgehen zur

---

[97] Das am Ende der Aktionsforschung in seinem Vorgehen weiter vereinfachte Modell wird abschließend unter dem Schritt *Evaluation* des Aktionsforschungskreislaufs in Abschnitt 5.3.4.2 ausführlich behandelt.

Identifikation von Kundenbedürfnissen gibt. Anschließend wurde geprüft, ob Verfahrensweisen zur Identifikation von Kundenbedürfnissen, die in der wissenschaftlichen Literatur zur Produktentwicklung behandelt werden, auf den Untersuchungskontext übertragen werden können. Auf beides wird im Folgenden eingegangen.

5.3.2.1.1 Identifikation von Kundenbedürfnissen in der Literatur zu frugalen Innovationen

Zunächst wird, wie auch beim letzten Untersuchungsfeld, Bezug auf die Literatur zu frugalen Innovationen genommen. In der Literatur zu frugalen Innovationen, die im Rahmen des strukturierten Literaturreviews untersucht wurde (siehe Abschnitt 3, S. 21 ff.), wird nicht detailliert darauf eingegangen, wie Kundenbedürfnisse bei der Entwicklung frugaler Innovationen zu erheben sind. Zwar wird häufig die enorme Bedeutung der Identifikation von Kundenbedürfnissen für die Entwicklung von frugalen Innovationen betont (Craig 2012; Mukerjee 2012; Sehgal et al. 2011), dennoch behandelt die Literatur zu frugalen Innovationen die Identifikation von Kundenbedürfnissen nicht in der Weise, dass sich hieraus ein detailliertes Vorgehensmodell oder detaillierte Hinweise für ein solches ableiten ließen.

5.3.2.1.2 Identifikation von Kundenbedürfnissen in der klassischen Literatur zur Produktentwicklung

In der Literatur zur Produktentwicklung (im Englischen *new product development*) wird die Erhebung der Kundenbedürfnisse und die Erfassung von the-Voice-of-the-Customer (VoC) als äußerst wichtige Aufgabe innerhalb des Innovationsprozesses angesehen. „This VoC work is perhaps the most important task in Stage 2 to get right—it makes all the difference between winning and losing!" (Cooper 2011, S. 205). Zu dieser Auffassung kommen auch Ulrich und Eppinger in ihrem vielzitierten Standardwerk, wenn sie schreiben:

„[...] the engineers and industrial designers [...] must interact with customers and experience the *use environment* of the product. Without this direct experience, technical trade-offs are not likely to be made correctly, innovative solutions to customer needs may never be discovered" (Ulrich und Eppinger 2012, S. 74).

Ziel ist, mit den Kunden beziehungsweise den Nutzern von Produkten zu interagieren, um konkrete Ideen für die Produktentwicklung zu gewinnen. Bei der Interaktion mit den Nutzern und den so gewonnenen Informationen kann, wie unter anderem von Poetz und Schreier (2012) diskutiert wird, zwischen *need-based* und *solution-based* Informationen unterschieden werden, auf die im Rahmen eines Exkurses, auch in diesem Kapitel eingegangen werden soll. **Need-based Informationen** werden gewonnen, indem der Fokus auf dem Problem des Kunden liegt. Need-based Informationen dienen als Ausgangspunkt für die Produktentwickler, um eine Lösung für das so beschriebene Problem zu entwickeln. Wie Poetz und Schreier (2012) anmerken, wird diese Art des Vorgehens von einem Großteil der klassischen Literatur zur Produktentwicklung (Cooper 2011; Crawford und Di Benedetto 2015; Ulrich und Eppinger 2016; Urban und Hauser 1993) als zielführend betrachtet. **Solution-based Informationen** werden hingegen gewonnen, indem versucht wird, nicht die Bedürfnisse selbst, sondern potenzielle Lösungsansätze zu identifizieren, die Kunden beziehungsweise Nutzer für ein bestimmtes Problem bereits gefunden haben, oder indem Kunden und Nutzer mit in die Lösungsentwicklung involviert werden (von Hippel 2006). Insbesondere der Lead-User-Ansatz verfolgt dieses Vorgehen (Herstatt und von Hippel 1992), wie später noch diskutiert werden wird.

Während der Aktionsforschung wurde bei der Planung die **Erfassung sowohl von need-based als auch von solution-based Informationen in Betracht gezogen**. Insbesondere um need-based Informationen zu erheben, werden in der Literatur eine Vielzahl von Vorgehensmodellen und Verfahrensweisen diskutiert (Cooper 2011; Crawford und Di Benedetto 2015; Ulrich und Eppinger 2016; Urban und Hauser 1993). Welches Vorgehen im Untersuchungskontext am geeignetsten sein würde, war anfangs nicht offensichtlich. Während beispielsweise Ulrich und Eppinger (2012) zur Identifikation der Kundenbedürfnisse einen fünfstufigen Prozess vorsehen (Teil des Prozesses ist die Erhebung von Daten zu den Kundenbedürfnissen durch Interviews, Fokusgruppen und Beobachtungen), kommt Cooper (2011) zu dem Schluss, dass es für die Identifikation von Kundenbedürfnissen kein standardisiertes Vorgehen gibt[98] (er schlägt verschiedene Methoden vor wie unter anderem Ethnographien, Fokusgruppen, Lead-User-Analysen oder Interviews durchgeführt von Personen mit technischem Hintergrund). Dass es kein allgemeingültiges Vorgehen zur Identifikation der Kundenbedürfnisse gibt, wurde während der Aktionsforschung bestätigt: Keines der in der Literatur diskutierten Verfahren schien bei alleiniger Anwendung zu genügen, um die in der Problemdiagnose identifizierten Probleme zufriedenstellend zu berücksichtigen. Auch wenn sich einige der eben genannten Methoden in der Detailplanung wiederfinden (siehe hierzu Abschnitt 5.3.2.3, S. 161 ff.), wurden noch weitere Ansätze und Methoden geprüft, die in die Detailplanung eingeflossen sind und auf die im Folgenden eingegangen wird.

---

[98] Cooper schreibt hierzu: „There is no standard formula to listen to the voice of the customer in order to uncover unmet needs and translate these into potential winning solutions" (Cooper 2011, S. 210).

5.3.2.1.3 Exkurs – Identifikation von Lösungen für bisher nicht erfüllte Kundenbedürfnisse mit dem Lead-User-Ansatz

Vor allem der zweite Workshop im Februar 2016 wurde dazu genutzt, gemeinsam zu reflektieren, ob der Lead-User-Ansatz sich dafür eignen würde, die notwendigen – in diesem Fall solution-based – Informationen zu gewinnen, um eine frugale Innovation entwickeln zu können. Lead User zeichnen sich dadurch aus, dass sie hinsichtlich ihrer Bedarfs- und Problemwahrnehmung deutlich weiter fortgeschritten sind als die Mehrheit der Nutzer einer bestimmten Industrie. Meist fehlen Lead Usern adäquate Produkte oder Dienstleistungen für den Bereich, in dem sie tätig sind, sodass sie von einer Innovation in ihrem Bereich besonders profitieren würden. Da jedoch die von ihnen benötigten Produkte oder Dienstleistungen bisher noch nicht entwickelt wurden, innovieren Lead User häufig selbst, um diesen Mangel zu beheben (Herstatt 1991; Herstatt und von Hippel 1992; von Hippel 1986; von Hippel 2006). Um mit Lead Usern zusammen zu arbeiten, können im Wesentlichen zwei Ansätze verfolgt werden. Zum einen kann gezielt nach Lösungen gesucht werden, die von Lead Usern entwickelt wurden und die noch nicht auf dem Markt verfügbar sind. Diese Lösungen werden in Abstimmung mit den Lead Usern vom Unternehmen aufgegriffen und auf den Markt gebracht. Zum anderen können gezielt Personen mit Lead-User-Eigenschaften gesucht und diese in die Produktentwicklung eingebunden werden, beispielsweise im Rahmen von sogenannten Lead-User-Workshops (Herstatt 1991; Herstatt und von Hippel 1992; von Hippel 1986; von Hippel 2006). Das Vorgehen der Lead-User-Methode kann, wie es auch im Rahmen der Aktionsforschung diskutiert wurde, in vier Phasen unterteilt werden: *erstens* – Projektstart und Definition eines Produktfeldes, *zweitens* – Identifikation von Bedürfnissen und Trends, *drittens* – Identifikation von Lead Usern und deren Ideen sowie *viertens* – Konzeptdesign im Lead-User-Workshop (Lüthje und Herstatt 2004).

Das **Ergebnis der gemeinsamen Reflexion des Lead-User-Ansatzes** während der Aktionsforschung war die Hypothese, der Lead-User-Ansatz könnte dabei helfen, von Lead Usern entwickelte frugale Innovationen zu identifizieren. Hinweise darauf, dass der Lead-User-Ansatz bei frugalen Innovationen nicht funktionieren würde, wurden im Rahmen der vorliegenden Untersuchung nicht gefunden. Jedoch wird für die Anwendung des Lead-User-Ansatzes vorausgesetzt, dass Anwender mit Lead-User-Eigenschaften existieren und diese identifiziert werden können. Im Rahmen der Aktionsforschung musste das Unternehmen feststellen, dass es für viele Produkte kaum zu erwarten war, eine ausreichend große Anzahl an Lead Usern identifizieren zu können.

Die vom Unternehmen hergestellten Produkte, Baugruppen und Bauteile werden zumeist in größeren Maschinen verbaut. Die meisten Kundenbeziehungen bestehen im B2B-Bereich. Die Wahrscheinlichkeit, dass ein Kunde für einzelne der entsprechenden Bauteile selbst Lösungen entwickelte oder die gelieferten Bauteile in einer bestimmten Art entscheidend modifizierte, wurde als sehr gering bewertet. Die Unternehmenskunden würden eher Änderungen bei den entsprechenden Produkten in Auftrag geben, als diese selbst weiterzuentwickeln. Dies gilt insbesondere für Rutschkupplungsnaben, für die in der Aktionsforschung besonders geringe Chancen gesehen wurden, um Lead User zu identifizieren.

Für einzelne Entwicklungsprojekte, auch im Bereich frugaler Innovationen, könnte sich der Director Global Engineering diesen Ansatz jedoch weiterhin vorstellen, sofern sich ausreichend Lead User identifizieren lassen würden. Der Ansatz bleibt damit, sofern die Voraussetzungen für dessen Anwendung geben sind, **auch für frugale Innovationen weiterhin denkbar**.

5.3.2.1.4 Identifikation von Kundenbedürfnissen mit dem Ansatz Empathic Design

Ein entscheidendes Problem bei der Interaktion mit Kunden während der Produktentwicklung ist, wie es beispielsweise auch Leonard und Rayport (1997) sowie Poetz und Schreier (2012) benennen, dass das Vermögen der Kunden, sich bezüglich ihrer **Bedürfnisse mitzuteilen, begrenzt** ist auf ihre bisherigen Erfahrungen und ihre Fähigkeit, sich mögliche neue Lösungen vorzustellen und mögliche Innovationen zu beschreiben. Leonard und Rayport (1997) diskutieren daher mit *Empathic Design* einen Ansatz, der Entwicklern bei der Entwicklung von Produkten und Dienstleistungen helfen soll, diejenigen Bedürfnisse der Kunden zu erfüllen, die bei der bisherigen Interaktion mit dem Kunden oder durch die Marktforschung nicht identifiziert werden konnten, da der Kunde diese nicht ausreichend zu benennen vermochte.

Vor diesem Problem bei der Ermittlung der Bedürfnisse hinsichtlich frugaler Innovationen stand auch das Unternehmen, bei welchem die Aktionsforschung durchgeführt wurde. Weder das Unternehmen noch die Kunden konnten sich vorstellen, wie eine frugale Innovation am Ende aussehen würde und welche Kundenbedürfnisse mit einer solchen Innovation im Detail zu erfüllen waren.[99] Daher wurde während der Aktionsfor-

---

[99] Grundsätzlich erfüllen frugale Produkte das Bedürfnis nach kostengünstigen, funktionalen und dennoch qualitativ hochwertigen Produkten. Im Detail muss jedoch geprüft werden, wie sich diese Be-

schung im zweiten Workshop geprüft, ob ein Vorgehen, wie es Leonard und Rayport (1997) vorschlagen, für die Entwicklung von frugalen Innovationen geeignet wäre, um genau diese Informationen zu gewinnen. Das von Leonard und Rayport (1997) diskutierte Vorgehen erfolgt in fünf Schritten.

Im ersten Schritt, bezeichnet als **observation**, ist der Kunde zu beobachten.[100] Leonard und Rayport (1997) vergleichen die Methode der Beobachtung (*observation*) mit der Methode der Befragung (*inquiry*) und kommen zu dem Schluss, dass die Beobachtung deutliche Vorteile bietet. Bei Befragungen geben die Befragten über ihre Verhaltensweisen oft unreflektierte und wenig belastbare Antworten. Häufig werden Antworten gegeben, von denen geglaubt wird, dass sie gerne gehört werden. Teilweise sind Befragte auch in ihren Erfahrungen gefangen und haben Schwierigkeiten, ihre tatsächlichen Bedürfnisse zu reflektieren und zu artikulieren. Aber bereits die gestellten Fragen sind häufig schon verfälscht, da sie implizite Annahmen des Fragestellenden über mögliche Antworten enthalten können. Durch Beobachtungen können diese Nachteile teilweise überwunden werden, weil damit das tatsächliche Verhalten erfasst werden und sich der Beobachtende ein originäres Bild über die Bedürfnisse des Beobachteten machen kann (Leonard und Rayport 1997).

Im Rahmen der Aktionsforschung stellte sich die Frage, wer zu beobachten wäre (z. B. OEM als originäre Kunden oder die Endkunden; derzeitige Kunden, verlorene Kunden oder potenzielle Kunden; Individuen oder Gruppen; unterschiedliche Rollen wie Monteure oder mit der Wartung beauftragte Personen) und was zu beobachten wäre (z. B. normale Routinen, in welchen das Produkt eine Rolle spielt; Einbau oder Ausbau des Produkts; Wartung des Produkts). Bisher hatte das Unternehmen nur selten die Gelegenheit, den Kunden und den Einsatz seiner Produkte beim Kunden zu beobachten. Die hierbei gewonnenen Daten und Erkenntnisse fand jedoch insbesondere der R&D Manager (UK) äußert hilfreich. Seinen Erfahrungen nach konnten hierdurch entscheidende Einblicke gewonnen werden zu Aspekten, die bei der Interaktion zwischen Kunden und Entwicklern kaum zur Sprache kamen, weil sie von beiden Seiten für selbstverständlich gehalten wurden. Erst durch die Beobachtungen wurde offensichtlich, dass Kunden und Entwickler sehr unterschiedliche Sichtweisen auf die stillschweigend als Selbstverständlichkeit angenommenen Aspekte haben konnten. Auch der Marketing Manager EMEA

---

dürfnisse manifestieren, z. B. in dem Bedürfnis nach Wartungsfreiheit, einer langen Lebensdauer oder einem ganz bestimmten Leistungsniveau.

[100] Beobachtungen durchzuführen wird nicht nur im Kontext von Empathic Design diskutiert, sondern wird bei der Produktentwicklung grundsätzlich als wertvolle Methode zur Identifikation von Kundenbedürfnissen betrachtet (siehe z. B. Patnaik und Becker 1999; Prahalad 2012; Uebernickel et al. 2015; Ulrich und Eppinger 2012).

sowie der Director Global Engineering hatten bisher wenige, dafür aber sehr gute Erfahrungen mit der Durchführung von Beobachtungen gemacht, weshalb geplant wurde, sie auch bei der Entwicklung von frugalen Innovationen durchzuführen. Ein ähnliches Vorgehen findet sich bereits in der Literatur zur Entwicklung von Innovationen für die Bottom-of-the-Pyramid-Märkte, für die Prahalad (2012) die Beobachtung als notwendig erachtet und sie selbst für die Erhebung der Kundenbedürfnisse zur Entwicklung eines Biomasse-Kochers mehrfach erfolgreich anwendet.

Da die Beobachtung zur Datenerfassung allein nicht ausreicht, sind im zweiten Schritt, bezeichnet als *capturing data*, weitere Daten zu erheben. Die zusätzlichen Daten können auch für die Interpretation der Beobachtungen nützlich sein. Die Erhebung der Daten kann mithilfe von Interviews erfolgen, bei denen offene Fragen an die zuvor beobachteten Akteure gestellt werden. Darüber hinaus können weitere Daten durch Fotos oder Videos gewonnen werden. Auch dieser Schritt wurde in der Aktionsforschung im zweiten Workshop für die Entwicklung von frugalen Innovationen als äußerst zielführend bewertet. Entsprechend wurde angedacht, bei zukünftigen Beobachtungen Fotos anzufertigen, sofern dies von dem jeweiligen Unternehmen oder Kunden, bei dem die Beobachtungen stattfinden sollten, zugelassen werden würde. Zudem sollte, sofern dieses Verfahren zum Einsatz käme, eine vorbereitete Liste mit offenen Fragen mitgeführt werden, um die Probleme und Bedürfnisse des Kunden strukturierter erfassen zu können, ohne wesentliche Punkte außen vor zu lassen.

Im dritten Schritt, bezeichnet als *reflection and analysis*, sind die gewonnenen Daten auszuwerten und zu reflektieren. Bei diesem Schritt können weitere, bisher nicht eingebundene Kollegen mit hinzugezogen werden. Mit ihrem unvoreingenommenen Blick stellen diese möglicherweise andere, bisher noch nicht gestellte Fragen, die weitere Beobachtungen zur Folge haben können. Ziel ist es, dass am Ende dieses Schritts möglichst alle Probleme und Bedürfnisse des Kunden identifiziert wurden.

Der vierte und fünfte Schritt dienen nicht mehr unmittelbar der Identifikation der Kundenbedürfnisse und werden daher nur kurz der Vollständigkeit halber erwähnt. Im vierten Schritt, bezeichnet als *brainstorming for solutions*, sollen aus den Beobachtungen visuelle Darstellungen und mögliche Lösungen abgeleitet werden. Die dadurch gewonnenen Ideen legen den Grundstein für spätere Konzepte und konkrete Lösungen. Im fünften und letzten Schritt, bezeichnet als *developing prototypes of possible solutions*, werden Prototypen gebaut.[101]

Auch wenn damit nicht alle Methoden, wie sie von Leonard und Rayport (1997) unter dem Begriff des Empathic Design diskutiert werden, im Untersuchungskontext angewendet werden konnten, finden sich viele der eben dargestellten Ansätze im späteren Vorgehen wieder. Bei der vertiefenden Darstellung der Detailplanung (siehe Abschnitt 5.3.2.3, S. 161 ff.) sowie bei deren Umsetzung (siehe Abschnitt 5.3.3, S. 174 ff.) wird auf deren konkrete Anwendung eingegangen werden.

5.3.2.1.5 Identifikation von Kundenbedürfnissen beim Design Thinking und vergleichbaren Ansätzen

Design Thinking, wie es im Rahmen von Untersuchungsfeld 1 zur Ausgestaltung des Innovationsprozesses diskutiert wurde (siehe Abschnitt 5.2.2.1.3, S. 113), umfasst zur Identifikation der Kundenbedürfnisse viele der Ansätze, wie sie auch beim Empathic Design vorgeschlagen werden. Zur Identifikation der Kundenbedürfnisse ist beim Design Thinking ein eigener Schritt vorgesehen, der als *Need Finding und Synthese* bezeichnet wird und Teil des Mikrozyklus ist, der in Abbildung 17 (S. 114) dargestellt wird. Der Schritt *Need Finding und Synthese* stellt wiederum einen eigenen Zyklus oder iterativen Prozess dar, der die vier Teilschritte *Framing und Vorbereitung, Beobachtung, Interviews und Teilnahme* sowie *Synthese* umfasst (Patnaik und Becker 1999; Uebernickel und Brenner 2015).[102] Auch dieses Vorgehen wurde bei der Aktionsforschung im zweiten Workshop in die Planung mit einbezogen. Für den Schritt *Need Finding und Synthese* steht eine Vielzahl von Techniken zur Verfügung, von denen im zweiten Workshop über zehn verschiedene Techniken im Kontext von Design Thinking diskutiert wurden, die

---

[101] Die Prototypen sollen mögliche Lösungskonzepte veranschaulichen und Kollegen und Kunden dabei unterstützen, die Lösungskonzepte visuell zu erfassen. Die Veranschaulichung der Lösungskonzepte durch Prototypen kann die Kommunikation im Team stimulieren und dabei neue Konzepte hervorbringen. Auch dieser Schritt wurde während der Aktionsforschung vom Unternehmen anfangs, insbesondere in den ersten beiden Workshops sowie in den Gesprächen zwischen September 2015 bis Februar 2016 als sinnvoll und theoretisch möglich angesehen. Wie jedoch bereits ausführlich diskutiert wurde, stellte sich im Verlauf der Aktionsforschung dieser Schritt als zunehmend schwierig und im Untersuchungskontext als nicht umsetzbar heraus (siehe Abschnitt 5.2.2.1.3, S. 113 ff.).

[102] Der iterative Prozess zur Identifikation der Kundenbedürfnisse von Patnaik und Becker (1999) umfasst die vier Schritte *frame and prepare, watch and record, ask and record* sowie *interpret and reframe*, die von Uebernickel et al. (2015) auch im Rahmen von Design Thinking vorgeschlagen und von den Autoren mit *Framing und Vorbereitung, Beobachtung, Interviews und Teilnahme* sowie *Synthese* ins Deutsche übersetzt werden.

jedoch auch außerhalb von Design Thinking etabliert sind.[103] In enger Verbindung mit dem Design Thinking stehen Ansätze wie **Lean Startup** (Ries 2011) und **Lean UX**[104] (Gothelf und Seiden 2016), bei denen in cross-funktionalen Teams Produkte und Dienstleistungen auf Basis agiler Entwicklungsprinzipien entwickelt werden. Durch Experimentieren und die schnelle Iteration von Ideengenerierung, Umsetzung und Bewertung wird ein **Minimum Viable Product** (MVP) – also ein minimales überlebensfähiges Produkt – erstellt und in engen Kontakt mit dem Kunden getestet und sukzessive weiterentwickelt.

Wenngleich keine der im Kontext dieser Ansätze diskutierten Techniken (siehe Fußnote 103) ohne weitere Modifikationen auf den Untersuchungskontext übertragbar war, konnten einzelne Elemente bei der Planung übernommen werden, wie im Abschnitt zur Detailplanung diskutiert werden wird.

5.3.2.1.6 Weitere Aspekte zur Identifikation von Kundenbedürfnissen

Zu Beginn der Aktionsforschung wurde geplant, die Kundenbedürfnisse durch ein Verfahren, wie Thomke (2008) es mit **Learning by Experimentation** vorschlägt (siehe Abschnitt 5.2.2.1.3, S. 113 ff.), zu ermitteln. Die Annahme war, dass die Kunden, die bisher noch keine Erfahrungen mit frugalen Innovationen gesammelt hatten, auch nur schwer ihre diesbezüglichen Bedürfnisse äußern konnten. Über ein regelmäßiges Kundenfeedback zu ersten Lösungen hätten dann die Bedürfnisse sukzessive detaillierter erfasst werden können. Die Voraussetzungen für diesen Ansatz waren jedoch nicht gegeben (siehe S. 116 ff.).[105]

---

[103] Im zweiten Workshop wurden im Kontext des Design Thinking die Techniken diskutiert, die besonders für den Schritt *Need Finding und Synthese* geeignet sind, wie Fokusgruppenuntersuchung, unterschiedliche Interviewtechniken, unterschiedliche Beobachtungstechniken, wie die AEIOU-Methode (Beobachtung von Action, Environment, Interaction, Object und User), und die Erstellung von Field Notes. Außerdem gehören hierzu die Engagement-Technik, bei der die Situation des Kunden selbst nacherlebt wird, die Technik des Benchmarking, bei der analoge Situationen in anderen Bereichen oder Industrien gezielt gesucht werden, um daraus Ideen und Impulse für mögliche Lösungen zu gewinnen, die Technik des Moodboard, bei der die Stimmung und Atmosphäre des Kunden erlebbar gemacht wird, und die 5-Why's-Technik, bei der die grundlegenden Ursachen eines Kundenproblems durch das fünfmalige Fragen von „Warum" eruiert werden. Zum Überblick über die einzelnen Techniken und für detailliertere Beschreibungen wird auf die entsprechende Literatur verwiesen (z. B. Emerson et al. 2011; Gray et al. 2010; Krueger und Casey 2015; Laurel 2003; Uebernickel et al. 2015).

[104] UX steht für User Experience.

[105] Der Ansatz Learning by Experimentation soll neben den in Abschnitt 5.2.2.1.3 (S. 113 ff.) diskutierten *market uncertainty* und *technical uncertainty* auch die *production uncertainty* und gezielt die für diese Diskussion relevante ***need uncertainty*** reduzieren. Thomke stellt fest: „[...] rapidly changing customer demands create *need uncertainty*. Customers are rarely able to fully specify all of their needs because they either face uncertainty themselves or cannot articulate their needs on products that do not yet ex-

Zwei weitere Aspekte, die im Kontext der Planung der Identifikation der Kundenbedürfnisse betrachtet wurden, waren mögliche Erkenntnisgewinne aus dem *getting the job done*-Ansatz sowie mögliche Ansätze zur späteren Priorisierung der Kundenbedürfnisse. Auf beides soll im Folgenden eingegangen werden.

Getting the job done

Ein weiterer in Betracht gezogener Ansatz zur Identifikation der Kundenbedürfnisse war die **getting the job done**-Perspektive (Bettencourt und Ulwick 2008). Statt ausschließlich das aktuelle Kundenverhalten und den Gebrauch bisheriger Lösungen zu erfassen,[106] soll die Einnahme dieser Perspektive dabei helfen zu verstehen, welche eigentliche Aufgabe der Kunde versucht zu erledigen.[107] Als Beispiel nennen Bettencourt und Ulwick einen Anästhesisten, der den Verlauf einer OP an einem Monitor verfolgt. Der Monitor ist dabei nur Mittel zum Zweck. Die Aufgabe, die aus der *getting the job done*-Perspektive erledigt werden soll, ist, Veränderungen über den Zustand des Patienten sofort zu erkennen. Diese Art der Betrachtungsweise ermöglicht es, neue Lösungen zu finden, welche die Aufgabe möglicherweise besser erledigen als bisherige Lösungen (in diesem Fall Lösungen, die besser sind als der Monitor, statt die Verbesserung des Monitors zu forcieren). Bettencourt und Ulwick schlagen zur Umsetzung dieses Ansatzes die Methode *job mapping* vor, bei der eine zu erledigende Aufgabe in acht Teilschritte zerlegt wird. Dies dient dazu, unterschiedliche Aspekte einer Aufgabe zu beleuchten, wie beispielsweise die Frage, wie der Kunde sich auf die Aufgabe vorbereitet, wie er den Prozess der Erledigung der Aufgabe überwacht oder welche weiteren Maßnahmen umgesetzt werden müssen, um die Aufgabe erfolgreich abzuschließen. Jeder der acht Teilschritte eröffnet durch die kritische Auseinandersetzung mit dem jeweiligen Aspekt die Chance, Lösungen zu identifizieren, mit denen die Aufgabe einfacher und schneller erledigt werden kann. Zudem hilft dieses Vorgehen dabei zu hinterfragen, ob einzelne, bisher ausgeführte Tätigkeiten tatsächlich zur Erledigung einer Aufgabe beitragen oder eliminiert werden sollten.

Christensen et al. (2005) schlagen vor diesem Hintergrund vor, dass die **Marktsegmentierung** entsprechend aufgabenorientiert in *job-defined markets* erfolgen sollte, statt wie häufig üblich den Markt nach Kundengruppen oder Produktgruppen zu segmentieren.

---

ist" (Thomke 2008, S. 403). Durch ein iteratives Vorgehen, bei dem mehrfach die Schritte von Prototypenbau und die Durchführung von Tests durchlaufen werden, soll das Unternehmen lernen, wie die Kundenbedürfnisse, die zu Beginn des Prozesses möglicherweise noch nicht eindeutig erfasst werden konnten, am besten bedient werden können.

[106] Wörtlich: „what is currently being done" (Bettencourt und Ulwick 2008, S. 111).

[107] Wörtlich: „what the customer is trying to accomplish" (Bettencourt und Ulwick 2008, S. 111).

Nicht der Kunde, sondern die zu erledigende Aufgabe sollte nach Christensen et al. im Mittelpunkt der Analysen stehen.[108]

Dieser Segmentierungsansatz, bei dem die *getting the job done*-Perspektive aus Sicht des Kunden einzunehmen ist, stellte sich im Rahmen der Aktionsforschung als nützlich heraus und wurde bei der späteren Marktsegmentierung im Rahmen der Identifikation der Kundenbedürfnisse weitgehend verfolgt, wie bei der Darstellung der Detailplanung in Abschnitt 5.3.2.3 ab S. 161 ff. gezeigt werden wird.

Ansätze zur Priorisierung der Kundenbedürfnisse

Um die Kernfunktionalitäten zu identifizieren, also die für das Produkt oder die Dienstleistung wichtigsten Funktionen, wurde während der Aktionsforschung geplant, eine **Priorisierung der Kundenbedürfnisse** vorzunehmen. Für die Priorisierung von Kundenbedürfnissen steht eine Reihe verschiedener Techniken zur Verfügung, wie **Trade-off-Analysen** (Whipple et al. 2007),[109] denen auch die **Conjoint-Analysen** (Gustafsson et al. 2007; Rao 2014 b) zugeordnet werden (Crawford und Di Benedetto 2015), oder eine **hierarchische Gliederung** in primäre, sekundäre und ggf. tertiäre Bedürfnisse[110] in Ergänzung mit der Bestimmung der relativen Wichtigkeit (Ulrich und Eppinger 2012). Weitere Techniken, die dabei unterstützen können, zu identifizieren, welche Merkmale eines Produkts oder einer Dienstleistung zur Kundenzufriedenheit beitragen, sind die **Kano-Analyse** (Kano et al. 1984; Matzler und Hinterhuber 1998)[111] oder die **Importance-Performance-Analyse** (Martilla und James 1977), deren Verwendung Mourtzis et al. (2017) für die Entwicklung von frugalen Innovationen vorschlagen.[112]

---

[108] Christensen et al. (2005) ergänzen, dass jede Aufgabe eine soziale, funktionale sowie emotionale Dimension hat. Um ein Produkt (oder eine Dienstleistung) zu entwickeln, mit dem eine Aufgabe bestmöglich erledigt werden kann, sollten alle drei Dimensionen dieser Aufgabe verstanden werden. Um für die aufgabenorientierte Marktsegmentierung in Erfahrung zu bringen, welche eigentliche Aufgabe der Kunde durch den Gebrauch eines Produkts oder einer Dienstleistung erledigt sehen möchte, schlagen Christensen et al. die Durchführung von Beobachtungen und Interviews vor.

[109] Ein Vorgehen, wie es Whipple et al. (2007) vorschlagen, ist, die Kunden mithilfe eines Fragebogens zu befragen, auf dem Kombinationen möglicher Eigenschaften einer Innovation aufgelistet werden. Die Kunden müssen die jeweils für sie wichtigste und unwichtigste Eigenschaft auswählen. Anhand der gegebenen Antworten werden dann die wichtigsten Produkteigenschaften errechnet.

[110] Ein primäres Bedürfnis umfasst in der Regel mehrere sekundäre Bedürfnisse. Die sekundären Bedürfnisse lassen sich wiederum bei komplexen Produkten in tertiäre Bedürfnisse zerlegen.

[111] Matzler und Hinterhuber (1998) diskutieren eine methodische Vorgehensweise zur Durchführung der Kano-Analyse, die von Kano et al. (1984) in japanischer Sprache veröffentlicht wurde.

[112] Mit Blick auf die Literatur zur Priorisierung von Kundenbedürfnissen soll hier ein wichtiger Hinweis gegeben werden: In der Literatur können die **Aufzählungen von Kundenbedürfnissen**, die zu gewichten und priorisieren sind, und die **Aufzählungen von Merkmalen** eines Produkts oder einer Dienstleistung, ähnlich aussehen. Zu sehen ist dies beispielsweise bei Ulrich und Eppinger (2012), die

Trade-off-Analysen werden zumeist eingesetzt, um Produkt- oder Dienstleistungskonzepte durch den Kunden evaluieren zu lassen, sie können aber auch für die Konzepterarbeitung selbst eingesetzt werden (Crawford und Di Benedetto 2015). Dennoch wurde sehr früh bei der Planung deutlich, dass im Untersuchungskontext andere Verfahren als Trade-off-Analysen angewendet werden mussten. Dafür gab es drei wesentliche Gründe: *Erstens* ist es für Trade-off-Analysen und im Speziellen Conjoint-Analysen erforderlich, das zu entwickelnde Produkt- oder Dienstleistungskonzept durch Eigenschaften oder Funktionen zu beschreiben, deren relative Bedeutung mittels Kundenbefragung ermittelt wird. Für die Durchführung der Befragung ist jedoch eine vergleichsweise **große Anzahl an Teilnehmern** erforderlich, die im Kontext von Rutschkupplungsnaben nicht hätte erreicht werden können.[113]

Zweitens müssen die Befragten zur Durchführung von Trade-off-Analysen wie Conjoint-Analysen eine **Vorstellung** davon haben beziehungsweise zumindest ein Gefühl dafür entwickeln, wie wichtig ihnen einzelne Eigenschaften und Funktionen in Relation zu den anderen Eigenschaften und Funktionen sind. In der Aktionsforschung bestand große Skepsis, ob sich solche Abwägungen im Rahmen einer Abfrage innerhalb kurzer Zeit auch bei Rutschkupplungsnaben treffen ließen, die in Anlagen und Maschinen verbaut waren und mit denen der Kunde kaum in Berührung kam. Der Kundenworkshop in der Aktionsforschung zeigte, dass teilweise intensive und lange Diskussionen der Ingenieure untereinander erforderlich waren, um herauszufinden, wie wichtig jeweils für die Beteiligten eine bestimmte Funktion war – beispielsweise ob die Rutschkupplungsnabe bei Überlast rutschen oder lieber auskuppeln sollte.

---

zur Abfrage der relativen Bedeutung der Kunden*bedürfnisse* diese in Form von Produkt*eigenschaften* abfragen (Ulrich und Eppinger 2012, S. 87). Whipple et al. (2007) weisen als eine der wenigen Autoren auf diesen Umstand in ihrem Artikel explizit hin: „Notice that this list of needs may look similar to a list of features. However, in this case, the needs and benefits are embedded in the features descriptions so that the value to the customer is clear" (Whipple et al. 2007, S. 84). Dass dieses Vorgehen in der Literatur immer wieder zu finden ist, mag den Grund haben, dass bisher in der Wortwahl wenig zwischen Bedürfnissen (*needs*), Anforderungen (*requirements*) und Eigenschaften (*attributes* oder *features*) unterschieden wird. Diese Tatsache wurde in der Aktionsforschung im Rahmen der Problemdiagnose auf S. 143 als ein Problemfeld identifiziert und kritisch beleuchtet.

[113] Um zu verlässlichen Ergebnissen zu kommen, ist die Befragung von mindestens 200 bis 300 Kunden erforderlich; sollen hingegen Hypothesen generiert werden, kann die Befragung von 30 bis 60 Kunden ausreichen (Whipple et al. 2007). Bei der Aktionsforschung wäre die Identifikation dieser Anzahl an Personen in den Kundenunternehmen, die mit Rutschkupplungsnaben vertraut sind, mit unverhältnismäßig großem Aufwand verbunden gewesen bzw. hätte diese Anzahl an Personen vermutlich nicht erreicht werden können. (Hier sei noch einmal darauf hingewiesen, dass Rutschkupplungsnaben nur eines von vielen Bauteilen mit geringem Wertanteil sind, denen der Kunde im Tagesgeschäft kaum Aufmerksamkeit schenkt und damit nur wenig Experten auf diesem Feld zur Verfügung stehen).

Drittens waren insbesondere Conjoint-Analysen aus einem weiteren Grund ungeeignet. Die Stärke von Conjoint-Analysen besteht vor allem darin zu untersuchen, welche Kombination an Merkmalen der Kunde am meisten wertschätzt. Crawford und Di Benedetto (2015) merken hierzu mit Verweis auf Gaskin (2013) an, dass die meisten Teilnehmer bei einer Befragung im Rahmen einer Conjoint-Analyse jedoch nur etwa **zehn unterschiedliche Merkmale** bewerkstelligen können. Daher muss bereits vorab eine Auswahl der wichtigsten Merkmale stattgefunden haben. Im Untersuchungskontext ging es in dieser frühen Phase der Produktentwicklung jedoch zunächst darum, aus einer größeren Anzahl an Kundenbedürfnissen – die sich in ihrer Formulierung zudem von konkreteren Produktmerkmalen unterscheiden konnten –, die wichtigsten zu identifizieren.

Auch die Kano-Analyse und in ähnlicher Weise die Importance-Performance-Analyse scheinen im Kontext von frugalen Innovationen grundsätzlich geeignet zu sein, um ein besseres Verständnis zu gewinnen, welche Funktionen und Eigenschaften zur Kundenzufriedenheit beitragen.[114] Aber auch bei diesen beiden Vorgehensweisen ist die Befragung von einer größeren Anzahl an Kunden notwendig, was allerdings – wie auch im vorliegenden Untersuchungskontext – in vielen Fällen nicht möglich ist.[115] Damit war ein deutlich einfacheres und pragmatischeres Verfahren erforderlich, um zu einer Einschätzung der Wichtigkeit der Bedürfnisse zu kommen.

5.3.2.2 Zwischenfazit Planung – Identifikation von Kundenbedürfnissen

Der Schritt *Planung* des Aktionsforschungskreislaufs hatte zum Ziel, eine geeignete Verfahrensweise zur Identifikation der Kundenbedürfnisse für die Entwicklung frugaler Innovationen zu bestimmen. Die intensive Auseinandersetzung mit den einzelnen Verfahren führte im Verlauf der Aktionsforschung zu der Erkenntnis, dass **keine der Verfahrensweisen in alleiniger Anwendung oder ohne weitere Modifikationen geeignet** war, um die in Abschnitt 5.3.1 diskutierten Probleme zu überwinden und eine Datenbasis zu schaffen, auf der die Konzepterarbeitung für eine frugale Innovation hätte

---

[114] Bei der **Kano-Analyse** wird unterschieden in *Basis-Merkmale* (must-be requirements), ohne die ein Produkt oder eine Dienstleistung inakzeptabel wäre, *Leistungs- oder eindimensionale Merkmale* (onedimensional requirements), die dem Kunden wichtigen zusätzlichen Nutzen bieten sowie *Begeisterungsmerkmale* (attractive requirements), die der Kunde nicht erwartet, die jedoch den Kunden positiv überraschen und damit großen zusätzlichen Einfluss auf die Kundenzufriedenheit haben. Welcher der drei Arten von Merkmalen eine Funktion oder Eigenschaft zuzuordnen ist, ist mittels eines speziellen Fragebogens oder einer mündlichen Befragung zu ermitteln. Für eine detaillierte Beschreibung des Verfahrens siehe bspw. Matzler und Hinterhuber (1998). Die **Importance-Performance-Analyse** funktioniert in der Weise, dass sowohl die Wichtigkeit der einzelnen Produkt- oder Dienstleistungsmerkmale abgefragt wird als auch die Zufriedenheit des Kunden mit der bisherigen Leistung der einzelnen Merkmale. Für eine detaillierte Beschreibung des Verfahrens siehe Martilla und James (1977).

[115] Siehe hierzu auch Fußnote Nr. 113.

aufbauen können. Auch Griffin (2013) schreibt: „No one technique provides all the customer needs that product developers seek" (Griffin 2013, S. 229). In der Folge musste ein Vorgehensmodell erarbeitet werden, das die identifizierten Problemfelder in ausreichender Weise bei der Planung berücksichtigen würde. Auf die Detailplanung soll im Folgenden eingegangen werden.

5.3.2.3 Detailplanung – Identifikation von Kundenbedürfnissen

Die Detailplanung zur Identifikation der Kundenbedürfnisse erfolgte über mehrere Wochen, überwiegend Ende 2015 und Anfang 2016. Die ersten Ergebnisse der Detailplanung wurden im zweiten Workshop Mitte Dezember 2015 sowie in den drei Video-Online-Treffen im Januar 2016 gemeinsam reflektiert und weiter ausgearbeitet.

Auf Basis der im Rahmen der vorliegenden Untersuchung bereits diskutierten Erkenntnisse wurde deutlich, dass die Durchführung von Kundenworkshops die beste Möglichkeit bieten würde, um mit den Kunden direkt in Kontakt zu kommen, die Entwicklungsingenieure bei der Identifikation der Kundenbedürfnisse mit einzubinden und umfassende Informationen zu den drei Kriterien frugaler Innovation zu gewinnen. Zudem wurde in der Durchführung eines Workshops der Vorteil gesehen, dass durch gezieltes Nachfragen die Gewinnung von Daten in großer Detailtiefe möglich ist. Ein weiterer Vorteil wurde darin erblickt, dass bei der richtigen Auswahl der Teilnehmer funktions- und abteilungsübergreifende Diskussionen möglich sind, die deutlich mehr Rückschlüsse zulassen, als dies bei Einzelinterviews möglich wäre. Zur Planung des Workshops wurde ein 19 Seiten umfassendes **Workshopkonzept** entwickelt, auf das im nachfolgenden Abschnitt 5.3.2.3.1 eingegangen wird. Begleitend sollte ein **strukturierter Fragebogen** zum Einsatz kommen, dessen Konzeption in Abschnitt 5.3.2.3.2 erörtert wird. Zusätzlich sollte in den Workshoptag eingebettet eine **Beobachtung** der Kunden erfolgen, wie sie bereits im Kontext der Diskussion zum Empathic Design vorgestellt wurde. Dieser Planungsschritt wird in Abschnitt 5.3.2.3.3 näher erläutert. Um geeignete Kundenunternehmen zu bestimmen, die zur Identifikation der Kundenbedürfnisse eingebunden werden sollten, wurde im Rahmen der Planung des Workshops eine **Kundensegmentierung** durchgeführt. Dies ist Thema in Abschnitt 5.3.2.3.4.

5.3.2.3.1 Erarbeitung Workshopkonzept

Im Workshopkonzept wurden die geplante Dauer, die gewünschten Teilnehmer, der vorgesehene Ablauf sowie die anzuwendenden Methoden festgelegt.[116] Das Workshopkonzept sollte gezielt bei Kundenunternehmen vor Ort eingesetzt werden.

Dauer

Anfragen bei den Kunden des Unternehmens zur Durchführung eines gemeinsamen Workshops zeigten, dass die meisten Kunden nur bedingt bereit waren, ihre Mitarbeiter über einen Zeitraum von mehr als drei Stunden für einen gemeinsamen Workshop freizustellen. Das Workshopkonzept wurde daher auf drei Stunden begrenzt.

Teilnehmer

Geplant wurde, dass am Workshop nach Möglichkeit alle Personen von Kundenseite teilnehmen sollten, die mit der zu entwickelnden frugalen Innovation entlang des gesamten Lebenszyklus in Berührung kommen würden. Damit sollten nach Möglichkeit Vertreter von Einkauf, Entwicklung, Montage, Inbetriebnahme, Produktion, Wartung und Instandhaltung teilnehmen sowie Verantwortliche für den Betriebsablauf. Sofern das Unternehmen, mit dem der Workshop durchgeführt werden sollte, kein Endkunde war, sondern das Produkt in größeren Maschinen oder Anlagen verbaute und diese wiederum an Endkunden verkaufte, sollte auch der Vertrieb am Workshop teilnehmen. Von Entwicklerseite (also von Seite des Unternehmens, in dem die Aktionsforschung durchgeführt wurde) sollten Personen aus dem Bereich Application Engineering teilnehmen, die im Tagesgeschäft bereits eng mit dem Kunden bei Spezialaufträgen zusammenarbeiteten, sowie Vertreter aus dem Bereich Entwicklung.

Ablauf und einzusetzende Methoden

Das Konzept sah zu Beginn des Workshops die Möglichkeit vor, dass sich das Hersteller- und das Kundenunternehmen einander vorstellen sowie das Aktionsforschungsvorhaben erläutern konnten, da davon auszugehen war, dass die meisten Workshopteilnehmer mit dem jeweils anderen Unternehmen noch nicht in Berührung gekommen waren. Im Anschluss waren einleitend erste **offene Fragen** geplant, um die subjektive Perspektive der Teilnehmer des Kundenunternehmens einzufangen, ohne deren Antworten

---

[116] Das gesamte Workshopkonzept wurde mit den an der Aktionsforschung beteiligten Akteuren abgestimmt. Zudem wurde das Konzept mit dem Leiter des Instituts für Technologie- und Innovationsmanagement der Technischen Universität Hamburg als externem Akteur in seiner Methodik reflektiert.

durch die weitere inhaltliche Ausrichtung und Durchführung des Workshops zu verfälschen. Durch elf allgemein ausgerichtete Fragen sollte eine erste Einschätzung zu den wichtigsten Themen im Kontext von Rutschkupplungsnaben gewonnen werden. Abgefragt werden sollte beispielsweise, wo das Unternehmen Rutschkupplungsnaben bisher einsetzte, welche positiven wie negativen Erfahrungen gemacht wurden sowie wie die Rutschkupplungsnaben im Vergleich zu anderen Lösungen und Wettbewerbsprodukten abschnitten.

Im Anschluss war die **Beobachtung** geplant. Auf diesen Punkt wird im nachfolgenden Abschnitt 5.3.2.3.3 gesondert eingegangen. Daran anschließend sollte der eigentliche Workshop stattfinden, mit dem Ziel, die Kernfunktionalitäten sowie das tatsächlich benötigte Leistungsniveau der einzelnen Funktionen zu identifizieren.

Um sämtliche Funktionen zu identifizieren, die wirklich benötigt wurden, sollten zum einen die **Funktionen** und das entsprechende **Leistungsniveau** entlang der **Phasen des Lebenszyklus** abgefragt werden. Cooper schlägt ein ähnliches Verfahren zur Erfassung von VoC mit „[m]ove down the value chain" vor (Cooper 2011, S. 211). Für eine Rutschkupplungsnabe waren dies die Phasen Einkauf, Montage, Inbetriebnahme, störungsfreier Betrieb, Betrieb mit Störung unter Überlast, Inspektion und Wartung sowie Demontage und Entsorgung. Zum anderen sollten möglichst **umfassende Informationen** in hoher Detailtiefe zu den benötigten Funktionen gewonnen werden. Deshalb sollten die Funktionen im Workshop zwecks Identifikation der Kundenbedürfnisse klassifiziert und gegliedert werden, in einer Weise, in der die Funktionen auch bei einer deutlich umfassenderen **Wertanalyse** analysiert werden (Ammann et al. 2011; Bronner und Herr 2006). Ziel war es, sich dabei möglichst **von vorhandenen Lösungsansätzen loszulösen**.

Folgende Teilschritte wurden hierzu ausgearbeitet: Aufgaben des Objekts erfassen, Aufgaben des Objekts als Funktionen beschreiben, Funktionen klassifizieren, Funktionen gliedern, Funktionsbaum erstellen sowie lösungsbedingte Vorgaben identifizieren.[117] Im Folgenden werden die wichtigsten Bestandteile der einzelnen Schritte erläutert.[118]

---

[117] In dem Konzept wurde bewusst die Bezeichnung *Objekt* anstatt der Bezeichnung *Rutschkupplungsnabe* gewählt. Damit sollte ein lösungsneutrales Denken angeregt werden, losgelöst von der Funktionsweise einer bestehenden Rutschkupplungsnabe. Zudem sollte das Konzept für spätere Entwicklungsprojekte verwendet werden und damit als allgemeingültige Vorlage dienen, mit der auch andere Objekte als Rutschkupplungsnaben untersucht werden können.

[118] Das Vorgehen ist in seiner Struktur stark angelehnt an das Vorgehen der Funktionsanalyse, wie Ammann et al. (2011) sie im Kontext der deutlich umfassenderen Wertanalyse vorschlagen. Gegenüber der Beschreibung von Ammann et al., die sieben Teilschritte umfasst, wurden nur die ersten vier Schritte übernommen, modifiziert und zu einem Workshopkonzept zur Identifikation von Kundenbe-

1) Aufgaben des Objekts erfassen

Für diesen Schritt war es geplant, die Teilnehmer die Einsatzfelder des Objekts beschreiben zu lassen. Erste Stichpunkte, welches Ziel mit dem Einsatz des Objekts erreicht werden soll, was das Objekt *tun* soll – also was die Aufgaben des Objekts sind –, sollten am Flip-Chart dokumentiert werden. Zudem sollte geklärt werden, von welcher Art von Objekt tatsächlich gesprochen wird.[119]

2) Aufgaben des Objekts als Funktionen beschreiben

Um sämtliche Funktionen des Objekts leichter bestimmen zu können, sollten die einzelnen Phasen des **Lebenszyklus** mit den dazugehörigen Aufgaben des Objekts identifiziert werden. Die Aufgaben des Objekts sollten als Funktionen formuliert und am Flip-Chart festgehalten werden. Die Funktionen sollten in ihrer Formulierung lösungsneutral sein, um den späteren Lösungsraum nicht unnötig einzuschränken.[120] Um mit den Funktionen keine Lösungen, sondern die jeweilige Wirkung zu beschreiben, sollten die Funktionen durch ein Substantiv und ein Verb ausgedrückt werden. Diese Art, Funktionen auszudrücken, wird auch von Ammann et al. (2011) sowie Bronner und Herr (2006) im Rahmen der Wertanalyse für eine lösungsneutrale Art der Formulierung vorgeschlagen. Tabelle 8 verdeutlicht, wie die Dokumentation des geplanten Verfahrens am Flip-Chart durch den Moderator erfolgen sollte. Drei wichtige Aspekte aus Tabelle 8 sind an dieser Stelle hervorzuheben:

- *Hinterfragen der Funktion*: Mit der Frage, **warum diese Funktion** erforderlich ist (siehe 4. Spalte), sollten die vom Kunden genannten Anforderungen hinterfragt werden, um die zugrunde liegenden Bedürfnisse zu identifizieren. Damit sollte auf das Problemfeld 5) aus der Problemdiagnose reagiert werden, bei der erkannt wurde, dass bisher häufig Anforderungen statt Bedürfnisse abgefragt wurden, was bei der

---

dürfnissen umgewandelt. Für eine Wertanalyse zentrale Schritte wie beispielsweise *Funktionsaufwand ermitteln* oder *Aufwand der Soll-Funktionen definieren* wurden nicht betrachtet, da es im Kundenworkshop zunächst ausschließlich um die Identifikation der Kundenbedürfnisse und nicht um eine originäre Wertanalyse ging. Die beiden Schritte *Funktionsbaum erstellen* sowie *lösungsbedingte Vorgaben identifizieren*, wie sie auch im Kontext von Wertanalysen diskutiert werden (Ammann et al. 2011), wurden für den Kundenworkshop ergänzt.

[119] Um einen Aspekt des Schrittes *Aktion* vorwegzunehmen: Die Notwendigkeit dieses Punktes bestätigte sich in der späteren Umsetzung des Konzepts. In einer der geführten Diskussionen stellte sich erst nach einigen Minuten heraus, dass von unterschiedlichen Arten von Überlastsicherungen gesprochen wurde (von denen nur eine den Rutschkupplungsnaben zuzuordnen war) und damit kurzzeitig falsche technische Rückschlüsse während des Kundenworkshops gezogen wurden. Dieses Beispiel verdeutlicht die Notwendigkeit, auch vermeintlich Selbstverständliches zu klären.

[120] Auf diesen Aspekt wies insbesondere der Global Director Engineering aus eigener Erfahrung hin. Auch in der Literatur wird dieser Aspekt betont (siehe z. B. Ammann et al. 2011; Patnaik und Becker 1999; Saatweber 2011).

Produktwicklung zur Entwicklung nicht geeigneter Lösungen führen kann (siehe dazu Abschnitt 5.3.1).

- *Abfrage des erforderlichen Leistungsniveaus*: Die Abfrage des erforderlichen Leistungsniveaus sollte der Einschätzung dienen, welches Leistungsniveau für die frugale Innovation tatsächlich erforderlich ist (siehe 5. und 6. Spalte). Zusätzlich sollte das Leistungsniveau mit einer der folgenden vier Ergänzungen versehen werden: „keine Flexibilität, der Zielwert ist absolut verbindlich", „minimale Flexibilität, der angegebene Wert ist geringfügig variierbar", „mittlere Flexibilität, die Zielgröße ist verhandelbar" oder „hohe Flexibilität, es ist nur eine Größenordnung angegeben" (siehe 7. Spalte). Götz (2011 b) schlägt diese Ergänzungen im Rahmen der **funktionalen Leistungsbeschreibung** vor, wie sie ebenfalls in der Wertanalyse Anwendung finden kann. Gemäß Götz ist die funktionale Leistungsbeschreibung (im Englischen *functional performance specification*) bisher kaum verbreitet. In Bezug auf die Entwicklung frugaler Innovationen wurde das Vorgehen bei der Planung der Aktionsforschung jedoch als überaus zielführend bewertet, um *erstens* Informationen darüber zu gewinnen, welches Leistungsniveau tatsächlich benötigt wird.[121] *Zweitens* sollte dadurch eine Einschätzung bezüglich des Exaktheitsgrads dieser Zielgröße möglich werden. Ist die Zielgröße beispielsweise „verhandelbar", könnte dies darauf hindeuten, dass ein geringeres Leistungsniveau ausreichend ist oder dass bei der Lösungsfindung mit größeren Toleranzen hinsichtlich der Zielgröße geplant werden kann, was wiederum zu einer Reduzierung des Aufwands bei der Konstruktion und späteren Produktion führen könnte.

- *Hinterfragen des erforderlichen Leistungsniveaus*: Die Frage „**Warum dieser Wert?**" sollte dazu dienen, als Selbstverständlichkeit wahrgenommene Zielwerte und Zusammenhänge zu hinterfragen und dadurch den Lösungsraum zu erweitern.

---

[121] Dies ist eines der drei Kriterien für frugale Innovationen (siehe Abschnitt 3, S. 21 ff.).

Phase im Lebenszyklus	Notwendige Funktionen			Erforderliches Leistungsniveau			
	Wirkungsträger (Substantiv)	Ausprägung (Verb)	Warum diese Funktion?	Wirkungsbestimmende Größe	Wert	Funktionale Leistungsbeschreibung[122]	Warum dieser Wert?
z. B. Betrieb störungsfrei	z. B. Kraft	z. B. aufnehmen	...	z. B. Druck	z. B. 150 N	F0,[123] F1,[124] F2[125] oder F3[126]	...
...	...	...	...	...	...	...	...

Tabelle 8: Abfrage von Funktionen und Leistungsniveau[127]

3) Funktionen klassifizieren

Die Klassifikation der Funktionen sollte in zweierlei Hinsicht erfolgen. In erster Hinsicht sollten die Funktionen in die beiden Funktions*arten* **Gebrauchs- und Geltungsfunktionen** unterschieden werden. Gebrauchsfunktionen sind zur technischen und wirtschaftlichen Nutzung des Objekts erforderlich, wohingegen Geltungsfunktionen ästhetische oder prestigeorientierte Ansprüche erfüllen und die Gebrauchsfunktion nicht beeinflussen (Ammann et al. 2011; Bronner und Herr 2006). Diese Unterscheidung sollte im Rahmen des geplanten Konzepts abgefragt werden, um die Bedürfnisse besser zu verstehen und bei der Entwicklung der frugalen Innovation nur die wirklich entscheidenden Kernfunktionalitäten hinsichtlich der Gebrauchs- und Geltungsfunktion zu berücksichtigen.

In zweiter Hinsicht sollte zwischen den vier Funktions*klassen* **Haupt-, Neben-, unnötige sowie unerwünschte Funktionen** unterschieden werden. Dient eine Funktion unmittelbar dem Zweck des betrachteten Objekts, ist sie als Hauptfunktion zu verstehen. Dient die Funktion hingegen mittelbar dem Zweck des betrachteten Objekts – unterstützt also eine Hauptfunktion oder dient anderen notwendigen Aufgaben –, ist von einer Nebenfunktion zu sprechen. Ist die Funktion vermeidbar, ist dies eine unnötige

---

[122] Einteilung der Stufen gemäß Götz (2011 b).
[123] F0: Keine Flexibilität, der Zielwert ist absolut verbindlich.
[124] F1: Minimale Flexibilität, der angegebene Wert ist geringfügig variierbar.
[125] F2: Mittlere Flexibilität, die Zielgröße ist verhandelbar.
[126] F3: Hohe Flexibilität, es ist nur eine Größenordnung angegeben.
[127] Eigene Darstellung der geplanten Verfahrensweise.

Funktion. Ist eine Funktion aus bestimmten Gründen nicht gewollt, wird von einer unerwünschten Funktion gesprochen (Ammann et al. 2011; Bronner und Herr 2006).[128]

Auch diese Art der Unterscheidung wurde zum Zeitpunkt der Planung des Vorgehens als sehr hilfreich bewertet und als Teil des Workshopkonzepts vorgesehen. Abbildung 18 veranschaulicht die Unterteilung in Funktionsarten und -klassen graphisch.

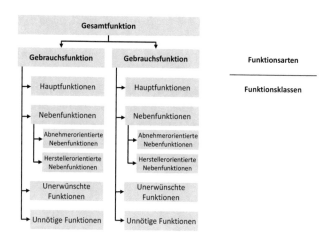

Abbildung 18: Klassifizierung der Funktionen[129]

4) Funktionen gliedern in abnehmerorientiert und herstellerorientiert

Nebenfunktionen, wie sie auch in Abbildung 18 dargestellt sind, können in abnehmer- und herstellerorientierte Nebenfunktionen unterschieden werden, abhängig davon, ob diese vom Kunden oder aber vom Hersteller eingefordert werden (Ammann et al. 2011). Dieser Punkt wurde als ergänzender Teil des Workshop-Formats geplant, falls während des Workshops eine Diskussion zu diesem Aspekt aufkommen sollte. Um hier einen Ausblick auf das spätere Ergebnis zu gegeben: Auch bei der späteren Konzept-

---

[128] Unerwünschte Funktionen können vermeidbar oder aus bestimmten Gründen unvermeidbar sein. Siehe dazu vertiefend Ammann et al. (2011). Um einen Ausblick auf das spätere Ergebnis zu geben: Die im Rahmen der Aktionsforschung entwickelte frugale Innovation, die bisherige Rutschkupplungsnaben ersetzen sollte, konnte unerwünschte, aber bisher als unvermeidbar angenommene Funktionen eliminieren.

[129] Darstellung in Anlehnung an Ammann et al. (2011), S. 62; Ammann et al. diskutieren diese Art der Klassifizierung im Kontext der Wertanalyse.

erarbeitung wurde letztlich eine Unterscheidung zwischen abnehmer- und hersteller-orientierten Funktionen getroffen.

5) Funktionsbaum erstellen

Als fünfter Schritt war geplant, das Zusammenwirken von Haupt- und Nebenfunktion graphisch am Flip-Chart zu erarbeiten (siehe Abbildung 19), um Abhängigkeiten und Vernetzungen zu zeigen und damit möglicherweise bisher nicht erkannte Funktionen zu identifizieren. Zur Erarbeitung eines solchen Funktionsbaums können zwei Leitfragen gestellt werden. Wird eine bestimmte Funktion betrachtet und die Frage gestellt, *wie diese Funktion erfüllt wird*, führt die Antwort zu den ihr untergeordneten Funktionen. Wird die Frage gestellt, *wozu die betrachtete Funktion erfüllt wird*, führt die Antwort zu der ihr übergeordneten Funktion (Ammann et al. 2011). Ein Beispiel ist bei einem Bauteil die Hauptfunktion „Lebensdauer geben", die unter anderem durch die Nebenfunktion „Korrosion verhindern" ermöglicht wird. Diese Nebenfunktion kann beispielsweise wiederum durch eine Nebenfunktion der zweiten Ebene – „Teile veredeln" – erreicht werden.[130] Das Ziel des Workshopkonzepts war, sämtliche Hauptfunktionen aus Sicht des Kunden zu identifizieren sowie nach Möglichkeit die wesentlichen Nebenfunktionen der ersten Ebene.

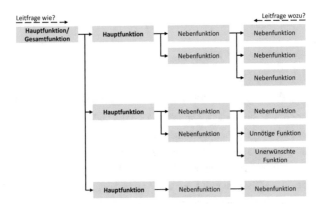

Abbildung 19: Funktionsbaum[131]

---

[130] Beispiel übernommen von Ammann et al. (2011); Ammann et al. diskutieren das Vorgehen im Kontext der Wertanalyse.

[131] Darstellung in Anlehnung an Ammann et al. (2011), S. 63; bei Ammann et al. dargestellt im Kontext der Wertanalyse.

6) Lösungsbedingte Vorgaben identifizieren

Unter lösungsbedingten Vorgaben werden Anforderungen und Eigenschaften von Produkten und Dienstleistungen verstanden, die nicht durch Funktionen ausgedrückt werden können, wie beispielsweise Normen oder auch systembedingte Eigenschaften (Ammann et al. 2011). Diese sollten im Workshop als letztes abgefragt werden. Zudem sollte dieser Teilschritt dazu verwendet werden, um mögliche weitere Bedürfnisse und Anforderungen zu identifizieren, die bei den ersten Teilschritten noch nicht genannt wurden. Dazu sollte die offene Frage nach weiteren, noch nicht genannten Anforderungen gestellt werden sowie die Frage, ob es weitere notwendige Eigenschaften geben könnte hinsichtlich Größe, Gewicht, regulatorischen Vorschriften, Gesetzen, Normen, Modulanforderungen oder Anschlussarten (in diesem Beispiel Welle oder Flansch).

5.3.2.3.2 Fragebogenerstellung

Als weitere Methode zur Identifikation der Kundenbedürfnisse sollte ein strukturierter Fragebogen eingesetzt werden (siehe z. B. Cooper 2011), mit dem Ziel, diesen im Workshop als unterstützendes Medium zu verwenden. Während der Moderator den Fokus seiner Aufmerksamkeit auf die Moderation des Workshops richten sollte, war geplant, dass ein weiterer Teilnehmer des Herstellerunternehmens, wie beispielsweise ein Entwicklungsingenieur, die im Workshop erarbeiteten Antworten auf dem Fragebogen dokumentieren sollte. Sollten Fragen vom vorab vorbereiteten Fragebogen im Verlauf des Workshops noch nicht angesprochen worden sein, so sollte der mit dem Fragebogen betraute Entwicklungsingenieur diese Fragen gezielt ansprechen oder dem Moderator zuspielen. Mit diesem Vorgehen sollte sichergestellt werden, dass auf alle in der Vorbereitung des Workshops als wichtig wahrgenommene Fragen eingegangen werden würde.

Für die Erstellung des Fragebogens wurde ein ähnliches Vorgehen gewählt wie bei der Vorbereitung des Workshops. Um keine erwünschten sowie unerwünschten Funktionen zu übersehen, wurden im ersten Schritt die Lebenszyklusphasen der Rutschkupplungsnabe für den Fragebogen übernommen. Im zweiten Schritt wurde überlegt, welche Aufgaben eine Rutschkupplungsnabe in der jeweiligen Phase im Lebenszyklus erfüllen muss, wer die dabei eingebundenen Akteure sind, welches Leistungsniveau eine Rolle spielen könnte, welche positiven wie negativen Erfahrungen im jeweiligen Lebenszyklusabschnitt gemacht wurden, wie Wettbewerber im Vergleich abschneiden, welche Verbesserungspotenziale gesehen werden sowie weitere die Rutschkupplungsnabe betreffende Aspekte. Die Überlegungen wurden in Fragen überführt und den einzelnen Phasen zugeordnet. Eingeleitet wurde der Fragebogen mit den gleichen offenen Fragen

wie der Workshop. Die abschließende Frage war, ob weitere, bisher nicht genannte Aspekte in Bezug auf Rutschkupplungsnaben für entscheidend oder nennenswert gehalten
wurden. In Summe ergab dies zunächst 48 Fragen, die zur besseren Übersicht nach den
Lebenszyklusphasen geordnet wurden.

Zusätzlich sollte mithilfe des Fragebogens eine erste Einschätzung gewonnen werden,
wie entscheidend der jeweilige thematisch gegliederte Fragenabschnitt für die Kaufentscheidung des Objekts war. Dazu wurden die entsprechenden Fragenabschnitte mit einer Fünf-Punkte-Skala mit den Antwortmöglichkeiten *sehr entscheidend, entscheidend,
weniger entscheidend, unwichtig* sowie *unklar* versehen.

Der Fragebogenentwurf wurde mit den Akteuren des Aktionsforschungsvorhabens abgestimmt sowie weiterbearbeitet und sowohl mit dem Leiter als auch weiteren Vertre-
tern des Instituts für Technologie- und Innovationsmanagement der Technischen Universität Hamburg kritisch reflektiert. Im Laufe des Aktionsforschungsvorhabens wurde
der Fragebogen auf insgesamt 62 Fragen erweitert.

Ein weiteres, ursprünglich geplantes Ziel bei der Entwicklung des Fragebogens war, diesen vorab an die Teilnehmer des Workshops zu versenden, damit diese sich gezielt auf
die Fragen vorbereiten konnten. Diese Überlegung wurde jedoch im Verlauf der Aktionsforschung in Abstimmung mit den beteiligten Akteuren verworfen. Aufgrund der Länge
des Fragebogens war nicht davon auszugehen, dass die Teilnehmer sich mit den Fragen
vorab intensiv auseinandersetzen würden. Auch von einer, wie ursprünglich überlegt,
schriftlichen Befragung wurde abgesehen, da bei der Komplexität der Fragen, ohne gezielte Rückfragen stellen zu können, nicht von einer zufriedenstellenden Beantwortung
der Fragen auszugehen war.

5.3.2.3.3 Planung der Beobachtung

Die Durchführung von Beobachtungen wird, wie bereits diskutiert, in der Literatur im
Bereich der Produktenwicklung als effektive Methode zur Identifikation von Kundenbedürfnissen beschrieben (Griffin 2013; Leonard und Rayport 1997; Ulrich und Eppinger
2012). Sie wurde zudem im Rahmen der Aktionsforschung insbesondere vom R&D Manager (UK), dem Marketing Manager EMEA sowie dem Director Global Engineering als
zielführender Bestandteil eines zukünftigen Verfahrens zur Entwicklung frugaler Innovationen angesehen (siehe S. 153).

Beobachtet werden sollte der Einsatz und Betrieb des zu untersuchenden Objekts in seiner typischen Verwendung – in diesem Fall der Rutschkupplungsnabe. Geplant wurde,
den Betrieb und die Bedienung der Maschinen und Apparaturen zu beobachten, in de-

nen die Rutschkupplungsnabe eingesetzt wurde. Nach Möglichkeit sollten dabei so viele **einzelne Phasen des Lebenszyklus beobachtet** werden wie möglich, darunter Montage, Inbetriebnahme, Betrieb, das Nachstellen der Rutschkupplungsnabe nach Überlast,[132] Wartung und Instandsetzung sowie Demontage.

Eine Vorlage sollte dabei helfen, alle zu beobachtenden relevanten Punkte systematisch erfassen und während der Beobachtung die eigenen Notizen strukturiert festhalten zu können. Dazu wurde eine Vorlage auf Basis von in der Literatur gegebenen Hinweisen (Leonard und Rayport 1997; Uebernickel et al. 2015) sowie eigenen Überlegungen erarbeitet und im Laufe der Aktionsforschung gemeinsam überarbeitet.[133] Im Rahmen des Planungsschritts wurde die Vorlage in deutscher und englischer Sprache erarbeitet und im weiteren Verlauf der Aktionsforschung angepasst – im Rahmen der Evaluation wird auf diesen Punkt noch näher eingegangen werden. Die überarbeitete Vorlage kann in Abbildung 21 auf S. 186 eingesehen werden.

5.3.2.3.4 Segmentierung der Kunden und Bestimmung der Zielgruppe

Während der Planung wurde viel Aufwand in die Bemühungen gesteckt, für die Identifikation der Kundenbedürfnisse tatsächlich diejenigen Kunden zu gewinnen, die später mit der frugalen Innovation erreicht werden sollten. Dazu war vorab der Markt mit seinen Kunden genauer zu definieren (Cooper 2011; Ulrich und Eppinger 2012). Das Unternehmen aus der Aktionsforschung hatte bereits mehrere Marktstudien durchgeführt und eine **Marktsegmentierung** vorgenommen. Ziel des Unternehmens war es, in den in der Marktsegmentierung festgelegten *general purpose power transmission market* einzudringen und für diesen entsprechende frugale Innovationen zu entwickeln (siehe Abschnitt 4.5.1.4, S. 75). Entsprechend sollten für den General-Purpose-Markt für Rutschkupplungsnaben potenzielle Kunden identifiziert werden, bei denen eine Untersuchung zu den Kundenbedürfnissen durchgeführt werden konnte.

Um unterschiedliche Kundenperspektiven für diesen Markt zu erfassen, wurde während der Aktionsforschung die Idee erarbeitet, die Bedürfnisse von **bestehenden Kunden**, von **verlorenen Kunden** sowie von **potenziellen neuen Kunden** in die Untersuchung

---

[132] Zur Funktionsweise von Rutschkupplungsnaben: Auf das Nachstellen nach Überlast wurde in Abschnitt 5.1.3.2, S. 91 eingegangen.

[133] Die erste Vorlage sah folgende Beobachtungsfelder vor: den *physischen Raum und Platz*, an dem das Objekt verwendet wird, das *Zusammenspiel des Objekts* mit den in Verbindung stehenden Objekten, die *involvierten Personen*, die *Aktivitäten* in Bezug zum Beobachtungsobjekt, die *Interaktionen* zwischen den beteiligten Akteuren, weitere *physische Objekte* von Relevanz, *Ereignisse* in Bezug zu den Aktivitäten, die *Sequenz der Ereignisse und Aktivitäten* sowie die *Ziele*, die in der Beobachtungssituation erreicht wurden beziehungsweise zu erreichen versucht wurden.

mit einzubeziehen. Zudem sollten neben den **OEM** auch die **Endkunden** untersucht werden, um auch hier beide Perspektiven zu erfassen.[134]

Die Identifikation geeigneter Unternehmen gestaltete sich schwierig. Der gesamte Markt für Rutschkupplungsnaben war äußerst fragmentiert und es fehlten bisher klare Regeln, welche Unternehmen als Abnehmer dem bisher vage definierten General-Purpose-Markt zugeordnet werden sollten. Bisher gab es keine frugalen Innovationen in diesem Marktumfeld. Damit war es nicht offensichtlich, welche Unternehmen Interesse an einem bisher noch nicht existierenden und damit nicht weiter spezifizierbaren frugalen Produkt hatten.

Um sich diesem Problem anzunähern, sollte spezifiziert werden, für welche unterschiedlichen Aufgaben Rutschkupplungsnaben eingesetzt werden beziehungsweise – um die Ausdrucksweise von Christensen et al. (2005) und Bettencourt und Ulwick (2008) zu verwenden –, sollte spezifiziert werden, **welchen Job die Kunden durch Rutschkupplungsnaben erledigt sehen wollten.** Für diesen Zweck wurde ein ähnliches Vorgehen gewählt, wie es von Christensen et al. im Kontext von *job-defined* markets beschrieben ist.[135] Auf Basis der Erfahrungen des Marketing Managers EMEA, des Application Engineers, des R&D Managers (UK) sowie des Directors Global Engineering wurden **Kriterien definiert**, in denen sich bisherige Rutschkupplungsnaben unterschieden und damit für unterschiedliche Aufgaben beziehungsweise Einsatzbereiche in Frage kamen. Um ein Beispiel zu nennen: Rutschkupplungsnaben können die Aufgabe haben, regelmäßige Überlastspitzen abzufangen und müssen damit so ausgelegt sein, dass ihnen das häufige Auftreten von Überlast nichts anhaben kann. Rutschkupplungsnaben können hingegen auch in Maschinen oder Anlagen verbaut sein, in der eine Überlast nur äußerst selten auftritt. Die Aufgabe ist dann, diese einmalige Überlast abzufangen, um die Maschine oder Anlage vor weiteren Beschädigungen zu schützen. In diesem Fall wäre es ausreichend, wenn die Rutschkupplungsnabe nur der einmaligen Überlast standhielte und dann ausgetauscht werden würde. Die zugrunde liegenden Bedürfnisse und damit die mögliche Ausgestaltung der Rutschkupplungsnabe unterscheiden sich also in beiden Fällen.

Die definierten **Kriterien**, mit denen sich die Aufgaben der Rutschkupplungsnaben unterscheiden lassen sollten, waren neben weiteren: *Häufigkeit des Auftretens von Überlast, Dauer der Überlast, notwendige Einstellgenauigkeit des Auslösemoments, typischer Dreh-*

---

[134] Wie in Abschnitt 5.3.1.1 diskutiert wurde, können bei diesen beiden Kundengruppen unterschiedliche Bedürfnisse bestehen, wie beispielsweise hinsichtlich der Bedeutung der Total Cost of Ownership und der Anschaffungskosten (siehe S. 146).

[135] Siehe Abschnitt 5.3.2.1.6, S. 156 ff.

zahlbereich, auftretendes Drehmoment, Umgebungstemperatur und *auftretende Luft-feuchtigkeit*. Auf Basis der Erfahrungen der an der Aktionsforschung beteiligten Akteure wurden die Werte festgelegt, mit denen der General-Purpose-Markt für Rutschkupp-lungsnaben definiert werden konnte und für den die frugale Innovation entwickelt wer-den sollte. Tabelle 9 zeigt die für die Kriterien hinterlegten Werte, mit denen der Markt spezifiziert wurde.[136]

Number of overloads	Duration of overload	Accuracy of torque setting	Speed	Torque level	Temperature	Humidity
Damage pre-vention (low frequency)	< 0,5 sec	Non-critical (less accu-rate > 10 %)	< 1,500 rpm	50–800 Nm	Normal	Low (< 70 %)

Tabelle 9: Spezifikation des General-Purpose-Markts für Rutschkupplungsnaben

Im nächsten Schritt wurde geprüft, welche Unternehmen mit ihren Maschinen und An-lagen potenzielle Abnehmer in diesem Markt waren. Insgesamt wurden 59 **Unternehmen** (vorwiegend OEM) aus 21 unterschiedlichen Branchen und Indust-rien betrachtet (darunter beispielsweise Verpackungsindustrie, Schaumstoffindustrie, Landmaschinenhersteller, Hersteller von Förderanlagen, Hersteller von Abfüllanlagen). Für 23 der Unternehmen konnte ein Bedarf aufgrund ihrer hergestellten Anlagen und Maschinen angenommen werden. Diese 23 Unternehmen waren damit potenziell für die Durchführung der Workshops zur Identifikation der Kundenbedürfnisse geeignet.

Im nächsten Schritt wurden die identifizierten Unternehmen durch den Marketing Ma-nager EMEA, den Application Engineer, den R&D Manager (UK), den Director Global En-gineering sowie den Project Engineer **kontaktiert** und persönlich angefragt, ob sie für einen Workshop zur Verfügung stehen würden. Bei der Kontaktaufnahme wurde den Unternehmen eine mehrseitige Präsentation zu dem Vorhaben zugesendet, aus dem die Ziele der Durchführung des Workshops hervorgingen und die Vorteile frugaler Innova-tionen ersichtlich wurden. Dies geschah vorwiegend in den Monaten Februar bis August 2016. Zu einigen Unternehmen bestanden bereits Geschäftsbeziehungen.

---

[136] Der Prozess der Segmentierung nahm rund eineinhalb Workshoptage in Anspruch und war Inhalt mehrerer Telefonate und Video-Online-Konferenzen.

Im Verlauf dieses Prozesses wurde eine Reihe von Erkenntnissen gewonnen, auf die bereits in der Problemdiagnose unter Problemfeld 2) eingegangen wurde (siehe S. 140). Wie in der Problemdiagnose geschildert, war es mit großem Aufwand verbunden, um mit dem Produkt vertraute Mitarbeiter bei den Unternehmenskunden ausfindig zu machen. Auch wenn dies gelang, war die Teilnahmebereitschaft an einem gemeinsamen Workshop oder vertiefenden Interviews aus den bereits diskutierten Gründen (der als gering wahrgenommene Nutzen sowie die Erwartungshaltung an den Hersteller, siehe S. 140 f.) nur gering.

Die Identifikation von **Endkunden** gestaltete sich, wie ebenso bereits in der Problemdiagnose diskutiert wurde, deutlich schwieriger. Die Bemühungen führten zu der Erkenntnis, dass eine Durchführung von Workshops mit Endkunden im Untersuchungskontext nicht zielführend war.[137]

Trotz dieser Schwierigkeiten wurde das geplante Workshopkonzept erfolgreich durchgeführt, worauf im nachfolgenden Abschnitt eingegangen wird.

5.3.3   Aktion – Identifikation von Kundenbedürfnissen

Das erarbeitete **Workshopkonzept** wurde mit einem wichtigen Kunden des Unternehmens durchgeführt, der ein großer internationaler Hersteller in der Automobilzulieferindustrie mit Sitz in Österreich ist. Von dem Kundenunternehmen nahmen an dem Workshop acht Führungskräfte und Mitarbeiter teil, die in den Bereichen Sales, Global Operations, Strategic Purchasing und Mechanical Engineering tätig waren. Zudem nahm

---

[137] Um diesen Punkt ergänzend zur Problemdiagnose (siehe S. 140) zu vertiefen: Grundsätzlich kamen die vom Unternehmen hergestellten Rutschkupplungsnaben bei Hunderten von Unternehmenskunden zum Einsatz, die als Endkunden die von den OEM hergestellten Maschinen und Anlagen verwendeten. Viele der Endkunden wurden auch von Zwischenhändlern beliefert. Es erwies sich jedoch als unrealistisch, wie in der Aktionsforschung ursprünglich geplant worden war, die Endkunden über die Zwischenhändler davon zu überzeugen, an Workshops teilzunehmen oder für ausführliche Interviews bereitzustehen. Zudem wurde durch weitere Überlegungen klar, dass viele der Endkunden sich kaum mit Rutschkupplungsnaben auskannten. Um dies an nur einem Beispiel zu verdeutlichen: Ein Nutzer von Landmaschinen – einer von vielen Endkunden – kommt mit Rutschkupplungsnaben nur selten in Berührung. Hier müssten eher die Werkstätten kontaktiert werden, in denen die Landmaschinen gewartet werden. Aber auch hier müsste diejenige Person aus der Werkstatt kontaktiert werden, die genügend Erfahrungen speziell mit diesem Bauteil gesammelt hat. Die Werkstätten könnten wiederum vermutlich nur wenig über das direkte Nutzerverhalten berichten. Insgesamt würde ein nur unvollständiges Bild unter großem Ressourcenaufwand entstehen. Als ein Ergebnis der Aktionsforschung hielt das Unternehmen für sich fest, auf dieses Vorgehen nach Möglichkeit dennoch nicht verzichten zu wollen und in Zukunft bei Produktentwicklungen zu prüfen, ob bei dem jeweiligen Entwicklungsprojekt die Rahmenbedingungen gegeben waren, um Endkunden zu involvieren. Als weitere Erkenntnis ist festzuhalten, dass für vergleichbare Entwicklungsprojekte – bei denen die Wertschöpfung des Bauteils an der gesamten Maschine oder Anlage ähnlich gering ist – Möglichkeiten gefunden werden müssen, um mit deutlich geringerem Aufwand an geeignete Kunden heranzutreten. Auf eine Einbindung der Kunden komplett zu verzichten, stellt aus Sicht der vorliegenden Arbeit keine Lösung dar.

an dem Workshop der Zwischenhändler teil, der an der Schnittstelle zwischen beiden Unternehmen operierte. Von dem an der Aktionsforschung beteiligten, herstellenden Unternehmen nahmen ein Application Engineer und ein Project Engineer teil, die Rolle des Moderators wurde durch den Autor der vorliegenden Arbeit übernommen.

Die Teilnahme der beiden **Entwicklungsingenieure** ermöglichte, dass diese aus erster Hand Informationen zu den Kundenbedürfnissen gewannen und mehrfach die Chance nutzten, gezielt Rückfragen stellen zu können. Die Diskussion **entlang der Phasen des Produktlebenszyklus** trug dazu bei, neben vielen offensichtlichen Funktionen auch weniger leicht ersichtliche zu identifizieren, wie beispielsweise bestimmte Anforderungen an den Korrosionsschutz bei einem Seetransport. Auch das Vorgehen, sich intensiv mit den einzelnen **Funktionen** auseinander zu setzen und diese in abteilungsübergreifender Zusammensetzung zu diskutieren, ermöglichte es, die Bedürfnisse des Unternehmenskunden besser zu verstehen. Dabei wurde darauf geachtet, dass die Diskussion soweit wie möglich lösungsneutral erfolgte. Die Diskussion des **notwendigen Leistungsniveaus** der einzelnen Funktionen nahm viel Zeit in Anspruch und zeigte, dass selbst *innerhalb des Kundenunternehmens* teilweise nicht klar war, welches Niveau tatsächlich benötigt wurde. Zum einen wurde dies, wie die *Ingenieure des Kunden* im Workshop zugaben, teils nicht weiter hinterfragt,[138] zum anderen war häufig nicht im Detail bekannt, wie der *Endkunde* die Produkte einsetzte und welches Leistungsniveau *dieser* tatsächlich benötigte. Insofern trug die gezielte Diskussion zum Leistungsniveau während des Workshops maßgeblich dazu bei, eine bewusste Auseinandersetzung zu diesem Themenfeld *auch beim Kunden* anzustoßen und mehr Klarheit hierüber zu gewinnen.

Eine besonders interessante Beobachtung während des Workshops war, dass die Abfrage und Diskussion der **benötigten Funktionen** auf viele der Teilnehmer **äußert herausfordernd** wirkte. Dies konnte damit erklärt werden, dass die Teilnehmer des Workshops nicht täglich mit Rutschkupplungsnaben in Berührung kamen, sondern diese als eines von zahlreichen weiteren Bauteilen in ihren Anlagen verbauten. Viele der Teilnehmer des Workshops waren nur zu Teilen mit Rutschkupplungsnaben vertraut. Rutschkupplungsnaben sind in dieser Hinsicht keine Ausnahme. Auch andere Bauteile und Komponenten dürften zu ähnlichen Beobachtungen führen.

Zudem ergaben sich zwischen den Workshopteilnehmern der unterschiedlichen Bereiche des Unternehmenskunden immer wieder **intensive Diskussionen**, was die Kom-

---

[138] Diese Beobachtung wurde im Rahmen der Problemdiagnose auch *beim herstellenden Unternehmen* gemacht und in Abschnitt 5.3.1.1 unter Problemfeld 8) diskutiert (siehe S. 145).

plexität der Aufgabenstellung verdeutlichte. Die geplante Formulierung der diskutierten **Funktionen in Form eines Substantivs und eines Verbs** war während des Workshops nur für wenige Funktionen möglich, da dieser Schritt eine sehr detaillierte und intensive Auseinandersetzung mit der jeweiligen Funktion erforderte, die im Rahmen eines halbtägigen Workshops nicht für alle Funktionen gleichermaßen leistbar war. Die geplante **Klassifizierung** und **Gliederung** der Funktionen sowie die Erstellung eines **Funktionsbaums** stellten sich als zu aufwendig und komplex für die für den Workshop zur Verfügung stehende Zeit heraus.

Die Ergebnisse des Workshops wurden am Flip-Chart festgehalten und parallel auf dem Fragebogen durch den Project Engineer dokumentiert. Mit weiteren Mitschriften und Notizen wurde der Verlauf des Workshops festgehalten. Im Zuge der weiteren Aktionsforschung wurden diese aufbereitet, auf fünf PowerPoint-Folien festgehalten und mit den an der Aktionsforschung beteiligten Akteuren in den Folgemonaten reflektiert und diskutiert. Nach Entfernung von Redundanzen und dem Zusammenfassen ähnlicher Bedürfnisse wurden 16 Bedürfnisse identifiziert und diskutiert. Die identifizierten Bedürfnisse flossen in den späteren Prozess der Konzepterarbeitung ein (siehe Abschnitt 5.4, S. 195 ff.; hier wird auch detaillierter auf die Bedürfnisse im Rahmen der Konzepterarbeitung eingegangen; eine graphische Darstellung der Bedürfnisse findet sich auf den Folgeseiten in Abbildung 27, S. 214). Die Durchführung von Beobachtungen zum Gebrauch der Rutschkupplungsnabe durch den Kunden, insbesondere bei der Montage, dem Nachstellen, der Wartung sowie der Demontage, wurde nicht gestattet.[139]

5.3.4   Evaluation – Identifikation von Kundenbedürfnissen

5.3.4.1   Bewertung der in der Aktion gewonnenen Erkenntnisse

In der gemeinsamen Reflexion des umgesetzten Workshopkonzepts wurde dieses vom Unternehmen als sehr effektiv für die Entwicklung einer frugalen Innovation hinsichtlich der Diskussion des Objekts entlang seines Lebenszyklus bewertet. Die in der Problemdiagnose identifizierten Problemfelder wurden mit dem Konzept deutlich abgemildert. Es konnten **umfassendere Informationen** über die Kundenbedürfnisse gewonnen werden, als es bei vorherigen Entwicklungsprojekten, beispielsweise der Durchführung

---

[139] Für die Beobachtung bei diesem Kunden hätte geklärt werden müssen, wann eine solche Beobachtung hätte durchgeführt werden können (bei dem Kunden wurden Rutschkupplungsnaben nicht täglich verbaut). Zudem hätten die entsprechenden Mitarbeiter informiert und eingewiesen werden müssen. Der Abstimmungsaufwand wäre bei diesem Kunden deutlich größer gewesen als der für die Durchführung des Workshops.

von Markstudien mithilfe schriftlicher Befragungen, möglich war. Das Workshopkonzept ermöglichte ein strukturiertes Vorgehen, an dem sich das Unternehmen auch bei zukünftigen Entwicklungsprojekten orientieren will. Zugleich zeigte die Umsetzung des Konzepts, dass ursprünglich vorgesehene Elemente aufgrund ihrer Komplexität innerhalb der zeitlichen Restriktionen schwer umsetzbar waren und **damit auf diese verzichtet werden konnte**. Eine konsequente Klassifizierung der Funktionen in Gebrauchs- und Geltungsfunktionen sowie in Hauptfunktionen, Nebenfunktionen, unnötige Funktionen und unerwünschte Funktionen, wie sie auch in der **Wertanalyse** verfolgt wird, erwies sich als zu kompliziert und aufwendig. Ebenso galt dies für die geplante Erstellung des Funktionsbaums sowie eine intensive Diskussion lösungsbedingter Vorgaben. Die Gewinnung dieser Informationen wurde zwar weiterhin als nützlich für den fortlaufenden Entwicklungsprozess angesehen, jedoch wurde ersichtlich, dass sie unter realen Bedingungen nicht im ursprünglich geplanten Umfang zu gewinnen waren. Daher wurde die Schlussfolgerung gezogen, diese Informationen im Rahmen zukünftiger Workshops nicht mehr konsequent für alle Funktionen abzufragen, sondern sie gezielt bei einzelnen Funktionen mit größerem Klärungsbedarf zu erheben sowie ihnen als Hersteller selbst nachzugehen.

Um das Konzept weiter zu vereinfachen, wurde dieses beim fünften Workshop im April 2016 sowie beim achten Workshop im Dezember 2016 an die im Laufe der Aktionsforschung gewonnenen Erkenntnisse abschließend angepasst. Das vereinfachte **Vorgehensmodell** zur Identifikation der Kundenbedürfnisse und seine Wirksamkeit werden im Folgenden diskutiert.

5.3.4.2 In den Innovationsprozess integriertes Vorgehensmodell zur Identifikation von Kundenbedürfnissen bei frugalen Innovationen

Für die **Güte** der Aktionsforschung ist es entscheidend, den Forschungsprozess transparent und nachvollziehbar darzustellen. Eden und Huxham betonen: „theory will be formed from the characterization or conceptualization of the particular experience" (Eden und Huxham 1996, S. 79). Daher muss bei der Darstellung der Aktionsforschung für Außenstehende erkennbar werden, warum welche Veränderungsmaßnahmen geplant wurden, auf Basis welcher Daten und Erfahrungen dies erfolgte sowie warum welche Schlussfolgerungen aus der Implementierung der Veränderungsmaßnahmen gezogen wurden (Coghlan und Brannick 2014; Eden und Huxham 1996). Diese Ziele wurden mit der bisherigen Darstellung von Untersuchungsfeld 2 verfolgt, um zudem zu zeigen, wie die theoretischen und konzeptionellen Erkenntnisse gewonnen wurden. Abschließend sollen die Erkenntnisse aus Untersuchungsfeld 2 in aggregierter Form dargestellt werden, um sie für weitere Forschungs- und Praxisprojekte nutzbar zu machen.[140]

Das **konzeptionelle Ergebnis der Aktionsforschung in Untersuchungsfeld 2** ist ein Vorgehensmodell, das sich insbesondere hinsichtlich dreier Herausforderungen bewährte:[141] *Erstens* ist der Schwerpunkt des Vorgehens darauf ausgerichtet, Informationen zu den **drei Kriterien frugaler Innovationen** zu gewinnen, die bisher von anderen Konzepten und Modellen zur Identifikation von Kundenbedürfnissen nicht in dieser Deutlichkeit berücksichtigt wurden.[142] *Zweitens* kann die Erfassung der Kundenbedürfnisse nicht nur bei Endkunden im B2C-Bereich, sondern ebenso bei Kundenunternehmen im **B2B-Bereich** – beispielsweise bei OEM – angewendet werden. *Drittens* ist das Vorgehen darauf ausgerichtet, fundierte Informationen auch unter **Rahmenbedingungen** zu gewinnen, die eine umfassende Erhebung von Kundenbedürfnissen deutlich erschweren.[143]

Die im Rahmen der Detailplanung diskutierten Inhalte (siehe Abschnitt 5.3.2.3, S. 161 ff.) wurden zu einer Matrix verdichtet, die ihrem Inhalt nach im Folgenden als **Lebenszyklus-Bedürfnis-Matrix** bezeichnet wird. Als zweites Element im Vorgehensmodell ist der Einsatz eines **strukturierten Fragebogens** vorgesehen, der begleitend zum Kundenworkshop eingesetzt wird. Wann immer es möglich ist, sollen als drittes Element im Vorgehensmodell **Beobachtungen** durchgeführt werden. Das gesamte Vorgehensmodell, wie es im Folgenden im Detail dargestellt und anhand von Abbildungen veranschaulicht wird, ist unter Einbindung der Entwicklungsingenieure im direkten Kundenkontakt anzuwenden.

5.3.4.2.1 Die Lebenszyklus-Bedürfnis-Matrix als Kernelement zur Identifikation der Kundenbedürfnisse

Der Kundenworkshop ist das wichtigste Element im Vorgehen zur Identifikation der Kundenbedürfnisse. Die im Workshop ermittelten Bedürfnisse sind mittels der Lebenszyklus-Bedürfnis-Matrix zu dokumentieren (siehe nächsten Abschnitt).

---

[140] Damit soll insbesondere der Forderung von Eden und Huxham nachgekommen werden: „the presenters of action research should be clear about what they expect the consumer to take from it and present with a form and style appropriate to this aim" (Eden und Huxham 1996, S. 81).

[141] Das Vorgehensmodell trägt dazu bei, die methodische Lücke, wie die Identifikation von Kundenbedürfnissen im Kontext der insbesondere bei frugalen Innovationen auftretenden Herausforderungen erfolgen sollte, weiter zu schließen.

[142] Zu den drei Kriterien frugaler Innovation siehe Abschnitt 3, S. 21 ff.

[143] Siehe dazu die Problemfelder in Abschnitt 5.3.1, S. 137 ff., insbesondere Problemfeld 2).

Als **Teilnehmer von Kundenseite** sind Vertreter möglichst aller Abteilungen wünschenswert, die mit dem Produkt in Berührung kommen. Nicht immer kann davon ausgegangen werden, dass so viele Personen für den Workshop freigestellt werden, wie es in der vorliegenden Untersuchung mit acht Teilnehmern von Kundenseite der Fall war. Daher sollte darauf geachtet werden, dass bei Kunden-**OEM**[144] zumindest ein **Vertreter aus dem Bereich Technik** (z. B. Entwicklung) sowie ein **Vertreter mit Kontakt zu den Endkunden** mit Applikationswissen am Workshop teilnimmt, da dieser die Bedürfnisse des Endkunden am besten einschätzen kann. Teilnehmer aus weiteren Abteilungen sind ausdrücklich willkommen.

Wie bereits diskutiert, können die Bedürfnisse von OEM von denen der Endkunden abweichen. Auch wenn in Abhängigkeit von der Branche oder Industrie ein Workshop mit Endkunden, wie in der vorliegenden Untersuchung, nicht immer möglich sein wird, sollte zumindest die Durchführung der Kundenworkshops mit **Endkunden** angestrebt werden, um die Perspektive und die Bedürfnisse der tatsächlichen Nutzer direkt zu erfassen.[145] Bei einer Durchführung des Workshops mit Endkunden sollte ebenfalls ein Vertreter aus dem **Bereich Technik** (z. B. Wartung/Instandsetzung) vertreten sein sowie ein Verantwortlicher für den **Betriebsablauf**, der mit möglichen Problemen des Produkts konfrontiert ist, beispielsweise mit Störungen, die den Betriebsablauf beeinflussen. Auch hier sollten Kollegen aus weiteren Abteilungen ausdrücklich willkommen sein.

Sind die Möglichkeiten und Ressourcen vorhanden, sollte der Workshop mit bisherigen Kunden, mit verlorenen Kunden sowie mit potenziellen neuen Kunden durchgeführt werden.

Von Seiten des **herstellenden Unternehmens** sollten mindestens **zwei Entwicklungsingenieure** an der Durchführung des Workshops beteiligt sein, damit diese sich im Nachgang zu den gewonnenen Eindrücken austauschen und diese gemeinsam reflektieren können. Die Rolle des **Moderators** sollte von einer Person übernommen werden, die nicht unmittelbar in die technische Entwicklung involviert ist, um nicht bereits in bestimmten Lösungsmustern zu denken und dadurch die Diskussion zu beeinflussen. Stattdessen muss der Moderator in der Lage sein, in technischer Hinsicht unvoreingenommen und möglichst neutral den Workshop zu moderieren und zu steuern.

---

[144] Ein Beispiel für ein OEM ist ein Hersteller von Landmaschinen.

[145] Ein Beispiel für einen Endkunden ist der Nutzer einer Landmaschine. Unter dem Begriff Endkunden werden in der hier geführten Diskussion die Nutzer mit eingeschlossen, auch wenn diese nicht zwingend der Endkunde sein müssen (beispielsweise muss der Eigentümer einer Landmaschine nicht zwingend der Nutzer sein, der diese bedient).

Für die **Dauer** des Workshops sollten nach Möglichkeit mindestens drei Stunden einge-
plant werden. Eine Freistellung von einem halben Tag wäre wünschenswert, sofern das
Kundenunternehmen überzeugt werden kann, die Mitarbeiter für die Dauer des Workshops vom operativen Tagesgeschäft freizustellen. Sollte der Kunde dennoch für eine
längere Durchführung des Workshops offen sein, hilft dies, tiefer in die Inhalte einzu-
steigen.

Der **Ablauf des Workshops** erfolgt in sieben Schritten. Die Ergebnisse der ersten sechs
Schritte werden in der in Abbildung 20 dargestellten Lebenszyklus-Bedürfnis-Matrix
dokumentiert.

1 Phase im Lebenszyklus	**2** Erfahrungen	**3** Bedürfnis	**4** Funktion	**5** Leistungs-niveau	**6** Bedeutung
Einkauf					
Montage					
Inbetriebnahme					
Betrieb störungsfrei					
Störung					
Wartung					
Demontage					
Entsorgung					

Abbildung 20: Lebenszyklus-Bedürfnis-Matrix zur Erfassung der Kundenbedürfnisse[146]

Schritt 1 – Bestimmung der Lebenszyklusphasen des zu ersetzenden Produkts[147]

Das Vorgehen, im ersten Schritt die einzelnen Lebenszyklusphasen des zu ersetzenden
Produkts zu identifizieren, um die weitere Diskussion zu den Kundenbedürfnissen zu

---

[146] Eigene Darstellung.
[147] Alternativ kann das Verfahren ebenso für Dienstleistungen eingesetzt werden.

strukturieren und sämtliche wichtigen Bedürfnisse bei der Datenerhebung zu erfassen, wurde im Rahmen der Aktionsforschung positiv bewertet. Im Fall der Rutschkupplungsnabe bestand der Lebenszyklus aus den in Abbildung 20 dargestellten Phasen. Wie in der Aktionsforschung sollte dieser Schritt vor der Durchführung des Workshops erfolgen. Der Workshop mit dem Kunden dient der Verifizierung der identifizierten Phasen.

Schritt 2 – Erfassung der Kundenerfahrungen

Nachdem die Lebenszyklusphasen mit den Teilnehmern des Workshops verifiziert worden, wurden sowohl die positiven als auch die negativen Erfahrungen des Kunden mit dem bisherigen Produkt für die einzelnen Phasen diskutiert. Wie sich in der Untersuchung zeigte, ermöglicht es die Frage nach den Erfahrungen, einen offenen Einstieg in das Thema zu finden.[148] Dieses Vorgehen ist der direkten Befragung der Workshopteilnehmer nach ihren Bedürfnissen vorzuziehen. Zum einen sind Kunden häufig nicht in der Lage, ihre Bedürfnisse zu benennen (Ammann et al. 2011; Patnaik und Becker 1999; Saatweber 2011). Zum anderen führt die direkte Frage nach den Bedürfnissen häufig dazu, dass die Kunden sich Altbekanntes in günstigerer und besserer Form wünschen (Crawford und Di Benedetto 2015). Dies macht es schwer, zu ermitteln, welche Veränderungen für den Kunden wirklich notwendig sind, und mündet meist in inkrementellen Veränderungen statt in der Entwicklung echter Innovationen. Auch Crawford und Di Benedetto (2015) kommen daher zu dem Ergebnis: „a better way to proceed is to focus on experiences" (Crawford und Di Benedetto 2015, S. 303).

Die Erfahrungen des Kunden sollten in der Lebenszyklus-Bedürfnis-Matrix in seinen eigenen Worten erfasst werden, um sein Anliegen auch im Nachgang, wenn die Ergebnisse des Workshops reflektiert werden, besser zu verstehen. Auch in der Literatur wird darauf hingewiesen, wie wichtig es bei der Erfassung der Kundenbedürfnisse ist, die Sichtweise des Kunden in dessen eigenen Worten wiederzugeben (Griffin und Hauser 1993; Hauser und Clausing 1988).

---

[148] Auch Schritt 2 war bereits Teil des in Abschnitt 5.3.2.3.1 (S. 162 ff.) diskutierten Konzepts. Im Unterschied zu dem abschließend erarbeiteten Vorgehensmodell wurde dieser Schritt jedoch nicht am Flip-Chart als Teil der Lebenszyklus-Bedürfnis-Matrix dokumentiert. Die Lebenszyklus-Bedürfnis-Matrix soll ermöglichen, dass alle durchzuführenden Schritte im Workshop (bis auf Schritt 7) von Beginn an transparent sind und übersichtlich dokumentiert werden.

Schritt 3 – Identifikation der zugrunde liegenden Bedürfnisse

Ziel während des gesamten Workshops sollte es sein, in den Diskussionen mit den Teilnehmern die zugrunde liegenden Bedürfnisse zu identifizieren. Diese können aus den Schilderungen der Erfahrungen mit bisherigen Produkten abgeleitet werden oder sind auf Basis der weiteren Diskussionen des Workshops herauszuarbeiten. Wie sich gezeigt hat, werden von den Workshopteilnehmern häufig Anforderungen oder konkrete Lösungen diskutiert. Hier ist es Aufgabe des Moderators sowie der Teilnehmer des *Hersteller*unternehmens, die zugrunde liegenden Bedürfnisse durch gezieltes Hinterfragen herauszuarbeiten.[149]

Schritt 3 findet permanent während des gesamten Workshops statt. Möglicherweise kann nur ein Teil der Bedürfnisse tatsächlich während des Workshops erfasst werden, ein anderer Teil dagegen erst nachträglich im Zuge der Reflexion der Ergebnisse des Workshops. Dennoch sollte die Chance bereits während des Workshops genutzt werden, die Aussagen der Workshopteilnehmer zu hinterfragen, um die zugrunde liegenden Bedürfnisse zu verstehen. Dadurch ist bereits während des Workshops die Möglichkeit gegeben, den Teilnehmern die wahrgenommenen Bedürfnisse zu spiegeln und durch ihr Feedback zu validieren.[150]

Schritt 4 – Identifikation benötigter Funktionen

Auf Basis der ermittelten Bedürfnisse findet die Diskussion der benötigten Funktionen bereits auf einer detaillierten Ebene statt. Ist es beispielsweise das Bedürfnis des Kunden, „möglichst schnell von A nach B zu kommen", können die Funktionen folgende sein: „Passagier aufnehmen", „Passagier beschleunigen", „Passagier abbremsen" etc. Durch diese Art der Formulierung sollen die benötigten Funktionen lösungsneutral dokumentiert werden. Wie sich während der Aktionsforschung zeigte, ist damit zu rechnen, dass nur ein Teil der benötigten Funktionen während des Workshops in dieser Form dokumentiert werden kann. Dennoch ist es sinnvoll, diesen Schritt durchzuführen. Zum einen kann es sein, wie sich gezeigt hat, dass erst durch die Diskussion vorhandener Funktionen von bekannten Produkten das tatsächliche Bedürfnis erkennbar wird. Zum anderen

---

[149] Die Workshopteilnehmer direkt nach ihren Bedürfnissen zu fragen, ist hingegen wenig zielführend, wie bereits unter Schritt 2 erläutert wurde. Dennoch bietet es sich an, sofern ein Teilnehmer während der Diskussion ein Bedürfnis gut auf den Punkt bringen konnte, den originalen Wortlaut zu verwenden.

[150] Im unter Abschnitt 5.3.2.3.1 (S. 162 ff.) diskutierten Konzept wurde dies durch die Frage „warum" zum Hinterfragen der Funktionen und des notwendigen Leistungsniveaus erreicht.

kann die Diskussion der Funktionen dabei helfen, bestimmte Bedürfnisse zu spezifizieren und verständlicher werden zu lassen.[151]

Schritt 5 – Identifikation optimiertes Leistungsniveaus[152]

Es sollte zudem unbedingt eine Diskussion des benötigten Leistungsniveaus im Kontext der Bedürfnisse und der mit diesen verbundenen Funktionen erfolgen. Bei dem eben genannten Beispiel, das Bedürfnis „möglichst schnell von A nach B kommen", könnte die Diskussion zum optimierten Leistungsniveau ergeben, dass dies schneller erfolgen müsse, als dies bisherige Lösungen ermöglichen, jedoch eine Zeit von x Minuten durchaus ausreichend ist. Bei der Diskussion einzelner Leistungsniveaus kann es hilfreich sein, zu hinterfragen (siehe auch Abschnitt 5.3.2.3.1, Tabelle 8, S. 166), wie exakt dieses Leistungsniveau eingehalten werden muss und welche Flexibilität bei dem genannten Zielwert möglich ist.

Spätestens bei diesem Schritt wird deutlich, wie fließend der Übergang zwischen Anforderungen und Bedürfnissen sein kann. Dass Bedürfnisse statt Anforderungen zu erheben sind, war ein klares Ergebnis der Problemdiagnose. Konkrete Zielwerte für ein bestimmtes Leistungsniveau lassen sich jedoch zumeist kaum noch von konkreten Anforderungen, die ein Kunde an ein Produkt stellt, unterscheiden. Umso wichtiger ist es bei diesem Schritt, zu hinterfragen, welches Bedürfnis dem genannten Leistungsniveau zugrunde liegt (siehe Schritt 3) und ob dieses überhaupt bestmöglich mit den diskutierten Funktionen und Leistungsniveaus erfüllt wird.

---

[151] Einen Hinweis für die Leser, die mit dem House of Quality vertraut sind und die hier gewonnenen Daten zusätzlich für dieses nutzen möchten (siehe im Folgenden auch Abschnitt 5.4): Im House of Quality werden sowohl die *Kundenbedürfnisse* als auch die *technischen Merkmale* notiert (Hauser und Clausing 1988; Hauser 1993), auf eine Funktionsmodellierung wird hingegen meist verzichtet (Saatweber 2011). Funktionen hängen jedoch mit den Bedürfnissen und technischen Merkmalen eng zusammen und können über eine Erweiterung des House of Quality integriert werden. Für eine detaillierte Erläuterung siehe Saatweber (2011), S. 448 ff. Um noch einmal zu verdeutlichen, warum bei der Lebenszyklus-Bedürfnis-Matrix Funktionen statt Merkmale abgefragt werden: Werden die notwendigen Merkmale eines Autos abgefragt, könnte der Kunde antworten, der Benzintank müsse mindestens 60 l fassen. Werden hingegen Funktionen diskutiert, lautet die Antwort möglicherweise eher, das Auto solle *Reichweite geben*, das Leistungsniveau solle bei 300 km liegen. Die Lösung könnte auch ein Elektroauto ohne Benzintank sein. Wie fließend in der *praktischen* Anwendung und Durchführung eines Workshops der Übergang zwischen Funktion und Merkmal ist, wird daran deutlich, dass die Funktion *Reichweite geben* auch als das Merkmal *Reichweite* notiert werden könnte. Da in der Diskussion mit dem Kunden eine klare Differenzierung oft schwer zu erreichen ist, ist etwas Fingerspitzengefühl gefragt, um bei der Nennung von Merkmalen zu hinterfragen, welche notwendigen Funktionen und Bedürfnisse sich dahinter verbergen.

[152] „Optimiertes Leistungsniveau" ist im Sinne von Abschnitt 3, S. 21 ff. zu verstehen.

Schritt 6 – Bestimmung der relativen Bedeutung

Abschließend ist im Workshop für die Lebenszyklus-Bedürfnis-Matrix zu bestimmen, welche Bedeutung den jeweiligen Bedürfnissen und den dazugehörigen Funktionen beigemessen wird. Eine differenzierte Skalierung wie von 1 bis 10 ist im Workshop nur schwer umsetzbar, da für eine so differenzierte Bewertung intensive Diskussionen unter den Workshopteilnehmern erforderlich sind.[153] Daher sollte im Kundenworkshop eine möglichst einfache Bewertungsskala angewendet werden mit den fünf Punkten _sehr wichtig, wichtig, weniger wichtig, nicht wichtig_ sowie _unklar._[154]

Schritt 7 – Abfrage von zu beachtenden Anforderungen

Abschließend sollte am Ende des Workshops die **offene Frage** gestellt werden, ob aus Sicht des Kunden wichtige Themen noch nicht angesprochen wurden, die aber im Rahmen des Workshops noch diskutiert werden sollten. Sofern diese Diskussion nicht bereits im Rahmen der Phase „Einkauf" des Lebenszyklus stattfand, sollte unbedingt noch danach gefragt werden, welche Bedürfnisse hinsichtlich der Anschaffungskosten und der Total Cost of Ownership bestehen.[155]

Nicht als zwingender Teil der Lebenszyklus-Bedürfnis-Matrix, jedoch als ergänzender Teil des Workshops sollten spätestens zu dessen Ende hin **Anforderungen** abgefragt werden, die unabhängig von den bisher ermittelten Bedürfnissen zu beachten sind und möglichweise noch nicht zur Sprache kamen. So sollten beispielsweise noch folgende Aspekte abgefragt werden: weitere notwendige Eigenschaften des Objekts,[156] zwingend einzuhaltende Normen, Vorschriften oder Gesetze, mögliche Anforderungen an Größe und Gewicht, Anforderungen an das Zusammenspiel mit weiteren Objekten, Limitationen bezüglich Materialien und Schmiermittel sowie sonstige zu beachtende Aspekte. Die

---

[153] Während der Aktionsforschung wurde dies bei einem der internen Workshops ohne Kundeneinbindung ersichtlich.

[154] Diese können im Workshop mit den Ziffern 1 bis 5 abgekürzt werden oder alternativ mit den Ziffern 1 bis 4, falls _unklar_ durch eine 0 ausgedrückt wird, wie dies beim hier diskutierten Vorgehensmodell vorgesehen wurde.

[155] Ist der Kunde ein OEM, kann diese Diskussion auch zu einer grundsätzlichen Diskussion seines Geschäftsmodells führen. Möglicherweise sollen die produzierten Produkte günstig verkauft werden, jedoch mit dem Ziel, auf dem Aftermarket zusätzliche Leistungen wie Wartung oder Reparaturen zu vertreiben, wodurch eine deutliche Senkung der Total Cost of Ownership mit der Änderung des Geschäftsmodells einhergehen müsste. Da diese Diskussion ausufern kann, sollte sie nicht vertiefend im Workshop geführt werden. Der Fokus im Workshop sollte eher darauf liegen, möglichst viele der Bedürfnisse zu erfassen.

[156] Dieser Aspekt sollte in einer offenen Frageform im Verlauf des Workshops zumindest _einmal_ abgefragt werden, um von den aus Kundensicht notwendigen Eigenschaften die eigentlichen Bedürfnisse ableiten zu können.

Punkte können, sofern sie einer Phase des Lebenszyklus zuzuordnen sind, in der Lebenszyklus-Bedürfnis-Matrix dokumentiert werden. Andernfalls bietet es sich an, die Punkte auf einem gesonderten Blatt während des Workshops zu sammeln und am Ende des Workshops gemeinsam mit den Teilnehmern noch einmal durchzugehen, um mögliche, bisher noch nicht diskutierte Punkte zu ergänzen.

5.3.4.2.2 Fragebogen mit Fokus auf den Funktionen entlang des Lebenszyklus

Der Einsatz des **Fragebogens** wurde von den an der Aktionsforschung beteiligten Akteuren ebenfalls als sehr effektiv wahrgenommen und bis auf zwei Punkte beibehalten. *Erstens* stellte sich die Abfrage, wie wichtig die einzelnen in den Frageabschnitten behandelten Themen für die Kaufentscheidung waren, als zu detailliert heraus. Innerhalb des dreistündigen Workshops waren es zu viele Informationen, die zeitgleich gewonnen werden sollten. Daher sollte auf diese Abfrage verzichtet werden. *Zweitens* lag die Stärke des Fragebogens darin, dass sich das Entwicklungsteam bereits vorab darüber Gedanken machen konnte, welche Informationen relevant erscheinen und damit im Workshop diskutiert werden sollten. Erst während des Workshops stellte sich durch die Diskussion heraus, welche Fragen besonders wichtig und welche Themen eher Randthemen waren, die keiner tieferen Diskussion bedurften. Somit konnte der Fragebogen im Anschluss an den Workshop in Fragen mit hoher Priorität und solche mit niedriger Priorität unterteilt werden. Daraus wurde das Ziel abgeleitet, in zukünftigen Workshops alle Fragen mit hoher Priorität zu diskutieren und Fragen mit niedriger Priorität nur dann weiter zu vertiefen, wenn der zeitliche Rahmen dies noch zulassen würde. Die Fragen des zweisprachig entwickelten Fragebogens sind auf Deutsch im Anhang auf S. 292 einsehbar.

5.3.4.2.3 Beobachtung von Anwendung und Anwendungsumgebung

Das dritte Element des Vorgehensmodells ist die **Beobachtung** des Kunden bei der Anwendung des zu ersetzenden Produkts und der Anwendungsumgebung. Wie die Aktionsforschung zeigte, ist die Durchführung einer Beobachtung in vielen Fällen nicht möglich, und es ist damit zu rechnen, dass die Kunden eine solche Beobachtung nicht gestatten werden. Dennoch ist in jedem Fall zu prüfen, ob eine Beobachtung durchgeführt werden kann. Nicht nur Griffin kommt zu dem Ergebnis: „Process-related needs are best identified by critical observation of customers" (Griffin 2013, S. 229). Auch Ulrich und Eppinger kommen zu der Erkenntnis: „Watching customers [...] can reveal important details about customer needs" (Ulrich und Eppinger 2012, S. 77). Ebenso wollte das Unternehmen auf Basis seiner guten Erfahrungen mit den wenigen, bisher durchgeführten

Beobachtungen an dem in der Aktionsforschung entwickelten strukturierten Beobachtungsvorgehen für zukünftige Entwicklungsprojekte festhalten.

Wie die Aktionsforschung zeigte, ist der Aufwand möglicher Absprachen für die Durchführung einer solchen Beobachtung nicht als gering einzuschätzen. Daher sollte ein solches Vorgehen gut vorbereitet werden. Es sollte, wie in Abschnitt 5.3.4.2.3 diskutiert wurde, vorab genau festgelegt werden, was und wer zu beobachten ist und welcher Prozessabschnitt beobachtet werden soll. Die Vorlage zur Dokumentation der Beobachtungen wurde im fünften Workshop im April 2016 an den Erkenntnissen, die im Verlauf der Aktionsforschung gewonnen wurden, ausgerichtet. Abbildung 21 zeigt die deutschsprachige Version des Beobachtungsbogens.

Fokus der Beobachtung Betrieb der Maschine oder Anwendung, welche mit dem Objekt (hier Rutschkupplungsnabe) in Verbindung steht.		
Beobachtungsfeld		**Notizen**
Zweck der Maschine	Ziel oder Zweck der Maschine	⋮ ——— ⋮ ———
Zweck des Objektes	Ziel oder Zweck, den das Objekt, hier Rutschkupplungsnabe, erfüllt	⋮ ——— ⋮ ———
Raum und Umgebung	Physischer Raum und Umgebung, in der das Objekt verwendet wird	⋮ ——— ⋮ ———
Weitere Objekte	Weitere physische Objekte von Relevanz	⋮ ——— ⋮ ———
Zusammenspiel der Objekte	Zusammenspiel des Objektes mit den in Verbindung stehenden Objekten	⋮ ——— ⋮ ———
Akteure	Involvierte Personen	⋮ ——— ⋮ ———
Aktivitäten	Aktivitäten der Akteure mit Bezug zum Beobachtungsobjekt	⋮ ——— ⋮ ———
Interaktion der Akteure	Interaktionen zwischen beteiligten Akteuren	⋮ ——— ⋮ ———
Ereignisse	Auftretende Ereignisse während Beobachtung	⋮ ——— ⋮ ———
Ablauf	Sequenz von Ereignissen und Aktivitäten	⋮ ——— ⋮ ———

Abbildung 21: Beobachtungsbogen[157]

---

[157] Eigene Darstellung und Festlegung der Beobachtungsfelder. In der Literatur hat sich bisher kein einheitliches Vorgehen etabliert, sondern es werden unterschiedliche Vorgehensweisen vorgeschlagen (siehe z. B. Leonard und Rayport 1997; Ulrich und Eppinger 2012). Ein einfacheres Konzept ist die AEIOU-Technik mit den fünf Beobachtungsfeldern **A**ction, **E**nvironment, **I**nteraction, **O**bject und **U**ser (siehe z. B. Uebernickel et al. 2015).

5.3.5   Implikationen und Ausblick

Das Ergebnis von Untersuchungsfeld 2 ist ein aus der Aktionsforschung heraus entstandenes Vorgehensmodell zur Identifikation der Kundenbedürfnisse, das auf die Herausforderungen bei der Entwicklung von frugalen Innovationen eingeht. Die Erkenntnisse, die auf diesem Weg gewonnen wurden, beinhalten wichtige theoretische Implikationen, die in Abschnitt 5.3.5.1 diskutiert werden. In Abschnitt 5.3.5.2 wird anschließend auf die praktischen Implikationen eingegangen. Abschließend wird in Abschnitt 5.3.5.3 ein Ausblick zum Untersuchungsfeld 2 gegeben und auf weiteren Forschungsbedarf hingewiesen.

5.3.5.1   Theoretische Implikationen

Die theoretischen Implikationen zu Untersuchungsfeld 2 betreffen schwerpunktmäßig das Forschungsfeld zu frugalen Innovationen. Die Implikationen 3) und 4) reichen über das Feld der frugalen Innovationen hinaus.

1) Intensive Bedürfnisanalysen bilden die Basis zur Entwicklung frugaler Innovationen, da bisher angenommene Bedürfnisse nicht unhinterfragt auf das neu zu entwickelnde Produkt übertragen werden können

Diese Implikation ist wenig überraschend, aber dafür umso wichtiger. Ebenso wie bei anderen, eher als radikal zu klassifizierenden Innovationen (Lynn und Akgün 1998; McDermott und O'Connor 2002; O'Connor und Rice 2013 a), sind auch bei frugalen Innovationen zu Beginn des Entwicklungsprozesses die technische Unsicherheit und die Marktunsicherheit hoch (siehe Untersuchungsfeld 1). Wie die vorliegende Untersuchung gezeigt hat, ist in der Regel **nur wenig über die Kundenbedürfnisse bekannt**, insbesondere dann, wenn im Marktsegment zu frugalen Innovationen nur wenige Erfahrungen vorliegen. Auf bisherigen Annahmen, Erfahrungen und Routinen aufzubauen, verhindert dagegen die Entwicklung frugaler Lösungen, wie die Analyse der Ausgangssituation des Unternehmens zeigte. Eine fundierte Erhebung der Kundenbedürfnisse ist daher unerlässlich und unterscheidet sich vom Vorgehen bei eher inkrementellen Innovationen. Bei diesen wäre eine fundierte Erhebung der Kundenbedürfnisse zwar ebenso wünschenswert und würde vermutlich zu einer Steigerung des Markterfolgs beitragen, jedoch kann auch bei einer Vernachlässigung intensiver Bedürfnisanalysen deutlich mehr auf bisherigen Erfahrungen aufgebaut werden, um inkrementelle Verbesserungen anzustoßen.

2) Für die Identifikation von Kundenbedürfnissen sind Vorgehensmodelle erforderlich, die ihren Fokus auf die Gewinnung von Informationen zu den drei Kriterien frugaler Innovation legen

Frugale Innovationen unterscheiden sich von anderen Innovationen dadurch, dass sie die drei Kriterien für frugale Innovation zeitgleich erfüllen, also der Fokus auf Kernfunktionalitäten liegt, das Leistungsniveau mit Blick auf die spezifischen Anforderungen optimiert wird sowie die Anschaffungskosten beziehungsweise die Total Cost of Ownership substanziell geringer sind (siehe Abschnitt 3, S. 21 ff.). Auch wenn Informationen zu diesen drei Kriterien für alle Innovationsarten relevant sein können, werden die erforderlichen **Kernfunktionalitäten** und das tatsächlich benötigte **Leistungsniveau** sowohl in den theoretischen Abhandlungen als auch in der Praxis, wie im Rahmen der Problemdiagnose insbesondere an den Problemfeldern 7) und 8) sowie bei der Umsetzung deutlich wurde, häufig nicht ausreichend hinterfragt. Die Gewinnung von Informationen zu diesen Kriterien ist für die Entwicklung von frugalen Innovationen jedoch unerlässlich. Daher müssen Vorgehensmodelle zur Identifikation der Kundenbedürfnisse bei der Entwicklung von frugalen Innovationen einen klaren Schwerpunkt auf die Erhebung von Daten zu diesen legen.

Entscheidend und bisher im Forschungsfeld frugaler Innovationen kaum diskutiert, ist die Frage, ob den Kunden die Senkung der Anschaffungskosten oder die Reduzierung der Total Cost of Ownership wichtiger ist. Wie die Untersuchung gezeigt hat, kann die Beantwortung der Frage von unterschiedlichen Faktoren abhängen. Im untersuchten Fall hing dies von den Marktstrukturen ab, da das Produkt hauptsächlich an OEM vertrieben wurde, für die die Anschaffungskosten und nicht die Total Cost of Ownership entscheidend waren.[158] Daraus folgt, dass beim Kriterium der **substanziellen Kostenreduktion** hinterfragt werden muss, ob der Fokus auf der Reduzierung der Anschaffungskosten (aus Perspektive des Herstellers: der Herstellkosten) oder der Reduzierung der Total Cost of Ownership liegen sollte.

3) Für die Identifikation von Kundenbedürfnissen sind Vorgehensmodelle sowie theoretische Ansätze notwendig, die auf nicht-idealtypische Bedingungen bei der Datenerhebung ausgerichtet sind

Auch wenn in der Literatur vielfach darauf hingewiesen wird, dass das Verständnis der fundamentalen Kundenbedürfnisse für die Entwicklung von frugalen Innovationen entscheidend ist (Basu et al. 2013; Mukerjee 2012; Sehgal et al. 2011), blieb die Frage der

---

[158] Siehe Problemfeld 9) aus der Problemdiagnose.

hierfür einzusetzenden Methoden weitgehend offen. Theoretisch kommt eine **Vielzahl von Ansätzen** in Frage, deren Anwendung in der vorliegenden Untersuchung in Betracht gezogen wurde. Dazu zählen Methoden wie beispielsweise Fokusgruppen, Interviews, Beobachtungen und Ethnographien, die in der Literatur zur Produktentwicklung vorgeschlagen werden (Cooper 2011; Crawford und Di Benedetto 2015; Ulrich und Eppinger 2016; Urban und Hauser 1993). Aber auch umfassendere Ansätze, wie das Empathic Design (Leonard und Rayport 1997) oder der Lead-User-Ansatz (Lüthje und Herstatt 2004; Herstatt und von Hippel 1992; von Hippel 1986), sowie iterative Ansätze, wie Learning by Experimentation (Thomke 2008) oder Design Thinking (Brown 2009; Plattner et al. 2011; Uebernickel et al. 2015), kommen in Frage. Weiterhin sollten an dieser Stelle Ansätze zur Priorisierung der Kundenbedürfnisse,[159] wie Conjoint-Analysen (Gustafsson et al. 2007; Rao 2014 b), Kano-Analysen (Kano et al. 1984; Matzler und Hinterhuber 1998) oder Importance-Performance-Analysen (Martilla und James 1977; Mourtzis et al. 2017), berücksichtigt werden. Die Anwendung dieser Ansätze beziehungsweise ihre Kombination scheint grundsätzlich möglich, wenngleich ein Beleg hieerfür im Kontext der Entwicklung frugaler Innovationen noch aussteht.[160]

Viele der Ansätze und Techniken sind jedoch an bestimmte **Voraussetzungen** gebunden. Beispielsweise ist für eine iterative Vorgehensweise die Bereitschaft der Kunden erforderlich, in ein solches Verfahren eingebunden zu werden. Beim Lead-User-Ansatz muss hingegen eine ausreichende Anzahl von Nutzern mit Lead-User-Eigenschaften vorhanden sein. Und bei einer fundierten Priorisierung der Kundenbedürfnisse, beispielsweise durch Conjoint-Analysen, ist eine ausreichende Teilnehmerzahl sowie eine Vorabauswahl der wichtigsten Eigenschaften und Merkmale erforderlich.

Wie die Untersuchung gezeigt hat, muss davon ausgegangen werden, dass diese **Voraussetzungen oftmals nicht gegeben sind.** Da die Identifikation der Kundenbedürfnisse für frugale Innovationen erfolgskritisch ist, müssen dennoch Methoden gefunden werden, die **trotz nicht-idealtypischer Bedingungen zu brauchbaren Ergebnissen** führen.

In der vorliegenden Untersuchung wurde gezeigt, wie ein Vorgehensmodell aussehen kann, welches *erstens* den Fokus auf die Gewinnung von Informationen zur Ausgestaltung der drei Kriterien frugaler Innovation legt sowie *zweitens* auf die realen, nicht op-

---

[159] Siehe auch Problemfeld 4) aus der Problemdiagnose.
[160] Zudem wäre zu prüfen, ob Modifikationen notwendig sind, beispielsweise um den Fokus stärker auf die Kriterien frugaler Innovation zu richten.

timalen Bedingungen für eine Erhebung von Kundenbedürfnissen ausgerichtet ist. Die Umsetzbarkeit dieses Modells wurde mit der Untersuchung belegt.

Diese Implikation reicht über die Gewinnung von frugalen Innovationen hinaus. Grundsätzlich ist eine größere Anzahl an Vorgehensmodellen und theoretischen Ansätzen notwendig, die nicht-idealtypische Bedingungen bei der Identifikation von Kundenbedürfnissen berücksichtigen und die zeigen, wie mit erschwerten Rahmenbedingungen konzeptionell umgegangen werden kann.

4) Konzeptionelle Überlegungen zur Identifikation von Kundenbedürfnissen müssen klar zwischen Bedürfnissen und Anforderungen unterscheiden

Wie im Rahmen der Problemdiagnose[161] und später im Rahmen der Planung gezeigt werden konnte, wurde sowohl in dem Unternehmen als auch in der Literatur bei der Identifikation der Kundenbedürfnisse nur unzureichend zwischen Bedürfnissen (*needs*), Anforderungen (*requirements*) und Eigenschaften (*attributes* oder *features*) unterschieden.[162] Wie in der Untersuchung deutlich wurde, kann die alleinige Erhebung von Anforderungen den Lösungsraum bei der späteren Konzepterstellung unnötig einschränken und potenziell zu Fehlentwicklungen führen. Daher ist im gesamten Prozess der Identifikation von Kundenbedürfnissen darauf zu achten, dass nach Möglichkeit tatsächlich die Bedürfnisse erhoben werden beziehungsweise bei der Nennung von gewünschten Anforderungen und Eigenschaften hinterfragt wird, welche Bedürfnisse diesen Angaben zugrunde liegen. Diese Erkenntnis findet sich bisher in der Literatur kaum wieder, weshalb hier auch kaum eine klare Differenzierung zwischen den Begriffen stattfindet. Für frugale Innovationen ist dies besonders entscheidend, da gerade beim Eintritt in neue Märkte, wie beispielsweise beim Eintritt in die Emerging Markets durch westliche Unternehmen, vor allem die zugrunde liegenden Bedürfnisse verstanden werden müssen, um nicht Lösungen zu entwickeln, die zwar zu einem gewissen Maß vom Kunden angenommen werden, jedoch dessen Bedürfnisse nicht optimal erfüllen.

---

[161] Siehe auch Problemfeld 5) der Problemdiagnose.

[162] Zumeist wird in der Literatur nur darauf hingewiesen, dass die Formulierung der Kundenbedürfnisse lösungsneutral oder in der Sprache des Kunden erfolgen sollte (siehe z. B. Hauser 1993; Saatweber 2011). Dennoch wird in der Literatur die in der vorliegenden Arbeit als notwendig erachtete Unterscheidung zwischen Anforderungen und Bedürfnissen nicht umfassend diskutiert. Wie gezeigt wurde, machen Whipple et al. (2007) als eine der wenigen darauf aufmerksam, dass kaum zwischen *needs* und *features* differenziert wird, ohne jedoch auf die daraus entstehende Problematik weiter einzugehen.

5.3.5.2 Praktische Implikationen

Die Ergebnisse aus Untersuchungsfeld 2 haben auch praktische Implikationen, welche die Unternehmen bei der Identifikation der Kundenbedürfnisse für die Entwicklung frugaler Innovationen unterstützen können.

1) Aufgrund der nicht zu unterschätzenden inhaltlichen Komplexität sind im B2B-Bereich zur Ermittlung der Kundenbedürfnisse bei der Entwicklung frugaler Innovationen Kundenworkshops besonders geeignet

Eine frugale Innovation muss im B2B-Bereich die Bedürfnisse und Anforderungen einer Vielzahl von Akteuren in unterschiedlichen Abteilungen erfüllen. Die Stärke der Durchführung von Kundenworkshops gegenüber anderen Methoden und Techniken zur Identifikation der Kundenbedürfnisse liegt darin, dass die Bedürfnisse hinsichtlich einer frugalen Innovation bei der richtigen Zusammensetzung der Teilnehmer abteilungs- und funktionsübergreifend diskutiert werden können. Dies ist eine in ihrer Komplexität nicht zu unterschätzende Aufgabe, die im Zusammenspiel aller Akteure gemeinsam ausgeführt werden muss. Zur Erfassung der Bedürfnisse sind vor allem Informationen zu den benötigten Kernfunktionalitäten und zum tatsächlich benötigten Leistungsniveau zu gewinnen. Dies kann mitunter intensive Diskussionen der Teilnehmer erfordern. Die Durchführung des Workshops sollte von einem vorab erarbeiteten, strukturierten Fragebogen unterstützt werden, der sämtliche im Workshop zu klärende Fragen enthält. Zudem sollten Beobachtungen durchgeführt werden, die nach Möglichkeit vor Beginn des Workshops stattfinden, um Fragen, die durch die Beobachtungen aufkommen, im Workshop gezielt diskutieren zu können.

2) Unternehmen sollten ein eigenes Vorgehensmodell für die Identifikation der Kundenbedürfnisse erarbeiten, das fest im Innovationsprozess verankert wird

Die meisten Methoden zur Identifikation der Kundenbedürfnisse, die im Rahmen der vorliegenden Untersuchung diskutiert wurden, sind nicht neu. Vielen Unternehmen dürfte bekannt sein, wie wichtig eine Identifikation der Kundenbedürfnisse für die Produktentwicklung ist. Wie die Untersuchung gezeigt hat, kann dennoch nicht davon ausgegangen werden, dass die entsprechenden Methoden in der hierfür erforderlichen Weise eingesetzt werden.

Das Fehlen eines Vorgehensmodells führt dazu, dass bei jedem Entwicklungsprojekt neu zu überlegen und im Detail zu planen ist, wie bei der Identifikation der Kundenbedürfnisse vorgegangen werden soll. Außerdem hat die Untersuchung gezeigt, dass nicht ohne Weiteres ein beliebiges Vorgehensmodell aus der Literatur angewendet werden kann, ohne dieses an die Erfordernisse des Unternehmens anzupassen. Auch das hier vorgeschlagene und erprobte Vorgehensmodell sollte vor dem Einsatz auf den jeweiligen spezifischen Unternehmenskontext ausgerichtet werden.

Um eine kontinuierliche Anwendung von Methoden und Techniken zur Identifikation von Kundenbedürfnissen in Unternehmen zu ermöglichen, ist, wie in der Aktionsforschung, die **Ausarbeitung eines Vorgehensmodells** innerhalb des jeweiligen Unternehmens erforderlich. Auch wenn Autoren wie Cooper darauf hinweisen, „[t]here is no standard formula to listen to the voice of the customer" (Cooper 2011, S. 210), ist für das jeweilige Unternehmen hingegen, wie die Untersuchung gezeigt hat, ein Basismodell notwendig, an dem es sich während der Produktentwicklung orientieren kann. Ein solches Vorgehensmodell, das die Besonderheiten der Branche oder Industrie und seiner Kunden berücksichtigt, kann beim jeweiligen Entwicklungsprojekt um weitere Methoden und Techniken ergänzt werden, wenn diese zusätzlichen Nutzen stiften oder in Einzelfällen besser geeignet sind. Das Vorgehensmodell sollte regelmäßig auf seine Eignung hin überprüft und auf Basis der gemachten Erfahrungen kontinuierlich verbessert werden.

Das in der vorliegenden Untersuchung entwickelte und erfolgreich erprobte **Vorgehensmodell aus Abschnitt 5.3.4.2** (siehe S. 177 ff.) kann übernommen oder als Ausgangspunkt für eigene Modifikationen verwendet werden.

3) Die Entwicklungsingenieure sollten bei der Identifikation der Kundenbedürfnisse mit eingebunden werden

Dieses Vorgehen wird in der Literatur zur Produktentwicklung bereits vielfach vorgeschlagen. Beispielsweise hält es Cooper für notwendig, die „VoC User Needs-and-Wants Study" für das **gesamte** Projektteam durchzuführen (Cooper 2011, S. 128). Auch andere Autoren weisen explizit auf die Notwendigkeit hin, die Entwicklungsingenieure mit einzubinden.[163]

Dennoch ist es wie im untersuchten Unternehmen häufig üblich, dass die Kundenbedürfnisse hauptsächlich durch Mitarbeiter aus Vertrieb, Produktmanagement oder Marketing erhoben werden. Die Entwicklungsingenieure werden erst später in den Innovationsprozess eingebunden und bekommen die Ergebnisse zu den erhobenen Bedürfnis-

---

[163] Beispielsweise betonen auch Ulrich und Eppinger, wie unter Abschnitt 5.3.2.1.2 bereits zu Teilen zitiert: „Develop a common understanding of customer needs among members of the development team. [...] This philosophy is built on the premise that those who directly control the details of the product, including the engineers and industrial designers, must interact with customers and experience the *use environment* of the product" (Ulrich und Eppinger 2012, S. 74).

sen von anderen Abteilungen zugespielt. Oftmals verfolgen die Unternehmen bewusst eine One-Face-to-the-Customer-Strategie. Der Kunde soll einen festen Ansprechpartner im Unternehmen haben, zumeist aus dem Vertrieb, der auch für die Erhebung der Anforderungen und Bedürfnisse des Kunden verantwortlich ist.

Bei dem Unternehmen aus der Aktionsforschung zeigte sich, dass ein solches Vorgehen für die Entwicklung einer frugalen Innovation nicht mehr ausreichend war. Bei der Entwicklung von frugalen Innovationen scheint dies nicht mehr möglich, da ein den Ingenieuren bisher unbekanntes Marktsegment erschlossen werden soll und zugleich eine Konzentration auf die wesentlichen Funktionen angestrebt wird. Für beides müssen die Ingenieure ein umfassendes Verständnis entwickeln. Spätestens dann ist es entscheidend, dass die Entwicklungsingenieure den Kunden und sein Marktumfeld wirklich verstehen. Dies geht nur im **direkten Kundenkontakt** und mithilfe der Möglichkeit, sich mit dem Kunden auszutauschen und sein Umfeld kennenzulernen.

5.3.5.3   Ausblick und weiterer Forschungsbedarf

Eine **weitere Validierung** der Ergebnisse und Implikationen anhand der Durchführung vergleichbarer Untersuchungen wäre wünschenswert. Zudem würden weitere, ähnlich gelagerte Untersuchungen dabei helfen abzuschätzen, in welchem Maße die gewonnenen Erkenntnisse **generalisierbar** sind. Die Untersuchung fand im B2B-Bereich statt und hatte ihren Fokus auf einem Produkt, das in Relation zur gesamten Anlage oder Maschine, in dem es verbaut ist, einen sehr kleinen Wertanteil hat und damit in der Kundenwahrnehmung nur eine untergeordnete Rolle spielt. Damit erfolgte die Identifikation der Kundenbedürfnisse unter erschwerten Rahmenbedingungen. Eine Anwendung des entwickelten Vorgehensmodells in einem ähnlich schwierigen Kontext würde dessen Wirksamkeit noch einmal verdeutlichen.

Um das Vorgehen bei der Identifikation der Kundenbedürfnisse noch zu verbessern, wäre weitere Forschung in diesem Bereich wünschenswert. *Erstens* wäre es hilfreich zu verstehen, **warum Methoden zur Identifikation von Kundenbedürfnissen nicht in ausreichender Weise angewendet** werden. Als ein Grund wurde im Rahmen der Untersuchung bereits das Fehlen eines praktisch ausgerichteten Vorgehensmodells innerhalb des Unternehmens diskutiert. Einen weiteren Grund nennt Cooper, wenn er schreibt: „The problem is that most of us already have a fixed idea of what the customer is looking for, so we conveniently skip over this critical market study. We usually get it wrong, because we have not listened well to the customer" (Cooper 2011, S. 205). Weitere Gründe könnten sein, dass bisherige Methoden die realen Rahmenbedingungen nicht ausreichend berücksichtigen und damit schwierig umsetzbar sind oder dass das

Bewusstsein in den Unternehmen für die Notwendigkeit einer fundierten Erhebung der Kundenbedürfnisse geringer ist als vermutet. Hinzu kommt möglicherweise, dass der Handlungsdruck für die Durchführung einer fundierten Erhebung der Kundenbedürfnisse nicht hoch genug ist, weil die bisherigen Ergebnisse bei der Produktentwicklung ausreichend erfolgreich waren. Die Gründe und Ursachen zu verstehen, warum die Methoden nicht angewendet werden, könnte dabei helfen, Konzepte zu entwickeln, die sich in der Umsetzung besser bewähren und häufiger zum Einsatz kommen würden. Darüber hinaus wäre es hilfreich, besser zu verstehen, warum der direkte Kundenkontakt nur selten unter Einbindung der Entwicklungsingenieure stattfindet, obwohl in zahlreichen Beiträgen auf die Wirksamkeit eines solchen Vorgehens hingewiesen wird. Auch hier kann ein besseres Verständnis der Ursachen dazu führen, wirksamere Konzepte zu entwickeln.

Zweitens wäre es wünschenswert, weitergehend zu untersuchen, **welche Faktoren** die Identifikation von Kundenbedürfnissen erschweren und **wie diese wirken**, mit dem Ziel, **Vorgehensmodelle** zu entwickeln, die auch bei schwierigen Rahmenbedingungen zu guten Ergebnissen führen. Besonders bei der Entwicklung von frugalen Innovationen wäre dies hilfreich: zum einen, um auch unter schwierigen Bedingungen Informationen zu den drei Kriterien frugaler Innovation zu gewinnen; zum anderen aber auch, um auf für frugale Innovationen interessanten Märkten, mit denen Unternehmen häufig weniger Erfahrungen haben, wie etwa den Bottom-of-the-Pyramid-Märkten, valide Daten zu den Kundenbedürfnissen erheben zu können.

Drittens, und eng mit dem vorherigen Punkt verflochten, wäre es hilfreich, zu untersuchen, **welche Faktoren Kunden motivieren** können, bei der Identifikation der Kundenbedürfnisse mitzuwirken. Einfacher ist dies, wenn die Kunden einen unmittelbaren Nutzen aus ihrer Mitwirkung ziehen können, beispielsweise durch neue Produkte, die besser oder günstiger sind und zugleich eine zentrale Rolle für den Kunden spielen. Schwieriger gestaltet sich dies, wenn das Produkt als einzelne Komponente nur von untergeordneter Bedeutung für den Kunden ist und erst mit anderen Komponenten zusammen als Anlage oder Maschine wahrnehmbar wird. Dennoch ist auch die Mitwirkung des Kunden bei Einzelkomponenten wichtig, wie die Untersuchung gezeigt hat. Wie der Kunde auch bei dieser Art von Entwicklungsprojekten besser eingebunden werden kann, wäre eine wertvolle Erkenntnis.

Viertens wären weitergehende Untersuchungen hilfreich, die insbesondere für frugale Innovationen untersuchen, **wie klassische Instrumente der Marktforschung und das hier entwickelte Vorgehensmodell bestmöglich ineinandergreifen**. Auch wenn schriftliche Befragungen nur wenig zu dem erzielten Ergebnis beigetragen hätten, wäre es bei der Erschließung neuer Märkte interessant, in welcher Art und Weise vorab durchgeführte Marktstudien durchgeführt werden sollten, sodass das entwickelte Vorgehensmodell zur Identifikation der Kundenbedürfnisse sowie die Marktsegmentierung unmittelbar auf diesen aufbauen könnten. Damit wäre eine noch effektivere Identifikation der Kundenbedürfnisse denkbar.

5.4 Untersuchungsfeld 3 – Verfahrensweise Konzepterarbeitung

In Untersuchungsfeld 3 wurde untersucht, welche Verfahrensweise anzuwenden ist, um gezielt die Erarbeitung eines Konzepts für eine frugale Innovation zu ermöglichen.[164] Dem Unternehmen waren etablierte Methoden zur Konzepterarbeitung nicht neu. Das Unternehmen war vertraut mit dem Quality Function Deployment (Akao 1992; Terninko 1997), der Theorie des erfinderischen Problemlösens (Orloff 2006; Terninko et al. 1998 a)[165] und der Widerspruchsorientierten Innovationsstrategie (Linde und Hill 1993). Ebenso war das Unternehmen mit der Durchführung von **Target Costing** (Cooper und Slagmulder 1999; Ibusuki und Kaminski 2007), **Wertanalysen** (Marchthaler et al. 2011) und den dazugehörigen Methoden, wie Kosten-Nutzen-Analysen, vertraut. Trotz der hohen Methodenkompetenz hatte die Anwendung der bisherigen Methoden vor dem Beginn der Aktionsforschung nicht zu den gewünschten frugalen Lösungen geführt. Die Ursachen hierfür wurden in der Problemdiagnose untersucht. Abschnitt 5.4.1 geht hierauf dezidiert ein. Auf den dabei gewonnenen Erkenntnissen wurde in der Aktionsforschung aufgebaut und ein alternatives Verfahren geplant, dessen Grundprinzipien unter der Bezeichnung **Ziel-Konflikt-Innovation** in Abschnitt 5.4.2 erläutert werden. In Abschnitt 5.4.3 wird gezeigt, wie mit dem Verfahren ein frugales Lösungskonzept erarbeitet wurde. In Abschnitt 5.4.4 wird das Ergebnis evaluiert,

---

[164] Zur Einordnung der Aufgabe der Konzepterarbeitung in den Innovations- und Produktentwicklungsprozess: Die Konzepterarbeitung ist meist Teil derselben Phase im Innovationsprozess, in der auch die Kundenbedürfnisse identifiziert werden. Zu sehen ist dies beispielsweise bei Ulrich und Eppinger (2012): Die Identifikation der Kundenbedürfnisse sowie die Konzepterarbeitung werden hier in Phase 1 des Produktentwicklungsprozesses durchgeführt, die mit *concept development* bezeichnet wird. Auch bei Cooper (2011) sind die Identifikation der Kundenbedürfnisse und die Konzepterarbeitung Teile derselben Phase, hier von Stage 2, die mit *build the business case* bezeichnet wird. Auch im Unternehmen in der Aktionsforschung waren die Identifikation der Kundenbedürfnisse sowie die Konzepterarbeitung Teile von Stage 2 des Stage-Gate-Prozesses. Zum Aufbau des Stage-Gate-Prozesses des Unternehmens siehe Abschnitt 5.2.1.1, S. 95.

[165] TRIZ ist die russische Abkürzung für „теория решения изобретательских задач", im Englischen zumeist bezeichnet als *theory of inventive problem solving* (siehe z. B. Terninko et al. 1998 b).

bevor in Abschnitt 5.4.5 schließlich ein Ausblick gegeben und auf den weiteren Forschungsbedarf eingegangen wird.

5.4.1   Problemdiagnose – Verfahrensweise Konzepterarbeitung

5.4.1.1   Ausgangslage und identifizierte Probleme

Wie in Untersuchungsfeld 1 und 2 sollte auch in Untersuchungsfeld 3 zunächst das Problem im Detail verstanden werden. Die Frage war, warum bisher etablierte Methoden im Unternehmen nicht zu den gewünschten frugalen Lösungen führten. Wie in den ersten beiden Untersuchungsfeldern wurde mithilfe der Interviews, der Video-Online-Treffen sowie der Telefonate das Problem analysiert. Insbesondere im fünften und sechsten Workshop sowie mit Schwerpunkt im elften, zwölften, dreizehnten und vierzehnten Video-Online-Treffen wurden die Ergebnisse der Analyse gemeinsam reflektiert. Ähnlich wie in Untersuchungsfeld 1 und 2 hatte auch dieses Problem mehrere Ursachen.

1) Die Konzepterarbeitung wird in der Literatur zu frugalen Innovationen nur wenig thematisiert und bot im Untersuchungskontext nur geringe Orientierungshilfe

Die Literatur zu frugalen Innovationen weist auf einfache Prinzipien bei der Entwicklung von frugalen Innovationen hin und diskutiert erste Ansätze, ohne in den meisten Fällen tiefer ins Detail zu gehen (siehe Abschnitt 2).[166] In der Literatur fehlte die Darstellung einer grundlegenden, detailliert beschriebenen, systematischen Verfahrensweise zur Konzepterarbeitung bei frugalen Innovationen, unabhängig vom Kontext der Industrie- und Schwellenländern. Das Verfahren von Lehner und Gausemeier (2016) ist eine Ausnahme, wenngleich sie sich auf die Analyse frugaler Innovationen aus Entwicklungs- und Schwellenländern stützen. Die Annahme von Lehner und Gausemeier ist, dass Unternehmen bei der Entwicklung von frugalen Innovationen – insbesondere für Entwicklungs- und Schwellenländer – mit jeweils ähnlichen Problemen konfrontiert sind, wie eine unzureichende Infrastruktur, fehlende finanzielle Ressourcen, ein geringes Bildungsniveau etc. Sie gehen davon aus, dass Lösungen, die für diese Probleme gefunden wurden, auf ähnliche Probleme übertragbar sind. Zur Entwicklung ihres Ansatzes haben

---

[166] Wie in Abschnitt 2 diskutiert, schlagen beispielsweise Radjou und Prabhu (2014) die Prinzipien *engage and iterate, flex your assets, create sustainable solutions, shape customer behaviour, co-create value with prosumers* und *make innovative friends* vor und zeigen an einzelnen, narrativ gehaltenen Beispielen, wo die Umsetzung dieser Prinzipien bisher beobachtet wurde, ohne dabei ein formalisiertes bzw. systematisches Vorgehen zu befolgen.

Lehner und Gausemeier Problemkategorien im Kontext frugaler Innovationen gebildet.[167] Für diese Problemkategorien haben sie Lösungsmuster identifiziert, die auf schon bestehenden frugalen Lösungen ähnlicher Probleme basieren. Soll nun eine frugale Innovation neu entwickelt werden, wird mit einer Umfeldanalyse ermittelt, mit welchem Problem der Zielmarkt konfrontiert ist (z. B. eine unzureichende Infrastruktur). Anschließend wird ein geeignetes Lösungsmuster aus dem zusammengetragenen Lösungskatalog ausgewählt (Lehner 2016; Lehner und Gausemeier 2016).

In der Aktionsforschung standen hingegen weniger die generischen Probleme im Vordergrund, wie die einer unzureichend entwickelten Infrastruktur in den Entwicklungs- und Schwellenländern.[168] Vielmehr war es das Ziel der Aktionsforschung, für ein Produkt, das die Kundenanforderungen bereits sehr gut erfüllte und **keine echten Probleme aufwies**, wie im Untersuchungskontext die Rutschkupplungsnabe, eine frugale Alternative zu entwickeln. Damit musste ein anderer Ansatz verfolgt werden.

2) Die Anwendung des House of Quality – sowie einer Vielzahl weiterer Methoden – führt tendenziell zu inkrementellen Innovationen mit geringem Kostensenkungspotenzial

Ein Ansatz, dessen Anwendung für die Entwicklung von frugalen Innovationen naheliegt, ist das House of Quality.[169] Dies wird insbesondere in den Ausführungen von Hauser (1993) deutlich. Hauser stellt die Anwendung des House of Quality anhand der Entwicklung eines neuen Spirometers vor, einem medizinischen Gerät zur Messung des Atemvolumens. Ziel der Entwicklung des neuen Spirometers ist es, die Kosten drastisch zu reduzieren und in einem Markt zu bestehen, in dem die Konkurrenzprodukte mit dem Slogan „Eliminate the extras" vor einem Bild von „bells and whistles" (Hauser 1993) beworben werden – Schlagworte und Bilder, wie sie heute im Kontext von frugalen Innovationen verwendet werden, um die Unterschiede zu anderen Innovationen deutlich zu machen (The Economist 2010 b). Am Ende des von Hauser vorgestellten Entwicklungsprojekts gelang eine erhebliche Preisreduktion von 4500 USD auf 1590 USD. Auch wenn der Ausdruck „frugale Innovation" von Hauser noch nicht verwendet wird, so spricht die drastische Senkung der Kosten von 65 % und die Art der Darstellung mit ei-

---

[167] Insgesamt werden sechs Problemursachen identifiziert: Umwelt, Infrastruktur, Bildung, Kulturkreis, Regulierung und Finanzen.

[168] Lehner et al. weisen darauf hin, dass zur Identifikation des ursächlichen Problems, für das eine Lösung mithilfe des Lösungskatalogs entwickelt werden soll, zunächst die Frage zu beantworten ist, „warum kann nicht eine vergleichbare Marktleistung bzw. ein Geschäftsmodell aus den Industrieländern in den Entwicklungs- und Schwellenländern vermarktet werden" (Lehner et al. 2015, S. 18).

[169] Das House of Quality ist ein wesentlicher Bestandteil der übergeordneten Quality-Function-Deployment-Methode.

nem Fokus auf den Kernfunktionalitäten dafür, dass das Beispiel von Hauser aus heutiger Sicht als Entwicklung einer frugalen Innovation verstanden werden kann.

Die Stärke des House of Quality (siehe Abbildung 22) liegt darin, wie Hauser und Clausing (1988) sowie Hauser (1993) es sehen, die Bedürfnisse der Kunden in technische Merkmale zu überführen. Während dieses Prozesses kann ersichtlich werden, welche Kundenbedürfnisse bislang nicht ausreichend verstanden wurden, was weitere Untersuchungen zur Folge haben kann. Es werden technische Trade-offs und potenzielle Lösungskonzepte diskutiert. Zudem wird im weiteren Entwicklungsprozess das eigene Konzept mit dem der Wettbewerber verglichen. Durch die Anwendung des House of Quality wird die abteilungsübergreifende Kommunikation im Unternehmen gefördert und der Fokus des Entwicklungsprozesses auf den Kunden und dessen Bedürfnisse gerichtet.

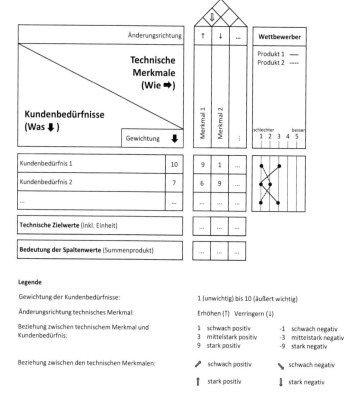

Abbildung 22: Skizze des House of Quality[170]

Trotz dieser Stärken und des Positiv-Beispiels von Hauser (1993) zeigten die Erfahrungen des Unternehmens und die gemeinsame Reflexion bisheriger Darstellungen in der Literatur, dass das House of Quality nicht immer der beste Ansatz zur Entwicklung von frugalen Innovationen sein muss.

Erstens führt das **Vorgehen tendenziell zu inkrementellen Lösungen** – wie besonders der Director Global Engineering kritisierte – und nicht zu radikalen Neuentwicklungen,

---

[170] Eigene Darstellung (in Anlehnung an Hauser und Clausing 1988; Hauser 1993; Saatweber 2011; Terninko 1997). Ergänzende Hinweise: Hauser (1993) verzichtet auf eine Darstellung vom Dach des House of Quality. Das House of Quality kann um weitere Elemente ergänzt werden, wie beispielsweise einen Vergleich mit den Wettbewerbsprodukten aus *technischer Sicht*, der über den Vergleich aus *Kundensicht* (wie in dieser Darstellung) hinausgeht (siehe z. B. Saatweber 2011).

die für die gewünschten frugalen Innovationen notwendig waren. Ähnlich wird diese Art von Kritik auch in der Literatur geäußert. Wie mehrfach beschrieben wird, führt die Anwendung des House of Quality bei technischen und physikalischen Widersprüchen zwischen Kundenbedürfnissen und technischen Merkmalen zu **Kompromissen bei den Lösungen**, statt die Widersprüche für Innovationen zu nutzen (Saatweber 2011; Streckfuss 2006).[171] Saatweber (2011) betont, dass mit der Anwendung von nur einer Methode, wie dem House of Quality, meistens kein innovatives Produkt generiert wird.

Die Erfahrungen und Kritiken brachten das Unternehmen dazu, das House of Quality in der bisherigen Form zur Entwicklung einer frugalen Lösung nicht anwenden zu wollen. Stattdessen sollte eine Methode angewendet werden, welche die Identifikation wirklicher Innovationspotenziale ermöglicht. Das House of Quality ist hierzu – wie auch in der Literatur betont wird – weniger geeignet, jedoch kann es als Ausgangspunkt für weitere Methoden, wie TRIZ oder WOIS, dienen, die besser zur Identifikation entsprechender Potentiale geeignet sein sollen (Saatweber 2011; Streckfuss 2006; Terninko 1997). Auf diese methodische Erweiterung soll im weiteren Verlauf noch näher eingegangen werden.

Zweitens legt das **House of Quality nur einen geringen Fokus auf die Kostenperspektive**. Eine Möglichkeit, um die Kostenperspektive mit einfließen zu lassen, besteht darin, das *Kundenbedürfnis* „geringe Anschaffungskosten" in das House of Quality aufzunehmen. Das daraus abgeleitete und umzusetzende *technische Merkmal* ist das Merkmal „Kosten" beziehungsweise „Preis". Diese Art des Vorgehens ist beispielsweise bei Hauser (1993) zu sehen. Da nahezu alle Bedürfnisse Kosten verursachen, korrelieren entsprechend auch fast alle Bedürfnisse negativ mit dem Merkmal „Kosten". Die Folge ist, dass dieses Vorgehen kaum zusätzliche Informationen bietet und somit auch keine Hinweise darauf gibt, mit welchen konkreten Maßnahmen die Kosten gesenkt werden können. Daher wird von einem solchen Vorgehen abgeraten (Saatweber 2011).[172]

Alternativ wird als Vorgehen vorgeschlagen, Kosten für die einzelnen technischen Merkmale zu hinterlegen. Durch den Vergleich mit Wettbewerbsprodukten kann anschließend ermittelt werden, wie hoch die Zielkosten für das jeweilige Merkmal sein dürfen. Zusätzlich ist zu prüfen, mit welchen technologischen Lösungen ein technisches

---

[171] Im Rahmen der Diskussion von TRIZ und WOIS wird die Kritik auf den nachfolgenden Seiten anhand eines Beispiels verdeutlicht werden.

[172] Hauser (1993) notiert das Kundenbedürfnis *product is affordable* und leitet daraus das technische Merkmal *price* ab. Eine Korrelation vermerkt Hauser (1993) ausschließlich zwischen diesem Bedürfnis und diesem Merkmal. Üblicherweise wird jedoch in neueren Darstellungen auch die Korrelation anderer Bedürfnisse mit dem Preis vermerkt, sofern diese mit dem Preis (aus Sicht des Herstellers: mit den Kosten) korrelieren (siehe dazu z. B. die Darstellung von Saatweber 2011, S. 267).

Merkmal umgesetzt werden kann und welche Lösung hierfür am günstigsten ist (Knorr und Friedrich 2016; Saatweber 2011).

Zusammengefasst ergeben sich zwei wesentliche Hebel für die Identifikation von Kostensenkungen. Zum einen können **kostenintensive technische Merkmale eliminiert werden**, die nur wenig zur Erfüllung der Kundenbedürfnisse beitragen. Zum anderen werden **Kosteneinsparpotenziale durch die Benchmark mit den Wettbewerbern** ersichtlich. Die erste Möglichkeit, die Eliminierung von Merkmalen, würde tendenziell auf altbekannte Lösungen aufsetzen und diese in ihrem Umfang lediglich reduzieren. Die zweite Möglichkeit, die Kostenbenchmark, ist ein Vergleich mit den Produkten der Wettbewerber und setzt damit ebenso auf bekannte, bereits existierende Lösungen. Bei beiden Möglichkeiten wird also nicht aufgezeigt, wie eine neuartige, tatsächliche Innovation gelingen kann.

Sofern die Maßnahmen ausreichen, um eine frugale Innovation zu entwickeln, wie es im Beispiel von Hauser (1993) durch die Anwendung des House of Quality gelungen ist, **bietet es sich an, diesen Weg zu gehen**. Im Untersuchungskontext war das Produkt – die Rutschkupplungsnabe – jedoch bereits über Jahrzehnte soweit vereinfacht und optimiert worden, dass *erstens* nicht ersichtlich war, wie bei der bereits sehr simplen Bauweise weitere Merkmale hätten eliminiert werden können, und *zweitens* auch durch eine Benchmark mit Wettbewerbern nicht zu erwarten war, weitere signifikante Kosteneinsparpotenziale zu identifizieren. Die Kosten hatten sich nach Erfahrung des Unternehmens auch bei den Wettbewerbern weitgehend einem Optimum angenähert.[173] Damit **musste ein Schritt weiter gegangen werden**, um eine neuartige Lösung entwickeln zu können.[174]

---

[173] Eine weitere Kostensenkung wäre im Wesentlichen nur durch die Senkung der Lohnkosten möglich gewesen, beispielsweise durch die Produktion in Niedriglohnländern.

[174] Diese Erkenntnis wurde in der vorliegenden Untersuchung auf eine ganze Reihe von zur Verfügung stehenden Methoden ausgeweitet. Beispielsweise schlägt Saatweber (2011) die gemeinsame Anwendung von **QFD** mit **DFMA** (design for manufacture and assembly), **FMEA** (failure mode and effects analyses), **Wertanalyse** und **Target Costing** vor (einschließlich **Conjoint-Analysen**, um die Zahlungsbereitschaft für die einzelnen Merkmale zu bestimmen). Im Kontext von Rutschkupplungsnaben wurden diese Methoden bereits vielfach angewendet, sodass eine weitere Optimierung auf diesem Weg wenig aussichtsreich war. Daraus lässt sich schlussfolgern, dass **dieses Problem vermutlich immer dann auftritt**, wenn ein bereits weitgehend kostenoptimiertes Produkt durch eine frugale Innovation ersetzt werden soll. Damit lassen sich die Methoden wieder dann anwenden, wenn ein tatsächlich neuartiges, frugales Produktkonzept entwickelt wurde, das mithilfe der genannten Methoden weiter optimiert werden soll. Bei der Entwicklung einer frugalen Innovation ist es zu empfehlen, sicherzustellen, dass diese Methoden in ausreichendem Maße bei den bereits existierenden Produkten beziehungsweise Dienstleistungen angewendet wurden. Gegebenenfalls ist deren Anwendung, wie im Beispiel von Hauser (1993), ausreichend, um zu einer frugalen Lösung zu kommen. Andernfalls muss, wie im Untersuchungskontext, ein Schritt weiter gegangen werden. Als Quellen für Target Costing siehe z. B. Cooper

3) Verfahren wie TRIZ und WOIS sind sehr komplex

Die bereits erwähnte Methode TRIZ soll es ermöglichen, auf systematische Weise Probleme zu lösen und so Innovationen herbeizuführen. Die Methode beruht auf der Annahme, dass Innovationen allgemeine Lösungsprinzipien zugrunde liegen, die reproduzierbar sind.[175] Eine wesentliche Verfahrensweise von TRIZ beruht darauf, **ungelöste Widersprüche** innerhalb eines Systems zu identifizieren und diese Widersprüche durch bestimmte Lösungsprinzipien aufzulösen (Orloff 2006; Streckfuss 2006; Terninko et al. 1998 a).

Um dies an einem einfachen Beispiel zu verdeutlichen: Ein Kunde äußert zum einen das Bedürfnis, mit dem Auto Sprit sparen zu wollen, und zum anderen das Bedürfnis, das Auto möge eine möglichst hohe Crash-Sicherheit aufweisen. Beides wirkt sich auf das technische Merkmal Masse aus. Für einen geringen Spritverbrauch ist es vorteilhaft, die Masse zu reduzieren. Dies würde jedoch gleichzeitig zu einer geringeren Crash-Sicherheit führen.[176] Nun könnte die Masse so austariert werden, dass ein guter Kompromiss zwischen Spritverbrauch und Crash-Sicherheit gefunden wird.[177] Dies ist jedoch wenig innovativ. Hier setzt die Methode TRIZ an (Saatweber 2011; Streckfuss 2006; Terninko 1997).

Mit TRIZ kann diese Art von Widerspruch gezielt als Grundlage für Innovationen genutzt werden. Bei dem gerade genannten Beispiel liegt ein **physikalischer Widerspruch** vor. Ein physikalischer Widerspruch tritt auf, wenn ein bestimmtes Merkmal zur Erfüllung eines Kundenbedürfnisses in die eine Richtung und zur Erfüllung eines anderen Kundenbedürfnisses in die entgegengesetzte Richtung optimiert werden muss (Streckfuss 2006). In dem Beispiel soll das Auto nach Möglichkeit gleichzeitig viel *und* wenig Masse haben. Abbildung 23 verdeutlicht dieses Beispiel.

---

und Slagmulder (1999) sowie Ibusuki und Kaminski (2007). Für die **Wertanalyse**, das **Value Management** (das sich als Managementstil die für die Wertanalyse gültigen Prinzipien zu eigen macht) sowie das **Value Engineering** (das im Unterschied zur klassischen Wertanalyse nicht nur ein Objekt, sondern das gesamte Investitionsprojekt betrachtet, mit dem Ziel, das Verhältnis zwischen Kundennutzen und dafür notwendigem Aufwand zu optimieren) siehe z. B. Bronner und Herr (2006) sowie Marchthaler et al. (2011). Für den gemeinsamen Einsatz von Target Costing und Value Engineering siehe z. B. Ibusuki und Kaminski (2007).

[175] Die Methode wurde von Genrich Altschuller (1926–1998) entwickelt und fußt auf einer Analyse von 400 000 Patenten, aus denen allgemeine Lösungsprinzipen abgeleitet wurden (für eine kurze Einführung zu Hintergrund und Funktionsweise der Methode siehe z. B. Ilevbare et al. 2013).

[176] Beispiel in ähnlicher Weise übernommen von Streckfuss (2006).

[177] Dies wäre ein anzunehmendes Ergebnis beim House of Quality, für den Fall, dass keine weiteren Methoden angewendet würden.

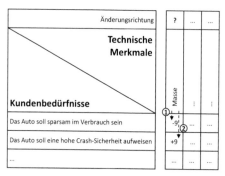

Legende

Änderungsrichtung technisches Merkmal: Erhöhen (↑) Verringern (↓)

Beziehung zwischen technischem Merkmal und Kundenbedürfnis:	1 schwach positiv	-1 schwach negativ
	3 mittelstark positiv	-3 mittelstark negativ
	9 stark positiv	-9 stark negativ

Lesebeispiel

① Das technische Merkmal *Masse* wirkt stark negativ auf das Kundenbedürfnis nach einem geringen Spritverbrauch.

② Das technische Merkmal *Masse* wirkt stark positiv auf das Kundenbedürfnis nach einer hohen Crash-Sicherheit.

Die Folge: Ein **physikalischer Widerspruch** tritt auf – die Masse sollte zugleich erhöht und verringert werden.

Abbildung 23: Physikalischer Widerspruch[178]

Physikalische Widersprüche werden somit, wie auch in Abbildung 23 deutlich wird, innerhalb des House of Quality ersichtlich. Ein weiteres Beispiel für einen physikalischen Widerspruch ist ein Regenschirm, der möglichst groß sein soll, um viel Regen abzuhal-

---

[178] Eigene Darstellung. Verwendetes Beispiel in Anlehnung an Streckfuss (2006). Diese Art der Darstellung, wie sie Streckfuss (2006) für den physikalischen Widerspruch vorschlägt, ist in der Literatur ansonsten nur selten zu finden. Im Wesentlichen unterscheidet sie sich in zwei Punkten. *Erstens* wird meistens **nur die positive Beziehung** zwischen technischem Merkmal und Kundenbedürfnis vermerkt, wie dies auch bei Hauser (1993) mit den Ziffern 1, 3 und 9 erfolgt. Treten sowohl positive als auch negative Beziehungen auf, wird in der Literatur teilweise darauf hingewiesen, dass dies auf einen Fehler bei der Erhebung der Kundenbedürfnisse zurückzuführen sein kann (siehe z. B. Saatweber 2011). Teilweise wird auch **davon abgeraten**, alle negativen Beziehungen zu vermerken, da die Gesamtdarstellung hierdurch sehr unübersichtlich werden kann (Knorr und Friedrich 2016). *Zweitens* verwendet fast keine Darstellung Ziffern, wie dies bei Streckfuss (2006) zu sehen ist, da dies in der Gesamtdarstellung ebenso sehr unübersichtlich wird und damit das Ergebnis visuell nur schwer zu erfassen ist. In der Regel werden für die Ziffern 1, 3 und 9 **Symbole** verwendet, wie dies beispielsweise auch bei Hauser (1993) zu sehen ist.

ten, und gleichzeitig ein möglichst geringes Packmaß aufweisen soll, damit er leicht transportiert werden kann.[179]

Zur Lösung physikalischer Widersprüche können die vier Separationsprinzipien von TRIZ angewendet werden: Separation im Raum, Separation in der Zeit, Separation innerhalb eines Objekts und Separation durch einen Bedingungswechsel (Orloff 2006; Streckfuss 2006; Terninko et al. 1998 a). Beim gerade genannten Beispiel mit der Automasse, die zugleich erhöht und verringert werden müsste, um die Kundenbedürfnisse zu erfüllen, kann eine Lösung durch die Separation im Raum gefunden werden. Die Energie bei einem Aufprall wird nicht durch eine schwere Karosserie absorbiert, sondern durch einen leichten Airbag. Ein Nachteil bei der Anwendung der Separationsprinzipien ist jedoch, dass diese „große Fähigkeiten zum abstrahierenden Denken" erfordern (Streckfuss 2006, S. 171) und viel Erfahrung der Beteiligten bei der Anwendung der Methode voraussetzen, wie das Unternehmen in der Aktionsforschung schilderte.

Eine weitere Art des Widerspruchs kann *zwischen* den technischen Merkmalen auftreten, wenn diese sich zur Erfüllung der Kundenbedürfnisse gegenseitig negativ beeinflussen. Die Verbesserung des einen Merkmals führt zur Verschlechterung eines anderen Merkmals. Streckfuss (2006) betont, dass in dem Fall nicht von einem Widerspruch, sondern von einem **technischen Konflikt** gesprochen werden sollte. Die technischen Konflikte werden im Dach des House of Quality abgebildet und können durch einen paarweisen Vergleich der Merkmale identifiziert werden. Um auch dies an einem einfachen Beispiel zu erläutern: Angenommen, Ziel sei es, eine Taschenlampe zu entwickeln. Der Kunde wünscht, dass diese hell genug sei, um damit im Dunkeln lesen zu können. Dieses Bedürfnis korreliert stark mit dem technischen Merkmal Lichthelligkeit. Zudem möchte der Kunde möglichst selten die Batterie wechseln. Dieses Bedürfnis korreliert stark mit dem Stromverbrauch (sowie natürlich weiteren Merkmalen wie der Größe der Batterie etc.). Eine Erhöhung des Merkmals Lichthelligkeit erhöht das Merkmal Stromverbrauch, das jedoch reduziert werden soll. Somit führt die Verbesserung des Merkmals Lichthelligkeit zu einer Verschlechterung des Merkmals Stromverbrauch. Abbildung 24 veranschaulicht dieses Beispiel.

---

[179] Beispiel in Anlehnung an Ilevbare et al. (2013).

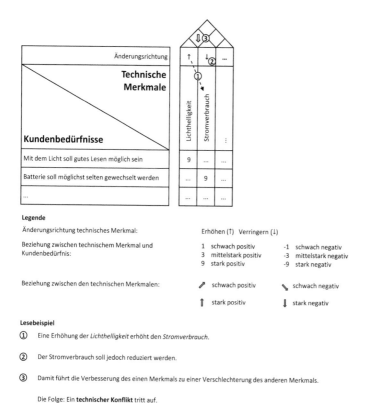

Legende

Änderungsrichtung technisches Merkmal: Erhöhen (↑) Verringern (↓)

Beziehung zwischen technischem Merkmal und | 1 | schwach positiv | | -1 | schwach negativ
Kundenbedürfnis: | 3 | mittelstark positiv | | -3 | mittelstark negativ
| 9 | stark positiv | | -9 | stark negativ

Beziehung zwischen den technischen Merkmalen: ⤢ schwach positiv   ⤡ schwach negativ

⇑ stark positiv   ⇓ stark negativ

Lesebeispiel

① Eine Erhöhung der *Lichthelligkeit* erhöht den *Stromverbrauch*.

② Der Stromverbrauch soll jedoch reduziert werden.

③ Damit führt die Verbesserung des einen Merkmals zu einer Verschlechterung des anderen Merkmals.

Die Folge: Ein **technischer Konflikt** tritt auf.

Abbildung 24: Technischer Konflikt[180]

Technische Konflikte können mithilfe der Konfliktmatrix von TRIZ, die 39 technische, miteinander interagierende Parameter vorsieht, sowie mithilfe von 40 Lösungsprinzipien gelöst werden (Streckfuss 2006).[181] Neben diesen Lösungsansätzen bietet TRIZ eine Reihe weiterer Techniken zur Problemlösung (Ilevbare et al. 2013; Orloff 2006; Terninko et al. 1998 a). Mit dieser Art der Lösungsfindung hatte das Unternehmen bisher jedoch keine guten Erfahrungen gemacht. TRIZ als Methode wurde im Unternehmen als deutlich zu aufwendig empfunden. Der Director Global Engineering betonte, dass

---

[180] Eigene Darstellung. Verwendetes Beispiel in Anlehnung an Knorr und Friedrich (2016).

[181] Um den weiteren Verlauf der Aktionsforschung nachzuvollziehen, ist es nicht erforderlich, TRIZ im Detail zu verstehen. Für eine vertiefende Einführung in TRIZ wird daher auf die entsprechende Literatur verwiesen: siehe z. B. Gundlach 2006; Orloff 2006; Terninko et al. 1998 a.

seiner Erfahrung nach alle Beteiligten an einem Workshop, in dem TRIZ angewendet wird, **sehr erfahren und versiert** in der Methode sein müssen und selbst dann die Methode nur sehr schwer richtig anzuwenden sei.

Diese Erfahrungen wurden in der Aktionsforschung zu Teilen bestätigt. In der Aktionsforschung wurde trotz der bisherigen Erfahrungen des Unternehmens geprüft, ob sich eine Anwendung von TRIZ im Untersuchungskontext hinsichtlich der gerade diskutierten physikalischen Widersprüche sowie der technischen Konflikte eignen würde. Dazu wurden die bisher identifizierten Kundenbedürfnisse und technischen Merkmale im Kontext der Rutschkupplungsnabe in das House of Quality überführt, um mögliche Widersprüche und Konflikte identifizieren zu können. Die **erste Schwierigkeit** bestand in der Identifikation der physikalischen Widersprüche. Wie bereits geschildert, ist die Literatur uneins darüber, ob negative Beziehungen im House of Quality vermerkt werden sollten (siehe Fußnote 178, S. 203). Wie in der Literatur teilweise auch angemerkt wird, machte in der Aktionsforschung der Versuch der Eintragung positiver und negativer Korrelationen (innerhalb des House of Quality durch positive und negative Zahlen) das House of Quality sehr unübersichtlich und schwer interpretierbar. In der Aktionsforschung wurde dieser Weg in einem der Video-Online-Treffen als zu komplex und aufwendig bewertet. Daher wurde dieser Weg nicht bis zum Ende verfolgt. Die **zweite Schwierigkeit** bestand in der Identifikation der technischen Widersprüche im Dach des House of Quality (hier durch die Darstellung von Pfeilen veranschaulicht, die in unterschiedlichen Abstufungen die Stärke des Widerspruchs symbolisieren). Auch hier stellte sich diese Verfahrensweise als sehr zeitintensiv und besonders bei einem interaktiven Vorgehen als wenig übersichtlich heraus. Diese Art der Identifikation von Widersprüchen als Grundlage für die weitere Anwendung von TRIZ erschien nicht erstrebenswert, sofern eine einfachere Lösung für das weitere Vorgehen gefunden werden konnte.

Studien bestätigen die Schwierigkeiten bei der Anwendung von TRIZ. Ilevbare et al. (2013) vom *Institute for Manufacturing* der *University of Cambridge* setzen sich in ihrem in *Technovation* erschienenen Artikel kritisch mit TRIZ auseinander und untersuchen, mit welchen Herausforderungen die Anwender der Methode konfrontiert sind. Trotz der Vorteile und Stärken, die Ilevbare et al. in TRIZ sehen, kommen sie zu dem Schluss: „TRIZ appears to be a complex approach that requires substantial effort and commitment to understand [...]. While it seems to offer clarity to problem solving and innovation, there is great confusion on how to approach it" (Ilevbare et al. 2013, S. 37). Mit Verweis auf weitere Beiträge aus der Forschung zu TRIZ machen Ilevbare et al. zudem deutlich, dass zur effektiven Anwendung von TRIZ **sehr viel Zeit und Res-**

sourcen benötigt werden und dass teilweise selbst geschulte, mit der Methode vertraute Personen TRIZ in der Praxis nur selten anwenden.

Die **Widerspruchsorientierte Innovationsstrategie (WOIS)** ist eine weitere Methode, die **Widersprüche gezielt als Ausgangspunkt für Innovationen** verwendet. Aus Sicht von Linde und Hill, welche die Widerspruchsorientierte Innovationsstrategie detailliert erläutern, „stellt [diese] einen ganzheitlichen Ansatz zu einer offensiven Entwicklungstheorie dar, in den neben den Elementen der Technik- und Naturwissenschaft auch philosophische und psychologische Aspekte einbezogen sind" (Linde und Hill 1993, S. 147). Linde und Hill kritisieren, dass in den Entwicklungsprozessen häufig das Ziel verfolgt wird, möglichst viele Lösungsvarianten zu erzeugen, indem Lösungselemente variiert und kombiniert werden, um anschließend die beste unter einer Vielzahl von Lösungen auszuwählen. Bei einem solchen Vorgehen kann der Aufwand sehr hoch sein, die optimale Lösung wird möglichweise nicht erkannt und Zielkonflikte werden nicht berücksichtigt.[182] Ein Vorgehen wie die bereits diskutierte Methode TRIZ hingegen arbeitet Zielkonflikte systematisch heraus, für die es zunächst keine erkennbare Lösung gibt.[183] WOIS setzt auf diesem Prinzip auf und zielt darauf ab, bewusst „eine Problemstellung schrittweise zu analysieren und zu vertiefen sowie über Gesetzmäßigkeiten der Evolution so viel Orientierung für die richtige Entwicklungsrichtung zu erzeugen, bis ein scheinbar unlösbarer Widerspruch entsteht [...]. In der Auflösung dieses Widerspruchs liegt ein hochkreatives Potential für neuartige Lösungen" (Linde und Hill 1993, S. 2).

Mit WOIS hatte das Unternehmen **bisher bessere Erfahrungen** als mit TRIZ gemacht. Der Director Global Engineering sah in WOIS eine einfachere Methode als in TRIZ und bewertete das grundsätzliche Vorgehen von WOIS als überaus effektiv. Dennoch hatte das Unternehmen die Erfahrung gemacht, dass auch WOIS in seiner Anwendung oft zu komplex war. Selbst bei Linde und Hill (1993) wird im Vorwort sowie in der Einleitung zu ihrem umfassenden Werk über WOIS deutlich, dass auch sie in der Methode eine **komplexe** Entwicklungsstrategie sehen.

Aufgrund der hohen Komplexität von TRIZ und WOIS versprach eine Anwendung der beiden Methoden in der Aktionsforschung nur einen geringen Erfolg. Damit sollte nach

---

[182] Linde und Hill (1993) ergänzen, dass die Erzeugung möglichst vieler Lösungsvarianten durchaus sinnvoll sein kann, wenn eine systematische Variation bereits erarbeiteter Lösungsansätze oder eine Optimierung dieser gewünscht ist – nicht jedoch, wenn die neuen Lösungsansätze erst noch gefunden werden müssen. In diesem Fall halten sie ein solches Vorgehen für ineffektiv.

[183] Linde und Hill (1993) erwähnen an dieser Stelle TRIZ nicht explizit, sondern verweisen auf die Arbeiten von Altschuller, dem Begründer von TRIZ.

Möglichkeit ein einfacheres Verfahren angewendet werden, das ebenso auf dem effektiven Wirkprinzip der Identifikation von Widersprüchen basieren sollte.

5.4.1.2   Bewertung der Problemfelder im Kontext frugaler Innovation

Werden die drei soeben diskutierten Problemfelder reflektiert, wird deutlich, dass das **zweite** Problemfeld (Vielzahl der Methoden führt tendenziell zu inkrementellen Innovationen mit geringem Kostensenkungspotenzial) und das **dritte** Problemfeld (TRIZ und WOIS sind sehr komplex) nicht explizit mit frugalen Innovationen zusammenhängen, sondern über das Feld der frugalen Innovationen hinausreichen.

Der Grund, warum die beiden Problemfelder im Kontext von frugalen Innovationen zu lösen waren, ist, dass *erstens* für die Entwicklung einer frugalen Innovation **inkrementelle Veränderungen** häufig nicht ausreichen, wie im Untersuchungskontext zu sehen war. *Zweitens* sollte die **Kostenperspektive** bei der Entwicklung von frugalen Innovationen zentraler Bestandteil der Methode sein und *drittens* sollten Lösungen auch ohne die Anwendung einer allzu **komplexen Methodik** gefunden werden können. Der Grund dafür, dass die Methode nicht zu komplex sein durfte, lag vor allem darin, dass für die Anwendung der Methode nur wenige Ressourcen aufgewendet werden sollten. Rutschkupplungsnaben spielen für die Wertschöpfung nur eine untergeordnete Rolle. Somit sollte auch der Entwicklungsaufwand in angemessener Relation hierzu stehen.

Eine **Lösung der beiden Problemfelder** war somit für die Entwicklung einer **frugalen Innovation** *im Untersuchungskontext* zwingend erforderlich.

5.4.2   Planung – Verfahrensweise Konzepterarbeitung

Im Gegensatz zu Untersuchungsfeld 1 und 2 war dem Unternehmen der wesentliche Kern der Probleme aus Untersuchungsfeld 3 schon zu Beginn der Aktionsforschung bewusst. Dieses Problembewusstsein führte dazu, dass das Unternehmen bereits zu Beginn der Aktionsforschung wusste, dass es bei der Konzepterarbeitung einen Weg gehen wollte, bei dem nicht möglichst viele Ideen produziert werden, um anschließend die beste auszuwählen, sondern gezielt Widersprüche herbeigeführt werden sollten.[184] Das Un-

---

[184] Beim ersten Video-Online-Treffen im November 2015 gab der Director Global Engineering klar zu verstehen, dass das Vorgehen, möglichst viele Ideen zu entwickeln – also auf Quantität zu setzen – und anschließend die Ideen in einem Trichter zu filtern, sich bisher als zu aufwendig erwiesen hat und wenig effektiv war. Dies bestätigt die bereits erläuterte Kritik von Linde und Hill (1993) an einem solchen Vorgehen. Ein Vorgehen, bei dem Aufwand hinzugefügt wird, um den Nutzen eines Produkts zu erhöhen, wurde vom Unternehmen nicht mehr als innovatives Vorgehen wahrgenommen. Daher sollte eine

ternehmen hatte bereits einige gute Erfahrungen mit der gezielten Formulierung und Lösung von Widersprüchen gemacht, sodass dieses Verfahren, das im Folgenden als Ziel-Konflikt-Innovation bezeichnet wird, im Rahmen der Aktionsforschung weiterentwickelt und systematisiert werden sollte.

5.4.2.1 Grundsätzliches Vorgehen bei der Ziel-Konflikt-Innovation

Während die meisten Methoden kreativer Entwicklungstätigkeit von Beginn an auf die Generierung möglichst vieler Lösungsvarianten konzentriert sind (Linde und Hill 1993), zielt die Methode der Ziel-Konflikt-Innovation ebenso wie TRIZ und WOIS darauf ab, zunächst scheinbar nicht lösbare Widersprüche herauszuarbeiten, die dann Ziel der Lösungsbemühungen sind. Um das Verfahren der Ziel-Konflikt-Innovation in wenigen Worten zusammenzufassen: Zunächst werden **Entwicklungsziele bestimmt** und geprüft, mit **welchen beeinflussenden Parametern** diese in Widerspruch beziehungsweise in Konflikt stehen.[185] Diese Konflikte werden aufgegriffen und zu lösen versucht. Kann ein Konflikt gelöst werden, ist davon auszugehen, dass das Ergebnis eine tatsächliche Innovation ist.

Dieses Vorgehen setzte nach den bisherigen Erfahrungen des Director Global Engineering eine hohe Kreativität bei den beteiligten Akteuren frei und führte zur Freude an der Lösungsfindung. Im Vergleich zu anderen Methoden führte diese Art des Vorgehens nach Erfahrung des Unternehmens zum einen **schneller** zu Lösungen, zum anderen waren die gefundenen Lösungen im Vergleich häufig **besser**.

Das Besondere daran ist, dass eine Senkung des Aufwands und damit der Kosten inhärenter Bestandteil des Verfahrens ist. Die Senkung des Aufwands erfolgt in der Weise, dass zunächst die **Entwicklungsziele** so formuliert werden, dass Nutzen erhöht und Aufwand reduziert wird. Anschließend wird die Optimierungsrichtung der beeinflussenden **Parameter** in der Weise festgelegt, dass ebenso Nutzen erhöht und Aufwand reduziert wird. Dies führt dazu, dass jeder identifizierte Konflikt das Ziel der Nutzenerhöhung bei gleichzeitiger Reduzierung des Aufwands beinhaltet. Somit zielt jede Lösung eines Konflikts auf eine Reduktion von Aufwand und damit unmittelbar verbunden auf

---

Nutzenerhöhung immer zugleich mit einer Verringerung des Aufwands einhergehen – was zunächst in der Regel einen Widerspruch bedeutet.

[185] Entgegen des bereits diskutierten Hinweises von Streckfuss (2006) im Kontext von TRIZ soll hier nicht zwischen *physikalischem Widerspruch* und *technischem Konflikt* unterschieden werden. Die Begriffe *Widerspruch* und *Konflikt* werden im Folgenden weitgehend synonym verwendet. Auch in der Literatur zu TRIZ ist häufig eine synonyme Verwendung zu beobachten, wie beispielsweise auch bei Ilevbare et al. (2013) zu sehen ist, die ebenso nicht in *physikalischen Widerspruch* und *technischen Konflikt* unterscheiden, sondern die Begriffe *physical contradiction* and *technical contradiction* verwenden.

eine **Senkung der Kosten** ab. Dieser Punkt wird besser verständlich, wenn die dafür notwendigen **Schritte** des Verfahrens auf den Folgeseiten nachvollzogen werden.

5.4.2.2   Planungsvorgehen

Bei der **Entwicklung einer Verfahrensweise** zur Ziel-Konflikt-Innovation wurden die Erfahrungen des Directors Global Engineering zum Ausgangspunkt genommen, der die Prinzipien der Methode im Unternehmen bereits mehrfach erfolgreich angewendet hatte. Durch die Aktionsforschung wurde das Verfahren weiter ausgearbeitet, mit dem Ziel, es **systematisch zu beschreiben** und **reproduzierbar** zu machen.

Erste Diskussionen im Rahmen der Aktionsforschung zur Anwendung der Ziel-Konflikt-Innovation fanden bereits im Frühjahr 2016 mit dem Director Global Engineering vorwiegend telefonisch statt. Im Vorfeld der Anwendung wurde im Rahmen der vorliegenden Untersuchung das Verfahren weiter ausgearbeitet und in einer Unterlage zusammengefasst, welche die einzelnen Schritte des Verfahrens beschreibt. Ebenso wurden mehrere Excel-Anwendungen entwickelt, mit der das Verfahren umgesetzt werden sollte. Auf Basis der Unterlage sowie der Excel-Anwendungen wurde im Zeitraum Juli bis September 2016 das Verfahren gemeinsam mit dem Director Global Engineering weiter angepasst. Im sechsten und siebten Workshop wurde das Verfahren angewendet und während der Durchführung weiter optimiert und systematisiert. Am Ende der Durchführung stand ein Verfahrensmodell, das im nächsten Abschnitt im Rahmen des Schritts *Aktion* vorgestellt wird.

5.4.3   Aktion – Verfahrensweise Konzepterarbeitung

Das Vorgehen kann in zehn Schritte unterteilt werden, die anhand der konkreten Durchführung der Aktionsforschung im Folgenden erläutert werden sollen. Die Schritte 1 bis 8, die in einer Übersicht in Abbildung 25, dargestellt werden, wurden im sechsten Workshop durchgeführt.

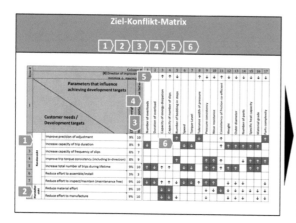

1. Formulierung Entwicklungsziele aus Kundensicht
2. Formulierung Entwicklungsziele aus Herstellersicht
3. Gewichtung Entwicklungsziele
4. Identifikation beeinflussender Parameter
5. Bestimmung Optimierungsrichtung Parameter
6. Identifikation von Widersprüchen

7. Formulierung Widersprüche
8. Bewertung und Auswahl Widersprüche

Abbildung 25: Schritte 1 bis 8 der Methode Ziel-Konflikt-Innovation[186]

Schritt 9 wurde in den Monaten September bis November 2016 durchgeführt. Schritt 10 fand hauptsächlich im siebten Workshop Ende November 2016 statt. Abbildung 26 stellt die beiden Schritte in einer Übersicht dar. Auch auf diese wird im Folgenden eingegangen.

---

[186] Eigene Darstellung.

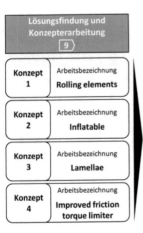

Lösungsfindung und Konzepterarbeitung 9⟩	Bewertung Konzepte und Konzeptauswahl 10⟩	Technologiekonzept Wälzkörper-Kupplungsnabe
Konzept 1 — Arbeitsbezeichnung **Rolling elements**		
Konzept 2 — Arbeitsbezeichnung **Inflatable**		
Konzept 3 — Arbeitsbezeichnung **Lamellae**		
Konzept 4 — Arbeitsbezeichnung **Improved friction torque limiter**		**Patent angemeldet**

- Mehrfaches und intensives **Brainstorming** zur Lösung der Widersprüche
- Das Brainstorming wurde von **zwei Teams** in **Deutschland** und **Großbritannien** durchgeführt
- Ergebnis des mehrfachen Brainstormings sind **vier Konzepte**

- Anwendung eines zweistufigen **Bewertungsverfahrens**
  - (1) Bewertung des Beitrags zur Lösung der **Widersprüche** sowie der **Umsetzbarkeit**
  - (2) Abschätzung von **Herstellkosten** und **TCO**
- Auswahl der **beiden besten** Konzepte

- **Ergebnis: Neue Technologie**, bezeichnet als Wälzkörper-Kupplungsnabe
- Technologie basierend auf **Kugel-Kalotten-Prinzip** als simple und verschleißfreie Drehmomentbegrenzung

Abbildung 26: Schritte 9 und 10 der Methode Ziel-Konflikt-Innovation[187]

5.4.3.1   Schritt 1 – Formulierung von Entwicklungszielen aus Kundensicht

Im ersten Schritt werden alle Kundenbedürfnisse, die bisher identifiziert werden konnten, in einer Tabelle erfasst. Dazu zählen die Ergebnisse aus den Kundenworkshops sowie aus den nach Möglichkeit durchgeführten Beobachtungen. Weitere Kundenbedürfnisse, die im Rahmen der Kundenworkshops nicht genannt oder identifiziert wurden, sollten aufgenommen werden, sofern diese den Erfahrungen des Vertriebs oder der Entwicklungsingenieure nach zu ergänzen sind.

Für das Verfahren ist es entscheidend, die **Kundenbedürfnisse abstrakt zu formulieren** und von konkreten Produktmerkmalen, Parametern oder technischen Lösungen zu

---

[187] Eigene Darstellung. Quelle der Zeichnung der Wälzkörper-Kupplungsnabe: Patentanmeldung P113940DE00 vom 7. April 2017, Deutsches Patent- und Markenamt, München, dort als Rutschkupplung bezeichnet. Abgedruckt mit Genehmigung des anmeldenden Unternehmens.

entkoppeln. Nur diese lösungsneutrale Art der Formulierung ermöglicht nach den Erfahrungen des Director Global Engineering innovative Ideen.

Nun folgt der **zentrale Dreh- und Angelpunkt** des gesamten Verfahrens. Die Bedürfnisse sind in der Weise umzuformulieren, dass aus ihnen Entwicklungsziele werden. Die Entwicklungsziele sind so zu formulieren, dass sie immer zu einer **Erhöhung des Nutzens** oder zu einer **Verringerung des Aufwands** führen.

Um das Vorgehen an einem einfachen, fiktiven Beispiel zu illustrieren: Ein Kunde deutet im Kundenworkshop an, dass er sich für ein zu entwickelndes Auto einen leistungsstärkeren Motor wünsche. Durch gezieltes Hinterfragen und eine Diskussion mit dem Kunden stellt sich heraus, dass das eigentlich Wichtige für den Kunden der Fahrspaß ist, den er mit einem leistungsstärken Motor gleichgesetzt hatte. Die Lösung könnte sich später statt in einem stärkeren Motor also auch in einer besseren Kurvenlage manifestieren. Notiert wird somit zunächst das recht abstrakte Bedürfnis des Kunden „Spaß am Fahren". Nun wird dieses Bedürfnis zu einem Entwicklungsziel umformuliert: „Verbessere den Fahrspaß". Das Ziel wurde in diesem Fall so formuliert, dass der Nutzen für den Kunden erhöht wird. Abbildung 27 zeigt, wie aus den in der Aktionsforschung identifizierten Bedürfnissen hinsichtlich einer Rutschkupplungsnabe die Entwicklungsziele abgeleitet werden.

Bedürfnisse		Entwicklungsziele
Precision of adjustment has to be high	→	Improve precision of adjustment
Capacity of trip duration has to be high	→	Increase capacity of trip duration
Capacity of frequency of slips has to be high	→	Increase capacity of frequency of slips
Improve trip torque consistency (including bi-direction) has to be high	→	Improve trip torque consistency (including bi-direction)
Total number of trips during lifetime has to be high	→	Increase total number of trips during lifetime
Effort to assemble/install has to be low	→	Reduce effort to assemble/install
Effort to inspect/maintain (maintenance free) has to be low	→	Reduce effort to inspect/maintain (maintenance free)
Inertia has to be low	→	Reduce inertia
Needed space has to be low	→	Reduce needed space
Ease of interface has to be high	→	Increase ease of interface
Corrosion protection for transportation by sea is required	→	Increase corrosion protection for transportation by sea
Corrosion protection for storage is required	→	Increase corrosion protection for storage
Ease of assembly (without specialist) has to be high	→	Improve assembly
Temperature resistance has to be high	→	Increase temperature resistance
An indication that there was an overload is required	→	Improve indication of overload
Tamperproof is required	→	Make it more tamperproof
...	→	...
...	→	...
...	→	...

(Links: **Kunde** / **Hersteller**)

Abbildung 27: Umformulierung der Bedürfnisse in Entwicklungsziele[188]

Das Besondere ist, dass dieser Prozess ein abstrakter ist, bei dem tatsächlich identifizierte Kundenbedürfnisse zum Teil zugespitzt oder übertrieben formuliert werden. Ein Beispiel soll dies verdeutlichen: Angenommen, das in Abbildung 27 formulierte Kundenbedürfnis nach „precision of adjustment has to be high" wird mit bisherigen Produkten bereits ausreichend erfüllt (dies bedeutet, das Drehmoment, ab dem die Rutschkupplungsnabe rutschen soll, lässt sich bei existierenden Lösungen bereits sehr präzise und für den Kunden in ausreichender Weise einstellen). Dennoch wird das Entwicklungsziel so formuliert, dass die Einstellgenauigkeit weiter verbessert werden soll (selbst wenn dies möglicherweise real nicht beabsichtigt ist). Dieser Prozess dient dazu, das weitere Vorgehen auf die Dimensionen Aufwand und Nutzen zu konzentrieren und

---

[188] Eigene Darstellung. Für eine Übersetzung der Entwicklungsziele ins Deutsche siehe im Anhang S. 298.

starke Widersprüche zu erzeugen. Die Notwendigkeit dieses Vorgehens zeigt sich bei der Durchführung der weiteren Schritte.

Ob ein Bedürfnis zu einem Entwicklungsziel umformuliert wird, das den **Nutzen erhöht**, wie bei *improve precision of adjustment*, oder den **Aufwand verringert**, wie bei *reduce effort to assemble/install*, ist durch die Entwicklungsingenieure im Workshop gemeinsam festzulegen. Zu überlegen ist dabei, ob eine Nutzenerhöhung oder eine Aufwandsreduzierung zu einer Verbesserung gegenüber bisherigen Lösungen führen würde.

5.4.3.2 Schritt 2 – Formulierung von Entwicklungszielen aus Herstellersicht

Zusätzlich zu den Kundenbedürfnissen sind die Bedürfnisse aus Perspektive des Herstellers zu erfassen und zu Entwicklungszielen umzuformulieren. Dies dient dazu, die Entwicklungsziele vollständig abzubilden und im späteren Verlauf möglichst alle Widersprüche zu identifizieren.

In der Regel verfolgt der Hersteller das Ziel, den Produktions- und Materialaufwand so weit wie möglich zu senken. Im Workshop wurden diese Bedürfnisse aufgenommen und zu den Entwicklungszielen *reduce effort to manufacture* und *reduce material effort* umformuliert.

Im weiteren Verlauf der Methode kann sich herausstellen, dass die Entwicklungsziele auf Basis der *Bedürfnisse des Herstellers* zu Widersprüchen führen, die bereits durch Widersprüche abgedeckt sind, die auf Basis der *Bedürfnisse der Kunden* identifiziert wurden. Auch in der Aktionsforschung waren die Widersprüche, die in den nachfolgenden Schritten durch die Entwicklungsziele *reduce effort to manufacture* und *reduce material effort* entstanden, bereits durch alle Widersprüche auf Basis der Kundenbedürfnisse abgedeckt.[189] In einem solchen Falle müssen die Bedürfnisse und Entwicklungsziele aus Herstellersicht nicht weiter betrachtet werden. Um die weitere Darstellung einfach zu halten, wurde auf die zunächst identifizierten und im weiteren Verlauf wieder entfernten Bedürfnisse aus Herstellersicht in den nachfolgenden Abbildungen verzichtet.

5.4.3.3 Schritt 3 – Gewichtung der Entwicklungsziele

Im dritten Schritt sind die Entwicklungsziele zu gewichten. Soweit die Gewichtung der Bedürfnisse in den Kundenworkshops ermittelt und in der Lebenszyklus-Bedürfnis-

---

[189] Wie in den nachfolgenden Schritten zu sehen sein wird, führte die Lösung der Widersprüche auf Basis der Kundenbedürfnisse implizit zu einer Reduktion des Produktions- und Materialaufwands.

Matrix festgehalten wurde (siehe Abbildung 20, S. 180), ist diese auf die Entwicklungs-ziele zu übertragen, die aus den Bedürfnissen abgeleitet wurden. Dazu kann die in den Kundenworkshops verwendete 5-Punkte-Skala (*sehr wichtig, wichtig, weniger wichtig, nicht wichtig* sowie *unklar*) übernommen werden. Auch Entwicklungsziele, die bisher noch nicht priorisiert wurden, etwa weil bestimmte Bedürfnisse und Entwicklungsziele erst im Laufe des weiteren Prozesses im Nachgang der Kundenworkshops ergänzt wur-den, müssen auf diese Weise noch gewichtet werden.

Es kann hilfreich sein, auf Basis der vom Kunden vorgenommenen Bedürfnisgewichtung eine differenziertere Bewertung vorzunehmen. In der Aktionsforschung wurde hierzu eine 10-stufige Skala verwendet von *1 = unwichtig* bis *10 = äußert wichtig*.[190] Die Ge-wichtung führten die Entwicklungsingenieure gemeinsam durch.[191] Um einen **gemein-samen** Wert festzulegen, sind teils intensive Diskussionen zwischen den Ingenieuren nötig, wie während der Aktionsforschung deutlich wurde. Letztlich konnte in allen Fäl-len nach intensiver Diskussion ein gemeinsames Verständnis zu den einzelnen Gewich-tungen erreicht werden.

Um eine **Fokussierung auf die wichtigsten Entwicklungsziele** und damit auch die wichtigsten Bedürfnisse zu erzielen, sind im weiteren Prozess nur diejenigen Entwick-lungsziele zu betrachten, die besonders hoch bewertet wurden. Bei der Aktionsfor-schung wurden daher im Weiteren nur die Entwicklungsziele mit 9 und 10 Punkten be-rücksichtigt. Abbildung 28 zeigt das Ergebnis dieses Schritts.

---

[190] Im Folgenden ein Hinweis zur besseren Nachvollziehbarkeit der durchgeführten Aktionsforschung: In Untersuchungsfeld 2 wurde als Teil des Kundenworkshops eine erste qualitative Einschätzung der Gewichtung der Kundenbedürfnisse vorgenommen. Ein Ergebnis von Untersuchungsfeld 2 war, zu-künftig die vorgestellte fünfstufige Skala im Kundenworkshop anzuwenden. Da bei der Konzepterar-beitung wesentlich differenzierter vorgegangen werden muss als bei den sehr komprimierten Kun-denworkshops, bietet es sich an, hierzu auf eine zehnstufige Skala zu wechseln, um eine höhere Diffe-renzierung zu ermöglichen.

[191] Eine Gewichtung der Kundenbedürfnisse mit den Punkten 1 (geringe Bedeutung) bis 10 (sehr hohe Bedeutung), die auch in eine relative Bedeutung nach Prozenten umgerechnet werden kann (Hauser und Clausing 1988), ist auch vom House of Quality bekannt (Saatweber 2011). Auch dass die Priorisie-rung durch die Team-Mitglieder auf Basis ihrer Erfahrungen vorgenommen wird, wird in der Literatur zum House of Quality in ähnlicher Weise vorgeschlagen; ebenso können Kundenumfragen bei diesem Prozess unterstützen (Hauser und Clausing 1988).

Entwicklungsziele	G[1]
Improve precision of adjustment	10
Increase capacity of trip duration	9
Increase capacity of frequency of slips	7
Improve trip torque consistency (including bi-direction)	9
Increase total number of trips during lifetime	10
Reduce effort to assemble/install	3
Reduce effort to inspect/maintain (maintenance free)	10
Reduce inertia	2
Reduce needed space	5
Increase ease of interface	7
Increase corrosion protection for transportation by sea	1
Increase corrosion protection for storage	4
Improve assembly	7
Increase temperature resistance	2
Improve indication of overload	3
Make it more tamperproof	4

Legende

[1] Gewichtung: 1 (unwichtig) bis 10 (äußerst wichtig)

Im weiteren Prozess berücksichtigte Entwicklungsziele

Abbildung 28: Priorisierung der Entwicklungsziele[192]

5.4.3.4 Schritt 4 – Identifikation beeinflussender Parameter

Im vierten Schritt ist zu identifizieren, welche Parameter mit den Entwicklungszielen in Wechselwirkung stehen, das heißt, welche Parameter durch ein Verfolgen der Entwicklungsziele verändert werden.

Grundsätzliches Vorgehen

Für das Vorgehen ist es hilfreich, für jedes Entwicklungsziel zu diskutieren, mit welchen Parametern dieses in Verbindung steht. Beispielsweise würde ein Verfolgen des Ziels *improve precision of adjustment*[193] dazu führen, dass die Anzahl der erforderlichen Einschleifschritte der Reibflächen bei der Herstellung steigt. Es würde zudem notwendig werden, die Reibbeläge präziser einzuschleifen, damit sich ihr Tragbild angleicht und sie

---

[192] Eigene Darstellung.

[193] Das Entwicklungsziel lautet, präziser einstellen zu können, ab welchem Drehmoment die Rutschkupplungsnabe die Überlast nicht mehr weitergibt und zu rutschen beginnt.

gleichmäßiger zwischen Druckscheiben und Antriebsstrang wirken (zur Wirkweise der Rutschkupplungsnabe siehe Abbildung 12, S. 93). Damit ist der erste Parameter identifiziert, der in Wechselwirkung mit dem Entwicklungsziel steht. Dieser wurde mit *number of bedding-in steps* bezeichnet, womit die Anzahl der notwendigen Einschleifschritte der Reibflächen bei der Herstellung gemeint ist. Abbildung 29 veranschaulicht das Vorgehen zur Identifikation der Parameter.

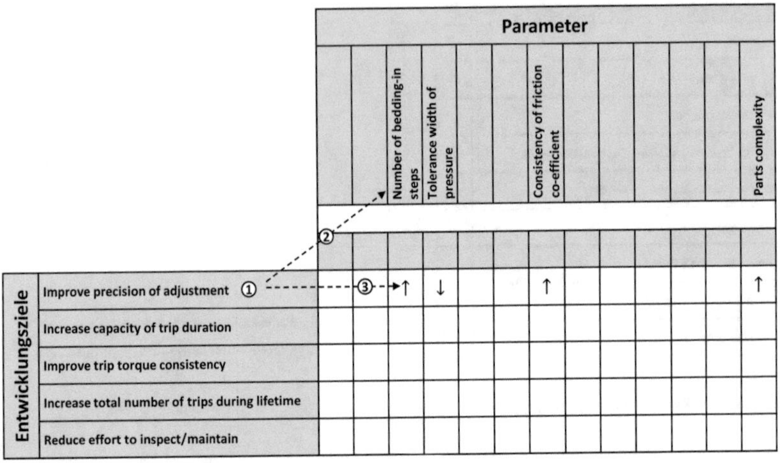

Lesebeispiel

① Mit dem Entwicklungsziel *improve precision of adjustment* wird verfolgt, präziser einstellen zu können, ab welchem Drehmoment die Rutschkupplungsnabe die Überlast nicht mehr weitergibt und zu rutschen beginnt.

② Um dieses Entwicklungsziel zu erreichen, sind zusätzliche Arbeitsgänge bei der Herstellung notwendig. Damit wird der Parameter *number of bedding-in steps* festgehalten.

③ Eine Verfolgung des Entwicklungsziels würde unweigerlich eine Erhöhung des Parameters *number of bedding-in steps* erforderlich machen. Dies wird durch den Pfeil nach oben angezeigt.

Abbildung 29: Identifikation der Parameter[194]

Das Verfolgen des Entwicklungsziels *improve precision of adjustment* würde, wie in Abbildung 29 zu sehen ist, auch auf weitere Parameter wirken. So müsste auch die Toleranzbreite (*tolerance width of pressure*), mit der das Federpaket an den Druckschreiben vorgespannt ist, reduziert werden, um die Präzision der Einstellung des Rutschmoments zu erhöhen. Weiterhin wäre eine Erhöhung der Konsistenz des Reibungskoeffizienten

---

[194] Eigene Darstellung.

(*consistency of friction co-efficient*) erforderlich. Zudem würde die Komplexität (*parts complexity*) der einzelnen Teile der Rutschkupplungsnabe unweigerlich steigen.

Auf diese Weise ist für alle Entwicklungsziele zu bestimmen, mit welchen Parametern diese in Verbindung stehen und wie diese sich bei Verfolgen des Entwicklungsziels verändern würden. Dabei sind **nur die Parameter festzuhalten, die beeinflusst werden können**. Parameter, bei denen möglicherweise erst im weiteren Verlauf der Ziel-Konflikt-Innovation auffällt, dass diese nicht beeinflussbar sind, also nicht bewusst erhöht oder verringert werden können, sind wieder zu entfernen. In der Aktionsforschung waren dies unter anderem die Parameter *number of overloads*,[195] *duration of overlaod*[196] und *torque-level*.[197] Diese Parameter sind aus diesem Grund nicht in Abbildung 29 dargestellt.

Sobald alle Parameter dokumentiert wurden, ist noch einmal für jedes Entwicklungsziel zu prüfen, ob dieses gegebenenfalls auf einen der weiteren neu identifizierten Parameter wirkt. Dazu muss jedes Entwicklungsziel einzeln durchgegangen und seine Wirkrichtung auf die anderen Parameter ergänzt werden. Abbildung 30 zeigt das Ergebnis dieses Schritts.

---

[195] Anzahl auftretender Überlasten. Dieser Parameter kann vom Hersteller nicht beeinflusst werden, da er nicht von der Konstruktion der Rutschkupplungsnabe abhängt, sondern davon, wie der Kunde die Rutschkupplungsnabe einsetzt.

[196] Dauer der auftretenden Überlast. Auch dieser Parameter kann vom Hersteller nicht beeinflusst werden, sondern hängt ebenso davon ab, wie der Kunde die Rutschkupplungsnabe einsetzt.

[197] Drehmoment. Dieser Parameter hängt ebenfalls vom Einsatzgebiet der Rutschkupplungsnabe ab und ist nicht vom Hersteller beeinflussbar.

			Parameter											
		Capacity of energy dissipation	Capacity of number of slips	Number of bedding-in steps	Tolerance width of pressure	Pressure consistency	Wear resistance	Consistency of friction co-efficient	Mass	Outer diameter	Number of parts	Specific heat capacity	Material grade	Parts complexity
Entwicklungsziele	Improve precision of adjustment			↑	↓			↑						↑
	Increase capacity of trip duration	↑					↑	↑	↑	↑	↑	↑		
	Improve trip torque consistency			↑		↑	↑	↑			↓	↑	↑	↑
	Increase total number of trips during lifetime	↑	↑				↑	↑	↑	↑	↑		↑	↑
	Reduce effort to inspect/maintain	↑	↑	↓	↑	↑	↑		↓	↓	↓			↓

Legende

☐ Verfolgen des Entwicklungsziels wirkt nicht auf den Parameter.

↑ ↓ Verfolgen des Entwicklungsziels erhöht/reduziert den Parameter.

Abbildung 30: Identifizierte Parameter und Wirkrichtungen[198]

Weitere Hinweise zur Durchführung

Die Identifikation der Parameter erfordert teils intensive Diskussionen zwischen den Entwicklungsingenieuren und ist eine herausfordernde Aufgabe. Die Diskussionen können dazu führen, dass – in Ausnahmefällen – einzelne Entwicklungsziele **hinterfragt oder umformuliert** werden müssen, wenn sich herausstellt, dass diese in ihrer Formulierung nicht optimal getroffen waren.

Zudem kann sich während der Diskussionen herausstellen, dass **einzelne Entwicklungsziele als Parameter verstanden werden müssen**, oder umgekehrt, dass vermeintliche Parameter den Entwicklungszielen zuzuordnen sind. Um dies an einem einfachen Beispiel zu erläutern: Ein Kunde könnte geäußert haben, dass er sich ein *äußerst verschleißbeständiges Bauteil* wünscht. Aus diesem Bedürfnis wird das Entwicklungsziel *Verschleißbeständigkeit erhöhen* abgeleitet. Erst bei der Diskussion der Parameter fällt auf, dass diesem Bedürfnis und dem entsprechenden Entwicklungsziel ein ganz anderes Bedürfnis zugrunde liegt. Der Kunde möchte eigentlich so wenig Aufwand wie möglich

---

198 Für eine Übersetzung der Entwicklungsziele und Parameter ins Deutsche siehe im Anhang S. 298.

mit Wartung und Instandsetzung haben. Das eigentliche Entwicklungsziel ist damit *Aufwand für Wartung und Instandsetzung reduzieren*. Dieses wird nun ergänzt. Das ursprüngliche Ziel *Verschleißbeständigkeit erhöhen* wird zu dem Parameter *Verschleißbeständigkeit*, der mit dem neu formulierten Ziel in Wechselwirkung steht. Dieses einfache Beispiel zeigt, wie wichtig die gemeinsame Diskussion der Entwicklungsziele und der beeinflussenden Parameter ist, um die Zusammenhänge herauszuarbeiten und besser zu verstehen.

5.4.3.5   Schritt 5 – Bestimmung der Optimierungsrichtung der Parameter

Sind alle Parameter identifiziert und die Wirkung der Entwicklungsziele auf die einzelnen Parameter dokumentiert, ist die Optimierungsrichtung der einzelnen Parameter zu bestimmen. Dazu muss gemeinsam überlegt werden, in welche Richtung ein Parameter zu verändern ist, um den Nutzen zu erhöhen oder den Aufwand zu verringern.

Auch dies soll an einem einfachen Beispiel erläutert werden. In der Aktionsforschung waren zwei der identifizierten Parameter Masse (*mass*) und Anzahl der Bauteile (*number of parts*). Je weniger Masse die Rutschkupplungsnabe hat, desto weniger Material muss für die Herstellung aufgewendet werden. Dies führt in der Regel zu einer Verringerung des Aufwands. Es muss weniger Material eingekauft und weniger Material bearbeitet werden, was beides zu einer Senkung der Kosten beiträgt.[199] Ebenso verhält es sich bei der Anzahl der Bauteile. Je weniger Teile entwickelt und zusammengesetzt werden müssen, desto geringer wird in der Regel der Aufwand sein.

Bei den Parametern wird nun der Reihe nach geprüft, ob ein Parameter verringert oder erhöht werden muss, um Nutzen zu verbessern oder Aufwand zu reduzieren. Wie bereits bei der Formulierung der Entwicklungsziele in Schritt 1 (siehe Abschnitt 5.4.3.1, S. 212), ist durch die Entwicklungsingenieure im Workshop gemeinsam festzulegen, welche Veränderungsrichtung für den jeweiligen Parameter zielführend ist.[200] Abbildung 31 zeigt das Ergebnis dieses Schritts.

---

[199] Der Fall, dass die Masse durch leichteres, aber dafür möglicherweise teureres Material reduziert wird, soll zunächst nicht betrachtet werden. Aber auch hier würde gelten, je weniger Material benötigt wird, desto geringer ist der Aufwand.

[200] Es bietet sich bei diesem Schritt an, **die einzelnen Parameter für sich zu betrachten** und die Wechselwirkungen zunächst soweit wie möglich *nicht* mitzudenken. **Ein Negativbeispiel**: Bei dem Parameter **mass** könnte bei gleichzeitiger Betrachtung der Wechselwirkungen angenommen werden, dass eine Erhöhung der Masse die Wärmekapazität des Systems erhöht und damit der Verschleiß der Rutschkupplungsnabe reduziert wird. Ziel ist es in diesem Schritt jedoch, die Masse für sich zu betrachten. Eine Erhöhung der Masse für sich genommen macht keinen Sinn, eine Reduzierung der Masse hingegen schon. Die Optimierungsrichtung des Parameters ist also eine Verringerung. **Ein weiteres Negativbei-**

Parameter												
Capacity of energy dissipation	Capacity of number of slips	Number of bedding-in steps	Tolerance width of pressure	Pressure consistency	Wear resistance	Consistency of friction co-efficient	Mass	Outer diameter	Number of parts	Specific heat capacity	Material grade	Parts complexity
Direction of improvement of parameter: minimize (↓) maximize (↑)												
↑	↑	↓	↑	↓	↓	↑	↓	↓	↓	↓	↓	↓

Abbildung 31: Bestimmung der Veränderungsrichtung der Parameter für deren Optimierung[201]

5.4.3.6   Schritt 6 – Identifikation von Widersprüchen

Durch die Bestimmung der Optimierungsrichtung der Parameter werden nun die Widersprüche zu den Entwicklungszielen deutlich. In der Aktionsforschung wurden die einzelnen Schritte während des Workshops in einer zuvor in Excel vorbereiteten **Ziel-Konflikt-Matrix** festgehalten, in der die identifizierten Widersprüche automatisch hervorgehoben wurden. Abbildung 32 zeigt die identifizierten Widersprüche.

---

spiel: Bei dem Parameter *capacity of number of slips* könnte das Ergebnis der Überlegungen sein, dass die Kapazität für die Häufigkeit, mit der eine Rutschkupplungsnabe einer Überlast standhält, reduziert werden soll, um den Aufwand zu vermindern. Je weniger häufig Überlast ausgehalten werden muss, desto simpler können die Bauteile sein und desto geringer ist der Aufwand, wie beispielsweise für die Herstellung. Auch diese Überlegung war in der Aktionsforschung nicht zielführend, da eine Betrachtung der Kapazität für sich genommen, *ohne* die Wechselwirkungen zu betrachten, zu dem Ergebnis führt, dass eine hohe Kapazität besser ist als eine niedrige. Die Optimierungsrichtung des Parameters ist also eine Erhöhung. Das **übergeordnete Ziel bei diesem Schritt ist**, im weiteren Verlauf der Anwendung der Ziel-Konflikt-Innovation **starke Widersprüche** zu erzeugen. Daher bietet es sich bei einem **zweiten Durchlauf** an zu prüfen, durch welche Optimierungsrichtung Widersprüche erzeugt werden können, deren Lösung zu einer deutlichen Verbesserung des Gesamtsystems beitragen würde. Beim Parameter *wear resistance* wurde die Optimierungsrichtung im weiteren Verlauf der Aktionsforschung daher so festgelegt, dass nicht mehr die Erhöhung der Verschleißbeständigkeit das Ziel war (Nutzenerhöhung) sondern eine Verringerung der Verschleißbeständigkeit und eine Verringerung des nicht unerheblichen Aufwands, um die verwendeten Teile zu veredeln und verschleißbeständiger zu machen (Aufwandsverringerung). Zusammengefasst: Wird die Optimierung zunächst so festgelegt, dass durch eine Veränderung des Parameters, *ohne* die Wechselwirkungen zu betrachten, das Gesamtsystem verbessert wird, ist anschließend zu prüfen, ob durch eine Änderung der Optimierungsrichtung in der weiteren Durchführung des Verfahrens ein besserer Widerspruch herbeigeführt werden kann.

[201] Eigene Darstellung.

Entwicklungsziele \ Parameter	Capacity of energy dissipation	Capacity of number of slips	Number of bedding-in steps	Tolerance width of pressure	Pressure consistency	Wear resistance	Consistency of friction co-efficient	Mass	Outer diameter	Number of parts	Specific heat capacity	Material grade	Parts complexity
Direction of improvement of parameter: minimize (↓) maximize (↑)	↑	↑	↓	↑	↓	↓	↑	↓	↓	↓	↓	↓	↑ ①
Improve precision of adjustment ②			↑		↓		↑						→ ↑
Increase capacity of trip duration	↑						↑	↑	↑	↑	↑	↑	
Improve trip torque consistency			↑		↑	↑	↑			↓	↑	↑	↑
Increase total number of trips during lifetime	↑	↑			↑	↑	↑	↑	↑		↑	↑	
Reduce effort to inspect/maintain	↑	↑	↓	↑	↑	↑		↓	↓	↓			↓

Lesebeispiel

①   Um dem Prinzip zu folgen, Nutzen zu erhöhen und Aufwand zu reduzieren, ist die Komplexität der Teile zu reduzieren. Dies bedeutet, die Optimierungsrichtung des Parameters **parts complexity** ist (↓).

②   Die Verfolgung des Entwicklungsziels **improve precision of adjustment** würde zu einer Erhöhung (↑) des Parameters **parts complexity** führen. In anderen Worten: Um das Ziel zu verfolgen, präziser einstellen zu können, ab welchem Drehmoment die Rutschkupplungsnabe die Überlast nicht mehr weitergibt und zu rutschen beginnt, wäre es erforderlich, die Bauteile komplexer und aufwendiger zu gestalten.

Die Folge: Die **Optimierungsrichtung des Parameters** (siehe ①) steht im **Widerspruch mit der Richtung**, in die der Parameter verändert werden musste (siehe ②), **um das Entwicklungsziel zu erreichen**.

Legende

☐   Verfolgen des Entwicklungsziels wirkt nicht auf den Parameter.

↑ ↓   Verfolgen des Entwicklungsziels steht im Einklang mit der Optimierungsrichtung des Parameters.

↑ ↓   Verfolgen des Entwicklungsziels wirkt entgegen der Optimierungsrichtung des Parameters. Ein Widerspruch ist die Folge.

Abbildung 32: Identifikation von Entwicklungswidersprüchen mithilfe der Ziel-Konflikt-Matrix[202]

---

[202] Eigene Darstellung. Die *Anforderungsmatrix* von WOIS (siehe z. B. Linde und Hill 1993, S. 13 und S. 89) kann auf den ersten Blick der *Ziel-Konflikt-Matrix* ähnlich sehen. Auf einen **Vergleich zwischen WOIS und der Ziel-Konflikt-Innovation** wird dennoch verzichtet, da sie im Wesentlichen nur den Kern gemeinsam haben, auf Widersprüchen aufzubauen. Für die Leser, die mit der Methode WOIS vertraut sind, soll dennoch ein kurzer Exkurs die Verschiedenheit zumindest an einigen Stellen verdeutlichen: (1.) Die Anforderungsmatrix wird aufgespannt durch *Zielgrößen* und *Führungsgrößen*. Für jede Zielgröße, bei einem Bügeleisen beispielsweise Glättvermögen oder Bewegungsfreundlichkeit, wird eine positive Wachstumsrichtung festgelegt. Beispielsweise sollen Glättvermögen und Bewegungsfreundlichkeit steigen. Beides wirkt sich auf die Führungsgröße Masse aus. Diese müsste für das Glättvermögen steigen und für die Bewegungsfreundlichkeit sinken. Bei WOIS besteht hierin der Entwicklungswiderspruch. Entwicklungswidersprüche werden bei WOIS somit zwischen *zwei* gegenläufigen Ziel-

5.4.3.7   Schritt 7 – Formulierung der Widersprüche

Für das weitere Vorgehen ist es hilfreich, die in Abbildung 32 graphisch dargestellten Widersprüche schriftlich auszuformulieren. Abbildung 33 verdeutlicht dies am Beispiel von einem der Widersprüche. Der Satz beginnt mit dem Entwicklungsziel, im dargestellten Beispiel mit *improve precision of adjustment*. Das Entwicklungsziel wird ergänzt um die Optimierungsrichtung des Parameters, mit dem der Widerspruch besteht, im dargestellten Beispiel mit *with lower* (↑ bedeutet *with higher*, ↓ bedeutet *with lower*). Der Satz endet mit dem Parameter, im dargestellten Beispiel mit *number of bedding-in steps*. Der Widerspruchssatz lautet somit im Ganzen: *Improve precision of adjustment with lower number of bedding-in steps.*

---

größen sowie *einer* Führungsgröße und ihrer idealen Entwicklungsrichtung formuliert (siehe z. B. Linde und Hill 1993, S. 7 und S. 14). Die Ziel-Konflikt-Innovation betrachtet hingegen nur den **Widerspruch zwischen** jeweils *einem* Entwicklungsziel und *einem* Parameter. (2.) Bei WOIS werden die ökonomisch-technischen Effektivitätsfaktoren und deren **ideale Entwicklungsrichtung hergeleitet** unter anderem von problemrelevanten Trends und Evolutionsgesetzen. Die Formulierung der Entwicklungsziele bei der Ziel-Konflikt-Innovation erfolgt hingegen auf **Basis der Kundenbedürfnisse**. Die Festlegung der Optimierungsrichtung findet undogmatisch statt und zielt darauf ab, möglichst starke Widersprüche zu erzeugen. (3.) Die Lösungssuche bei WOIS erfolgt häufig nach in **Katalogen** zusammengetragenen Verfahrensprinzipien, bei der Ziel-Konflikt-Innovation hingegen mittels **Brainstorming**. (4.) WOIS sieht ein umfassendes **Strategiemodell** vor (siehe z. B. Linde und Hill 1993, S. 35), die Ziel-Konflikt-Innovation besteht nur aus den hier **vorgestellten Schritten**. Ohne die Aufzählung hier fortsetzen zu wollen, mag dieser Exkurs verdeutlichen, dass beide Methoden für sich betrachtet werden sollten.

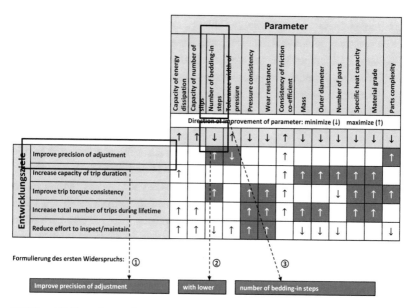

Abbildung 33: Formulierung der Widersprüche[203]

Das Ergebnis bei der Aktionsforschung waren 22 ausformulierte Widersprüche.[204] Im nachfolgenden Schritt wird auf die einzelnen Widersprüche noch eingegangen (siehe im Folgenden Abbildung 34 auf S. 227).

5.4.3.8 Schritt 8 – Bewertung und Auswahl der Widersprüche

Im Anschluss ist zu bewerten, welche Widersprüche das größte Innovationspotenzial enthalten. Hierzu ist die Frage zu stellen, bei **Lösung welchen Widerspruchs** das Ergebnis eine wirkliche Innovation wäre.

Dazu sollten die Entwicklungsingenieure in der Aktionsforschung zunächst alle Widersprüche anhand der beiden Dimensionen **Lösbarkeit** sowie **Innovationsgrad** bewerten. Auch hier konnte durch intensive Diskussionen eine Einigkeit in der Bewertung er-

---

[203] Eigene Darstellung.

[204] Sollte bei dieser Art der Formulierung kein echter Widerspruch erkennbar werden, ist zu prüfen, ob sich bei den vorherigen Schritten ein Fehler eingeschlichen hat oder der Satz aus anderen Gründen keinen Sinn ergibt. In einem solchen Fall ist dieser zu entfernen. In der Aktionsforschung reduzierte sich so die anfängliche Zahl von 23 Widersprüchen auf 22. Abbildung 33 zeigt bereits die bereinigte Darstellung.

reicht werden. Diese Art der Bewertung half den Entwicklungsingenieuren dabei, eine erste Einschätzung zu den Widersprüchen zu gewinnen. Anschließend war zu priorisieren, für welche Widersprüche eine Lösung erarbeitet werden sollte. Dazu bieten sich die Widersprüche an, die einen besonders hohen Innovationsgrad versprechen und von denen gleichzeitig angenommen wird, dass sie im Vergleich zu den anderen Widersprüchen tendenziell leichter zu lösen sind. Dies traf für den ersten Widerspruch zu, wie in Abbildung 34 zu sehen ist.

In der anschließenden intensiven Diskussion wurden alle weiteren Widersprüche priorisiert. Die zuvor vorgenommenen Bewertungen der Lösbarkeit und des Innovationsgrads halfen den beteiligten Akteuren dabei, eine Diskussion zur Priorisierung zu führen, ohne jedoch die Priorisierung nur mechanisch an der vorherigen Bewertung auszurichten.[205] Das Ergebnis der Diskussion waren vier Widersprüche, die sehr hoch priorisiert wurden und im nächsten Schritt gelöst werden sollten. Dieses Ergebnis stellte auch gleichzeitig das Ende des sechsten Workshops dar.

---

[205] In Abbildung 34 wird dem dritten Widerspruch ein besonders hoher Innovationsgrad zugesprochen. Gleichzeitig wurde von diesem angenommen, dass er im Vergleich zu den anderen Widersprüchen tendenziell leichter zu lösen sei. Dennoch wurde diesem Widerspruch von den Entwicklungsingenieuren nur eine mittlere Priorität zugewiesen. Der Grund hierfür ist, dass diese nur einen geringen Zusammenhang zwischen dem Entwicklungsziel und dem Parameter sahen. Damit wurde der Widerspruch als weniger zutreffend wahrgenommen. An diesem Beispiel wird erkennbar, dass die Widersprüche nach ihrer ersten Bewertung auch in den sich anschließenden intensiven Diskussionen als schlüssig wahrgenommen werden müssen, damit sie im weiteren Verfahren Berücksichtigung finden.

Zu lösender Widerspruch	Bewertung Lösbarkeit	Innovationsgrad	Priorität
Improve precision of adjustment with lower number of bedding-in steps	●	hoch	sehr hoch
Improve precision of adjustment with higher tolerance width of pressure	●●●	hoch	niedrig
Improve precision of adjustment with lower parts complexity	●	hoch	mittel
Increase capacity of trip duration with lower mass	●●●	hoch	hoch
Increase capacity of trip duration with lower outer diameter	●	niedrig	niedrig
Increase capacity of trip duration with lower number of parts	●	niedrig	niedrig
Increase capacity of trip duration with lower specific heat capacity	●●●	hoch	hoch
Increase capacity of trip duration with lower material grade	●●●	hoch	mittel
Improve trip torque consistency with lower number of bedding-in steps	●	niedrig	niedrig
Improve trip torque consistency with lower pressure consistency	●●●	hoch	sehr hoch
Improve trip torque consistency with lower wear resistance	●●	mittel	mittel
Improve trip torque consistency with lower specific heat capacity	●	niedrig	niedrig
Improve trip torque consistency with lower material grade	●	niedrig	niedrig
Improve trip torque consistency with lower parts complexity	●	niedrig	niedrig
Increase total number of trips during lifetime with lower pressure consistency	●	niedrig	niedrig
Increase total number of trips during lifetime with lower wear resistance	●●●	hoch	hoch
Increase total number of trips during lifetime with lower mass	●●●	hoch	sehr hoch
Increase total number of trips during lifetime with lower outer diameter	●	niedrig	niedrig
Increase total number of trips during lifetime with lower specific heat capacity	●	niedrig	niedrig
Increase total number of trips during lifetime with lower material grade	●	niedrig	niedrig
Reduce effort to inspect/maintain with lower wear resistance	●●●	hoch	sehr hoch
Reduce effort to inspect/maintain with lower mass	●●	niedrig	niedrig

Legende

Bewertung	●	Weniger schwer
Lösbarkeit	●●	Schwerer
	●●●	Sehr schwer

▢ Widersprüche, auf welche die Lösungsbemühungen im weiteren Verlauf des Verfahrens gerichtet wurden.

Abbildung 34: Bewertung der Widersprüche[206]

5.4.3.9   Schritt 9 – Lösungsfindung und Konzepterarbeitung

Die Lösung der ausgewählten und damit vielversprechendsten Widersprüche erfolgt mittels Brainstorming. Auf die Effektivität dieser Methode bei der Konzepterarbeitung wird in der Literatur wiederholt hingewiesen (Crawford und Di Benedetto 2015; Leon-

---

[206] Eigene Darstellung.

ard und Rayport 1997).[207] Das Vorgehen lässt sich einfach zusammenfassen: „All of the group ideation techniques [...] embody one idea: One person presents a thought, another person reacts to it, another person reacts to the reaction, and so on", wie Crawford und Di Benedetto im Kontext von Brainstorming als *group creativity technique* erläutern (Crawford und Di Benedetto 2015, S. 145). Auch wenn es kritische Stimmen zum Einsatz von Gruppentechniken bei der Konzepterarbeitung gibt,[208] hatte das Unternehmen aus der Aktionsforschung mit der Anwendung des Brainstormings bei der Konzepterarbeitung hervorragende Erfahrungen gemacht, wie der Director Global Engineering betonte.

Die Erfahrungen mit Brainstorming waren auch deutlich besser als mit der Anwendung anderer Methoden, wie beispielsweise der *bewussten* Suche von **Analogien** (Ulrich und Eppinger 2012), die auch im Kontext von frugalen Innovationen diskutiert werden (Tiwari und Herstatt 2013 a; Tiwari et al. 2014). Durch das Brainstorming greifen die Entwicklungsingenieure bereits implizit auf Analogien hinsichtlich Lösungen zurück, die sie an anderer Stelle bewusst oder unbewusst wahrgenommen beziehungsweise selbst in einem anderen Kontext angewendet haben, wie dies Kalogerakis et al. (2010) ähnlich beschreiben.[209] Jedoch wurde eine *systematische* Suche nach Analogien aufgrund der Erfahrungen des Unternehmens aus früheren Projekten, in denen diese Methode zu keinen guten Ergebnissen geführt hatte, als zu statisch empfunden. Damit sollte die *bewusste* Suche nach Analogien nur als Back-up dienen, sofern das Brainstorming selbst zu keinen guten Konzeptideen führen sollte.

Ähnlich verhält sich dies mit der gezielten Anwendung von Lösungsprinzipien als Teil von **TRIZ**. Gimpel (2006) diskutiert einen vereinfachten Ansatz, bei dem das Problem lediglich in der Alltagssprache umschrieben und anschließend anhand einer Checkliste mit 40 Lösungsprinzipien versucht wird, das Problem zu lösen.[210] Dabei werden die Lö-

---

[207] Auch in Abschnitt 5.3.2.1.4, S. 152, wurde im Kontext von Untersuchungsfeld 2 diskutiert, dass Brainstorming beim Empathic Design gezielt zur Konzepterarbeitung angewendet wird (Leonard und Rayport 1997).

[208] Beispielsweise weisen Ulrich und Eppinger (2012) mit Bezug auf McGrath (1984) darauf hin, dass bessere Ideen generiert werden, wenn diese in Einzelarbeit statt in Gruppenarbeit entwickelt werden, und betonen, „we believe that team members schould spend at least some of their concept generation time working alone" (Ulrich und Eppinger 2012, S. 128).

[209] Fast alle Methoden kreativer Entwicklungstätigkeit, von denen Linde und Hill (1993) insgesamt 28 aufzählen, wie morphologischer Kasten, Variationsmethode oder Brainwriting, nutzen zu einem gewissen Maß Analogien wie Linde und Hill betonen – sei es zur Problemaufbereitung oder zur Problemlösung. Auch Ansätze wie Biomimikry, bei dem Lösungsmuster der Natur von lebenden Organismen kopiert werden, arbeiten mit Analogien (siehe z. B. Benyus 2002; Harman 2013).

[210] Beim klassischen Ansatz von TRIZ, wie Gimpel (2006) ihn beschreibt, ist nach der Problembeschreibung zunächst das Problem auf Basis von 39 Parametern zu klassifizieren, bevor Lösungsansätze anhand der 40 Wirkprinzipien aus der Konfliktmatrix erarbeitet werden. Der Nachteil hierbei ist, dass die Formulierung der Konflikte schwierig und zeitaufwendig ist, wie Gimpel anmerkt. Mit der Checkliste

sungsprinzipien durchgegangen und es wird geprüft, ob die Anwendung eines der Prinzipien, wie beispielsweise *Segmentierung, Farbveränderung, Vereinen, Verschachtelung* oder *Kopieren*, um nur fünf der insgesamt 40 Prinzipien zu nennen, zu einer Lösung führt. Auch dieses Vorgehen führte nach Erfahrung des Unternehmens nur selten zu guten Lösungen und sollte daher ebenfalls nur als methodisches Back-up dienen.

Das Brainstorming erfolgte in zwei Teams. Das erste Team bestand aus dem R&D Manager (UK), einem Design Engineer sowie zwei Principal Designers. Das Team führte das Brainstorming Ende September 2016 in Cirencester (GB) durch. Das Brainstorming dauerte rund eine Stunde. Dem zweiten Team gehörten ein Senior Engineer, ein Project Engineer, zwei Mechanical Technicans, ein weiterer Engineer sowie ein Drafter an. Das zweite Team kam Ende September sowie Anfang Oktober 2016 dreimal für rund eine Stunde zusammen. Beim dritten Treffen nahm zudem der Director Global Engineering am Brainstorming teil. Beide Teams nahmen sich immer je einen Widerspruch vor und versuchten diesen zu lösen, bevor der nächste Widerspruch bearbeitet wurde. Auf diese Weise wurden in Summe vier Konzeptideen erarbeitet.[211] Die Konzeptideen wurden im siebten Workshop Ende November 2016 in Cirencester verglichen, bewertet und weiterentwickelt.

5.4.3.10 Schritt 10 – Konzeptvergleich und Auswahl

Zunächst ist zu validieren, ob mit den erarbeiteten Konzeptideen das Ziel erreicht wurde, einen oder mehrere der Widersprüche zu lösen. Dazu nahmen am siebten Workshop Vertreter aus beiden Entwicklungsteams teil und stellten ihre Konzepte vor. Anschließend wurden die Konzepte in einer Tabelle miteinander verglichen.[212] Es wurde diskutiert und bewertet, wie gut das jeweilige Konzept zur Lösung der einzelnen Widersprüche beitrug. Dazu wurden, wie in Abbildung 35 dargestellt, Punkte vergeben, je nachdem als wie groß der Lösungsbeitrag eingeschätzt wurde.

---

wird der Schritt der Klassifizierung übersprungen und es wird direkt versucht, mithilfe der 40 Lösungsprinzipien eine Lösung zu finden.

[211] Beide Teams bearbeiteten alle vier Widersprüche. Das eine Team entwickelte dabei eine Konzeptidee, das andere Team hatte im Ergebnis drei Konzeptideen.

[212] Der Einsatz von Matrizen zur Konzeptauswahl ist ein etabliertes Verfahren; beispielsweise gehen Ulrich und Eppinger (2012) in einem eignen Kapitel zur Konzeptauswahl auf das Thema ein, siehe Kap. 8, S. 143 ff. Crawford und Di Benedetto (2015) widmen sich ebenso diesem Thema.

Zu lösender Widerspruch	Bewertung des Lösungsbeitrags			
	Konzept 1	Konzept 2	Konzept 3	Konzept 4
Improve precision of adjustment with lower number of bedding-in steps	6	6	6	6
Improve trip torque consistency (including bi-direction) with lower pressure consistency	0	0	1	1
Increase total number of trips during lifetime with lower mass	3	3	1	1
Reduce effort to inspect/maintain (maintenance free) with lower wear resistance	3	3	1	1
Technische Umsetzbarkeit	1	1	3	6
Σ	13	13	12	15
Ranking	2	2	3	1

Legende

Bewertung Lösungsbeitrag			Bewertung technische Umsetzbarkeit	
	6	Hoch	6	Gut
	3	Mittel	3	Mittel
	1	Niedrig	1	Schlecht
	0	Nicht gegeben	0	Nicht gegeben
	-6	Negativer Lösungsbeitrag		

Abbildung 35: Beitrag der Konzepte zur Lösung der Widersprüche[213]

Alle vier Konzepte konnten weitestgehend den ersten Widerspruch lösen. Konzept 1 und 2 adressierten zusätzlich noch den dritten und vierten Widerspruch.

Anschließend wurde gemeinsam die technische Umsetzbarkeit der Konzeptideen bewertet. Während Konzept 1 und 2 als technisch schwer umsetzbar eingeschätzt wurden, wurde vermutet, dass sich Konzept 3 und 4 technisch einfacher umsetzen ließen. In Summe zeigte die Bewertung, dass alle vier Konzepte einige der Widersprüche lösen konnten und die technische Umsetzbarkeit nicht von vornherein ausgeschlossen war.

Als nächstes war abzuschätzen, ob die Konzepte kostengünstiger als bisher verfügbare Lösungen waren. Hierzu sollten in der Aktionsforschung die Entwicklungsingenieure auf Basis ihrer Erfahrungen eine erste Einschätzung treffen, wie hoch die Herstellkosten sowie die Total Cost of Ownership für die einzelnen Konzeptideen im Vergleich zu bisherigen Rutschkupplungsnaben ausfallen würden. Die Kosten hingen von einer Vielzahl von Parametern ab, wie von Menge und Art der eingesetzten Materialien, der Anzahl der notwendigen Arbeitsgänge bei der Produktion oder der Lebensdauer. Das Ergebnis des Workshops zeigte, dass nur beim ersten Konzept angenommen werden konnte, dass

---

[213] Eigene Darstellung.

dieses sowohl geringere Herstellkosten als auch eine geringere Total Cost of Ownership gegenüber bisherigen Rutschkupplungsnaben aufweisen würde. Von den Konzepten 2, 3 und 4 wurde nach intensiver Überlegung angenommen, dass diese zwar zu höheren Herstellkosten führen würden, bei einer jedoch gleichzeitig geringeren Total Cost of Ownership. Abbildung 36 zeigt den Kostenvergleich der Konzepte.

Benchmark bisheriges Produkt	Vergleich der Konzepte			
	Konzept 1	Konzept 2	Konzept 3	Konzept 4
Herstellkosten	3	-3	-3	-3
Total Cost of Ownership	3	3	3	3
Σ	6	0	0	0
Ranking	1	2	2	2

Legende

Vergleich der Kosten des **Konzepts** mit den Kosten einer konventionellen Rutschkupplungsnabe	6 Deutlich niedriger
	3 Etwas niedriger
	0 Gleich
	-3 Etwas höher
	-6 Deutlich höher

Abbildung 36: Kostenvergleich der verschiedenen Konzepte[214]

Infolge dieser Bewertung wurde beschlossen, Konzept 1 aufgrund der zu erwartenden geringeren Herstellkosten weiterzuverfolgen. Im weiteren Verlauf wurde bei einer detaillierten Diskussion der technischen Umsetzung die Prognose zu den angenommenen Herstellkosten korrigiert und schließlich als deutlich niedriger eingeschätzt. Auf Konzept 1 soll im Folgenden noch ausführlicher eingegangen werden.

Zudem wurde beschlossen, auch Konzept 4 weiterzuverfolgen. Das Konzept bestand aus einer Vielzahl einfacher, kleinerer Verbesserungen. Aufgrund der höheren Herstellkosten und der eher geringen Reduzierung der Total Cost of Ownership kann es aber nicht als frugal gelten. Daher soll im Folgenden die technische Ausgestaltung des Konzepts nicht weiter vertieft werden. Da dieses Konzept dennoch von allen die einfachste technische Umsetzbarkeit versprach und trotz höherer Herstellkosten zu einer Verbesserung bisheriger Rutschkupplungsnaben führte, lohnte es sich aus Unternehmenssicht, das

---

[214] Eigene Darstellung.

Konzept parallel weiterzuverfolgen. Dies ist bei Produktentwicklungsprozessen häufig so nicht vorgesehen (Seidel 2007) und wurde im Untersuchungskontext erst dadurch möglich, dass im Rahmen von Untersuchungsfeld 1, als eine der praktischen Implikationen, das Verfolgen alternativer Konzepte zugelassen wurde (siehe Abschnitt 5.2.5.2, insbesondere Fußnote 84, S. 132).

5.4.4   Evaluation – Verfahrensweise Konzepterarbeitung

Um die in der Aktionsforschung entwickelte Verfahrensweise zur Konzepterarbeitung zu evaluieren, wird zunächst in Abschnitt 5.4.4.1 das Ergebnis – Konzept 1 – betrachtet. In Abschnitt 5.4.4.2 wird geprüft, ob mit dem Konzept die Entwicklung einer frugalen Innovation gelang. In Abschnitt 5.4.4.3 wird die systematisierte Verfahrensweise der Ziel-Konflikt-Innovation kritisch diskutiert.

5.4.4.1   Die Wälzkörper-Kupplungsnabe als Ergebnis der Ziel-Konflikt-Innovation

Das Ergebnis der in dieser Arbeit entwickelten Methode war Konzept 1 – eine im Folgenden *Wälzkörper-Kupplungsnabe* genannte, **neue Technologie**. Diese wurde vom Unternehmen am 7. April 2017 unter der Nummer P113940DE00 beim Deutschen Patent- und Markenamt in München **zum Patent angemeldet**. Abbildung 37 bildet die neue Technologie ab.

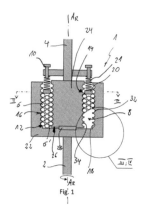

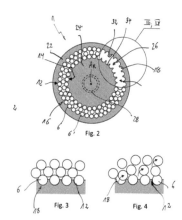

Zeichnungen
Wälzkörper-Kupplungsnabe

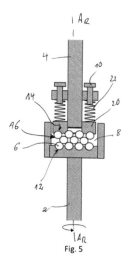

Fig. 5

Funktionsweise

- **Drehmomentübertragung** und **-begrenzung** finden über Oberflächenstruktur der Bauteile und dazwischen kompakt miteinander kontaktierender Wälzkörper statt.

- Übertragbares Drehmoment wird durch **Federvorspannung des Wälzlagervolumens** eingestellt; je höher Federvorspannung, umso höher übertragbares Drehmoment.

- Bei **Überschreiten** des eingestellten, übertragbaren Drehmoments **rasten Wälzkörper auf Mikroebene** aus ihren Positionen aus, wälzen rollend übereinander ab, rasten in neue Positionen ein, bis Drehmoment das Auslösemoment wieder unterschritten hat.

- Durch **Vielzahl der Rastpositionen** ergibt sich eine quasistatische, rutschartige Relativbewegung zwischen den Drehmoment-übertragenden Bauteilen mit **verschleißarmer Rollreibung**.

- Zur Drehmomentübertragung und -einstellung ist nur geringe Anzahl an Schichten von Wälzkörpern notwendig (**konstruktiv sehr kompakte** Lösung möglich).

Aufbau

1 Rutschkupplung	14 Abtreibende Kopplungsfläche	26 Hülseninnenraum
2 Eintreibende Welle	16 Wälzkörperschüttung	28 Lagermittel
4 Abtreibende Welle	18 Ausnehmung	32 Innenfläche
6 Wälzkörper	20 Presselement bzw.	34 Außenfläche
8 Wälzkörperraum	Andrückplatte	A_R Achse
10 Einstellmittel	21 Druckmittel bzw. Druckfeder	
12 Eintreibende	22 Kopplungshülse	
Kopplungsfläche	24 Kopplungsnabe	

Abbildung 37: Technologie-Neuentwicklung Wälzkörper-Kupplungsnabe[215]

---

[215] Eigene Darstellung. Quelle der Zeichnungen: Patentanmeldung P113940DE00, 7. April 2017, Deutsches Patent- und Markenamt, München. Abgedruckt mit Genehmigung des anmeldenden Unternehmens.

Im Folgenden soll kurz auf die Funktionsweise der Neuentwicklung eingegangen werden. Bei der Wälzkörper-Kupplungsnabe wird das *Kugel-Kalotten-Prinzip*, wie es beispielsweise für eine simple, zuverlässige und verschleißfreie Drehmomentbegrenzung bei Akku-Schraubern angewendet wird, auf die Mikroebene übertragen. Das **grundlegende Prinzip** wird beibehalten, bei dem das Drehmoment zwischen kontaktierenden, festsitzenden Kugeln übertragen wird. Die Kugeln in der Drehmomenteinstellung sitzen bei Akku-Schraubern häufig in Kunststoff- oder Metallkäfigen. Bei Überlast rasten die Kugeln aus ihrer Position aus und versuchen, an der nächstmöglichen Position (in diesem Beispiel in der nächsten Käfigbucht) wieder einzurasten und damit das voreingestellte Drehmoment zu übertragen. Wenn dies nicht gelingt, rasten die Kugeln entsprechend weiter. So wird unter kurzen Auskupplungen das voreingestellte Drehmoment stoßweise übertragen (Bergmann et al. 2014).

Bei der Wälzkörper-Kupplungsnabe wird der Durchmesser der Kugeln (im Folgenden Wälzkörper genannt) auf die Größenordnung der Oberflächenrauheit der Drehmoment-übertragenden Fläche reduziert. Gleichzeitig mit der Reduzierung der Größe wird die Anzahl der Wälzkörper erhöht. Dies führt dazu, dass sich die Anzahl und die Frequenz der Auskuppel- und Kraftübertragungsphasen so stark erhöht, dass sich ein quasi-statischer, rutschähnlicher Zustand zwischen den Drehmoment-übertragenden Bauteilen einstellt.

In der **konkreten Umsetzung** des grundlegenden Prinzips sieht dies wie in Abbildung 37 dargestellt so aus, dass die Wälzkörper-Kupplungsnabe über ihre Oberflächenstruktur die Kontaktkräfte an die Vielzahl einzelner Wälzkörper überträgt. Diese wiederum übertragen die Kontaktkräfte an die mit ihnen kontaktierenden Wälzkörper, bis sie schließlich über die Wälzkörper auf die Oberflächenstruktur des anzutreibenden Bauteils übertragen werden. Das Volumen der Wälzkörper wird dabei federvorgespannt zusammengedrückt und in Position gehalten. Überschreitet das zu übertragende Moment die Vorspannung der Wälzkörper zueinander, wälzen sie übereinander ab und finden eine neue Rastposition. Dieser Vorgang geschieht so lange, bis das tatsächlich übertragene Drehmoment unterhalb des Auslösemoments liegt.

Dadurch, dass die runden Wälzkörper übereinander abrollen, nutzen sie die **verschleißarme Rollreibung**. Rollreibung verursacht einen **wesentlich geringeren Wärmeeintrag** in die Bauteile als Gleitreibung in bisherigen Rutschkupplungsnaben. Die Geometrie und Größe der Wälzkörper bleibt erhalten und somit auch das federvorgespannte Wälzkörpervolumen. Dies ermöglicht eine lange Lebensdauer.

Mit diesem Konzept werden drei der vier zu lösenden **Widersprüche** adressiert. *Erstens* wird der Widerspruch *improve precision of adjustment with lower number of bedding-in steps* größtenteils gelöst. Eine höhere Präzision bei der Einstellung des Auslösemoments wird dadurch möglich, dass sich das Volumen der Wälzkörper, die über die Feder zusammengedrückt werden, sehr präzise einstellen lässt. Gleichzeitig entfällt der Aufwand, die Reibbeläge bisheriger Rutschkupplungsnaben auf eine hohe Gleichmäßigkeit hin zu schleifen. *Zweitens* wird auch der Widerspruch *reduce effort to inspect/maintain with lower wear resistance* gelöst. Die Wälzkörper-Kupplungsnabe ist durch die Rollreibung verschleißarm und erfordert damit weniger Verschleißbeständigkeit beim Material.[216] Trotz der nun geringeren Verschleißbeständigkeit des Materials wird auch der Aufwand für Wartung und Instandsetzung reduziert, ebenso bedingt durch die verschleißarme Rollreibung. *Drittens* wird auch der Widerspruch *increase total number of trips during lifetime with lower mass* gelöst. Die verschleißarme Rollreibung führt zu einer höheren Lebensdauer. Dennoch weist die gesamte Konstruktion eine deutlich geringere Masse auf, da auf die Reibbeläge verzichtet werden kann und das Gehäuse im Vergleich zu bisherigen Rutschkupplungsnaben deutlich kleiner ausfällt. Jeder der Widersprüche hatte eine deutliche Aufwandsreduktion zum Ziel bei gleichzeitigem Fokus auf die wichtigsten Bedürfnisse. Durch die Lösung der Widersprüche konnte der Aufwand erheblich gesenkt werden. Dass damit gleichzeitig eine frugale Innovation entwickelt werden konnte, soll im nächsten Abschnitt dargestellt werden.

5.4.4.2 Die Wälzkörper-Kupplungsnabe als frugale Innovation

Wie in Abschnitt 3 (siehe S. 21 ff.) herausgearbeitet wurde, kann von einer frugalen Innovation gesprochen werden, wenn eine substanzielle Kostenreduktion erreicht wurde, der Fokus auf den Kernfunktionalitäten liegt sowie ein optimiertes Leistungsniveau konstatiert werden kann. Alle drei Kriterien konnten mit der Entwicklung der Wälzkörper-Kupplungsnabe erfüllt werden.

Das Konzept verspricht eine **substanzielle Reduktion der Herstellkosten** durch die Reduktion von Materialeinsatz und Bearbeitungsaufwand. Bei der Wälzkörper-Kupplungsnabe entfallen einerseits vollständig die Reibbeläge, die zwischen 15 % und 20 % der Herstellkosten ausmachen. Andererseits kann die Baugruppe, die nun die Wälzkörper aufnimmt, ohne die Reibbeläge um fast die Hälfte des Volumens gegenüber der ursprünglichen Baugruppe verringert werden. Dies reduziert die Kosten für Material

---

[216] Um die Verschleißbeständigkeit des Materials zu erhöhen, wäre zusätzlicher Aufwand in Form von Materialhärtungen oder Beschichtungen notwendig, was Aufwand und damit Kosten steigen lassen würde.

und Bearbeitungsaufwand um rund 15 %.[217] Durch diese beiden Effekte liegen die zu erwartenden Herstellkosten bei rund zwei Drittel vergleichbarer Lösungen.

Dieses Ergebnis wurde im Dezember 2016 vom Director Global Engineering kommentiert mit: **„Das kommt einer Revolution gleich"**. Dass die Höhe der Kostenreduktion als so drastisch empfunden wurde, lag daran, dass nach jahrzehntelangen Optimierungen der Rutschkupplungsnabe sämtliche Verbesserungspotenziale für das Unternehmen ausgereizt schienen. Kostensenkungen in der Größenordnung waren für das Unternehmen undenkbar gewesen.

Zudem entfallen durch die verschleißarme Rollreibung größere Aufwände für Wartung und Instandsetzung während des gesamten Lebenszyklus der Wälzkörper-Kupplungsnabe bei einer zugleich höheren Lebensdauer. Damit ist auch mit einer deutlichen **Senkung der Total Cost of Ownership** zu rechnen.

Somit ist davon auszugehen, dass das erste Kriterium für frugale Innovationen sogar in beiderlei Hinsicht erfüllt ist (substanziell niedrigere Anschaffungskosten sowie substanziell niedrigere Total Cost of Ownership), wie in Abbildung 38 zusammengefasst wird.

---

[217] Die ursprüngliche Baugruppe für die Druckschreiben kann durch eine neue Baugruppe für die Wälzkörper ersetzt werden. Die neue Baugruppe weist rund 45 % weniger Volumen gegenüber der alten Baugruppe auf. Da Druckschreiben und Reibbeläge rund 50 % der Gesamtkosten verursachen, von denen die Baugruppe für die Druckscheiben rund zwei Drittel ausmacht, und die Kosten stark mit dem Volumen korrelieren, führt dies zu einer Kostenreduktion von 15 %.

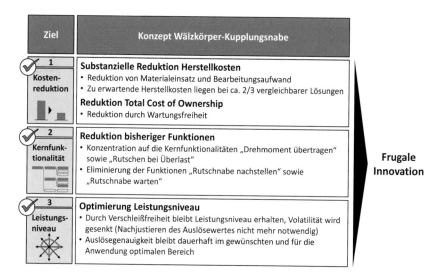

Abbildung 38: Konzept der Wälzkörper-Kupplungsnabe als frugale Innovation

Auch das zweite Kriterium wird erfüllt, da eine **Konzentration auf die Kernfunktionalitäten** gelang. Dies wurde erreicht, indem nur die zentralen Funktionen „Drehmoment übertragen" sowie „Rutschen bei Überlast" beibehalten wurden, die Funktionen „Rutschnabe nachstellen" sowie teilweise auch die Funktion „Rutschnabe warten" konnten dagegen eliminiert werden. Somit gelang es, zwei unerwünschte, aber bisher als unvermeidbar geltende Funktionen zu beseitigen (siehe dazu auch Abschnitt 5.3.2.3, insbesondere Fußnote 128, S. 167).

Durch den extrem geringen Verschleiß gelang es zudem, die Volatilität deutlich zu verringern und das Leistungsniveau über die Anwendungszeit hinweg stabil zu halten. Ein Nachjustieren des Auslösewertes ist nicht mehr notwendig. Damit bleibt die Auslösegenauigkeit dauerhaft im gewünschten und für die Anwendung optimalen Bereich, weswegen von einem **optimierten Leistungsniveau** gesprochen werden kann. Damit ist auch das dritte Kriterium erfüllt. Da alle drei Kriterien erfüllt sind, ist es somit gelungen, eine frugale Innovation zu entwickeln. Abbildung 38 fasst das Ergebnis noch einmal zusammen.

5.4.4.3   Evaluation der entwickelten Systematik zur Ziel-Konflikt-Innovation

Das Verfahren der Ziel-Konflikt-Innovation, das im vorherigen Schritt *Aktion* des Aktionsforschungskreislaufs vorgestellt wurde, wurde in dieser Form vom Unternehmen als äußert erfolgreich bewertet.

Durch die Systematisierung des Verfahrens im Rahmen der vorliegenden Untersuchung gelang es, die Schritte 1 bis 8 innerhalb von nur einem Workshoptag umzusetzen (im Rahmen des sechsten Workshops). Bisher waren für die gleichen Inhalte zwei Tage notwendig gewesen, wie der Director Global Engineering am 21. sowie 27. September 2016 im Rahmen einer kritischen Reflexion anmerkte.

Insbesondere wurden bei der vorgestellten Systematik von dem Unternehmen folgende Punkte als positiv bewertet.

Die **Strukturierung** und systematische Beschreibung der diskutierten Schritte ermöglicht ein reproduzierbares Vorgehen und wird damit auch für Entwicklungsingenieure verständlich, die das Verfahren bisher noch nicht angewendet haben. Die Ableitung der **Entwicklungsziele aus den Kundenbedürfnissen** ermöglicht ein transparentes, systematisches und vergleichsweise einfaches Vorgehen und bietet bei Bedarf eine hervorragende Schnittstelle zum House of Quality. Das beschriebene Vorgehen zur **Ausformulierung der Widersprüche in ganzen Sätzen** erhöht die Verständlichkeit und hilft bei der Bewertung sowie bei der späteren Lösung der Widersprüche.

Die anschließende Bewertung der Widersprüche anhand der Dimensionen **Lösbarkeit und Innovationsgrad** wurde von den Entwicklungsingenieuren als sehr hilfreich für die weitere Diskussion und anschließende Priorisierung der Widersprüche wahrgenommen.

Die Wirksamkeit des anschließenden **Brainstormings** zur Konzepterarbeitung auf Basis der Widersprüche, die Wirksamkeit des integrativen Ansatzes zur Aufwandsreduktion und damit zur **Kostensenkung**, die **geringe Komplexität** des Verfahrens im Vergleich zu anderen Ansätzen sowie die erhöhte Chance auf **Konzepte radikalerer Ausprägung** waren dem Unternehmen bereits bekannt und wurden durch die Aktionsforschung erneut bestätigt.

Damit wurde das im Rahmen der Untersuchung vorgestellte Verfahren der Ziel-Konflikt-Innovation rundum als positiv bewertet, da es auf effektive und äußert effiziente Weise die **Entwicklung einer frugalen Innovation ermöglichte**, die bisher aus den eingangs genannten Gründen mit anderen Methoden nicht gelungen war.

5.4.5 Implikationen und Ausblick

5.4.5.1 Theoretische Implikationen

1) Die Ziel-Konflikt-Innovation als Methode begünstigt die für frugale Innovationen notwendige Entwicklung innovativer Lösungskonzepte

Die Stärke von Methoden, wie dem House of Quality, besteht darin, Kundenbedürfnisse in technische Merkmale zu überführen und die technischen Merkmale in konkrete Produktlösungen umzusetzen. Treten Widersprüche in Bezug auf Kundenbedürfnisse und technische Merkmale auf, eignet sich das House of Quality, um Trade-offs abzuschätzen und Kompromisse zu finden. Die Lösungen sind damit ohne den Einsatz weiterer Methoden häufig inkrementeller Natur (Saatweber 2011).

Während mit dem House of Quality sichergestellt werden soll, dass sich alle Kundenbedürfnisse in den technischen Merkmalen wiederfinden, wird mit der Ziel-Konflikt-Innovation ein anderes Ziel verfolgt.

Die Ziel-Konflikt-Innovation soll Konflikte sichtbar machen oder nach Möglichkeit sogar gezielt herbeiführen, um diese anschließend zu lösen. Die Konflikte werden dadurch provoziert, dass sowohl die Kundenbedürfnisse in Form von Entwicklungszielen als auch die die Entwicklungsziele beeinflussenden Parameter bewusst übersteigert werden, indem eine fiktive Optimierungsrichtung festgelegt wird. Durch die Fokussierung auf die Entwicklungsziele, die aus den **wichtigsten Kundenbedürfnissen** abgeleitet wurden, werden nur diejenigen Zielkonflikte bearbeitet, die der Verbesserung der Kernbedürfnisse dienen. Durch eine weitere Fokussierung auf die Zielkonflikte mit dem **höchsten Innovationspotenzial** werden zudem nur die Konflikte bearbeitet, deren Lösung eine tatsächlich neuartige, vielleicht sogar radikale Innovation bedeutet. Wird ein Konflikt gelöst, für den es anfangs keine Lösung zu geben schien, ist eine wirkliche Innovation geglückt und damit eine Lösung gefunden worden, die in dieser Form zuvor noch nicht existent war. Damit birgt die Ziel-Konflikt-Innovation die Chance auf deutlich radikalere Lösungen, die häufig Voraussetzung für die Entwicklung von frugalen Innovationen sind.[218]

Da das House of Quality und die Ziel-Konflikt-Innovation unterschiedliche Ziele verfolgen, kann der gemeinsame Einsatz beider Methoden empfehlenswert sein. Während

---

[218] Radikal sowohl im Sinne der Definition von Henderson und Clark (1990), siehe Abschnitt 5.2.1.3.1, S. 99, als auch im Sinne von O'Connor und Rice (2013 b) sowie Rice et al. (2008), siehe Abschnitt 5.2.1.3.4, S. 103.

mit der Ziel-Konflikt-Innovation eine komplett neue Lösung erarbeitet wird, kann das House of Quality im Anschluss dazu verwendet werden, für das neue Lösungskonzept die Zielgrößen der einzelnen technischen Merkmale zu bestimmen.[219]

2) Durch ihre einfache Methodik ermöglicht die Ziel-Konflikt-Innovation eine bessere Umsetzbarkeit als vergleichbare Methoden wie TRIZ oder WOIS

TRIZ und WOIS sind umfangreiche und komplexe Methoden, die durch die Überwindung von Widersprüchen zu innovativen Lösungen führen. Die Ziel-Konflikt-Innovation ist in ihrem Grundgedanken, Widersprüche bewusst herbeizuführen, WOIS ähnlich. Während WOIS eine komplexe Entwicklungsstrategie ist (Linde und Hill 1993), die auf ökonomisch-technologischen Effektivitätsfaktoren aufbaut und auf einer Vielzahl von Methoden, Lösungskatalogen und Arbeitsschritten beruht und somit umfassende Methodenkenntnis erfordert,[220] ermöglicht die Ziel-Konflikt-Innovation hingegen eine deutlich einfachere Durchführung, da auf einen großen Methodenbaukasten weitgehend verzichtet wird.

Somit kann nach einer Erhebung der Kundenbedürfnisse sehr schnell in die Lösungsfindung mit Entwicklungsteams eingestiegen werden, die weniger versiert sind in der Anwendung von TRIZ und WOIS.[221]

3) Indem bei der Ziel-Konflikt-Innovation jeder Konflikt Ansatzpunkte für die Entwicklung neuartiger Lösungen bietet und die Reduktion von Aufwand zum Ziel hat, werden erhebliche Kostenreduktionen möglich

Die womöglich größte Herausforderung bei der Entwicklung frugaler Innovationen ist es, die Kosten gegenüber bereits existierenden Produkten und Dienstleistungen substanziell zu senken.

---

[219] Um dies weiter zu verdeutlichen: Die Ziel-Konflikt-Innovation hat zum Ziel, eine komplett neue Lösung zu entwickeln (wie beispielsweise die Entwicklung eines Autos statt einer besseren Kutsche). Nicht berücksichtigt werden bei diesem Schritt die exakten Zielwerte (wie viele Türen soll das Auto haben etc.). Um dies anhand des Beispiels der Aktionsforschung zu veranschaulichen: Die Ziel-Konflikt-Innovation als abstrakte Methode hatte nicht zum Ziel, die exakte Größe des zu übertragenden Drehmoments oder die Größe des Antriebstrangs im Detail zu berücksichtigen. Dies kann nach dem Finden der komplett neuen Lösung mithilfe des House of Quality berücksichtigt werden. Die mit der Ziel-Konflikt-Innovation entwickelte Lösungen wird dann mithilfe des House of Quality an den erforderlichen technischen Merkmalen und hinterlegten Zielgrößen ausgerichtet.

[220] Die Darstellung der Methode umfasst bei Linde und Hill (1993) samt Darstellung der Kataloge nahezu 300 Seiten.

[221] Zusammengefasst sind bei der Ziel-Konflikt-Innovation im Wesentlichen die Entwicklungsziele zu formulieren und die Einflussgrößen zu identifizieren. Daraus ergeben sich schnell die Widersprüche, auf denen bei der Lösungsfindung aufgebaut wird. Auch ohne mit der Methode vertraut zu sein, lässt sich diese einfach anwenden.

Eine Möglichkeit ist – wie es beispielsweise für die Durchführung des House of Quality vorgeschlagen wird (Saatweber 2011) –, die Entwicklungskosten für die einzelnen Produktmerkmale abzuschätzen. Mithilfe des House of Quality lässt sich dann abschätzen, wie sehr ein **Merkmal zur Erfüllung der Kundenbedürfnisse** beiträgt. Dies hilft bei der Entscheidungsfindung, ob ein bestimmtes technisches Merkmal zu den angenommenen Kosten Teil des Produkts werden soll. Mittels **Target Costing** und dem **Vergleich mit Wettbewerbsprodukten** lassen sich Zielkosten für die Merkmale ermitteln. Zusätzlich kann die **Zahlungsbereitschaft** der Kunden für bestimmte Merkmale ermittelt werden, beispielsweise mittels Conjoint-Analysen.

Diese Art des Vorgehens orientiert sich dabei häufig, wie im Unternehmen in der Aktionsforschung, an bereits existierenden Lösungen oder aber bietet oftmals nur wenig Hinweise darauf, wie sich substanzielle Kostensenkungen durch neue, noch nicht existierende Lösungen realisieren lassen.

Die Ziel-Konflikt-Innovation kann hier in zweierlei Hinsicht von Vorteil sein. Die gezielt herbeigeführten und durch die einzelnen Schritte zunehmend selektierten Widersprüche bieten einen **konkreten Ausgangspunkt** für die Lösungsfindung. Dennoch bleibt dabei zunächst offen, wie eine spätere Lösung aussehen wird. Damit bleibt ebenfalls noch offen, welches Merkmal welche Kosten verursachen darf. Da die spätere Lösung nicht bekannt ist, lässt sich zu Beginn der Lösungsfindung keine Aussage darüber treffen, bei **welchen Merkmalen** durch eine Veränderung der Aufwand reduziert wird. Stattdessen werden bei der Produktentwicklung zu lösende Widersprüche in der Weise formuliert, dass ihre Lösung gleichzeitig zu einer Senkung des Aufwands für das Gesamtsystem führt.

In der Aktionsforschung wurde ein Konzept entwickelt, mit dem es gelang, zeitgleich drei der vier bedeutendsten Widersprüche aufzuheben. Auf diese Weise wurde der Aufwand in mehreren Dimensionen über den gesamten Produktlebenszyklus drastisch reduziert (Reduktion von Masse, Verwendung günstigerer Materialien durch eine andere Konstruktions- und Wirkungsweise,[222] Reduktion von Arbeitsaufwand bei der Herstellung sowohl durch Reduktion der Arbeitsgänge als auch durch geringeren Materialeinsatz, weniger Wartungsaufwand etc.), ohne vorab zu wissen, auf welche Merkmale sich dies konkret auswirken würde.

Zusammengefasst: Statt einzelne Merkmale zu betrachten und für diese Zielkosten vorzugeben, wird das **Gesamtsystem** betrachtet. Durch eine **Selektion der Widersprüche**

---

[222] Für Wälzkörper geeignete Materialien kosten nur einen Bruchteil gegenüber den Materialien, die für die Herstellung der Reibbeläge benötigt werden.

werden erfolgversprechende Ansatzpunkte für neuartige Lösungen identifiziert und die Entwicklungsbemühungen fokussiert. Dadurch sind komplett neue Lösungen möglich, die sich sowohl in ihrer Architektur als auch von den verwendeten Teilkomponenten und damit in ihren Kostenstrukturen komplett von früheren Lösungen unterscheiden können. Gelingt dieser Weg, sind wie im Beispiel der Aktionsforschung drastische Kostensenkungen möglich.

5.4.5.2   Praktische Implikationen

Die Ziel-Konflikt-Innovation provoziert Innovationen mit radikalem Charakter und bietet das Potenzial, die Kosten substanziell zu senken. Auf diese Weise ermöglicht die Ziel-Konflikt-Innovation die Entwicklung frugaler Innovationen. Sofern etablierte Methoden bei der Entwicklung frugaler Innovationen, wie bei dem Unternehmen aus der Aktionsforschung, nicht zum gewünschten Erfolg führen, bietet die Anwendung der Ziel-Konflikt-Innovation eine Chance auf Identifikation frugaler Lösungen.

Die Vorteile der Methode sind ihre vergleichsweise einfache Systematik sowie ihr geringer Aufwand im Vergleich zu TRIZ oder WOIS. Die Wirksamkeit der in der vorliegenden Arbeit entwickelten Systematik zeigt sich darin, dass eine frugale Innovation in einem Produktbereich gelungen ist, bei dem zuvor davon ausgegangen worden war, dass keine deutlichen Kostensenkungen mehr realisierbar seien.

Wurde eine frugale Lösung gefunden, bieten sich für die – insbesondere langfristige – Weiterentwicklung etablierte Methoden an, wie beispielsweise das House of Quality, Target Costing, Wertanalyse oder Value Engineering, um die frugale Innovation zu optimieren oder weitere Lösungen auf Basis dieser zu entwickeln.

5.4.5.3   Ausblick und weiterer Forschungsbedarf

Durch die in der Aktionsforschung angewendete Systematik wurde die gezielte Entwicklung einer frugalen Innovation möglich. Es wäre wünschenswert, diese Systematik bei der Entwicklung weiterer frugaler Innovationen anzuwenden und eine Generierung frugaler Innovationen auf diesem Weg zu **wiederholen**.

Darüber hinaus wäre es spannend, zu untersuchen, ob und wie eine Anwendung der Systematik bei **nicht-frugalen Innovationen** erfolgen könnte und wie die Ergebnisse aussehen würden.

Zudem wäre es wünschenswert, durch weitere Untersuchungen zu verstehen, ob die Anwendung der Ziel-Konflikt-Innovation zu vergleichbaren Ergebnissen wie die Anwendung von **TRIZ oder WOIS** führt oder ob sich die Ergebnisse unterscheiden. Hier wären vergleichende Studien hilfreich. Damit könnte in Erfahrung gebracht werden, ob eine zusätzliche, deutlich aufwendigere Anwendung von TRIZ oder WOIS – die zudem umfassende Methodenkompetenz voraussetzt – in Ergänzung zur Ziel-Konflikt-Innovations-Methode zu weiteren, möglicherweise andersartigen Ergebnissen führen würde. Das Ergebnis könnte aber auch sein, dass die Ziel-Konflikt-Innovation mit ihrer geringeren Komplexität zu mindestens ebenso guten oder aufgrund ihrer einfacheren Anwendbarkeit sogar zu besseren Ergebnissen führt.[223]

Eine dritte Frage, der weiter nachgegangen werden sollte, ist, **wie die Ziel-Konflikt-Innovation mit weiteren Methoden kombiniert werden kann**, um noch bessere frugale Ergebnisse zu erzielen. Beispielsweise wäre es denkbar, durch die Ziel-Konflikt-Innovation eine frugale Innovation zu entwickeln und diese anschließend mithilfe des House of Quality weiter zu verbessern. Zudem ist zu überlegen, wie Datenbanken im Detail auszugestalten sind, mithilfe derer systematisch geprüft werden kann, ob für ähnliche Problemstellungen in anderen Branchen oder Industrien schon Lösungen entwickelt wurden. Werden Lösungen aus anderen Branchen oder Industrien identifiziert, ließen sich womöglich zusätzlich einzelne Komponenten durch günstigere ersetzen.[224] Es wäre wünschenswert zu untersuchen, ob durch die Kombination mit weiteren Methoden, wie es soeben beispielhaft skizziert wurde, der Entwicklungsprozess für frugale Innovationen weiter verbessert oder damit die Komplexität des Prozesses überproportional steigen und ein systematisches Vorgehen erschwert würde.

5.5 Limitationen

Zum Ende der Untersuchung soll auf die Limitationen dieser eingegangen werden. Die im Folgenden diskutierten Limitationen beziehen sich auf alle drei Untersuchungsfelder der Aktionsforschung.

---

[223] Als ergänzender Hinweis: Die hier diskutierte Forschungsfrage setzt voraus, dass die zu untersuchenden Akteure umfassende Methodenkompetenz in den Methoden TRIZ oder WOIS mitbringen. Sind die Mitglieder des Entwicklungsteams, wie in der Aktionsforschung, weniger versiert in der Anwendung von TRIZ oder WOIS, oder stehen keine Ressourcen für eine umfassende Methodenanwendung zur Verfügung, erübrigt sich diese Fragestellung, da dann die deutlich einfachere Ziel-Konflikt-Innovation von Vorteil ist.

[224] Ein Beispiel für die Verwendung einer günstigeren Komponente aus einer anderen Branche ist die Verwendung eines Druckers in einem EKG-Gerät, der ursprünglich für den Druck von Busfahrkarten vorgesehen war (Ramdorai und Herstatt 2015).

Auf die Kritik und damit die Grenzen hinsichtlich der **Methode** Aktionsforschung wurde bereits in Abschnitt 4.4.2 (siehe S. 70 ff.) eingegangen. Dabei wurde bereits erläutert, wie mit der grundsätzlichen Methodenkritik in der vorliegenden Untersuchung umgegangen wurde. Vor diesem Hintergrund wurde sich besonders darum bemüht, die Durchführung und die Ergebnisse der Aktionsforschung nachvollziehbar zu schildern und während der Aktionsforschung regelmäßig eine Triangulation durch Erfassung unterschiedlicher Perspektiven durchzuführen (Coghlan und Brannick 2014; Eden und Huxham 1996; Lüscher und Lewis 2008). Darüber hinaus wurde versucht, die gewonnenen Erkenntnisse in einen theoretischen Diskurs einzubetten (Levin und Greenwood (2011) und Implikationen abzuleiten, die über den Untersuchungskontext hinausreichen (Eden und Huxham 1996).[225]

Neben methodischen Limitationen sind die in den drei Untersuchungsfeldern gewonnenen Erkenntnisse weiteren Limitationen unterworfen. Eine Einschränkung besteht hinsichtlich des **empirischen Felds**. Die Untersuchung wurde in einem Unternehmen durchgeführt, das im Maschinen- und Anlagenbau tätig ist und dessen Kundenbeziehungen dem B2B-Bereich zuzuordnen sind. Die Untersuchung wurde am Beispiel einer Überlastsicherung (*torque limiter*) durchgeführt. Weitere Untersuchungen sind somit notwendig, um zu validieren, inwiefern sich die Ergebnisse auch für andere Branchen und Produktgruppen als gültig erweisen, sowie um zu prüfen, inwieweit sich die Ergebnisse auf den B2C-Bereich übertragen lassen.

Eine weitere Limitation besteht hinsichtlich der **Datengrundlage**. Die Untersuchung wurde aufgrund ihres Umfangs und ihrer Detailtiefe in nur einem Unternehmen durchgeführt. In der vorliegenden Arbeit wurde zwar gezeigt, bei welchen der gewonnenen Erkenntnisse anzunehmen ist, dass sie auch über den Untersuchungskontext hinaus gültig sind. Dennoch sind Untersuchungen in weiteren Unternehmen wünschenswert, um die Ergebnisse miteinander vergleichen zu können. Zudem wurde nur ein Produktentwicklungsprojekt, mit Schwerpunkt in Stage 2, über einen Zeitraum von 19 Monaten betrachtet. Für eine weitere Validierung wäre eine höhere Fallzahl hinsichtlich der Entscheidungen der prozessualen Ausgestaltung des Innovations- und Produktentwicklungsprozesses, des Vorgehens bei der Identifikation der Kundenbedürfnisse sowie der Verfahrensweise bei der Konzepterarbeitung erstrebenswert. Ebenso wäre es wünschenswert, die in der Arbeit durch ein exploratives Vorgehen gewonnenen Erkenntnisse konfirmatorisch zu bestätigen.

---

[225] Für eine detaillierte Diskussion hinsichtlich dieser Aspekte siehe Abschnitt 4.4.2, S. 70 ff.

Bedingt durch den eingeschränkten **Untersuchungszeitraum** ergeben sich weitere Limitationen. Die Produktentwicklung wurde bis zum Abschluss der Konzepterarbeitung untersucht. Eine Fortführung der Untersuchung bis zur Markteinführung der frugalen Innovation war aufgrund der zeitlichen Dimensionen nicht vorgesehen. Die Entwicklung der zum Patent angemeldeten Technologie bis zur Einsatzreife wird vermutlich ein bis zwei weitere Jahre erfordern. Die Technologie kann anschließend in den Produktentwicklungsprozess überführt werden, der dann mit Stage 3 (*Develop Stage*) fortgesetzt werden würde, oder steht neuen Produktentwicklungsprojekten zur Verfügung. Zudem stellt der neue Markt große Herausforderungen an den Bereich Market Research: Um den Markt für frugale Produkte des in der vorliegenden Untersuchung betrachteten Bereichs besser einschätzen zu können, rechnet das Unternehmen ebenso mit ein bis drei Jahren an zusätzlich benötigter Zeit für die Marktforschung.

Somit wurde der Innovations- und Produktentwicklungsprozess bei der Entwicklung einer frugalen Innovation nicht für die **nachfolgenden Phasen** untersucht. Es wurden nicht diejenigen Phasen betrachtet, in denen das Ergebnis des Technologieentwicklungsprozesses durch die Anwendung des House of Quality, wie in der vorliegenden Arbeit vorgeschlagen wurde, an den konkreten Anforderungen und Bedürfnissen des spezifischen Einsatzzwecks ausgerichtet wird. Ebenso wurden nicht die nachfolgenden Phasen betrachtet, in denen Prototypen gebaut werden und eine Validierung der erhobenen Kundenbedürfnisse durch die Demonstration des einsatzfähigen Prototyps beim Kunden erfolgt. Auch die spätere Phase der Markteinführung wurde nicht untersucht. Somit bleibt offen, ob die zu erwartende Kostenreduzierung auch realisiert werden kann sowie ob die zum Patent angemeldete frugale Innovation in der gewünschten Weise ihren Dienst verrichten wird. Zudem kann anhand der vorliegenden Arbeit nicht der potenzielle Markterfolg der frugalen Innovation ermittelt werden. Es wäre daher wünschenswert, die soeben genannten Phasen bei der Entwicklung von frugalen Innovationen in weiteren Untersuchungen zu betrachten.

Teil D: Zusammenfassung und Schlussbetrachtung

6. Zusammenfassung

In der Arbeit wurde untersucht, welche Kriterien eine frugale Innovation definieren und wie frugale Innovationen entwickelt werden können. Hierzu wurde im ersten Teil der Arbeit zunächst das vorhandene wissenschaftlich-theoretische sowie praktische Verständnis frugaler Innovationen systematisiert. Anschließend wurden aus den Ergebnissen Kriterien für frugale Innovationen abgeleitet, die eine Annäherung an eine Operationalisierung ermöglichen. Die drei Definitionskriterien für frugale Innovation – *substanzielle Kostenreduktion, Konzentration auf Kernfunktionalitäten* und *optimiertes Leistungsniveau* – sind nochmals in Abbildung 39 dargestellt.[226]

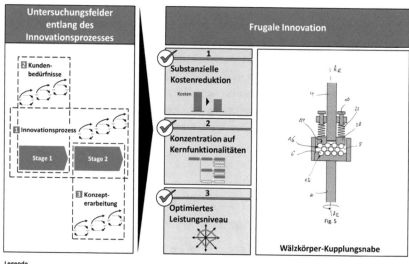

Abbildung 39: Frugale Innovation als Ergebnis der drei Untersuchungsfelder[227]

---

[226] Für eine umfassendere graphische Darstellung der Kriterien siehe Abbildung 6, S. 38. Für eine detailliertere Darstellung und Beschreibung der Wälzkörper-Kupplungsnabe siehe Abbildung 37, S. 234.

[227] Eigene Darstellung. Quelle der Zeichnung der Wälzkörper-Kupplungsnabe: Patentanmeldung P113940DE00 vom 7. April 2017, Deutsches Patent- und Markenamt, München, dort als Rutschkupplung bezeichnet. Abgedruckt mit Genehmigung des anmeldenden Unternehmens.

© Springer Fachmedien Wiesbaden GmbH, ein Teil von Springer Nature 2018
T. Weyrauch, *Frugale Innovationen*, Forschungs-/Entwicklungs-/Innovations-Management, https://doi.org/10.1007/978-3-658-22213-0_6

Anschließend wurden im zweiten Teil der Arbeit mithilfe der Aktionsforschung theoretische Erkenntnisse gewonnen, die eine gezielte Entwicklung frugaler Innovationen ermöglichen sollen. Neben den theoretischen Erkenntnissen ist das praktische Ergebnis der im Rahmen der vorliegenden Arbeit durchgeführten Forschung eine frugale Innovation, die am 7. April 2017 beim Deutschen Patent- und Markenamt in München unter der Nummer P113940DE00 zum Patent angemeldet worden ist.

Um zu diesem Ergebnis zu gelangen, war die tiefergehende Betrachtung von drei Untersuchungsfeldern notwendig. Erst die gemeinsame Anwendung der theoretischen Erkenntnisse aus allen drei Untersuchungsfeldern ermöglichte das praktische Gelingen einer frugalen Innovation, wie Abbildung 39 schematisch darstellt.

Die so entwickelte frugale Innovation wurde von Beginn an nur als beispielhaft ausgewähltes Produkt verstanden. Das **praktische Ziel** des Unternehmens war die Übertragbarkeit und Anwendbarkeit der gewonnenen Erkenntnisse auf andere Entwicklungsprojekte. **Wissenschaftliches Ziel** war es, theoretische Erkenntnisse zu gewinnen, die über den Unternehmenskontext und den betrachteten Zielmarkt hinaus gültig sind (unabhängig vom Kontext der Diskussion über frugale Innovationen für Schwellenländer oder Industriestaaten). Die Arbeit und ihre Ergebnisse werden im Folgenden zusammengefasst.

6.1 Zusammenfassung der Forschungsergebnisse zu den Kriterien frugaler Innovation

Die erste Forschungsfrage lautete, welche Kriterien frugale Innovationen definieren und wie frugale von nicht-frugalen Innovationen unterschieden werden können. Bisherige Definitionen umschreiben frugale Innovationen lediglich mit einer Vielzahl von Eigenschaften und Merkmalen, wie beispielsweise *affordable, high-end low-cost, clean sheet approach to product development, reducing the complexity* oder *tough and easy to use*,[228] ohne aber auf die spezifische Differenz zwischen frugalen und nicht-frugalen Innovationen einzugehen. Bisher gab es daher keinen systematischen Ansatz, um festzulegen, unter welchen Voraussetzungen eine Innovation als frugal verstanden werden soll.

Um eine entsprechende Unterscheidungssystematik zu entwickeln, wurde mithilfe eines **umfassenden Literaturreviews** sowie einer **qualitativen Befragung** untersucht, zu welchen Kategorien sich die Eigenschaften und Merkmale zusammenfassen lassen, die

---

[228] Für eine vollständige Aufzählung siehe Tabelle 2, S. 31.

frugalen Innovationen dem wissenschaftlich-theoretischen und praktischen Verständnis nach zugeschrieben werden. Es konnten drei Hauptkategorien identifiziert werden, von denen ausgehend wiederum **drei Kriterien für frugale Innovationen** abgeleitet wurden. Diese Kriterien können nun bei der Argumentation helfen, warum eine bestimmte Innovation als frugal verstanden werden sollte. Dies bringt das Forschungsfeld zu frugalen Innovationen konzeptionell in mindestens zwei Punkten voran.

Erstens findet mithilfe der drei Kriterien eine Annäherung an eine Operationalisierung des Begriffs der frugalen Innovation statt. Anhand der Kriterien kann nun transparent begründet werden, warum eine Innovation als frugal klassifiziert wird. Dies ermöglicht eine **Objektivierung des Forschungsfelds** und verbessert die Interpretierbarkeit zukünftiger Forschungsergebnisse. Bisherige Untersuchungen zu frugalen Innovationen verzichten auf eine Begründung, warum eine Innovation als frugal bezeichnet wird. Somit wird zumeist implizit angenommen, dass es ausreichend sei, rein subjektiv festzulegen, welche Innovationen als frugal gelten sollen. Die hier entwickelten Kriterien hingegen ermöglichen nun eine explizite Begründung, welche Innovationen als frugal verstanden werden sollten und warum dies der Fall ist.

Der zweite Punkt ist, dass die hier erarbeiteten Kriterien das **übergeordnete Ziel** bei der Entwicklung frugaler Innovationen deutlich machen. Die drei Kriterien für frugale Innovation veranschaulichen, in welchen Dimensionen sich die Diskussion bei der Entwicklung bewegen sollte. Sie weisen darauf hin, welche Punkte bei der Entwicklung von Innovationen bislang häufig zu wenig berücksichtigt werden, was mit als ein wichtiger Grund für das Aufkommen der Diskussion um frugale Innovationen verstanden werden darf. Der Wert der einfachen Visualisierung der drei Kriterien (siehe Abbildung 6, S. 38) konnte in der Aktionsforschung beobachtet werden. Die Darstellungsart ermöglichte eine Visualisierung derjenigen Kriterien, die zu diskutieren und zu erfüllen waren, damit die Entwicklung einer frugalen Innovation gelingen konnte. Weiterhin führte die Art der Darstellung zu einem intensiven und zielgerichteten Austausch der beteiligten Akteure, der den Weg zur konkreten Entwicklung einer frugalen Innovation mit ebnete.

Für die Forschung bedeutet dies, dass die Frage, wodurch sich frugale Innovationen gegenüber anderen Innovationen auszeichnen, **systematischer** angegangen werden sollte. Damit würde die Forschung transparenter werden, und die Erkenntnisse ließen sich, wie in der vorliegenden Arbeit gezeigt wurde, über das Feld der frugalen Innovationen hinaus auch auf andere Bereiche übertragen.

6.2   Zusammenfassung der Forschungsergebnisse zur Ausgestaltung des Innovationsprozesses

In der Untersuchung wurde deutlich, dass die Entwicklung frugaler Innovationen Auswirkungen auf den gesamten Innovationsprozess hat.

Bisherige Innovationsprozesse begünstigen, wie am hier untersuchten Unternehmen festgestellt werden konnte, oftmals inkrementelle Innovationen. Die vorliegende Arbeit hat gezeigt, dass frugale Innovationen hingegen zumeist als **radikale Innovationen** zu verstehen sind. Wie bei radikalen Innovationen kann es auch für frugale Innovationen notwendig sein, den Innovationsprozess anders auszugestalten.

Einige Erkenntnisse aus der Forschung zu radikalen Innovationen lassen sich auf die Ausgestaltung des Innovationsprozesses für frugale Innovationen **übertragen**. Dies bezieht sich unter anderem auf die Notwendigkeit, separate Gate-Kriterien zu vereinbaren, eine hinsichtlich der einzelnen Phasen höhere Prozessflexibilität einzuräumen, was ein Zurückspringen auf frühere Phasen erlaubt, sowie alternative Konzepte zuzulassen, statt sich frühzeitig auf nur ein Konzept festzulegen.

Trotz des oftmals radikalen Charakters frugaler Innovationen lassen sich **nicht alle Erkenntnisse** zur Ausgestaltung von Innovationsprozessen zur Entwicklung radikaler Innovationen auf die Entwicklung frugaler Innovationen übertragen. Bisher geht die Forschung oft davon aus, dass radikale Innovationen *technology-pushed* sind. Etablierte Modelle für die Entwicklung radikaler Innovationen setzen daher zu Prozessbeginn den Fokus häufig auf eine **technologische Exploration** statt auf die frühzeitige Identifikation von Kundenbedürfnissen. Die gezielte Entwicklung frugaler Innovationen hingegen setzt voraus, den Fokus bereits zu Prozessbeginn auf die Kundenbedürfnisse zu richten.

Theoretisch könnte diese Fokussierung durch stark iterativ geprägte Ansätze erfolgen, wie z. B. mit dem Design Thinking oder Learning by Experimentation, unter **enger Einbindung des Kunden**. In der praktischen Umsetzung zeigte sich aber, dass diese Ansätze in einigen Fällen (wie auch im Untersuchungskontext der vorliegenden Arbeit) nicht eingesetzt werden können. Wie herausgearbeitet wurde, sind für ein Verfolgen dieser Ansätze mehrere Voraussetzungen zu erfüllen, wie beispielsweise die Bereitschaft der Kunden, an einer Entwicklung mitzuwirken.

Dass ein Vorgehen, welches weder auf technologische Exploration noch auf eine stark iterativ geprägte Kundeneinbindung fokussiert, dennoch radikale und damit auch frugale Innovationen ermöglicht, hat die vorliegende Arbeit gezeigt. Prozessual wurde dies neben den bereits genannten Änderungen durch eine **Separierung von Produktent-**

wicklungsprozess und Technologieentwicklungsprozess möglich. An beide Prozesse werden unterschiedliche Anforderungen gestellt. Das im Produktentwicklungsprozess entwickelte und zum Patent angemeldete frugale Technologiekonzept wird durch die anschließende Übertragung in einen Technologieentwicklungsprozess zu einer einsatzreifen Technologie weiterentwickelt. Ohne eine Separierung der Prozesse hätte die Entwicklung eingestellt werden müssen. Sobald die Technologie einsatzreif ist, wird diese wieder zurück in den Produktentwicklungsprozess überführt. Dieses enge Zusammenspiel zwischen Produktentwicklungsprozess und Technologieentwicklungsprozess eröffnete die Chance für ein Gelingen einer solchen frugalen (radikalen) Lösung.

Für das Forschungsfeld zu frugalen Innovationen bedeutet dies, dass frugale Innovationen oftmals deutlicher als bisher als radikale Innovationen zu betrachten sind und vielfach auf den bisherigen Forschungsergebnissen zu radikalen Innovationen aufgebaut werden kann. Gleichzeitig ist wie in der vorliegenden Arbeit explizit darauf einzugehen, in welcher Hinsicht das Verständnis von frugaler Innovation über das Verständnis von radikaler Innovation hinausgeht oder sich in wenigen Fällen deutlich voneinander unterscheiden kann.

Über das Feld der frugalen Innovationen hinaus hat die Arbeit verdeutlicht, dass radikale Innovationen in Verbindung mit einem darauf ausgerichteten Innovationsprozesses nicht immer nur *technology-pushed* sein müssen, sondern radikale Innovationen auch durch einen strukturierten Prozess gelingen können, der von Beginn an auf den identifizierten Kundenbedürfnissen aufbaut.

6.3 Zusammenfassung der Forschungsergebnisse zur Identifikation von Kundenbedürfnissen

Intensive Bedürfnisanalysen bilden die Basis für die Entwicklung frugaler Innovationen, da bislang lediglich angenommene und nicht verifizierte Bedürfnisse stärker hinterfragt werden müssen und nur wenige Erfahrungen zu Bedürfnissen frugaler Produktsegmente vorliegen.

Im Untersuchungskontext gelang dies, indem ein umfassendes **Vorgehensmodell** entwickelt wurde, bei dem die Entwicklungsingenieure von Beginn an in die Identifikation der Kundenbedürfnisse eingebunden waren. Ein besonderer Schwerpunkt lag auf der Gewinnung von Informationen zur Erfüllung der drei Kriterien frugaler Innovation. Besonderer Wert wurde darauf gelegt, Kundenbedürfnisse statt Kundenanforderungen zu erheben, um den Lösungsraum nicht vorab einzuschränken.

Durch dieses Vorgehen konnten die im Untersuchungskontext festgestellten **Herausforderungen für eine erfolgreiche Identifikation** der Kundenbedürfnisse erfüllt werden, die in der Literatur bisher nur zu Teilen behandelt wurden.

Für die Forschung bedeutet dies, dass – auch über das Feld frugaler Innovationen hinaus –, verstärkt Ansätze untersucht werden sollten, die bewusst auf die bei der praktischen Umsetzung auftretenden Herausforderungen eingehen. Zudem sollten zunehmend Modelle entwickelt werden, welche die erschwerten Bedingungen bei der Identifikation von Kundenbedürfnissen konzeptionell angemessen berücksichtigen.

6.4 Zusammenfassung der Forschungsergebnisse zur Verfahrensweise bei der Konzepterarbeitung

Bei der Konzepterarbeitung für die Entwicklung frugaler Innovationen ist theoretisch zwar auch der Einsatz etablierter Methoden, wie beispielsweise House of Quality, Wertanalysen, Value Engineering oder Target Costing, denkbar. Im Rahmen der Untersuchung erschien dieses Vorgehen jedoch wenig aussichtsreich, da diese Methoden bei dem durch eine frugale Innovation zu ersetzenden Produkt bereits wiederholt angewendet worden und und über die Jahre ausgereizt worden waren. Durch eine weitere Anwendung waren folglich keine zusätzlichen Erkenntnisgewinne für die Ausgestaltung eines andersartigen Konzepts zu erwarten.

Daher sollte ein Verfahren zur Konzepterarbeitung angewendet werden, das „hochkreatives Potential für neuartige Lösungen" freisetzen sollte.[229] Methoden wie TRIZ und WOIS ermöglichen dies zwar, durch ihre Komplexität gestaltet sich eine praktische Durchführung wie im Untersuchungskontext jedoch oftmals als schwierig.

Mit der **Ziel-Konflikt-Innovation** wurde in der vorliegenden Arbeit ein Verfahren vorgestellt, das im Vergleich zu Methoden wie TRIZ oder WOIS deutlich **einfacher** umzusetzen ist. Die Ziel-Konflikt-Innovation führt, auf den identifizierten Kundenbedürfnissen aufbauend, gezielt Widersprüche herbei, für die es zunächst keine Lösung zu geben scheint. Werden einer oder mehrere der Widersprüche gelöst, sind die Chancen hoch, dass eine **neuartige**, vielleicht sogar radikale Innovation gelingt. Zugleich ist die Ziel-Konflikt-Innovation darauf ausgerichtet, dass die Lösung eines Widerspruchs Aufwand und damit mittelbar **Kosten** reduziert.

---

[229] Formulierung in den Anführungszeichen übernommen von Linde und Hill (1993), S. 2.

Durch beide Faktoren begünstigt die Ziel-Konflikt-Innovation die Entwicklung von frugalen Innovationen. In der vorliegenden Untersuchung gelang durch Anwendung der Ziel-Konflikt-Innovation in Zusammenspiel mit den Erkenntnissen aus den Untersuchungsfeldern 1 und 2 eine frugale Innovation, die deutlich geringere Herstellkosten und eine niedrigere Total Cost of Ownership erwarten lässt sowie im Gegensatz zu bisherigen Produkten nur noch Kernfunktionalitäten bei einem verbesserten Leistungsniveau aufweist.

Für das Forschungsfeld zu frugalen Innovationen bedeutet dies, dass zukünftig nicht nur der zentrale Stellenwert der Bedürfnisanalyse betont werden sollte, sondern auch die Frage, wie die konkrete Konzepterarbeitung gelingen kann.

Über das Feld der frugalen Innovationen hinaus zeigt die Arbeit, dass auch die Anwendung einer vergleichsweise einfachen Methode die Entwicklung einer radikalen Innovation ermöglicht.

7. Schlussbetrachtung und Ausblick

Neben dem konzeptionellen Beitrag für das **grundlegende Verständnis** von frugalen Innovationen wurden mit der vorliegenden Arbeit die theoretischen Grundlagen dafür geschaffen, um **Innovations- und Produktentwicklungsprozesse** auf die Entwicklung frugaler Innovationen auszurichten. Die Ergebnisse zeigen, dass Veränderungen sowohl bei der Ausgestaltung des Innovations- und Produktentwicklungsprozesses selbst als auch beim Vorgehen zur Identifikation der Kundenbedürfnisse sowie bei der Konzepterarbeitung notwendig werden können. Durch diese Veränderungen wird die Entwicklung frugaler Innovationen ermöglicht, unabhängig davon, ob die Abnehmer in Schwellenländern oder, wie in der Aktionsforschung, in Industriestaaten angesiedelt sind.

Die in der Arbeit gewonnenen Erkenntnisse sind über das Forschungsfeld frugaler Innovationen hinaus gültig. Würde eine Innovation eines der drei Kriterien frugaler Innovation nicht erfüllen, beispielsweise – sofern dies der Kundenwunsch ist – durch eine Erweiterung der Funktionen über das Wesentliche hinaus, wäre dies gemäß dem hier entwickelten Verständnis zwar keine frugale Innovation mehr. Dennoch aber behielten auch in einem solchen Falle die in der Arbeit gewonnenen Erkenntnisse ihre Gültigkeit und könnten dazu beitragen, zu **neuartigen und erheblich kostengünstigeren** Lösungen zu gelangen und den **Ressourcenverbrauch zu senken**.

Mit der vorliegenden Arbeit wurde einmal mehr deutlich, wie herausfordernd es besonders bei der Produktentwicklung von frugalen Innovationen sein kann, in Erfahrung zu bringen, was **Kunden wirklich wünschen** und wie schwierig es ist, den Innovations- und Produktentwicklungsprozess in der Weise auszurichten, dass das Vorgehen zu **neuartigen und innovativen** Lösungen führt.

Das in dieser Untersuchung betrachtete Beispiel zeigt bemerkenswerterweise, dass die Entwicklung einer frugalen Innovation auch für einen Produktbereich möglich ist, von dem seit Jahrzehnten angenommen wurde, dass keine deutlichen Kosteneinsparungen mehr erzielt werden könnten. Dass dies dennoch gelungen ist, belegt, dass das **Hinterfragen** von bisher verfolgten Innovationsparadigmen und Vorgehensweisen lohnenswert sein kann.

* * *

© Springer Fachmedien Wiesbaden GmbH, ein Teil von Springer Nature 2018
T. Weyrauch, *Frugale Innovationen*, Forschungs-/Entwicklungs-/Innovations-Management, https://doi.org/10.1007/978-3-658-22213-0_7

Literaturverzeichnis

Agarwal, Nivedita; Brem, Alexander (2012): Frugal and Reverse Innovation – Literature Overview and Case Study Insights from a German MNC in India and China. In: B. Katzy, T. Holzmann, K. Sailer und K. D. Thoben (Hg.): Proceedings of the 2012 18th International Conference on Engineering, Technology and Innovation, S. 1–11.

Agarwal, Nivedita; Brem, Alexander; Grottke, Michael (2014): A unified innovation approach to emerging markets: imperatives to play and win the game. 21st International Product Development Management Conference. Limerick.

Ahuja, Gautam; Lampert, Curba Morris (2001): Entrepreneurship in the large corporation: A longitudinal study of how established firms create breakthrough inventions. In: *Strategic Management Journal* 22 (6-7), S. 521–543.

Ahuja, Simone (2014): Cost vs. Value + Empathy: A New Formula for Frugal Science. In: *Design Management Review* 25 (2), S. 52–55.

Akao, Yoji (1992): QFD – Quality Function Deployment. Wie die Japaner Kundenwünsche in Qualität umsetzen. Landsberg/Lech: Verlag Moderne Industrie.

Ammann, Jörg; Marchthaler, Jörg; Wigger, Tobias; Lohe, Rainer; Götz, Kurt; Geldmann, Udo et al. (2011): Methodische Instrumente. In: VDI-Gesellschaft Produkt- und Prozessgestaltung (Hg.): Wertanalyse – das Tool im Value Management. Idee, Methode, System. 6., völlig neu bearb. und erw. Aufl. Berlin [u. a.]: Springer, S. 57–101.

Andel, Tom (2013): Frugal Price: Virtue or Vice? In: *Material Handling & Logistics* 68 (11), S. 4.

Anderson, Donald L. (2015): Organization development. The process of leading organizational change. 3rd ed. Los Angeles: SAGE.

Anderson, Jamie; Billou, Niels (2007): Serving the world's poor: innovation at the base of the economic pyramid. In: *Journal of Business Strategy* 28 (2), S. 14–21.

Ansoff, Harry Igor (1965): Corporate strategy: business policy for growth and expansion. New York: Mcgraw-Hill.

Argyris, Chris (1999): On organizational learning. 2nd ed. Oxford, Malden, Mass.: Blackwell Business.

© Springer Fachmedien Wiesbaden GmbH, ein Teil von Springer Nature 2018
T. Weyrauch, *Frugale Innovationen*, Forschungs-/Entwicklungs-/Innovations-Management, https://doi.org/10.1007/978-3-658-22213-0

Argyris, Chris; Putnam, Robert; Smith, Diana McLain (1985): Action science. San Francisco: Jossey-Bass.

Augsdörfer, Peter; Möslein, Kathrin; Richter, Andreas (2013): Radical, Discontinuous and Disruptive Innovation – What's the Difference? In: Peter Augsdörfer, J. R. Bessant, Kathrin M. Möslein, Bettina von Stamm und Frank T. Piller (Hg.): Discontinuous innovation. Learning to manage the unexpected. London: Imperial College Press (Series on technology management, v. 22), S. 9–39.

Barclay, Corlane (2014): Using Frugal Innovations to Support Cybercrime Legislations in Small Developing States: Introducing the Cyber-Legislation Development and Implementation Process Model (CyberLeg-DPM). In: *Information Technology for Development* 20 (2), S. 165–195.

Basu, Radha R.; Banerjee, Preeta M.; Sweeny, Elizabeth G. (2013): Frugal Innovation: Core Competencies to Address Global Sustainability. In: *Journal of Management for Global Sustainability* 1 (2), S. 63–82.

Benyus, Janine M. (2002): Biomimicry. Innovation Inspired by Nature. New York: Harper Perennial.

Bergmann, Philipp; Rimpel, Andreas; Wolf, Tobias; Wöber, Michael (2014): Sicherheits- und Überlastkupplungen. Spielfreie Drehmomentbegrenzung im allgemeinen Maschinenbau. 2., aktualisierte und erw. Aufl. Landsberg: Verlag Moderne Industrie (Die Bibliothek der Technik, 312).

Bettencourt, Lance; Ulwick, Anthony W. (2008): The Customer-Centered Innovation Map. In: *Harvard Business Review* 86 (5), S. 109–114.

Bhatti, Yasser Ahmad and Ventresca, Marc, How Can 'Frugal Innovation' Be Conceptualized? In: *Said Business School Working Paper Series, Oxford* (January 19, 2013). Online verfügbar unter https://ssrn.com/abstract=2203552

Bills, Tierra; Bryant, Reginald; Bryant, Aisha W. (2014): Towards a frugal framework for monitoring road quality. In: *17th International IEEE Conference on Intelligent Transportation Systems (ITSC)*, S. 3022–3027. Online verfügbar unter http://ieeexplore.ieee.org/document/6958175/

Bogers, Marcel; Horst, Willem (2014): Collaborative Prototyping: Cross-Fertilization of Knowledge in Prototype-Driven Problem Solving. In: *Journal of Product Innovation Management* 31 (4), S. 744–764.

Bradbury, Hilary (2015): Introduction: How to situate and define action research. In: Hilary Bradbury (Hg.): The SAGE handbook of action research. 3rd ed. Thousand Oaks, Calif.: Sage Publications, S. 1–9.

Brem, Alexander; Wolfram, Pierre (2014): Research and development from the bottom up-introduction of terminologies for new product development in emerging markets. In: *Journal of Innovation and Entrepreneurship* 3 (1), S. 1–22.

Bronner, Albert; Herr, Stephan (2006): Vereinfachte Wertanalyse. Mit Formularen und CD-ROM. 4., Aufl. Berlin: Springer (VDI-Buch).

Brown, Tim (2009): Change by design. How design thinking transforms organizations and inspires innovation. New York, NY: Harper Business.

Brown, Tim; Katz, Barry (2011): Change by design. In: *Journal of Product Innovation Management* 28 (3), S. 381–383.

Buse, Stephan; Tiwari, Rajnish (2014): Global Innovation Strategies of German Hidden Champions in Key Emerging Markets. Hamburg (Working paper, 85).

Checkland, Peter; Holwell, Sue (1998): Action research: Its nature and validity. In: *Systemic Practice and Action Research* 11 (1), S. 9–21.

Chilukuri, Sastry; Gordon, Michael; Musso, Chris; Ramaswamy, Sanjay (2010): Design to value in medical devices. Hg. von *McKinsey & Company*. Online verfügbar unter https://www.mckinsey.com/~/media/mckinsey/dotcom/client_service/pharma%20and%20medical%20products/pmp%20new/pdfs/774172_design_to_value_in_medical_devices1.ashx

Christensen, Clayton M. (1997): The innovator's dilemma. When new technologies cause great firms to fail. Boston, Mass.: Harvard Business School Press (The management of innovation and change series).

Christensen, Clayton M.; Cook, Scott; Hall, Taddy (2005): Marketing malpractice: The Cause and the Cure. In: *Harvard Business Review* 83 (12), 74–83.

Coghlan, David (2011): Action Research: Exploring Perspectives on a Philosophy of Practical Knowing. In: *The Academy of Management Annals* 5 (1), S. 53–87.

Coghlan, David; Brannick, Teresa (2014): Doing action research in your own organization. 4th ed. Los Angeles [i.e. Thousand Oaks, Calif.]: Sage Publications.

Commission of the European Communities (2003): Commission Recommendation of 6 May 2003 concerning the definition of micro, small and medium-sized enterprises. In: *Official Journal of the European Union* (L124), S. 36–41.

Cooper, Robert G. (2011): Winning at new products. Creating value through innovation. 4th ed. New York: Basic Books.

Cooper, Robert G.; Edgett, Scott J.; Kleinschmidt, Elko J. (2002): Optimizing the stage-gate process: What best-practice companies do – I. In: *Research-Technology Management* 45 (5), S. 21–27.

Cooper, Robin; Slagmulder, Regine (1999): Develop Profitable New Products with Target Costing. In: *Sloan Management Review* 40 (4), S. 23–33.

Corbin, Juliet M.; Strauss, Anselm L. (2015): Basics of qualitative research. Techniques and procedures for developing grounded theory. 4th ed. Thousand Oaks: Sage Publications Inc.

Coughlan, Paul; Coghlan, David (2002): Action research for operations management. In: *International Journal of Operations & Production Management* 22 (2), S. 220–240.

Craig, Angus (2012): Back to basics. In: *Supply Management* 17 (1), S. 36–39.

Crawford, C. Merle; Di Benedetto, C. Anthony (2015): New products management. 11. ed. New York, NY: McGraw-Hill Education.

Cunha, Miguel Pina e; Rego, Arménio; Oliveira, Pedro; Rosado, Paulo; Habib, Nadim (2014): Product Innovation in Resource-Poor Environments: Three Research Streams. In: *Journal of Product Innovation Management* 31 (2), S. 202–210.

Curedale, Robert (2015): Design thinking. Pocket guide. 2nd ed. Topanga, CA: Design Community College.

Dahan, Ely; Hauser, John R. (2002): The virtual customer. In: *Journal of Product Innovation Management* 19 (5), S. 332–353.

Dandonoli, Patricia (2013): Open innovation as a new paradigm for global collaborations in health. In: *Global Health* 9 (41), S. 1–5.

Dierig, Carsten (2013): Deutsche Baumaschinen zu gut für den Weltmarkt. Online verfügbar unter http://www.welt.de/wirtschaft/article115375886/Deutsche-Baumaschinen-zu-gut-fuer-den-Weltmarkt.html

Dorst, Kees (2011): The core of 'design thinking' and its application. In: *Design studies* 32 (6), S. 521–532.

Dubberly, Hugh (2004): How do you design. In: *A compendium of Models*. Online verfügbar unter http://www.dubberly.com/articles/how-do-you-design.html

Eden, Colin; Huxham, Chris (1996): Action research for management research. In: *British Journal of Management* 7 (1), S. 75–86.

Eisenhardt, Kathleen M.; Graebner, Melissa E. (2007): Theory building from cases: Opportunities and challenges. In: *Academy of management journal* 50 (1), S. 25–32.

Eldred, Emmett W.; McGrath, Michael E. (1997): Commercializing new technology – I. In: *Research Technology Management* 40 (1), S. 41–47.

Elmore, Patricia B.; Beggs, Donald L. (1975): Salience of concepts and commitment to extreme judgments in the response patterns of teachers. In: *Education,* 95 (4), S. 325–330.

Emerson, Robert M.; Fretz, Rachel I.; Shaw, Linda L. (2011): Writing ethnographic fieldnotes. 2nd ed., 3rd print. Chicago: The University of Chicago Press (Chicago guides to writing, editing, and publishing).

Ernst & Young (2011): Innovating for the next three billion. The rise of the global middle class – and how to capitalize on it. Online verfügbar unter http://www.ey.com/Publication/vwLUAssets/Innovating-for-the-next-three-billion/%24FILE/Innovating_for_the_next_three_billion_FINAL.pdf

Fisher, Dalmar; Torbert, William R. (1995): Personal and organizational transformations: The true challenge of continual quality improvement. London: Mcgraw-Hill.

Flatters, Paul; Willmott, Michael (2009): Understanding the post-recession consumer. In: *Harvard Business Review* 87 (7-8), S. 106–112.

Francis, Dave; Bessant, John (2005): Targeting innovation and implications for capability development. In: *Technovation* 25 (3), S. 171–183.

French, Wendell L.; Bell, Cecil H. (1999): Organisation development. Behavioral science interventions for organisation improvement. 6th ed. Upper Saddle River, N.J: Prentice Hall.

FT Foundation (2010): What A Cool Idea: A Fridge That Doesn't Need Electricity. Unter Mitarbeit von Raj Goswami. Online verfügbar unter http://www.ftfoundation.com/English/pdf/Cool_Idea.pdf

Fukuda, Kayano; Watanabe, Chihiro (2011): A Perspective on Frugality in Growing Economies: Triggering a Virtuous Cycle between Consumption Propensity and Growth. In: *Journal of Technology Management for Growing Economies* 2 (2), S. 79–98.

Garcia, Rosanna; Calantone, Roger (2002): A critical look at technological innovation typology and innovativeness terminology: a literature review. In: *Journal of Product Innovation Management* 19 (2), S. 110–132.

Gaskin, Steve (2013): Navigating the Conjoint-Analysis Minefield. In: *Visions* 37 (1), S. 22–25.

Gassmann, Oliver; Winterhalter, Stephan; Wecht, Christoph (2014): Frugal Innovation – die aufstrebende Mittelklasse gewinnen. In: *HSG Focus (elektronische Version)* 2 (2), S. 16–18.

George, Gerard; McGahan, Anita M.; Prabhu, Jaideep (2012): Innovation for Inclusive Growth: Towards a Theoretical Framework and a Research Agenda. In: *Journal of Management Studies* 49 (4), S. 661–683.

Gill, John (1982): Research as action: an experiment in utilising the social sciences. In: *Personnel Review* 11 (2), S. 25–34.

Gill, John; Johnson, Phil; Clark, Murray (2010): Research methods for managers. 4th ed. Los Angeles: SAGE.

Gimpel, Bernd (2006): Konzept-Entwicklung und -Bewertung mit TRIZ und QFD. In: Carsten Gundlach (Hg.): Innovation mit TRIZ. Konzepte, Werkzeuge, Praxisanwendungen. 1. Aufl. Düsseldorf: Symposion, S. 197–211.

Gothelf, Jeff; Seiden, Josh (2016): Lean UX. Designing Great Products with Agile Teams. 2nd revised ed. Peking [u. a.]: O'Reilly Media.

Götz, Kurt (2011 a): Design to Cost (DTC), Design to Objectives (DTO). In: VDI-Gesellschaft Produkt- und Prozessgestaltung (Hg.): Wertanalyse – das Tool im Value Management. Idee, Methode, System. 6., völlig neu bearb. und erw. Aufl. Berlin [u. a.]: Springer, S. 76–79.

Götz, Kurt (2011 b): Funktionale Leistungsbeschreibung (FLB). In: VDI-Gesellschaft Produkt- und Prozessgestaltung (Hg.): Wertanalyse – das Tool im Value Management. Idee, Methode, System. 6., völlig neu bearb. und erw. Aufl. Berlin [u. a.]: Springer, S. 73–76.

Govindarajan, Vijay; Ramamurti, Ravi (2011): Reverse innovation, emerging markets, and global strategy. In: *Global Strategy Journal* 1 (3-4), S. 191–205.

Govindarajan, Vijay; Trimble, Chris (2012): Reverse innovation. Create far from home, win everywhere. Boston: Harvard Business Press.

Gray, Dave; Brown, Sunni; Macanufo, James (2010): Gamestorming. A Playbook for Innovators, Rulebreakers, and Changemakers. Peking [u. a.]: O'Reilly Media.

Greenwood, Davydd J. (2007): Pragmatic Action Research. In: *International Journal of Action Research* 3 (1 and 2), S. 131–148.

Griffin, Abbie (2013): Obtaining customer needs for product development. In: Kenneth B. Kahn, Sally Evans Kay, Rebecca Slotegraaf und Steve Uban (Hg.): The PDMA handbook of new product development. 3rd ed. Hoboken, N.J.: Wiley, S. 213–230.

Griffin, Abbie; Hauser, John R. (1993): The voice of the customer. In: *Marketing science* 12 (1), S. 1–27.

Grønhaug, Kjell; Olson, Olov (1999): Action research and knowledge creation: merits and challenges. In: *Qualitative Market Research: An International Journal* 2 (1), S. 6–14.

Gudlavalleti, Sauri; Gupta, Shivanshu; Narayanan, Ananth (2013): Developing winning products for emerging markets. In: *McKinsey Quarterly* (2), S. 98–103.

Gummesson, Evert (2000): Qualitative methods in management research. 2nd ed. Thousand Oaks, Calif.: SAGE.

Gundlach, Carsten (Hg.) (2006): Innovation mit TRIZ. Konzepte, Werkzeuge, Praxisanwendungen. 1. Aufl. Düsseldorf: Symposion.

Gupta, Anil; Wang, Haiyan (2010): Tata Nano: Not Just a Car but Also a Platform. Online verfügbar unter http://www.bloomberg.com/news/articles/2010-01-29/tata-nano-not-just-a-car-but-also-a-platform

Gustafsson, Anders; Herrmann, Andreas; Huber, Frank (2007): Conjoint measurement. Methods and applications. 4th ed. Berlin, New York: Springer.

Gwet, Kilem Li (2014): Handbook of inter-rater reliability. The definitive guide to measuring the extent of agreement among raters. 4th ed. Gaithersburg, MD: Advanced Analytics, LLC.

Harman, Jay (2013): The shark's paintbrush. Biomimicry and how nature is inspiring innovation. London: Nicholas Brealey Publishing.

Hart, Stuart L.; Christensen, Clayton M. (2002): The great leap. In: *Sloan Management Review* 44 (1), S. 51–56.

Hauser, John R. (1993): How Puritan-Bennett used the house of quality. In: *Sloan Management Review* 34 (3), S. 61–70.

Hauser, John R.; Clausing, Don (1988): The house of quality. In: *Harvard Business Review* 66 (3), S. 63–73.

Hayes, Andrew F.; Krippendorff, Klaus (2007): Answering the call for a standard reliability measure for coding data. In: *Communication methods and measures* 1 (1), S. 77–89.

Heller, Frank (2004): Action research and research action: a family of methods. In: Catherine Cassell und Gillian Symon (Hg.): Essential guide to qualitative methods in organizational research. London, Thousand Oaks: Sage Publications, S. 349–360.

Henderson, Rebecca M.; Clark, Kim B. (1990): Architectural innovation: The reconfiguration of existing product technologies and the failure of established firms. In: *Administrative science quarterly* 35 (1), S. 9–30.

Henrich, Jan; Kothari, Ashish; Makarova, Evgeniya (2012): Design to Value: a smart asset for smart products. Hg. v. McKinsey & Company. Online verfügbar unter http://www.mckinsey.com/~/media/mckinsey/dotcom/client_service/consumer pack aged goods/pdfs/20120301_dtv_in_cpg.ashx

Herr, Kathryn; Anderson, Gary L. (2005): The action research dissertation. A guide for students and faculty. Thousand Oaks: SAGE.

Herstatt, Cornelius (1991): Anwender als Quellen für die Produktinnovation. Dissertation. Zürich: ADAG Administation & Druck AG.

Herstatt, Cornelius (1999): Theorie und Praxis der frühen Phasen des Innovationsprozesses. In: *io Management* 68 (10), S. 72–81.

Herstatt, Cornelius (2007): Management der frühen Phasen von Breakthrough-Innovationen. In: Cornelius Herstatt und Birgit Verworn (Hg.): Management der frühen Innovationsphasen. Grundlagen, Methoden, neue Ansätze. 2., überarb. und erw. Aufl. Wiesbaden: Gabler, S. 295–314.

Herstatt, Cornelius; Tiwari, Rajnish; Buse, Stephan (2008): India's national innovation system: key elements and corporate perspectives. Hg. v. Hamburg University of Technology. Hamburg (Working Paper 51).

Herstatt, Cornelius; von Hippel, Eric (1992): From experience: Developing new product concepts via the lead user method: A case study in a "low-tech" field. In: *Journal of Product Innovation Management* 9 (3), S. 213–221.

Hinchey, Patricia H. (2008): Action research primer. New York: Peter Lang (Peter Lang primer).

Holahan, Patricia J.; Sullivan, Zhen Z.; Markham, Stephen K. (2014): Product Development as Core Competence: How Formal Product Development Practices Differ for Radical, More Innovative, and Incremental Product Innovations. In: *Journal of Product Innovation Management* 31 (2), S. 329–345.

Howard, Melanie (2011): Will frugal innovation challenge the west? In: *Market Leader* (Quarter 3), S. 53.

Huxham, Chris (2003): Action research as a methodology for theory development. In: *Policy & Politics* 31 (2), S. 239–248.

Ibusuki, Ugo; Kaminski, Paulo Carlos (2007): Product development process with focus on value engineering and target-costing: A case study in an automotive company. In: *International Journal of Production Economics* 105 (2), S. 459–474.

Ilevbare, Imoh M.; Probert, David; Phaal, Robert (2013): A review of TRIZ, and its benefits and challenges in practice. In: *Technovation* 33 (2), S. 30–37.

Immelt, Jeffrey R.; Govindarajan, Vijay; Trimble, Chris (2009): How GE is disrupting itself. In: *Harvard Business Review* 87 (10), S. 56–65.

Impuls-Stiftung (2014): Implications of Chinese Competitor Strategies for German Machinery Manufacturers. Impuls-Stiftung VDMA. Shanghai/Munich.

Jänicke, Martin (2013): Lead-Märkte für „frugale Technik". Entwicklungsländer als Vorreiter der Nachhaltigkeit? FU Berlin (Working Paper No. 14 within the project Lead Markets).

Jänicke, Martin (2014): Frugale Technik. In: *Ökologisches Wirtschaften-Fachzeitschrift* 29 (1), S. 30–36.

Jauernig, Henning (2017): „Die hielten mich für einen von ,Jugend forscht'". Interview mit Günther Schuh, einem der Mitbegründer des Elektro-Fahrzeugherstellers Street-Scooter. In: *Spiegel Online*. Online verfügbar unter http://www.spiegel.de/wirtschaft/unternehmen/streetscooter-pionier-die-hielten-mich-fuer-einen-von-jugend-forscht-a-1162104.html

Jha, Srivardhini K.; Krishnan, Rishikesha T. (2013): Local innovation: The key to globalisation. In: *IIMB Management Review* 25 (4), S. 249–256.

Kahle, Hanna; Dubiel, Anna; Ernst, Holger; Prabhu, Jaideep (2013): The democratizing effects of frugal innovation: Implications for inclusive growth and state-building. In: *Journal of Indian Business Research* 5 (4), S. 220–234.

Kalogerakis, Katharina; Lüthje, Christian; Herstatt, Cornelius (2010): Developing Innovations Based on Analogies: Experience from Design and Engineering Consultants. In: *Journal of Product Innovation Management* 27 (3), S. 418–436.

Kano, Noriaki; Seraku, Nobuhiku; Takahashi, Fumio; Tsuji, Shinichi (1984): Attractive quality and must-be quality. In: *The Journal of the Japanese Society for Quality Control* 14 (2), S. 39–48.

Kemmis, Stephen; McTaggart, Robin; Nixon, Rhonda (2014): The action research planner. Doing critical participatory action research. Singapore: Springer.

Kharas, Homi (2010): The emerging middle class in developing countries. OECD Development Centre (Working paper, 285).

Knapp, Oliver; Zollenkop, Michael; Durst, Sebastian; Graner, Marc (2015): Simply the best. Frugal products are not just for emerging markets: How to profit from servicing new customer needs. München: Roland Berger Strategy Consultants.

Knorr, Christine; Friedrich, Arno (2016): QFD - Quality Function Deployment. Mit System zu marktattraktiven Produkten. München: Hanser (Pocket Power, 73).

Kobe, Carmen (2007): Technologiebeobachtung. In: Cornelius Herstatt und Birgit Verworn (Hg.): Management der frühen Innovationsphasen. Grundlagen, Methoden, neue Ansätze. 2., überarb. und erw. Aufl. Wiesbaden: Gabler, S. 23–37.

Köhn, Rüdiger (2017): Streetscooter. Die Lastwagen-Revolution. In: *Frankfurter Allgemeine Zeitung FAZ.NET*, 12.04.2017. Online verfügbar unter http://www.faz.net/aktuell/wirtschaft/unternehmen/streetscooter-die-lastwagen-revolution-14969326.html?printPagedArticle=true#pageIndex_2

Krippendorff, Klaus (2004): Reliability in content analysis. In: *Human communication research* 30 (3), S. 411–433.

Kroll, Henning; Gabriel, Madeleine; Braun, Annette; Muller, Emmanuel; Neuhäusler, Peter; Schnabl, Esther; Zenker, Andrea (2016): A Conceptual Analysis of Foundations, Trends and Relevant Potentials in the Field of Frugal Innovation (for Europe). Interim Report for the Project "Study on frugal innovation and reengineering of traditional techniques". Brussels: European Commission.

Krueger, Richard A.; Casey, Mary Anne (2015): Focus groups. A practical guide for applied research. 5th ed. Thousand Oaks: Sage Publications.

Kumar, Nagesh (2008): Internationalization of Indian Enterprises: Patterns, Strategies, Ownership Advantages, and Implications. In: *Asian Economic Policy Review* 3 (2), S. 242–261.

Kumar, Nirmalya; Puranam, Phanish (2012): Frugal engineering: An emerging innovation paradigm. In: *Ivey Business Journal* 76 (2). Online verfügbar unter http://iveybusinessjournal.com/publication/frugal-engineering-an-emerging-innovation-paradigm/

Laurel, Brenda (2003): Design research: Methods and perspectives: MIT Press.

Leavy, Brian (2014): India: MNC strategies for growth and innovationnull. In: *Strategy & Leadership* 42 (2), S. 30–39.

Lehner, Anne-Christin (2016): Systematik zur lösungsmusterbasierten Entwicklung von Frugal Innovations. Dissertation. Universität Paderborn, Paderborn.

Lehner, Anne-Christin; Gausemeier, Jürgen (2016): A Pattern-Based Approach to the Development of Frugal Innovations. In: *Technology Innovation Management Review* 6 (3), S. 13–21.

Lehner, Anne-Christin; Gausemeier, Jürgen; Röltgen, Daniel (2015): Nutzung von Lösungsmustern bei der Entwicklung von Frugal Innovations. In: Jürgen Gausemeier (Hg.): Vorausschau und Technologieplanung., Bd. 347. 11. Symposium für Vorausschau und Technologieplanung. Berlin, 29.–30. Oktober. Paderborn (HNI-Verlagsschriftenreihe, 347), S. 11–37.

Leifer, Richard; McDermott, Christopher M.; O'Connor, Gina Colarelli; Peters, Lois S.; Rice, Mark P.; Veryzer, Robert W. (2000): Radical innovation. How mature companies can outsmart upstarts. Boston: Harvard Business School Press.

Leonard, Dorothy; Rayport, Jeffrey F. (1997): Spark innovation through empathic design. In: *Harvard Business Review* 75, S. 102–115.

Levin, Morten (2012): Academic integrity in action research. In: *Action Research* 10 (2), S. 133–149.

Levin, Morten; Greenwood, Davydd (2011): Revitalizing universities by reinventing the social sciences. In: Norman K. Denzin und Yvonna S. Lincoln (Hg.): The Sage handbook of qualitative research. 4th ed. Thousand Oaks: SAGE, S. 27–42.

Lewin, Kurt (1946): Action research and minority problems. In: *Journal of social issues* 2 (4), S. 34–46.

Lim, Chaisung; Han, Seokhee; Ito, Hiroshi (2013): Capability building through innovation for unserved lower end mega markets. In: *Technovation* 33 (12), S. 391–404.

Linde, Hansjürgen; Hill, Bernd (1993): Erfolgreich erfinden. Widerspruchsorientierte Innovationsstrategie für Entwickler und Konstrukteure. Darmstadt: Hoppenstedt-Technik-Tab.-Verl. (Fachbuch Konstruktion).

Lüscher, Lotte S.; Lewis, Marianne W. (2008): Organizational change and managerial sensemaking: Working through paradox. In: *Academy of management journal* 51 (2), S. 221–240.

Lüthje, Christian; Herstatt, Cornelius (2004): The Lead User method: an outline of empirical findings and issues for future research. In: *R&D Management* 34 (5), S. 553–568.

Lynn, Gary; Akgün, Ali (1998): Innovation strategies under uncertainty: a contingency approach for new product development. In: *Engineering Management Journal* 10 (3), S. 11–17.

Lynn, Gary S.; Morone, Joseph G.; Paulson, Albert S. (1996): Marketing and discontinuous innovation: the probe and learn process. In: *California Management Review* 38 (3), S. 8–37.

Mandal, Subhamoy (2014): Frugal Innovations for Global Health—Perspectives for Students. In: *IEEE pulse* 5 (1), S. 11–13.

Marchthaler, Jörg; Wigger, Tobias; Lohe, Rainer (2011): Value Management und Wertanalyse. In: VDI-Gesellschaft Produkt- und Prozessgestaltung (Hg.): Wertanalyse – das Tool im Value Management. Idee, Methode, System. 6., völlig neu bearb. und erw. Aufl. Berlin [u. a.]: Springer, S. 11–38.

Martilla, John A.; James, John C. (1977): Importance-Performance Analysis. In: *Journal of Marketing* 41 (1), S. 77–79.

Matzler, Kurt; Hinterhuber, Hans H. (1998): How to make product development projects more successful by integrating Kano's model of customer satisfaction into quality function deployment. In: *Technovation* 18 (1), S. 25–38.

McDermott, Christopher M.; O'Connor, Gina Colarelli (2002): Managing radical innovation: an overview of emergent strategy issues. In: *Journal of Product Innovation Management* 19 (6), S. 424–438.

McGrath, Joseph E. (1984): Groups: Interaction and performance. Englewood Cliffs, N.J.: Prentice-Hall.

Meinel, Christoph; Leifer, Larry (2011): Design Thinking Research. In: Hasso Plattner, Christoph Meinel und Larry Leifer (Hg.): Design thinking. Understand – improve – apply. Heidelberg, London: Springer, S. xiii–xxi.

Meinel, Christoph; Weinberg, Ulrich; Krohn, Timm (Hg.) (2015): Design Thinking Live. Wie man Ideen entwickelt und Probleme löst. 1. Aufl. Hamburg: Murmann Publishers.

Miles, Matthew B.; Huberman, A. M.; Saldaña, Johnny (2014): Qualitative data analysis. A methods sourcebook. 3rd ed. Thousand Oaks: Sage Publications.

Moultrie, James; Clarkson, P. John; Probert, David (2007): Development of a design audit tool for SMEs. In: *Journal of Product Innovation Management* 24 (4), S. 335–368.

Mourtzis, D.; Vlachou, E.; Siganakis, S.; Zogopoulos, V.; Kaya, M.; Bayrak, I. T. (2017): Mobile Feedback Gathering App for Frugal Product Design. In: *Procedia CIRP* 60, S. 151–156. Online verfügbar unter http://www.sciencedirect.com/science/article/pii/S2212827117300434

Mukerjee, Kaushik (2012): Frugal innovation: the key to penetrating emerging markets. In: *Ivey Business Journal* 76 (4). Online verfügbar unter http://iveybusinessjournal.com/publication/frugal-innovation-the-key-to-penetrating-emerging-markets/

Myerholtz, Brian; Tevelson, Robert; Wood, Eleanor (2016): The Design-to-Value Advantage. Hg. v. The Boston Consulting Group (January). Online verfügbar unter https://www.bcgperspectives.com/content/articles/sourcing-procurement-operations-design-value-advantage/

Nakata, Cheryl; Weidner, Kelly (2012): Enhancing New Product Adoption at the Base of the Pyramid: A Contextualized Model. In: *Journal of Product Innovation Management* 29 (1), S. 21–32.

Neuendorf, Kimberly A. (2002): The content analysis guidebook. Thousand Oaks: Sage Publications.

Nocera, Daniel G. (2012): Can we progress from solipsistic science to frugal innovation? In: *Daedalus* 141 (3), S. 45–52.

O'Connor, Gina Colarelli (1998): Market learning and radical innovation: A cross case comparison of eight radical innovation projects. In: *Journal of Product Innovation Management* 15 (2), S. 151–166.

O'Connor, Gina Colarelli; Rice, Mark P. (2013 a): A comprehensive model of uncertainty associated with radical innovation. In: *Journal of Product Innovation Management* 30 (S1), S. 2–18.

O'Connor, Gina Colarelli; Rice, Mark P. (2013 b): New Market Creation for Breakthrough Innovations: Enabling and Constraining Mechanisms. In: *Journal of Product Innovation Management* 30 (2), S. 209–227.

Ojha, Abhoy K (2014): MNCs in India: focus on frugal innovation. In: *Journal of Indian Business Research* 6 (1), S. 4–28.

Oliver Wyman (2013): Global Construction Equipment Market: Chinese Companies Set the Pace. New York: Oliver Wyman Group.

OLPC Association (2015): Mission. Miami. Online verfügbar unter http://one.laptop.org/about/mission

Oppenheim, A. N. (2000): Questionnaire design, interviewing and attitude measurement. New ed., repr. London: Continuum.

Orloff, Michael A. (2006): Inventive Thinking through TRIZ. 2. Auflage. Berlin, Heidelberg: Springer.

Ostraszewska, Zuzanna; Tylec, Agnieszka (2015): Reverse innovation–how it works. In: *International Journal of Business and Management* 3 (1), S. 57–74.

Palepu, Krishna G.; Srinivasan, Vishnu (2008): Tata motors: The tata ace. Boston, MA: Harvard Business School (Case 9-108-011).

Patnaik, Dev; Becker, Robert (1999): Needfinding: the why and how of uncovering people's needs. In: *Design Management Review* 10 (2), S. 37–43.

Pawlowski, Jan M (2013): Towards Born-Global Innovation: the Role of Knowledge Management and Social Software. In: Brigita Janiūnaitė, Asta Pundziene und Monika Petraite (Hg.): Proceedings of the 14th European Conference on Knowledge Management. Reading, UK: Academic Conferences and Publishing International Ltd, S. 527–534.

Phillips, Wendy; Hannah, Noke; John, Bessant; Lamming, Richard (2006): Beyond the steady state: managing discontinuous product and process innovation. In: *International Journal of Innovation Management* 10 (02), S. 175–196.

Plattner, Hasso; Meinel, Christoph; Leifer, Larry (Hg.) (2011): Design thinking. Understand – improve – apply. Heidelberg, London: Springer.

Plattner, Hasso; Meinel, Christoph; Leifer, Larry (Hg.) (2012): Design thinking research. Studying co-creation in practice. Berlin, New York: Springer (Understanding Innovation).

Plattner, Hasso; Meinel, Christoph; Leifer, Larry (Hg.) (2013): Design thinking. Understand – improve – apply. 1., 2011. Berlin: Springer (Understanding Innovation).

Plattner, Hasso; Meinel, Christoph; Leifer, Larry (Hg.) (2015 a): Design thinking research. Building innovation eco-systems. Cham, New York: Springer (Understanding Innovation).

Plattner, Hasso; Meinel, Christoph; Leifer, Larry (Hg.) (2015 b): Design thinking research. Building innovators. Cham: Springer (Understanding Innovation).

Plattner, Hasso; Meinel, Christoph; Leifer, Larry (Hg.) (2016 a): Design thinking research. Making design thinking foundational. Cham: Springer (Understanding Innovation).

Plattner, Hasso; Meinel, Christoph; Leifer, Larry (Hg.) (2016 b): Design thinking research. Taking breakthrough innovation home. Springer International Publishing Switzerland: Springer (Understanding Innovation).

Platts, Ken W. (1993): A process approach to researching manufacturing strategy. In: *International Journal of Operations & Production Management* 13 (8), S. 4–17.

Poetz, Marion K.; Schreier, Martin (2012): The value of crowdsourcing: can users really compete with professionals in generating new product ideas? In: *Journal of Product Innovation Management* 29 (2), S. 245–256.

Prabhu, Ganesh; Gupta, Shreya (2014): Heuristics of frugal service innovations. In: Portland International Conference on Management of Engineering and Technology, Conference Proceedings 2014. Kanazawa, S. 3309–3312.

Prahalad, Coimbatore K.; Hammond, Allen (2002): Serving the world's poor, profitably. In: *Harvard Business Review* 80 (9), S. 48–59.

Prahalad, Coimbatore Krishna; Hart, Stuart L (2002): The Fortune at the Bottom of the Pyramid. In: *strategy+business* 26, S. 54–67.

Prahalad, Coimbatore Krishnarao (2012): Bottom of the Pyramid as a Source of Breakthrough Innovations. In: *Journal of Product Innovation Management* 29 (1), S. 6–12.

Prahalad, Coimbatore Krishnarao; Mashelkar, Raghunath Anant (2010): Innovation's Holy Grail. In: *Harvard Business Review* 88 (7-8), S. 132–141.

Prester, Jasna; Bozac, Marli Gonan (2012): Are innovative organizational concepts enough for fostering innovation? In: *International Journal of Innovation Management* 16 (1), S. 1–23.

Product Development and Management Association (2015): Top Cited Articles Published in 2012 and 2013. Online verfügbar unter http://onlinelibrary.wiley.com/journal/10.1111/(ISSN)1540-5885/homepage/MostCited.html

Project Management Institute (2013): A guide to the Project Management Body of Knowledge. 5th ed. Newtown Square, Pa.: Project Management Institute.

PSI AG (2013): Geschäftsbericht 2013. Berlin. Online verfügbar unter http://www.psi.de/uploads/mit_download/PSI_2013d_01.pdf

Radjou, Navi; Prabhu, Jaideep (2013): Frugal Innovation: A New Business Paradigm. In: *INSEAD Knowledge Publications*, S. 1–3. Online verfügbar unter http://knowledge.insead.edu/innovation/frugal-innovation-a-new-business-paradigm-2375

Radjou, Navi; Prabhu, Jaideep C. (2014): Frugal innovation. How to do more with less. 1. Aufl. New York: PublicAffairs.

Radjou, Navi; Prabhu, Jaideep C.; Ahuja, Simone (2012): Jugaad innovation. Think frugal, be flexible, generate breakthrough growth. 1st ed. San Francisco, CA: Jossey-Bass.

Raelin, Joe (2009): Seeking conceptual clarity in the action modalities. In: *Action Learning: Research and Practice* 6 (1), S. 17–24.

Ramdorai, Aditi; Herstatt, Cornelius (2015): Frugal innovation in healthcare. How targeting low-income markets leads to disruptive innovation. Cham: Springer (India Studies in Business and Economics).

Rao, Balkrishna C. (2013): How disruptive is frugal? In: *Technology in Society* 35 (1), S. 65–73.

Rao, Balkrishna C. (2014 a): Alleviating Poverty in the Twenty-First Century Through Frugal Innovations. In: *Challenge* 57 (3), S. 40–59.

Rao, Vithala R. (2014 b): Applied conjoint analysis. Heidelberg, New York: Springer.

Rapoport, Robert N. (1970): Three Dilemmas in Action Research: With Special Reference to the Tavistock Experience. In: *Human Relations* 23 (6), S. 499–513.

Reason, Peter (2006): Choice and Quality in Action Research Practice. In: *Journal of Management Inquiry* 15 (2), S. 187–203.

Reid, Susan E.; Brentani, Ulrike de (2004): The fuzzy front end of new product development for discontinuous innovations: A theoretical model. In: *Journal of Product Innovation Management* 21 (3), S. 170–184.

Rice, Mark P.; O'Connor, Gina Colarelli; Pierantozzi, Ronald (2008): Counter Project Uncertainty. In: *MIT Sloan Management Review* 49 (2), S. 54–62.

Rice, Mark P.; O'Connor, Gina Colarelli; Peters, Lois S.; Morone, Joseph G. (1998): Managing discontinuous innovation. In: *Research Technology Management* 41 (3), S. 52–58.

Ries, Eric (2011): The lean startup. How constant innovation creates radically successful businesses. London, New York: Portfolio Penguin.

Roland Berger Strategy Consultants (2013 a): COO Insights 03.2013. Frugal Innovation. Munich: Roland Berger Strategy Consultants GmbH.

Roland Berger Strategy Consultants (2013 b): Frugal products – Study results. Stuttgart: Roland Berger Strategy Consultants.

Rowe, Peter G. (1987): Design Thinking. Cambridge, MA: MIT Press.

Saatweber, Jutta (2011): Kundenorientierung durch Quality Function Deployment. Produkte und Dienstleistungen mit QFD systematisch entwickeln. 3., vollständig überarb. Aufl. Düsseldorf: Symposion.

Saldaña, Johnny (2013): The coding manual for qualitative researchers. 2nd ed. Los Angeles: Sage Publications.

Schindlholzer, Bernhard (2014): Methode zur Entwicklung von Innovationen durch Design Thinking Coaching. Dissertation. St. Gallen: D-Druck Spescha.

Sehgal, Vikas; Dehoff, Kevin; Panneer, Ganesh (2010): The importance of frugal engineering. In: *strategy+business* 59 (Summer 2010), S. 20–25. Online verfügbar unter https://www.strategy-business.com/article/10201?gko=24674

Sehgal, Vikas; Dehoff, Kevin; Panneer, Ganesh (2011): Back to basics. In: *Market Leader* (Quarter 1), S. 33–37.

Seidel, Victor P. (2007): Concept Shifting and the Radical Product Development Process. In: *J Product Innovation Man* 24 (6), S. 522–533.

Sekaran, Uma; Bougie, Roger (2013): Research methods for business. A skill-building approach. 6th ed. Chichester, West Sussex: Wiley.

Sethi, Rajesh; Iqbal, Zafar (2008): Stage-gate controls, learning failure, and adverse effect on novel new products. In: *Journal of Marketing* 72 (1), S. 118–134.

Sharma, Arun; Iyer, Gopalkrishnan R. (2012): Resource-constrained product development: Implications for green marketing and green supply chains. In: *Industrial Marketing Management* 41 (4), S. 599–608.

Shivaraman, Shiv; Mathur, Manish; Kidambi, Ram (2012): Frugal Re-engineering: Innovatively Cutting Product Costs.: A. T. Kearney.

Simon, Matthew; Poole, Steve; Sweatman, Andrew; Evans, Steve; Bhamra, Tracy; McAloone, Tim (2000): Environmental priorities in strategic product development. In: *Business Strategy and the Environment* 9 (6), S. 367–377.

Slater, Stanley F.; Mohr, Jakki J.; Sengupta, Sanjit (2014): Radical Product Innovation Capability: Literature Review, Synthesis, and Illustrative Research Propositions. In: *Journal of Product Innovation Management* 31 (3), S. 552–566.

Song, X. Michael; Montoya-Weiss, Mitzi M. (1998): Critical Development Activities for Really New versus Incremental Products. In: *Journal of Product Innovation Management* 15 (2), S. 124–135.

Soni, Pavan; Krishnan, Rishikesha T (2014): Frugal innovation: aligning theory, practice, and public policy. In: *Journal of Indian Business Research* 6 (1), S. 29–47.

Stelzmann, Ernst Stefan (2011): Agile Systems Engineering. Eine Methodik zum besseren Umgang mit Veränderungen. Dissertation. Graz: Technische Universität Graz.

Streckfuss, Gerd (2006): Die Verbesserung eines House of Quality mit TRIZ. In: Carsten Gundlach (Hg.): Innovation mit TRIZ. Konzepte, Werkzeuge, Praxisanwendungen. 1. Aufl. Düsseldorf: Symposion, S. 165–196.

StreetScooter GmbH (2015): History. Aachen. Online verfügbar unter http://www.street scooter.eu/historie/

Stringer, Ernest T. (1996): Action research. A handbook for practitioners. Thousand Oaks, Calif.: Sage Publications.

Stringer, Robert (2000): How To Manage Radical Innovation. In: *California Management Review* 42 (4), S. 70–88.

Susman, Gerald I.; Evered, Roger D. (1978): An assessment of the scientific merits of action research. In: *Administrative science quarterly* 23 (4), S. 582–603.

Terninko, John (1997): Step-by-step QFD. Customer-driven product design. 2nd ed. Boca Raton, Fla.: St. Lucie Press.

Terninko, John; Zusman, Alla; Zlotin, Boris (1998 a): Systematic innovation. An introduction to TRIZ (Theory of Inventive Problem Solving). Boca Raton, Fla.: St. Lucie Press.

Terninko, John; Zusman, Alla; Zlotin, Boris (1998 b): TRIZ – der Weg zum konkurrenzlosen Erfolgsprodukt. Ideen produzieren, Nischen besetzen, märkte gewinnen. Hg. v. Rolf Herb. Landsberg: Moderne Industrie.

The Economist (2010 a): In praise of techno-austerity 395 (8686), S. 14. Online verfügbar unter http://www.economist.com/node/16321516

The Economist (2010 b): The world turned upside down. A special report on innovation in emerging markets. In: *The Economist*, 17.04. 2010, S. 1–14.

The Economist (2012): Asian innovation. Frugal ideas are spreading from East to West. London. Online verfügbar unter http://www.economist.com/node/21551028

Thomke, Stefan (2008): Learning by experimentation: Prototyping and testing. In: Christophe H. Loch und Stylianos Kavadias (Hg.): Handbook of new product development management. London: Routledge, S. 401–420.

Thomke, Stefan; Fujimoto, Takahiro (2000): The Effect of "Front-Loading" Problem-Solving on Product Development Performance. In: *Journal of Product Innovation Management* 17 (2), S. 128–142.

Tidd, Joe; Bessant, John (2013): Managing innovation. Integrating technological, market and organizational change. 5th ed. Hoboken, N.J.: Wiley.

Tiwari, Rajnish; Herstatt, Cornelius (2012 a): Assessing India's lead market potential for cost-effective innovations. In: *Journal of Indian Business Research* 4 (2), S. 97–115.

Tiwari, Rajnish; Herstatt, Cornelius (2012 b): Frugal Innovation: A Global Networks' Perspective. In: *Die Unternehmung (Swiss Journal of Business Research and Practice)* 66 (3), S. 245–274.

Tiwari, Rajnish; Herstatt, Cornelius (2013 a): Innovieren für preisbewusste Kunden: Analogieeinsatz als Erfolgsfaktor in Schwellenländern. Institute for Technology and Innovation Management, Hamburg University of Technology. Hamburg (Working paper, 75).

Tiwari, Rajnish; Herstatt, Cornelius (2013 b): "Too good" to succeed? Why not just try "good enough"! Some deliberations on the prospects of frugal innovations. Institute for

Technology and Innovation Management, Hamburg University of Technology. Hamburg (Working paper, 76).

Tiwari, Rajnish; Herstatt, Cornelius (2014): Aiming big with small cars. Emergence of a lead market in India. Heidelberg: Springer (India Studies in Business and Economics).

Tiwari, Rajnish; Kalogerakis, Katharina (2016): A Bibliometric Analysis of Academic Papers on Frugal Innovation. Institute for Technology and Innovation Management, Hamburg University of Technology. Hamburg (Working paper, 93).

Tiwari, Rajnish; Kalogerakis, Katharina; Herstatt, Cornelius (2014): Frugal innovation and analogies: some propositions for product development in emerging economies. Institute for Technology and Innovation Management. Hamburg University of Technology. Hamburg (Working Paper, 84).

Uebernickel, Falk; Brenner, Walter (2015): Design Thinking. In: Christian Pieter Hoffmann, Silke Lennerts, Christian Schmitz, Wolfgang Stölzle und Falk Uebernickel (Hg.): Business Innovation: Das St. Galler Modell. Wiesbaden: Springer Gabler (Business Innovation Universität St. Gallen, Profilbereich Business Innovation), S. 243–265.

Uebernickel, Falk; Brenner, Walter; Pukall, Britta; Naef, Therese; Schindlholzer, Bernhard (2015): Design Thinking. Das Handbuch. Frankfurt am Main: Frankfurter Allgemeine Buch.

Ulrich, Karl T.; Eppinger, Steven D. (2012): Product design and development. 5th ed. New York: McGraw-Hill/Irwin.

Ulrich, Karl T.; Eppinger, Steven D. (2016): Product design and development. 6. ed. New York, NY: Mcgraw-Hill.

Universe Foundation (2013): Frugal Innovation. A Manual. Sønderborg: Universe Foundation.

Urban, Glen L.; Hauser, John R. (1993): Design and marketing of new products. 2nd ed. Englewood Cliffs, N.J.: Prentice Hall.

van Aken, Joan E (2004): Management research based on the paradigm of the design sciences: the quest for field-tested and grounded technological rules. In: *Journal of Management Studies* 41 (2), S. 219–246.

Verworn, Birgit; Herstatt, Cornelius (2007): Strukturierung und Gestaltung der frühen Phasen des Innovationsprozesses. In: Cornelius Herstatt und Birgit Verworn (Hg.): Management der frühen Innovationsphasen. Grundlagen, Methoden, neue Ansätze. 2., über-arb. und erw. Aufl. Wiesbaden: Gabler, S. 111–134.

Veryzer, Robert W. (1998): Discontinuous innovation and the new product development process. In: *Journal of Product Innovation Management* 15 (4), S. 304–321.

von Hippel, Eric (2006): Democratizing innovation. Cambridge, MA, London: MIT Press.

von Hippel, Eric von (1986): Lead users: a source of novel product concepts. In: *Management Science* 32 (7), S. 791–805.

Warmington, Allan (1980): Action Research: Its Methods and its Implications. In: *Journal of Applied Systems Analysis* 7, S. 23–39.

Weyrauch, Timo; Herstatt, Cornelius (2016): What is frugal innovation? Three defining criteria. In: *Journal of Frugal Innovation* 2 (1), S. 1–17.

Whipple, Nelson; Adler, Thomas; McCurdy, Stephan (2007): Applying Trade-off Applying Trade-off Analysis to Get the Most from Customer Needs. In: Abbie Griffin und Stephen Somermeyer (Hg.): The PDMA toolbook 3 for new product development. Hoboken, N.J.: John Wiley, S. 75–105.

Williamson, Peter J. (2010): Cost Innovation: Preparing for a 'Value-for-Money' Revolution. In: *Long Range Planning* 43 (2-3), S. 343–353.

Williamson, Peter J.; Zeng, Ming (2009): Value-for-money strategies for recessionary times. In: *Harvard Business Review* 87 (3), S. 66–74.

Williander, Mats; Styhre, Alexander (2006): Going green from the inside: insider action research at the Volvo car corporation. In: *Systemic Practice and Action Research* 19 (3), S. 239–252.

Wolfangel, Eva (2016): Design Thinking. Hundert Ideen, damit eine fliegt. In: *DIE ZEIT*, 17.11. 2016 (48). Online verfügbar unter http://www.zeit.de/2016/48/design-thinking-bosch-stuttgart-forschung-innovationsmanagement

Wooldridge, Adrian (2010): First break all the rules. The charms of frugal innovation. A special report on innovation in emerging markets. In: *The Economist*, 17.04. 2010, S. 3–5.

Yin, Robert K. (2014): Case study research. Design and methods. 5th ed. Los Angeles [u. a.]: SAGE.

Zedtwitz, Max von; Corsi, Simone; Søberg, Peder Veng; Frega, Romeo (2015): A Typology of Reverse Innovation. In: *Journal of Product Innovation Management* 32 (1), S. 12–28.

Zeschky, Marco; Widenmayer, Bastian; Gassmann, Oliver (2011): Frugal innovation in emerging markets. In: *Research-Technology Management* 54 (4), S. 38–45.

Zeschky, Marco; Winterhalter, Stephan; Gassmann, Oliver (2014): From cost to frugal and reverse innovation: mapping the field and implications for global competitiveness. In: *Research-Technology Management* 57 (4), S. 20–27.

Zuber-Skerritt, Ortrun; Fletcher, Margaret (2007): The quality of an action research thesis in the social sciences. In: *Quality Assurance in Education* 15 (4), S. 413–436.

Zuber-Skerritt, Ortrun; Perry, Chad (2002): Action research within organisations and university thesis writing. In: *The Learning Organization* 9 (4), S. 171–179.

Anhang

© Springer Fachmedien Wiesbaden GmbH, ein Teil von Springer Nature 2018
T. Weyrauch, *Frugale Innovationen*, Forschungs-/Entwicklungs-/Innovations-
Management, https://doi.org/10.1007/978-3-658-22213-0

Anlage 1: Charakteristika und Eigenschaften frugaler Innovation

Artikel	Verwendete Charakterisierung	Eigenschaftskategorien								
		A[230]	B[231]	C[232]	D[233]	E[234]	F[235]	G[236]	H[237]	I[238]
Agarwal und Brem (2012)	„good-enough", „affordable" (S. 2), „Frugal products with heavy resource constraints have extreme cost advantages compared to existing solutions and are much simpler and cheaper with limited features" (S. 2)	●	●			●				
Ahuja (2014)	„cost that will make the solution accessible to as many individuals as possible" (S. 54), „high-value, low-cost, and scalable products" (S. 55), „more efficient, cost-effective, and eco-friendly" (S. 55)		●					●	●	●
Andel (2013)	„keep it simple" (S. 4), „cut corners, taking exception to some of the requirements" (S. 4)	●				●				
Barclay (2014)	„reducing the complexity and cost" (S. 165), „reducing the complexity and cost of a good or service" (S. 172), „good-enough", „affordable products" (S. 172), „lean or cost-effective" (S. 172), „seek to minimize the use of extensive resources in the complete value chain with the intent of reducing the cost of ownership while fulfilling or even exceeding certain pre-defined criteria of acceptable quality	●	●	●	●			●		

---

[230] A   Funktional, auf das Wesentliche reduziert
[231] B   Deutlich günstiger im Anschaffungspreis
[232] C   Reduzierung der Total Cost of Ownership
[233] D   Minimierung materieller und finanzieller Ressourcen
[234] E   Benutzerfreundlich, sehr einfach zu nutzen
[235] F   Robust
[236] G   Trotz geringen Preises hohe Qualität
[237] H   Skalierbar
[238] I   Nachhaltig

Artikel	Verwendete Charakterisierung	Eigenschaftskategorien								
		A[230]	B[231]	C[232]	D[233]	E[234]	F[235]	G[236]	H[237]	I[238]
	standards" (S. 173)									
Bills et al. (2014)	„low-cost" (S. 3022)		●							
Brem und Wolfram (2014)	„do not have sophisticated technological features", „low cost", „comparably high value", „simple and ecological products, processes, services, and business models", „low input of resources", „low cost", „little environmental intervention", „low carbon footprint", core benefits", „eliminating unessential functions", „maintain quality", „maximize value", „minimize inessential costs" (S. 5)	●	●		●	●		●		●
Craig (2012)	„product that can be afforded by those at the bottom of the bottom of the economic pyramid", „reliable" (S. 36)		●				●			
Dandonoli (2013)	„ultra-low cost, durable, easy to use, draw sparingly on raw materials and minimize environmental impact", „significantly lower costs" (S. 2)		●		●	●	●			●
Fukuda und Watanabe (2011)	„accessibility, accountability and affordability" (S. 92)		●							
Gupta und Wang (2010)	„sturdy", „stable"						●			
Howard (2011)	„low-cost", „low carbon footprint" (S. 53)		●							●
Jha und Krishnan (2013)	„low-priced, value products that can drive profits through volumes", „affordable, value products that meet the needs of resource-constrained customers" (S. 250)		●					●	●	
Kahle et al. (2013)	„low-cost", „offer high value", „fulfil the requirements of awareness, access, affordability, and availability" (S. 221)	●	●					●		

Artikel	Verwendete Charakterisierung	Eigenschaftskategorien								
		A[230]	B[231]	C[232]	D[233]	E[234]	F[235]	G[236]	H[237]	I[238]
Kumar (2008)	„value for money" (S. 251)							●		
Kumar und Puranam (2012)	„robustness", „portability", „de-featuring", „leapfrog technology", „megascale production", „service ecosystem"	●					●	●	●	●
Leavy (2014)	„Affordability and sustainability" (S. 36)		●							●
Lim et al. (2013)	„resource-saving product for low income consumers" (S. 393)				●					
Mandal (2014)	„low-cost solutions using home-grown or self-created technologies, often born out of dire need" (S. 11)		●							
Mukerjee (2012)	„tailor made", „right value proposition", „affordability becomes the key issue"	●	●					●		
Nocera (2012)	„light and highly manufacturable as well as robust and low maintenance" (S. 47)						●			
Ojha (2014)	„high-end low-cost technology products for markets such as India, which are demanding in terms of features of the products and/or services offered but are also demanding in terms of the price" (S. 8)		●					●		
Pawlowski (2013)	„Frugal innovation is about creating highly scalable products which have reduced functionalities while reducing costs" (S. 527)	●	●						●	
Prabhu und Gupta (2014)	„Frugal innovations in products are vital in developing countries to reach price sensitive customers that seek robust products at low prices" (S. 3309)		●				●			
Radjou und Prabhu (2013)	„ability to generate considerably more business and social value while significantly reducing the use of scarce resources" (S. 1)				●			●		
Rao (2014 a)	„low-budget" (S. 44), „economic usage of resources", „avoiding obesity" (S. 45)		●		●					

Artikel	Verwendete Charakterisierung	Eigenschaftskategorien								
		A[230]	B[231]	C[232]	D[233]	E[234]	F[235]	G[236]	H[237]	I[238]
Sehgal et al. (2011)	„Cost discipline is an intrinsic part of the process but, rather than simply cutting existing costs, frugal engineering seeks to avoid needless costs in the first place" (S. 33), „maximising value to the customer while minimising non-essential costs" (S. 35), „The ultimate goal of frugal engineering is basic: to provide the essential functions people need" (S. 35)	●	●		●			●		
Sharma und Iyer (2012)	„frugal engineering that reduces material use (thereby reducing burden on supply chain) and meets green marketing objectives at much lower, and therefore, more affordable prices" (S. 599)		●		●					●
Soni und Krishnan (2014)	„meeting the desired objective with a good-enough, economical means" (S. 31)	●			●					
The Economist (2012)	„unnecessary frills stripped out"	●								
The Economist (2010 a)	„trying to reduce the cost of something in order to make it affordable"		●							
Tiwari und Herstatt (2012 a)	„seek to minimize the use of material and financial resources in the complete value chain (development, manufacturing, distribution, consumption, and disposal) with the objective of reducing the cost of ownership while fulfilling or even exceeding certain pre-defined criteria of acceptable quality standards" (S. 98)			●	●			●		
Wooldridge (2010)	„Instead of adding ever more bells and whistles, they strip the products down to their bare essentials", „Frugal products need to be tough and easy to use" (S. 3)	●				●	●			
Zeschky et al. (2011)	„We have adopted the term frugal innovation, defined as responding to severe resource		●							

Artikel	Verwendete Charakterisierung	Eigenschaftskategorien								
		A[230]	B[231]	C[232]	D[233]	E[234]	F[235]	G[236]	H[237]	I[238]
	constraints with products having extreme cost advantages compared to existing solutions" (S. 39)									
Zeschky et al. (2014)	„new functionality at a lower cost" (S. 23), „entirely new applications at much lower price points than existing solutions" (S. 23)	●	●							

Tabelle 10: Kategorisierung der Charakterisierungen und Eigenschaften frugaler Innovationen

Anlage 2:   Fragebogen im Rahmen der Untersuchung der Kriterien frugaler Innovation

Fragebogen an Teilnehmer des Symposiums „Frugal Innovation und die Internationalisierung der F&E"

Sehr geehrte Damen und Herren,

wir freuen uns sehr über Ihr Interesse an dem Symposium. Gerne würden wir Ihre Motivation für den Besuch des Symposiums besser verstehen, um auch in Zukunft Themen zu frugalen Innovationen zu diskutieren, die Sie bewegen. Bitte nehmen Sie sich kurz Zeit, diesen Fragebogen auszufüllen. Dies hilft uns bei der Organisation zukünftiger Symposien sowie unserer Forschung. Ihre Angaben werden selbstverständlich streng vertraulich behandelt. Die Auswertung erfolgt anonymisiert.

Wir danken Ihnen sehr für Ihre Unterstützung!

Ihr Center for Frugal Innovation, Hamburg

(1) Ihr Begriffsverständnis

Was verstehen Sie unter frugalen Innovationen – welche der folgenden Eigenschaften treffen für frugale Innovationen aus **Ihrer Sicht** zu?

	Trifft voll zu	Trifft eher zu	Neutral	Trifft weniger zu	Trifft nicht zu
· Deutlich günstiger im Anschaffungspreis für Kunden gegenüber vergleichbaren Produkten	O	O	O	O	O
· Benutzerfreundlich, sehr einfach zu nutzen	O	O	O	O	O
· Funktional, auf das Wesentliche reduziert	O	O	O	O	O
· Reduzierung der Gesamtbetriebskosten des Kunden (cost of ownership)	O	O	O	O	O
· Minimierung materieller und finanzieller Ressourcen	O	O	O	O	O
· Nachhaltig	O	O	O	O	O
· Robust	O	O	O	O	O
· Wertversprechen, trotz geringen Preises ausgesprochen hohe Qualität	O	O	O	O	O
· Skalierbarkeit (Absatz hoher Mengen/Stückzahlen)	O	O	O	O	O
· Weitere Eigenschaft: _____	O	O	O	O	O

Wie hoch sehen Sie die Überschneidungen vom Begriff der frugalen Innovation zu den folgenden Begriffen:

	Sehr hoch	Hoch	Neutral	Gering	Keine
· Low-cost-Innovation	O	O	O	O	O
· Lean-Innovation	O	O	O	O	O
· Disruptive-Innovation	O	O	O	O	O
· Bottom-of-the-Pyramid	O	O	O	O	O
· Weiterer Begriff, der für Sie eine Überschneidung aufweist: _____	O	O	O	O	O

(2) Ihr Themeninteresse

Welche Themen sind für Sie im Kontext von frugalen Innovationen und Internationalisierung von F&E von besonderem Interesse – **wie hoch** ist Ihr Interesse?

	Sehr hoch	Hoch	Neutral	Gering	Keine
· Internationalisierung F&E: Wie ist diese zu gestalten	O	O	O	O	O
· Frugale Innovationen: Welche Attribute müssen frugale Produkte/Services aufweisen	O	O	O	O	O
· Diffusionsprozess: Wie verbreiten sich frugale Innovationen	O	O	O	O	O
· Kundenpräferenzen: Verdrängen frugale Innovationen aus Schwellenländern (reverse innovation) etablierte Produkte/Services in Industriestaaten bzw. lassen sich frugale Produkte/Services auch gezielt für Industriestaaten entwickeln	O	O	O	O	O
· Innovationsprozess: Wie ist dieser in Bezug auf frugale Innovationen zu gestalten	O	O	O	O	O

1 (4)

	Sehr hoch	Hoch	Neutral	Gering	Keine
· Geschäftsmodelle: Erfordern frugale Innovationen neue Geschäftsmodelle	O	O	O	O	O
· Weitere: _____	O	O	O	O	O

(3) Ihre bisherigen Berührungspunkte

Wann haben Sie sich zum ersten Mal mit dem Thema frugale Innovationen auseinander gesetzt?

O Dieses Jahr   O Vor ____ Jahren

Was waren die **bisherigen Berührungspunkte** Ihrer Organisation zum Thema frugale Innovationen bzw. was plant Ihre Organisation diesbezüglich?	Ja	Nein
(3a) Zu beantworten, sofern Ihre Organisation ein **Unternehmen** ist (sonst weiter mit 3b)		
· Meine Organisation vertreibt bereits Produkte/Services im Bereich frugale Innovationen	O	O
· Meine Organisation will zukünftig Produkte/Services im Bereich frugale Innovationen vertreiben	O	O
· Meine Organisation betreibt bereits F&E im Bereich frugale Innovationen	O	O
· Meine Organisation will zukünftig F&E im Bereich frugale Innovationen betreiben	O	O
· Meine Organisation betreibt bereits F&E-Aktivitäten in Schwellenländern (Region gerne nennen: _____)	O	O
· Meine Organisation will zukünftig F&E in Schwellenländern betreiben (Region gerne nennen: _____)	O	O
· Weitere Berührungspunkte: _____	O	O
(3b) Zu beantworten, sofern Ihre Organisation eine **Forschungseinrichtung** ist		
· Meine Organisation betreibt bereits F&E im Bereich frugale Innovationen	O	O
· Meine Organisation will zukünftig F&E im Bereich frugale Innovationen betreiben	O	O

(4) Herausforderungen und zu lösende Themenfelder

Wo sehen Sie die größten **Herausforderungen** in Bezug auf frugale Innovationen?	Stimme voll zu	Stimme eher zu	Neutral	Stimme weniger zu	Stimme nicht zu
· Anpassungsbedarf des bisherigen Innovationsprozesses	O	O	O	O	O
· Fehlendes Wissen über die Kundenbedürfnisse oder Produktanforderungen	O	O	O	O	O
· Innere Widerstände der Mitarbeiter	O	O	O	O	O
· Innere Widerstände des Managements	O	O	O	O	O
· Weitere: _____	O	O	O	O	O

Wo sehen Sie in Theorie und Praxis noch zu lösende Themenfelder – **wie hoch** sehen Sie den **Forschungsbedarf** bei frugalen Innovationen zu folgenden Fragestellungen?	Sehr hoch	Hoch	Neutral	Gering	Keine
a) Innovationsprozess					
· Gibt es bei frugalen Innovationen Unterschiede zu bisherigen Innovationsprozessen?	O	O	O	O	O
· Wie ist der Innovationsprozess frugaler Innovationen zu gestalten?	O	O	O	O	O
· Wie muss die Organisation gestaltet werden, damit frugal innoviert werden kann	O	O	O	O	O
· Wie können Nutzer in den Innovationsprozess eingebunden werden?	O	O	O	O	O

		Sehr hoch	Hoch	Neutral	Gering	Keine

b) Produktanforderungen

- Welche Kundenbedürfnisse bestehen in den Schwellenländern? ○ ○ ○ ○ ○
- Sind frugale Innovationen auch zunehmend in Industriestaaten wichtig? ○ ○ ○ ○ ○
- Gibt es bei frugalen Innovationen Unterschiede zwischen den Kundenbedürfnissen der Schwellenländer und Industriestaaten? ○ ○ ○ ○ ○

c) Diffusionsprozess

- Wie verbreiten sich frugale Innovationen in Schwellenländern – wie werden diese adaptiert? ○ ○ ○ ○ ○
- Können in Schwellenländer gezielt frugale Innovationen auch für Industriestaaten entwickelt werden? ○ ○ ○ ○ ○

d) Geschäftsmodelle / Business-Modell-Innovation

- Erfordern frugale Innovationen neue Art der Geschäftsmodelle oder Business-Modell-Innovation? ○ ○ ○ ○ ○
- Können frugale Produkte und Premium-Produkte im selben Unternehmen koexistieren ○ ○ ○ ○ ○

e) Weitere Fragen mit Forschungsbedarf aus Ihrer Sicht

- _____ ○ ○ ○ ○ ○
- _____ ○ ○ ○ ○ ○

---

(5) Erwartungen an zukünftige Veranstaltungen

Welche **Erwartungen** haben Sie an zukünftige Veranstaltungen zum Thema frugale Innovationen? Was würden Sie sich wünschen?

Welche **Themen** im Bereich frugale Innovationen sollten bei zukünftigen Veranstaltungen behandelt werden?

---

(6) Zu Ihrer Person

Berufliche Funktion	○ Angestellter	○ Selbstständiger Unternehmer	○ Leitende Funktion	○ Professor, Post-Doc, Doktorand	○ Student
Bereich	○ F&E	○ Produktentwicklung	○ Vertrieb	○ Marketing	○ Anderer Bereich: _____
Alter	○ < 25	○ 25 – 34	○ 35 – 44	○ 45 – 54	○ ≥ 55

(7) Zu Ihrer Organisation

Art Ihrer Organisation	○ Unternehmen	○ Forschungseinrichtung; weiter mit Frage (8)	○ Andere: _____; weiter mit Frage (8)		
Anzahl Mitarbeiter	○ ≤ 9	○ 10 – 49	○ 50 – 249	○ 250 – 499	○ ≥ 500
Umsatz p.a. in Mio. €	○ < 10	○ 10 bis < 50	○ 50 bis < 250	○ 250 bis < 500	○ ≥ 500

Produkte/Services mit wesentlichem Beitrag zum Umsatz Ihres Unternehmens				

Geschäftsbeziehung zum Kunden	O B2B	O B2C	O Sonstiges: _____	
Absatzregion (aktuell)	O Europa	O Nordamerika	O Südamerika	O Afrika	O GUS
	O Naher Osten	O Australien, Ozeanien	O Asien (bitte spezifizieren): _____		
Bisherige Marktpositionierung	O Premium-segment	O Medium Price-Performance	O Low Price-Performance	O Sonstige: _____	

(8) Anmerkungen

Haben Sie Anmerkungen, Anregungen oder Fragen? Wir freuen uns über Ihre Hinweise.

(9) Weiteres Interesse?

	Ja	Nein
Dürfen wir Sie für eventuelle Rückfragen kontaktieren?	O	O
Sind Sie daran interessiert, mit dem Center for Frugal Innovation in Kontakt zu bleiben bzw. an Forschungsprojekten mitzuwirken? Dann tragen Sie gerne Ihre Kontaktdaten ein. Ihre Daten bleiben in unseren Händen.	O	O

Name:

E-Mail:

Unternehmen:

Wenn Sie bezüglich des Fragebogens Kontakt aufnehmen wollen, wenden Sie sich gerne an Herrn Dipl.-Wi.-Ing. Timo Weyrauch (timo.weyrauch@tuhh.de) oder besuchen Sie unsere Website: http://cfi.global-innovation.net. Wir freuen uns über Ihr Interesse und danken Ihnen für die Beantwortung der Fragen.

4 (4)

Anlage 3: Fragebogen im Rahmen der Problemdiagnose der durchgeführten Aktionsforschung

1. Fragen zum Interviewpartner

    1.1.1   Seit wann sind Sie im Unternehmen, seit wann in der jetzigen Funktion?

    1.1.2   Wie würden Sie in eigenen Worten Ihre Rolle und Ihre Aufgaben beschreiben, was verantworten Sie im Unternehmen, was ist Ihr wesentlicher Beitrag?

Hintergrund

2. Identifikation von Kundenbedürfnissen und Entwicklungskriterien

2.1 Allgemeine Fragen zur Identifikation von Kundenbedürfnissen

    2.1.1   Wie werden die Kundenbedürfnisse bei Ihnen im Unternehmen erfasst?

    2.1.2   Welche Vorgehensweisen und Methoden werden dabei angewendet?

    2.1.3   Wer wendet diese an?

    2.1.4   Welche Rolle spielen Sie bei der Identifikation der Kundenbedürfnisse?

    2.1.5   Halten Sie das bisherige Vorgehen und die bisherigen Methoden für ausreichend? Wie kommen Sie zu Ihrer Einschätzung?

    2.1.6   Was könnte Ihrer Ansicht nach gegebenenfalls besser gemacht werden? Wer wäre mit einzubeziehen?

2.2 Identifikation notwendiger Funktionen

    2.2.1   Wie wird im Unternehmen erfasst, welche Funktionen bei einem Produkt benötigt werden? Welche Vorgehensweisen und Methoden werden dabei angewendet?

    2.2.2   Gibt es Vorgehensweisen, um zu prüfen, welche Funktionen nicht benötigt werden?

    2.2.3   Welche Herausforderungen oder Hürden bestehen Ihrer Ansicht nach, um die notwendigen Funktionen identifizieren zu können?

    2.2.4   Was könnte Ihrer Ansicht nach gegebenenfalls besser gemacht werden? Wer wäre mit einzubeziehen?

2.3 Identifikation des notwendigen Leistungsniveaus

    2.3.1   Wie wird in der Regel erfasst, welches Leistungsniveau ein Produkt und die einzelnen Funktionen erfüllen müssen?

    2.3.2   Ist in der Regel bekannt, welche Leistung gerade noch ausreichend ist, um den vorgesehenen Einsatzzweck zu erfüllen?

    2.3.3   Wird diese gerade noch ausreichende Leistung für den vorgesehenen Einsatzzweck bei der Produktentwicklung angestrebt?

    2.3.4   Weiß der Kunde immer, welches Leistungsniveau das Produkt für ihn erfüllen muss? Falls nicht, warum nicht?

    2.3.5   Welche (weiteren) Herausforderungen oder Hürden bestehen Ihrer Ansicht nach, um das notwendige Leistungsniveau identifizieren zu können?

    2.3.6   Was könnte Ihrer Ansicht nach gegebenenfalls besser gemacht werden?

Untersuchungsfeld 2: Kundenbedürfnisse

2.4 Identifikation Zielpreis und TCO

2.4.1 Ist in der Regel bekannt, welchen Preis ein Kunde bereit ist, für ein Produkt zu zahlen?

2.4.2 Ist in der Regel bekannt, für welche Funktion und für welche Leistung der Kunde bereit ist, welchen Preis zu zahlen, und für welche nicht? Ist dies Ihrer Einschätzung nach wichtig?

2.4.3 Mit welchen Vorgehen und Methoden wird dies im Unternehmen erfasst?

2.4.4 Sind die Total Cost of Ownership eines Produktes dem Kunden bekannt?

2.4.5 Sind die Total Cost of Ownership eines Produkts ein Verkaufsargument? Was wiegt beim Kunden wichtiger – die Total Cost of Ownership oder die Anschaffungskosten? Warum?

2.4.6 Sind die Total Cost of Ownership eines Produkts im Unternehmen bekannt? Wie werden diese im Unternehmen berechnet?

2.5 Identifikation weiterer Rahmenbedingungen

2.5.1 Ist in der Regel bekannt, unter welchen Rahmenbedingungen der Kunde ein Produkt einsetzt?

2.5.2 Wie wichtig ist es, dies zu wissen? Für wen? Warum?

2.5.3 Welche Herausforderungen oder Hürden bestehen Ihrer Ansicht nach, Rahmenbedingungen, unter denen ein Produkt eingesetzt wird, zu identifizieren?

2.5.4 Was könnte Ihrer Ansicht nach gegebenenfalls besser gemacht werden?

Untersuchungsfeld 2: Kundenbedürfnisse

3. Innovationsprozess

3.1.1 Können Sie Ablauf und Regeln des Innovationsprozesses im Unternehmen knapp in eigenen Worten beschreiben?

3.1.2 Wie unterscheiden sich die Prozesse von Produktneuentwicklungen und Produktweiterentwicklungen voneinander?

3.1.3 Wovon hängt es ab, ob eine Neuentwicklung notwendig ist oder ob auf bestehenden Produkten und Komponenten aufgebaut wird? Wie wird dies entschieden?

3.1.4 Welche Rolle spielen Sie im Innovationsprozess?

3.1.5 Was hat sich beim bisherigen Prozess bewährt?

3.1.6 Welche Herausforderungen oder Hürden bestehen Ihrer Ansicht nach beim bisherigen Prozess?

3.1.7 Welche Herausforderungen oder Hürden treten Ihrer Ansicht nach vor allem bei der Entwicklung komplett neuer Produkte auf?

3.1.8 Was könnte Ihrer Ansicht nach gegebenenfalls besser gemacht werden?

Untersuchungsfeld 1: Innovationsprozess

4. Weitere Themen

4.1 Kundeneinbindung

4.1.1 Wie werden bisher Kunden im Innovationsprozess mit eingebunden?

4.1.2 Was hat sich bei dem bisherigen Vorgehen bewährt?

4.1.3 Welche Herausforderungen oder Hürden bestehen Ihrer Ansicht nach beim bisherigen Vorgehen?

4.1.4 Was könnte Ihrer Ansicht nach gegebenenfalls besser gemacht werden?

4.2 Prototyping

4.2.1 Werden bisher Prototypen eingesetzt? Wofür werden diese eingesetzt?

4.2.2 Werden Prototypen bereits in einem iterativen Vorgehen eingesetzt, um diese so lange zu überarbeiten, bis sie beim Kunden Anklang finden? Warum bzw. warum nicht?

4.2.3 Würde ein solches Vorgehen – sofern noch nicht eingesetzt – Sinn machen? Warum bzw. warum nicht?

4.2.4 Was hat sich beim bisherigen Vorgehen bewährt?

4.2.5 Welche Herausforderungen oder Hürden bestehen Ihrer Ansicht nach beim bisherigen Vorgehen?

4.2.6 Was könnte Ihrer Ansicht nach gegebenenfalls besser gemacht werden?

Untersuchungsfeld 1: Innovationsprozess

4.3 Konzepterarbeitung

4.3.1 Welche Methoden zur Lösungsfindung werden bisher bei der Produktentwicklung eingesetzt und wie regelmäßig?

4.3.2 Was hat sich beim bisherigen Vorgehen bewährt?

4.3.3 Welche Informationen und Daten werden vorab dazu benötigt?

4.3.4 Lagen diese aus Ihrer Sicht bisher in ausreichender Form vor? Warum bzw. warum nicht?

4.3.5 Welche Herausforderungen oder Hürden bestehen Ihrer Ansicht nach beim bisherigen Vorgehen?

4.3.6 Was könnte Ihrer Ansicht nach gegebenenfalls besser gemacht werden?

4.4 Weitere Methoden

4.4.1 Welche weiteren Methoden werden im gesamten Prozess von der Identifikation der Kundenbedürfnisse bis hin zum fertigen Konzept eingesetzt?

4.4.2 Was müsste Ihrer Ansicht nach verbessert werden?

Untersuchungsfeld 3: Konzepterarbeitung

5.	Abschließende Fragen	
	5.1.1	Sehen Sie weitere Herausforderungen oder Hürden, die wir bisher noch nicht diskutiert haben?
	5.1.2	Haben Sie weitere Anmerkungen oder Fragen?
	5.1.3	Zum Abschluss: Ist Ihr Unternehmen mit dem bisherigen Vorgehen und den damit verbundenen Methoden – ohne diese anpassen zu müssen – in der Lage, von Grund auf neue Produkte zu entwickeln,
		• die signifikant kostengünstiger sind,
		• sich nur auf die wesentlichen Funktionen konzentrieren und
		• nur genau das Leistungsniveau erfüllen, das für den jeweiligen Einsatzzweck erforderlich ist?
	5.1.4	In wenigen Worten: Warum bzw. warum nicht?

Tabelle 11: Übersicht der Fragen des semi-strukturierten Interviews

Anlage 4:   Fragebogen im Rahmen von Untersuchungsfeld 2 der durchgeführten Aktionsforschung[239]

1)	Wann und warum kommen bei Ihnen Überlastsicherungen typischerweise zum Einsatz?	Einführende Fragen
2)	Mit welchem Ziel setzen Sie Überlastsicherungen ein?	
3)	Welche Anforderungen stellen Sie an eine Überlastsicherung?	
4)	Was wird von den bisherigen Überlastsicherungen nicht abgedeckt?	
5)	Werden auch weitere Überlastsicherungen von Wettbewerbern verwendet? Welche Vorteile haben diese? Welche Probleme gibt es?	
6)	Wie würden Sie Überlastsicherungen verbessern – welche Veränderungen würden Sie sich wünschen?	
7)	Sind aus Ihrer Sicht überhaupt Veränderungen bei Überlastsicherungen möglich? Welche?	
8)	Könnten Sie sich auch ganz andere Überlastsicherungen vorstellen (mechanisch, elektronisch, magnetisch etc.)?	
9)	Welches Aggregat soll geschützt werden?	Zu erfüllende Funktionen
10)	Warum soll das Aggregat geschützt werden?	
11)	Wo genau soll der Drehmomentbegrenzer eingebaut werden? (Details zu Bauraum, Anschlussmasse, Gewicht, Massenträgheit)	
12)	Funktionen: Zählen Sie alle Funktionen auf, welche auf keinen Fall fehlen dürfen, damit die Überlastsicherung noch ihren Einsatzzweck erfüllt.	
13)	Funktionen: Welche bisherigen oder auch zusätzlich denkbaren Funktionen halten Sie bei einer Überlastsicherung für sinnvoll, jedoch nicht für absolut notwendig?	
14)	Art der Überlastsicherung: Kann bei Ihnen eine lasthaltende Überlastsicherung gleichermaßen wie eine ausrückende Kupplung zum Einsatz kommen? Warum bzw. warum nicht?	
15)	Gewünschte Eigenschaften: Welche Eigenschaften sind aus Ihrer Sicht bei Überlastsicherungen wichtig?	Zu erfüllendes Leistungsniveau und weitere Eigenschaften
16)	Lebensdauer: Welche Lebensdauer erwarten Sie bei einer Überlastsicherung? Nach welchen Kennzahlen machen Sie dies fest? Warum ist genau dieser Wert entscheidend?	
17)	Kompatibilität: Ist die Überlastsicherung mit den mit ihr in Verbindung stehenden Komponenten ausreichend kompatibel? Sind hier Veränderungen notwendig?	
18)	Erforderliche Präzision: Welche Präzision ist beim Überlastschutz erforderlich (wie weit darf die Überlast vom eingestellten Wert in Prozent abweichen)? Warum genau gerade dieser Wert?	
19)	Modularer Aufbau: Welche Rolle spielt aus Ihrer Sicht ein modulartiger Aufbau bei Überlastsicherungen?	

---

[239] Den Fragen 9), 10), 11), 31), 33), 35), 36), 37), 39), 59), 60) und 61) wurde im Rahmen der Aktionsforschung eine hohe Priorität zugewiesen.

20)	Anforderungen Überlastsicherungen: Haben sich die Anforderungen an Überlastsicherungen verändert oder werden diese sich aus Ihrer Sicht verändern?
21)	Weitere Eigenschaften: Welche weiteren Eigenschaften müssen Überlastsicherungen Ihrer Ansicht nach erfüllen?
22)	Anforderungen Endkunde: Hat der Endkunde an die Überlastsicherung weitere oder andere Anforderungen? Warum oder warum nicht?
23)	Anpassungsbedarfe: Muss die Überlastsicherung vor der Montage noch verändert bzw. bearbeitet werden? Warum?
24)	Durchführender Montage: Wer montiert die Überlastsicherung typischerweise?
25)	Zeitbedarf Montage: Wie lange dauert die Montage in der Regel?
26)	Arbeitsschritte Montage: Welche Arbeitsschritte werden bei der Montage durchgeführt?
27)	Schwierigkeiten bei Montage: Was sind hierbei die Schwierigkeiten und warum?
28)	Verbesserungsmöglichkeiten Montage: Könnte die Montage auch einfacher gestaltet werden? Was wäre hierzu notwendig? Was müsste hierzu verändert werden?
29)	Bemerken von Überlast: Wie wird eine Überlast bemerkt?
30)	Bemerken von Überlast: Wird jede Überlast, die eintritt, bemerkt? Falls nicht, warum nicht?
31)	Wie soll sich die Überlast bemerkbar machen?
32)	Ursachen Überlast: Was sind die Ursachen für die Überlast?
33)	Häufigkeit Überlast: Wie häufig tritt eine Überlast auf?
34)	Größe der Überlast: Was ist die Höhe der Überlast, in welcher Bandbreite tritt diese auf?
35)	Wann soll der Drehmomentbegrenzer auslösen?
36)	Dauer der Überlast: Wie lange dauert die Überlast? Wie lange läuft die Anlage unter Überlast weiter?
37)	Wie schnell kann die nächste Überlast folgen?
38)	Was ist der kürzeste Zeitabstand zwischen zwei Überlasten?
39)	Wie soll die Überlast beendet werden?
40)	Zeitpunkt des Nachstellens: Wird sofort nachgestellt, sobald die Überlast aufgetreten ist?
41)	Zeitpunkt des Nachstellens: Wird nach jeder Überlast die Überlastsicherung nachjustiert?
42)	Verantwortlicher für das Nachstellen: Wer ist für das Justieren verantwortlich?
43)	Zeitbedarf Nachstellen: Wie lange dauert das Einstellen der Überlastsicherung?
44)	Vorgehen beim Nachstellen: Ist der Ablauf beim Nachstellen klar - was sind die einzelnen durchzuführenden Schritte beim Einstellen?
45)	Schwierigkeiten beim Nachstellen: Treten Schwierigkeiten beim Einstellen nach Überlast auf? Welche?
46)	Verbesserung Nachstellen: Wie könnte das Einstellen einfacher gestaltet werden?
47)	Vergleich Nachstellenverhalten: Ist das Einstellen der Überlastsicherung zurzeit einfach?
48)	Verbesserung Nachstellen: Würde eine sich selbst nachstellende Überlastsicherung ersichtliche Vorteile bringen? Warum oder warum nicht?

Handhabung Montage (Fragen 23–28)

Verhalten bei Überlast (Fragen 29–39)

Handhabung Nachstellen (Fragen 40–48)

49)	Häufigkeit Wartung: Wird die Überlastsicherung regelmäßig gewartet? Wie häufig findet eine Wartung statt?	Handhabung Wartung
50)	Verantwortlicher für Wartung: Wer führt die Wartung durch?	
51)	Zeitbedarf Wartung: Wie lange dauert die Wartung durchschnittlich?	
52)	Vorgehen bei Wartung: Welche einzelnen Arbeitsschritte werden bei der Wartung durchgeführt?	
53)	Schwierigkeiten bei Wartung: Treten Schwierigkeiten bei der Wartung auf? Welche?	
54)	Verbesserung Wartung: Wie könnte die Wartung einfacher gestaltet werden?	
55)	Häufigkeit Demontage: Wie häufig muss die Überlastsicherung ausgetauscht werden?	Handhabung Demontage
56)	Zeitbedarf Demontage: Wie lange dauert die Demontage der Rutschnabe?	
57)	Schwierigkeiten Demontage: Treten dabei Schwierigkeiten auf? Welche?	
58)	Verbesserung Demontage: Konnte die Demontage einfacher gestaltet werden? Wie?	
59)	Welche Umwelteinflüsse müssen beachtet werden?	Sonstige Aspekte
60)	Müssen weitere Bestimmungen beachtet werden?	
61)	Müssen weitere Vorschriften und Normen beachtet werden?	
62)	Sonstiges: Welche weiteren Aspekte halten Sie bei Überlastsicherungen für entscheidend oder nennenswert, die noch nicht genannt wurden?	

Tabelle 12: Fragen aus dem Fragebogen von Untersuchungsfeld 2 der durchgeführten Aktionsforschung

Anlage 5:   Übersetzung Entwicklungsziele und Parameter

Entwicklungsziele

Englisch	Deutsch
Improve precision of adjustment	Verbessere Präzision zur Einstellung des Auslösemoments
Increase capacity of trip duration	Erhöhe Kapazität für die Dauer der Überlast
Increase capacity of frequency of slips	Erhöhe Kapazität für die Häufigkeit eines Durchrutschens
Improve trip torque consistency (including bi-direction)	Erhöhe die Wiederholgenauigkeit des Auslösemoments
Increase total number of trips during lifetime	Erhöhe die mögliche Gesamtzahl an Überlasten über die gesamte Lebensdauer
Reduce effort to assemble/install	Reduziere Aufwand für Montage/Installation
Reduce effort to inspect/maintain (maintenance free)	Reduziere Aufwand für Inspektion und Wartung (wartungsfrei)
Reduce inertia	Reduziere Massenträgheit
Reduce needed space	Reduziere Platzbedarf
Increase ease of interface	Erhöhe die Anbaufreundlichkeit (weiterer Komponenten)
Increase corrosion protection for transportation by sea	Verbessere Korrosionsschutz für den Seetransport
Increase corrosion protection for storage	Verbessere Korrosionsschutz für die Lagerung
Improve assembly	Verbessere Montage
Increase temperature resistance	Verbessere Widerstand gegenüber hohen Temperaturen
Improve indication of overload	Verbessere Anzeige des Auftritts von Überlast
Make it more tamperproof	Verbessere Schutz vor Manipulationen
Reduce material effort	Reduziere Materialeinsatz
Reduce effort to manufacture	Reduziere Herstellungsaufwand

Parameter

Englisch	Deutsch
Capacity of energy dissipation	Kapazität für Energieabfuhr
Capacity of number of slips	Kapazität für Anzahl Rutschen
Number of bedding-in steps	Anzahl Einschleifschritte der Reibflächen (bei Herstellung)
Tolerance width of pressure	Toleranzbreite für Federdruck
Pressure consistency	Konstanz der Federvorspannung
Wear resistance	Verschleißbeständigkeit
Consistency of friction co-efficient	Konstanz des Reibungskoeffizienten
Mass	Masse
Outer diameter	Außendurchmesser
Number of parts	Anzahl der Bauteile
Specific heat capacity	Spezifische Wärmekapazität
Material grade	Materialgüte
Parts complexity	Komplexität der Bauteile

Anlage 6: Gutachterliche Stellungnahme

Gutachterliche Stellungnahme zum Forschungsprojekt von Herrn Timo Weyrauch
im Rahmen seiner Dissertation mit dem Titel „Entwicklung frugaler Innovationen – Eine Untersuchung zu den Kriterien frugaler Innovationen und dem Vorgehen bei der Produktentwicklung"

Die Division Process & Motion Control (PMC) des Rexnord Konzerns mit Hauptsitz in Milwaukee, USA und insgesamt 10 Business Units weltweit (BR, 2x USA, UK, D, NL, B, IT, IN, CN) entwickelt, fertigt und vertreibt antriebstechnische Produkte (Wellenverbindungen, Welle-/Nabe-Verbindungen, Schaltkupplungen, Sicherheitskupplungen, Bremsen, Rücklaufsperren und Industrie-Ketten) in vielfältige Applikationen der Branchen Energy, Food & Beverage, Material Handling und Industrial Equipment.

Aufgrund des starken globalen Wettbewerbs und der einfachen technischen Vergleichbarkeit der Produkte kann ein Unternehmen in seinen Zielmärkten nur dann nachhaltig erfolgreich sein, wenn es Kunden genau den Mehrwert bietet, der für Kunden bzw. die Applikation signifikant (am bedeutendsten) und differenzierend ist und das zu geringeren Kosten im Wettbewerbsvergleich.

Den Anspruch „MORE (of what matters for customers) FOR LESS (effort and costs)" als Lösungsansatz haben wir in Publikationen und Vorträgen zu Frugalen Innovationen wiedergefunden. Wir haben bei eigenen Recherchen festgestellt, dass das Phänomen der Frugalen Innovation und dessen Charakteristik (wie sieht das Ergebnis aus) häufig beschrieben wird, es jedoch offenbar keine Untersuchung oder gar Beschreibung gibt, wie genau diese Art der Innovation systematisch herbeizuführen ist. Bisher publizierte Erfolgsbeispiele erlauben hierauf keine unmittelbaren Rückschlüsse.

Aus diesem Grund haben wir mit Herrn Timo Weyrauch ein Forschungsprojekt durchgeführt, um zu untersuchen, wie frugale Innovationen gezielt entwickelt werden können. Zielstellungen aus Sicht des Unternehmens waren:

- Was genau sind die Merkmale, die Frugale Innovationen charakterisieren?
- Wie können Frugale Innovationen systematisch und gezielt herbeigeführt werden?
- Sind wir als Unternehmen organisatorisch richtig für die Erzeugung von Frugalen Innovationen aufgestellt?
- Ist unser etablierter Produktentwicklungsprozess für Frugale Innovation geeignet oder muss er angepasst werden?

Wir haben zur Klärung dieser Fragestellungen bewusst ein Produkt und einen Zielmarkt gewählt, in dem ein neu entwickeltes Produkt extremen Markteintrittsbarrieren gegenübersteht. Die Sicherheitsrutschnabe begrenzt das übertragbare Drehmoment auf einen voreingestellten Schwellwert.

Rexnord Antriebstechnik
Zweigniederlassung der Rexnord GmbH Betzdorf

Postfach 10 32 52	Tel.: +49/231/82 94-0	Deutsche Bank Dortmund
44032 Dortmund / Germany	Fax: +49/231/82 94-250	Konto-Nr.: 1 340 124 (BLZ 440 700 50)
Überwasserstraße 64	www.rexnord-antrieb.de	IBAN: DE 18 4407 0050 0134 0124 00
441 47 Dortmund / Germany	customerservice.bsd@rexnord.com	SWIFT CODE : DEUT DE DE 440
Geschäftsführer:	Registergericht: Montabaur HRB 2846	EU Id.-Nr.: DE 148 006 774
Derek Murphy, Esma Saglik		

Dieses Produkt findet sich millionenfach in Antriebssträngen wieder. Die Konstruktion ist sehr einfach, kostengünstig und unterscheidet sich konstruktiv bestenfalls marginal im Wettbewerbsvergleich. Aufgrund der einfachen Wirkungsweise und des großen Angebots gleicher konstruktiver Lösungen von vielen Wettbewerbern am Markt, besteht ein sehr starker Preiskampf. Wir haben uns entschlossen, mit der systematischen Erzeugung einer Frugalen Innovation Marktanteile zu gewinnen.

Das Forschungsprojekt von Herrn Timo Weyrauch half uns effektiv, alle eingangs gestellten Fragen umfassend und nachvollziehbar zu beantworten. Das Forschungsprojekt ermöglichte uns während der Erzeugung einer Frugalen Innovation regelmäßig hinsichtlich unseres Vorgehens im Produktentwicklungsprozess, der Interaktion mit dem Kunden, der Innovationsmethodik, als auch die Kompetenzen der Mitarbeiter zu reflektieren und uns schließlich darüber klar zu werden, wie mit unserem etablierten Produktentwicklungsprozess auch zielgerichtet frugale Innovationen entwickelt werden können. Das Forschungsprojekt hat uns insbesondere dabei geholfen, zu verstehen, welche Aspekte der Produktentwicklung stärker zu fokussieren und zu systematisieren sind.

Die im Rahmen des Forschungsprojektes gewonnenen Erkenntnisse zu Aspekten der Organisation, des Produktentwicklungsprozesses, der Interkation mit den Kunden und der Innovationsmethodik wurden nach Abschluss des Vorhabens konzernweit in globalen Engineering-Gremien diskutiert und sind in eine Überarbeitung des global gültigen Produktentwicklungsprozesses eingeflossen.

Die Umsetzung der im Forschungsprojekt gewonnenen Erkenntnisse haben zu einem bahnbrechend neuen Produktkonzept geführt, welches den Kunden einen differenzierenden hohen Mehrwert bietet durch einen enormen Kostenvorteil und reduzierten Aufwand in Installation, Betrieb und Wartung des Produktes. Das ist in dieser Branche und diesem Marktumfeld absolut einzigartig. Dieses Produkt erfüllt alle Merkmale einer Frugalen Innovation. Rexnord hat diese Lösung zum Patent angemeldet. Derzeit werden Prototypen erprobt.

Aufgrund der in diesem Forschungsprojekt gewonnenen Erkenntnisse glauben wir als Unternehmen, die Voraussetzungen geschaffen zu haben, auch zukünftig systematisch und zielgerichtet frugale Innovation hervorbringen zu können, die sowohl von Kunden geschätzte Lösungen/Mehrwert bietet als auch herausragende Kosteneinsparungen.

Dortmund, 28.08.2017

Jörg Lindemaier

Jörg Lindemaier
Director Global Engineering Shaft Management Products & Chains
Rexnord Process & Motion Control PMC

Rexnord Antriebstechnik
Zweigniederlassung der Rexnord GmbH Betzdorf

Postfach 10 32 52	Tel.: +49/231/82 94-0	Deutsche Bank Dortmund
44032 Dortmund / Germany	Fax: +49/231/82 94-250	Konto-Nr.: 1 340 124 (BLZ 440 700 50)
Überwasserstraße 64	www.rexnord-antrieb.de	IBAN: DE 18 4407 0050 0134 0124 00
44147 Dortmund / Germany	customerservice.bsd@rexnord.com	SWIFT CODE : DEUT DE DE 440
Geschäftsführer:	Registergericht: Montabaur HRB 2846	EU Id.-Nr.: DE 148 006 774
Derek Murphy, Esma Saglik		

Printed in the United States
By Bookmasters